Introduction to Display Engineering

디스플레이공학 개론

권오경 · 최병덕 · 이신두 · 김재훈
김용석 · 도이미 · 문태규 공저

청범출판사

초판을 발행하면서...

정보화 사회가 점점 발전해 감에 따라 다양한 정보를 좀 더 신속하고 정확하게 주고받고자 하는 인간의 욕구와 함께 새로운 개념의 디지털 기술이 필요하게 되었다. 이제는 디지털 기술이 어느 하나의 영역에서가 아닌 우리의 모든 실생활에 깊숙이 파고들어 특히 정보표시기능을 수행하는 디스플레이의 중요성이 날로 커지고 있다. 디지털 TV 방송에서는 디스플레이의 대형화와 고화질화, '언제, 어디에나'의 유비쿼터스 환경에서는 정보단말기의 고기능화와 휴대성이 강조되고 있다.

정보디스플레이는 물리, 화학, 재료, 광학, 전자공학, 인간공학 등과 같은 다양한 학문 분야를 망라한 첨단기술의 총화로서 디지털 영상정보의 보급에 따라 수요가 급증하고 있다. 특히, 국가적인 전략산업의 하나로서 성장하여 효율적인 산학연의 협동체계 구축을 통한 지속적인 연구개발의 지원과 핵심인력의 양성이 절대적으로 필요한 분야일 것이다. 하지만 현재 우리나라 디스플레이 산업 인력은 산업 규모가 점점 커지면서 부족 현상이 심화될 것으로 예상되고 있어 매우 우려되는 실정이다. 생산 기술이 하루가 다르게 발전하고 시대의 새로운 요구에 부흥하기 위한 차세대 디스플레이에 대한 연구가 절실히 필요한 상황에서 관련 인력의 양성은 우리나라 산업의 희망이며 밑거름이 될 것이다.

본 저서에서는 정보디스플레이의 전반적인 개요와 주요 분야인 LCD, PDP, OLED, Flexible 디스플레이, 그리고 이러한 디스플레이의 구동기술에 대한 기본 개념과 기초이론을 다루어 학문적 바탕을 제공하고 향후 보다 세분화된 디스플레이 전공에 요구되는 선행지식을 다루고자 한다. 본 저서의 집필진은 국내 디스플레이 산업 발전에 중추적인 역할을 하고 있는 학계 및 연구소의 전문가들로서 본 저서를 통해 한국이 세계적인 디스플레이 강국을 유지하기 위한 전문 인력 양성에 기여하기를 희망한다.

2007년 3월

대표저자 이신두

Contents

2.6 액정의 자유에너지 / 50

2.7 액정의 방향자 변형 이론 / 58

2.8 액정의 광학특성 / 62

2.9 LCD 모드 / 77

Chapter 5 플렉시블(Flexible) 디스플레이 (문대규)

Chapter 6 TFT 및 구동 기술 (권오경, 최병덕)

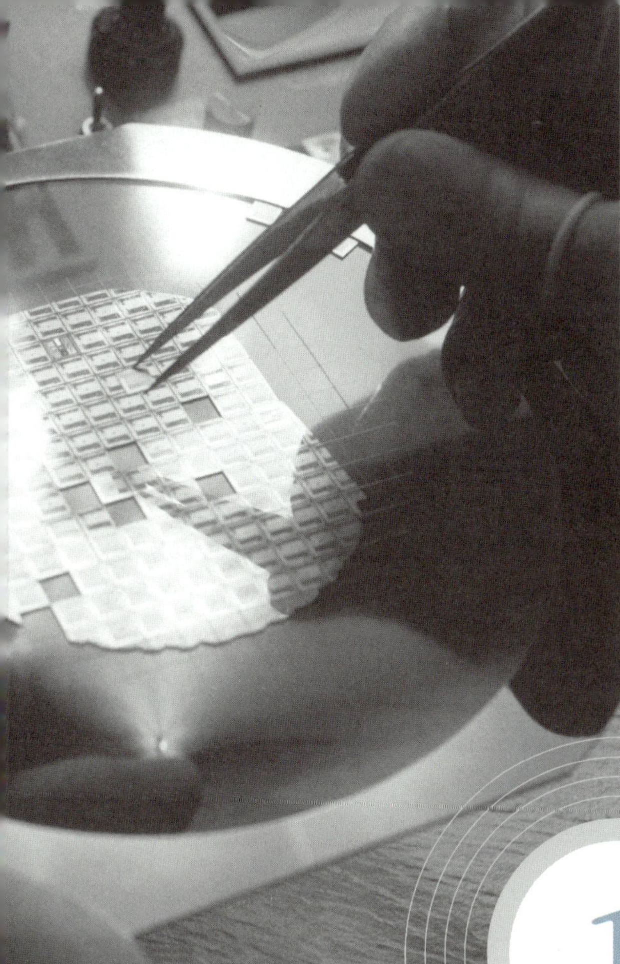

Display Engineering

1 전자디스플레이 개요

1.1 전자디스플레이 기술

최근 디스플레이(display)는 '21세기 미래 기술', '반도체에 이은 제2의 산업의 쌀'로 불리며 또 하나의 신화 창조를 노리는 핵심 산업분야로 떠올랐다. 이제 디스플레이는 정보기술(information technology: IT), 생명기술(biotechnology: BT), 문화기술(cultural technology: CT) 등 모든 분야의 '창(window)' 역할을 한다고 해도 과언이 아니다. 그 중에서도 특히 평판디스플레이(flat panel display: FPD)는 우리 생활 구석구석에서 '없으면 안 될' 필수 장치로 자리를 잡아가고 있다. 예전에는 상상도 할 수 없었던 많은 양의 정보가 홍수를 이루는 현재의 정보화 사회에 살면서 휴대전화에서 컴퓨터, 고선명(high definition: HD) TV에 이르기까지 모든 생활 수단에 빠짐없이 들어가고 있기 때문이다. 이러한 고용량 고품위 정보의 교류에서 사람과 정보기기를 이어주는 가교 역할을 수행하는 디스플레이는 점점 더 그 중요성이 더해지고 있다.

삶의 질이 점점 높아진 2000년대 들어와서 디스플레이는 그림 1.1에서 알 수 있듯이 구체적인 응용 분야로 초기 노트북 컴퓨터와 소형 전자기기에서 모니터, 벽걸이TV, IMT2000 화상정보 단말기, 전자종이(e-paper) 등 그 범위를 급격히

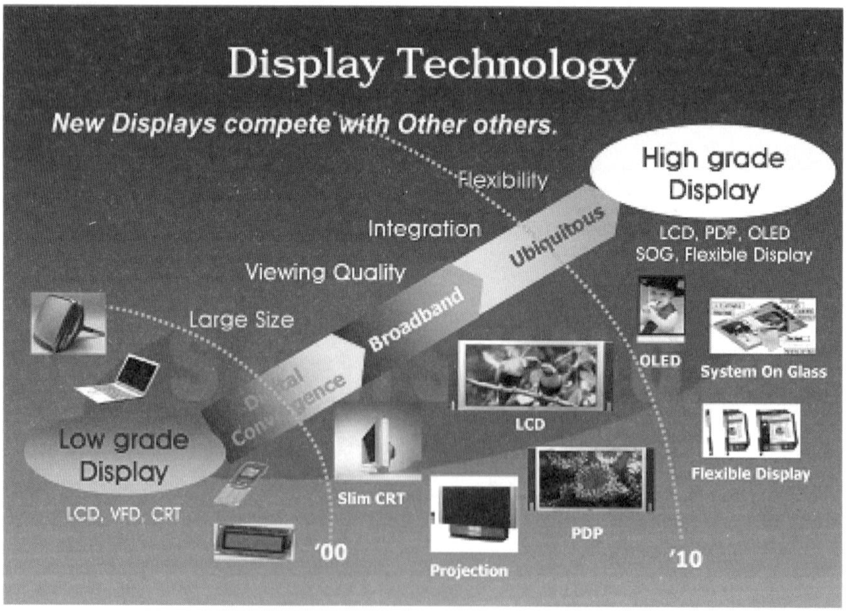

▌그림 1.1 디스플레이 발전 추이

넓혀가기 시작했다. 최근에는 두루마리 디스플레이나 입체 TV로까지 그 영역을 더 확장해 나갈 조짐을 보이고 있다. 다시 말해 누구라도(any one), 언제(any time), 어디서나(any place) 인간의 시각을 통해 필요한 정보를 보다 빠르고 간편하게 알기 쉬운 형태로 받아 볼 수 있도록 발전하고 있다.

역사적으로 90년대 전자기술의 3대 혁명으로 computer, semiconductor, FPD 기술을 꼽을 수도 있고, 가장 중요한 차세대 전자부품 기술로 display, battery, semiconductor를 들 수도 있다. 디스플레이는 각종 기기에서 발생되는 여러 가지 전기적 정보를 시각 정보로 변환시켜 인간에게 전달하는 전자기술 또는 소자로 정의할 수 있는데, 표 1.1에서 보는 것처럼 각종 기기와 인간을 연결해 주는 교량 역할(machine−human interface)을 한다고 할 수 있다.

반도체 기술을 인간의 두뇌 기능에 비유한다면 디스플레이 기술은 인간의 얼굴에 해당된다고 볼 수 있고 지금까지의 디스플레이에 대한 개념은 음극선관(cathode−ray tube: CRT) 일변도의 제한된 영역에 의미를 두어 왔지만, 정보화 사회의 발전이 가속되어 시간과 공간의 한계를 허물며 인간이 접할 수 있는 정보의 양이 방대해지고 그 종류도 다양해짐에 따라 정보 매체의 통합 개념으로서 멀티미디어 (multi−media) 개념으로 확대되었다.

멀티미디어 시대에서 디스플레이가 중시되고 있는 것은 대부분의 정보전달이 인간의 시각적 기능을 통해서 이루어지며 기기의 사용 환경이 다양해지기 때문이다. 이는 바로 표 1.2에서 요약한 것처럼 새로운 사회 문화적 여건이 마련되고 '언제, 어디서나'라는 라틴어 어원의 유비쿼터스(ubiquitous) 환경이 도래함을 의미하는 것이다. 이는 사용자가 컴퓨터나 네트워크를 의식하지 않고 시간과 장소에 상관없이 자유롭게 네트워크에 접속할 수 있는 환경을 말한다.

표 1.1 디스플레이의 역할

전기적 정보신호	⇨	광 정보신호	⇨	형상화된 정보
		발광형		analog/digital
		수광형		문자
				graphic
				video
각종 기기		⟺		인 간

▌표 1.2 새로운 환경에서의 디스플레이 발전 개념

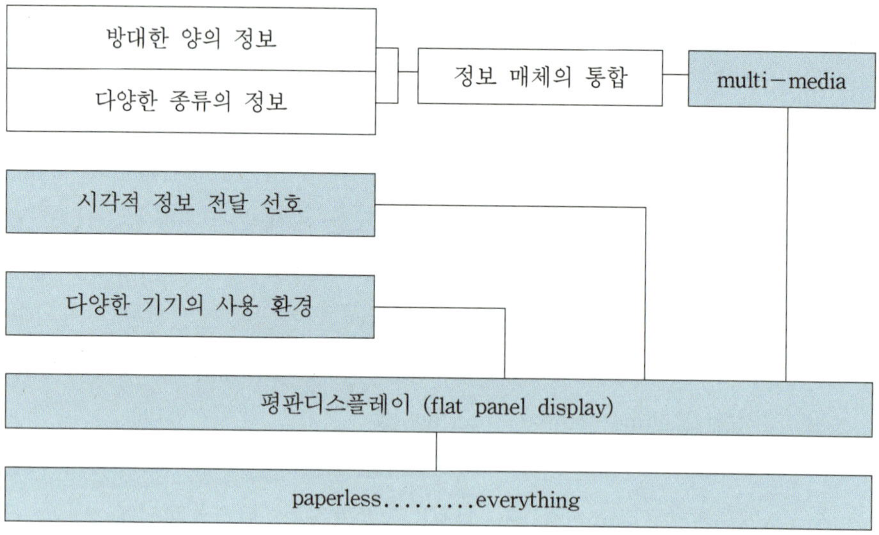

1.2 디스플레이 관련 용어

디스플레이의 기본 구성 요소로서 사용되는 화소(pixel)는 picture element의 준말로 "smallest resolvable spatial－information element as seen by the viewer"로 정의되며 색상(color)이나 계조 표시(gray level)를 나타내기 위해서 더 작은 dot (또는 subpixel: 부화소)로 구성될 수 있다. 컬러 디스플레이에서 색을 구현하기 위해서 그림 1.2와 같이 빨강(red: R), 초록(green: G), 파랑(blue: B)의 빛의 3원색의 밝기를 조합하여 사용한다. 그림 1.2에서 보는 바와 같이 하나의 화소에 R, G, B의 부화소가 공간적으로 분리되어 있으나 우리 눈에는 하나의 화소로 인식된다. 그 이유는 그림 1.2에서 보는 바와 같이 두 개의 인접한 부화소와 눈이 이루는 각이 0.03도 이하이면 우리 눈은 서로 다른 점으로 인지하지 못하고 같은 점에 있는 것으로 인식하기 때문이다. 만약 각 부화소가 꺼지거나 (혹은 빛을 완전히 차단하거나) 또는 켜지거나 (혹은 빛을 완전히 통과시키는) 두 가지 기능만 할 수 있다면 총 $2^3 = 8$ 가지 수의 색을 표현할 수 있는데, 이는 1－bit의 데이터를 가지고 제어할 수 있다. 만약 RGB 각각 2－bit의 데이터를 가지고 단위 색을 제어한다면 64가지 색의 경우가 나온다. 결과적으로, 디스플레이에서 표현할 수 있는 색의 수는 사용되는 화상 데이터의 비트 수(bit 수)에 의해 결정된다고 할 수 있다.

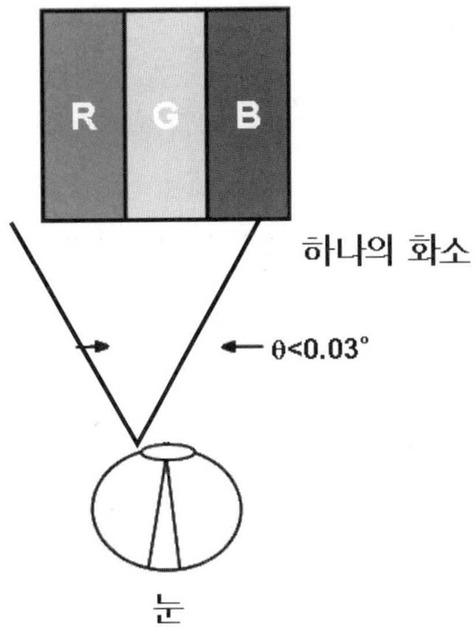

▌그림 1.2 하나의 화소와 눈과의 관계

예를 들어, LCD의 경우 6-bit 데이터를 이용해 262,144 색상을 표현하는 제품들이 주류를 이루었으나, 최근 8-bit 구동 IC를 사용해 16,777,216 가지 색을 표현하는 고급 사양을 가진 제품들이 출시되고 있는 데, 이 경우 디지털 구동(digital 구동)을 가정한 것이나. 만약 아날로그 구동(analog 구동)을 한다면 analog 신호는 연속된 데이터를 사용하기 때문에 색의 수가 제한되지 않고 자연계에 존재하는 모든 색을 표현할 수 있다. Digital 구동의 경우 몇 단계의 계조 표시(gray level 또는 gray scale)로서 화소를 통과하는 빛의 양을 제어할 수 있느냐에 따라 표현 가능한 색의 수가 결정되는 것이다. 부화소 모두를 완전히 열면 white가 되고 완전히 닫으면 black이 되며, 그 사이의 중간 계조를 조합하여 여러 가지 색을 표현한다.

디스플레이의 주요 성능지표의 하나로서 해상도(resolution)를 들 수 있는데 이는 화상 정보를 표현하는 데 얼마나 세밀한 부분까지 표시할 수 있는지의 척도로 단위 길이 당 화소의 수로 정의한다. 따라서 해상도의 단위는 주로 ppi(pixels per inch)나타낸다. 디스플레이의 크기는 대각선의 길이를 인치로 나타낸다. 그리고 해상도는 주어진 화면의 크기와 가로와 세로의 화소수를 나타내는 해상도 형식(resolution format)으로부터 계산할 수 있다. 표 1.3에 대표적인 해상도 형식을 가로 세로의 화소수로 나타내었다.

디스플레이의 휘도(brightness)는 디스플레이에서 발광, 투과 또는 반사된 빛의 밝기에 대한 사람의 시각적인 인지 특성을 나타내는 것으로 단위는 candela/m^2로 표현한다. 대비비(contrast ratio)는 디스플레이가 표현할 수 있는 가장 낮은 밝기에 대한 가장 높은 밝기의 비를 나타내는 것으로 대비비가 높을수록 디스플레이의 판독특성(detectability)이 좋다. 예를 들어 밝은 낮에 커튼을 가리지 않고 TV를 보면 TV 화면의 대비비가 떨어져 화면이 잘 보이지 않는 것을 경험한 적이 있을 것이다. 이는 명실에서의 대비비가 암실에서의 대비비보다 낮기 때문에 나타나는 현상이다. 그러면 그 이유는 무엇일까? 가장 어두운 화면을 나타낼 때에도 명실에서는 외부의 빛이 디스플레이의 화소에 입사하여 반사된 빛이 화소에서 나오기 때문에 대비비가 낮아진다.

응답속도(framing speed 혹은 response time)는 디스플레이 소자에 전기적 신호를 인가한 후에 원하는 휘도의 90%에 해당하는 빛이 나오는데 까지 걸리는 시간으로 정의한다. 응답속도는 액정의 경우에는 자체발광 소자인 PDP나 OLED에 비하여 느리다. 시야각(viewing angle)은 디스플레이를 정면에서 볼 때의 밝기를 기준으로 상하좌우의 각도를 가지고 볼 때 그 밝기가 절반이하로 떨어져 보이는 각도로 정의한다. 일반적으로는 시야각이 넓을수록 디스플레이의 특성이 좋다고 하지만 휴대용기기인 경우에는 시야각이 너무 넓으면 옆 사람에 의하여 개인적인 사생활의 침해를 받을 수 있기 때문에 시야각을 좁게 만드는 기술도 연구되고 있다. 디스플레이의 수명은 일반적으로 디스플레이를 최대의 밝기로 연속적으로 켜 놓았을 때 디스플레이의 밝기가 처음의 절반으로 줄어드는데 까지 걸리는 시간으로 정의한다.

표 1.3 디스플레이 해상도 형식

Type	Aspect Ratio (가로세로비)	Resolution Format (해상도 형식)
NTSC	4:3	380 x 480
VGA	4:3	640×480
SVGA	4:3	800×600
XGA	4:3	1024×768
SXGA	5:4	1280×1024
UXGA	4:3	1600×1200
HDTV	16:9	1920 x 1080

1.3 평판디스플레이 기본원리

90년대 초반까지만 해도 디스플레이의 주류는 CRT (또는 브라운관)이었다. 100여년의 역사를 지니고 있는 이 기술은 거의 대부분의 TV와 개인용 컴퓨터 모니터에 사용되고 있었다. 그러나 90년대 중반 들어 휴대성이 강조되고 다양하면서도 방대한 정보의 양을 표현하기 위해 고화질의 중소형 및 대형 디스플레이에 대한 욕구가 나타나면서 평판디스플레이 시대가 열리기 시작하였다.

오랫동안 디스플레이 시장을 주도해 온 CRT는 결국 새로운 기술을 적용한 평판디스플레이인 액정디스플레이(liquid crystal display: LCD)에 의해 대부분의 시장을 공략 당하게 되었고 그 뒤를 이은 플라즈마디스플레이(plasma display panel: PDP), 그리고 최근의 유기(전기)발광다이오드(organic light emitting diode : OLED)에도 추격당하게 됐다. 게다가 고속인터넷과 무선통신이 보급되고 디지털 통신과 방송이 융합하는 등 새로운 환경이 조성되면서 이 같은 추세는 점점 빨라지고 있다. 휴대전화와 노트북 컴퓨터 사용자가 늘고 홈시어터(home theatre)와 대형전광판의 보급률이 높아지면서 평판디스플레이 산업은 바야흐로 전성기를 맞이하게 되었다. 이와 더불어 새로운 고기능성 재료 기술과 새로운 구조의 박막트랜지스터(thin−film transistor: TFT) 기술, 저 소비전력 및 고 해상도의 구동회로 기술 등의 비약적인 발전으로 관련 주변 산업이 엄청나게 성장하고 있다.

그렇다면 아래에서 현재 발전에 발전을 거듭하고 있는 다양한 평판디스플레이의 기본원리를 알아보도록 하자.

LCD는 고체와 기체의 중간 상(mesophase)인 액정(liquid crystal)물질을 전극이 있는 기판 사이에 주입하고 일정 전압을 걸어주어 분자 배열 방향을 변화시킴으로서 광축을 서로 수직하게 배치한 편광자 사이에서 빛의 투과율을 조절하는 방식이다. LCD는 외부 광이 반드시 필요하기 때문에 '수광형'(non−emissive)으로 분류된다.

초기의 LCD는 상하 유리 기판 위에 입혀진 투명 전극(indium−tin−oxide: ITO)을 서로 수직하게 마주보도록 하여 액정물질에 전압을 걸어주는 단순한 방법으로 디지털 전자시계 또는 소형 전자계산기와 같은 간단한 시각 정보만을 제공하는 데 이용되었다. 점차 전자 회로 기술이 발전하여 최근에는 LCD에 전압을 걸어주는 소자로 TFT를 사용하게 되면서 흔히 TFT−LCD로 부르게 되었다. 대표적인 대형 TFT−LCD 시제품으로는 그림 1.3에 있는 최근 발표된 HDTV용의 100인치를 들 수 있다.

LCD에서 액정 분자의 배열은 전압에 따라 변하게 되어 입사되는 빛이 액정 층을 통과하면서 편광상태가 바뀜으로서 투과율이 조절된다. 그 결과 옆에서 LCD를 보는 경우에는 정면에서 볼 때와 빛의 진행 경로가 달라서 들어온 빛의 편광상태가 변하여 화상의 대비비가 변하는 문제점이 있다. 이처럼 보는 방향에 따른 화상의 변화를 시야각 특성이라고 하고 시야각이 넓을수록 우수한 성능의 LCD라고 할 수 있다. 한편, LCD는 걸어 준 전압의 크기에 의해 분자의 배열 방향이 변화되기 때문에 움직이는 영상을 구현하기 위해서 분자의 집합적인 회전 속도가 영상이 연속으로 변화하는 속도보다 빨라야 한다.

일반적으로 연속적인 동영상을 보여주기 위해서는 1초당 30회 정도의 영상이 연속으로 변화되어야 하므로, 약 1/30 초 동안에 1개 화면의 표시가 가능해야 하는데 분자의 집합적인 회전 속도는 이보다 빨라야 한다. 그래서 LCD는 시야각 특성과 응답 속도를 향상시키기 위해 다양한 액정 배열 구조를 만들거나 전압을 걸어주는 전극 모양을 여러 가지로 설계하는 등 새로운 기술을 사용하여 최근에는 부드럽게 움직이는 영상을 구현하고 옆에서 볼 때도 정면에서 볼 때와 거의 유사한 표시 특성을 가지는 LCD가 개발되었다.

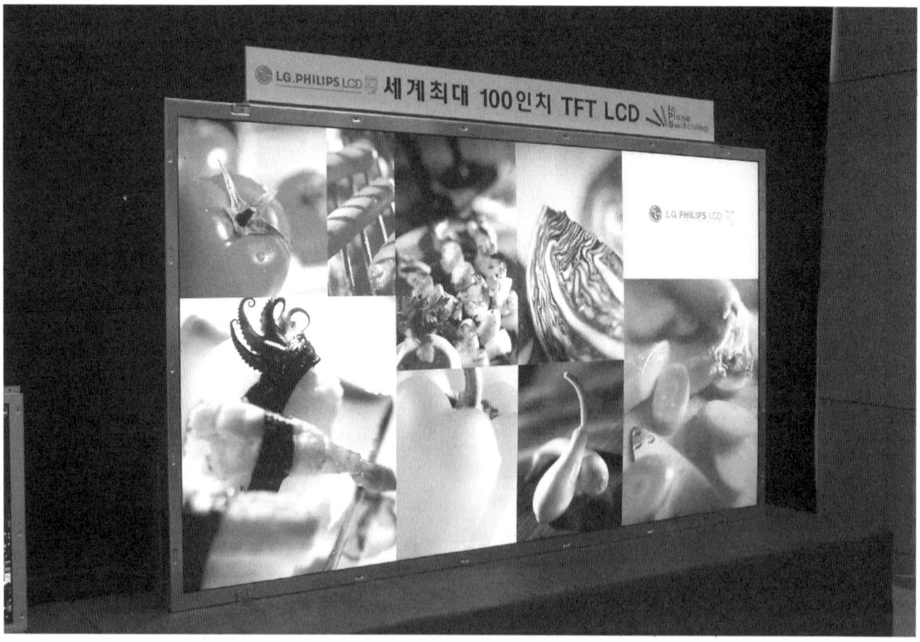

그림 1.3 LG-Philips LCD의 HDTV용 100인치 TFT-LCD
(출처: 언론보도 2006)

PDP는 마치 형광등처럼 기체를 방전시켜 형광 물질에서 빛을 나오게 하는 것으로 LCD에 비해 상대적으로 구조가 간단하여 대형화면에 유리한 방식이다. 아르곤(Ar)이나 크세논(Xe)과 네온(Ne)을 혼합한 기체를 칸막이가 거의 1 mm 이하의 간격으로 나누어진 공간에 넣어 높은 전압을 걸어주면 플라즈마가 생겨 방전하면서 자외선이 발생하게 된다. 이렇게 생긴 자외선이 세 개의 공간에 입혀진 특정한 파장의 에너지띠를 갖는 R, G, B 세 가지의 형광 물질을 여기 시키면 에너지띠 간의 양자역학적 (quantum mechanical) 전이(transition) 현상의 결과로 빛을 나오도록 한다. 각 컬러 화소는 RGB 세 개의 화소로 구성되고 걸어 준 전압에 따라 색상이 조합되어 컬러를 구현하게 된다.

수많은 칸막이로 이루어진 공간을 얇고 크게 만드는 PDP 기술은 LCD 기술보다 쉽기 때문에 PDP는 제조 원가가 낮고 대형에 적합하다. 그러나 상대적으로 고 전압 구동회로가 요구되어 부품 가격이 높고 에너지 절감형 구동기술의 개발이 필요하다. 초기의 PDP에서는 사람이 움직이면서 PDP를 보면 움직이는 영상이 왜곡되는 등의 문제가 있고 장기간 동일 위치의 화소를 켜게 될 경우 열화(burning) 현상이 심각한 수준이었으나 최근에는 비약적인 기술의 발전으로 이러한 문제들이 상당히 해결되었다.

그림 1.4 삼성SDI의 HDTV용 102인치 PDP
(출처: SID 2005)

PDP는 화면 크기에 비해 저렴한 가격으로 생산할 수 있고 시야각이 넓어서 대형 디지털 TV에 많이 사용되고 있다. PDP는 형광물질을 이용하여 패널 자체에서 빛을 발생시키므로 '발광형'(emissive)이라고 부른다. 대표적인 PDP 시제품으로는 그림 1.4에 보여 준 최근의 HDTV용 102인치를 들 수 있다.

OLED는 전극을 형성한 상하 기판 사이에 포함되어 있는 유기물 반도체에 전압을 걸어 활성층 (active layer)으로 유입된 전자(electron)와 정공(hole)을 결합시켜 빛을 내는 방식이다. 두 개의 전극 영역에서 공급된 전자와 정공은 각각 전자가 잘 통과하는 유기물 층과 정공이 잘 통과하는 유기물 층을 지나서 유기물 반도체 층에서 결합하여 유기물 반도체 고유의 빛을 내게 된다. 일반적으로 전자와 정공이 더 많이 유기물 반도체 층에서 결합되면 더 밝은 빛이 나오기 때문에 전자와 정공을 잘 공급하는 유기물 층을 유기물 반도체 활성층과 각 전극 사이에 추가하여 OLED를 제작하기도 한다. 유기물을 여러 층으로 쌓아서 만들기 때문에 넓은 면적에서 균일한 화질을 얻는 데 많은 어려움이 있다. 또한, PDP와 마찬가지로 열화 현상이 문제로 등장하고 있다. 대면적에서 균일한 화상을 구현하기 위해 각각의 화소에 일정한 전류가 흐르도록 보상하는 회로를 개발하고 외부 환경에서 공기 중의 수분으로부터 OLED를 보호하기 위한 구조를 도입하여 신뢰성을 높이고 있다. OLED는 PDP와 같이 패널 자체에서 빛이 생기므로 '발광형'이라고 부른다. 이 원리를 이용한 대표적인 시제품으로 그림 1.5에 나와 있는 비정질 실리콘 TFT를 채용한 40인치 능동구동(active matrix: AM) OLED가 있다.

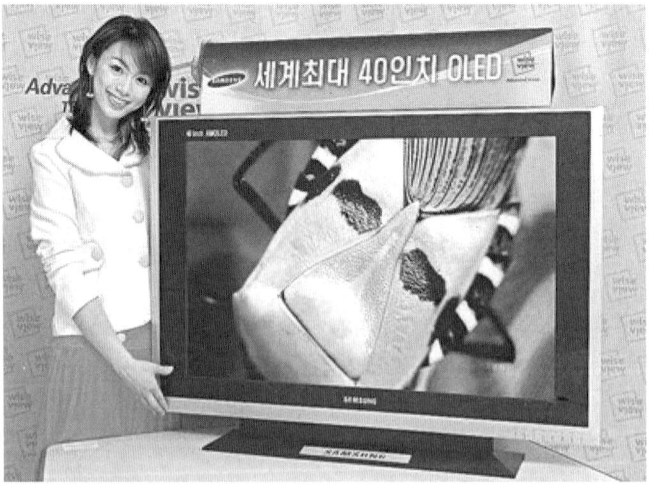

그림 1.5 삼성전자의 40인치 a:Si OLED
(출처: SID 2005)

이밖에 매우 작고 수많은 전자총(field emitter)을 쏴서 화면을 표시하는 전계방출디스플레이(field emission display: FED)방식도 최근 새로이 개발되었다. FED는 1980년대 이후 많은 연구가 진행되었으나 대형화의 어려움, 높은 투자비와 생산원가 등으로 인해 아직까지 상업화에는 이르지 못하고 있다. 최근에 FED의 emitter tip으로 탄소나노튜브 (carbon nanotube: CNT)를 이용한 FED 개발에 관심이 모아지고 있다. CNT의 역학적인 견고성과 화학적인 안정성, 구조에 따른 도체나 반도체의 성질, 작은 직경이면서 긴 길이를 가지는 특성으로 인해 FED의 emitter tip으로 이용하기에 적합한 소재로 인식되고 있다.

이상과 같은 평판 디스플레이는 기존의 CRT를 상당히 급격하게 대체하고 있으며, 미래의 디스플레이로 여겨지는 접는 것이 가능한 플렉시블 디스플레이(flexible display) 디스플레이나 전자책(e-book)은 그림 1.6과 그림 1.7에서 보는 것처럼 아직 초기 단계이지만 가벼우면서도 내구성이 뛰어나기 때문에 스마트카드, 입는(wearable) 컴퓨터 등에 사용할 수 있다는 것이 특징이다. 더 나아가 디스플레이 기판, 전극, 화상을 구현하는 부분을 모두 유기물을 사용하여 프린터로 인쇄하듯이 만들 수 있어 저렴한 가격으로 대량생산이 가능한 전유기디스플레이(all organic display: AOD) 분야는 이제 막 태동한 분야로 응용범위가 넓은 기술이지만 앞으로 극복해야 할 무수한 기술적 장애가 존재한다. 이러한 개념에서 보면 미래에는 현재의 대표적인 무기물 반도체인 실리콘으로 제작한 메모리칩이나 전자부품 등이 유기물 반도체를 이용해서 만들어질 것이고 보다 더 간편하고 값이 저렴하면서도 성능이 우수한 새로운 전자기기들이 출현할 것으로 예상된다.

▌그림 1.6 OLED flexible 디스플레이
(출처: SID 2005)

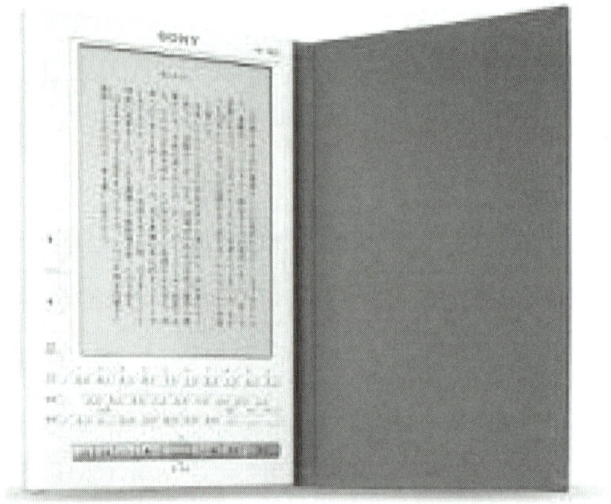

그림 1.7 전자종이 디스플레이
(출처: SID 2004)

차세대 디스플레이로써 우리 일상에서 눈으로 보고 있는 세계를 좀 더 실제와 가깝고 자연스러운 영상으로 표현해 주는 3차원(또는 입체)디스플레이(3-dimersional display)도 영상처리 기술의 발전과 함께 입체에 대한 심리학적 연구를 통해 최근 괄목할 만한 성과를 거두고 있다.

표 1.4 디스플레이 종류별 특징

항 목		CRT	Projection	PDP	LCD
기능성	발광방식	발광형	방식별	발광형	수광형
	색분리	형광체	종류별	형광체	Color Filter
구조성	대형화	~40인치	~80인치	~102인치	~100인치
	박형화	△	△	○	○
화질 성능	고해상도화	◎	○	○	◎
	응답속도	◎	○	◎	△
	시야각	◎	△	◎	○
	색재현성	◎	◎	◎	○
	밝기	◎	○	△	○
	균일도	△	△	◎	○
효율성	소비전력	○	○	○	◎
	무게	△	○	○	◎
	가격	◎	○	△	△

마지막으로 위에서 간단히 소개한 다양한 디스플레이 중에서 현재 중요한 위치를 차지하고 있는 LCD와 PDP 그리고 투사형(projection) 디스플레이를 CRT와 비교하여 보도록 하자. 크게 발광방식 등의 기능성 관점, 크기 등의 구조적 관점, 해상도와 응답속도 등의 화질 성능 측면, 소비전력과 가격 등의 효율성 측면에서의 특징을 표 1.4에 요약하였다. OLED의 경우 여러 가지 우수한 성능을 가지고 있으나 아직은 시제품 측면이 강해 상용화 관점에서 비교하기에는 이르다고 할 수 있다.

1.4 평판디스플레이 발전 추세

1.4.1 국내평판디스플레이 산업

1990년대 초반 거의 불모지나 다름없던 우리나라의 평판디스플레이 산업을 보면, LCD분야는 1990대 중반 이후부터 대부분의 원천 기술을 보유한 미국과 일본 등 선진국과의 기술격차를 단기간에 해소하여 1995년 국내 최초의 9.4인치 노트북용 패널 생산을 시작으로 지금은 LCD 시장 점유율 40% 수준으로 세계 1위국의 위치에 올라섰다. 현재 평판디스플레이 분야에서 거의 독주하지만 1990년대 말까지는 선두인 일본, 일본을 추격하던 한국, 그리고 한국을 뒤쫓이 오던 대만의 "삼국시대"를 지나 지금은 우리나라가 선두주자가 되어 있고 우리나라와 일본의 각축, 대만의 추격, 중국의 진입으로 4개국의 합종·연횡시대로 접어들었다. 우리나라는 대형 LCD 및 대량생산 체제구축 측면에서 부동의 세계 최고의 자리에 올랐으며 첨단 기술적인 측면에서 일본과 경쟁하고 있다. 하지만 관련 재료, 부품, 생산 설비 등의 주변 산업의 수준은 일본에 비해 절대적인 열세를 면치 못하고 있어 이에 대한 국가적 차원의 집중적인 연구 개발이 요구되고 있다.

한편, PDP와 OLED 분야는 평판디스플레이 분야의 후발주자로 비록 LCD보다 산업적으로는 늦게 출발하였으나, PDP의 경우 미국과 일본을 중심으로 발전하여 1990년대 들어서면서 각광을 받기 시작하였고, 우리나라는 1996년 이후 본격적으로 일본과의 생산격차를 줄이고 있어 2006년 이후에는 일본을 앞지를 것으로 예상되고 있다. 현재 PDP의 발광 효율을 높이고 화질을 개선하면서 소비전력을 낮추기 위한 노력이 계속되고 있다. 최근 홈시어터의 보급에 따라 50–70인치 크기의 대형 벽걸이 TV에 대한 관심이 높아지면서 시장이 더욱 확대되고 있다.

OLED 분야 역시 원천 기술을 보유한 미국, 일본, 유럽 국가들을 추격하여 현재 삼성 SDI를 비롯한 국내 기업의 기술력이 세계적인 수준이다. 그러나 원천기술 보유 측면에서는 여전히 확실한 강자로 인식되지는 못하고 있으며 미국, 일본, 대만, 중국 등과의 경쟁도 치열한 상황이다. 이처럼 단기간에 세계적 수준에 도달한 데는 기업, 대학, 연구기관 간에 지속적인 공동연구와 정부의 정책적 지원이 주요한 밑거름이 되었다고 볼 수 있다.

1.4.2 평판디스플레이 수요

2000년대 들어 평판디스플레이 산업의 핵심주자로 꼽히고 있는 LCD와 PDP의 성장은 점점 패널 크기가 대형화되고 박형 및 경량화, 고화질화가 추진되면서 디지털 TV 제품으로 폭발적인 수요를 창출하고 있다.

LCD 분야는 일본에서 개최된 CEATEC 2004에서 Sharp사는 그 당시 세계 최대 크기인 65인치 LCD TV를 전시하였으며 2005년 중으로 본격적인 양산 계획을 발표하였다. 국내 기업으로는 2003년 LG Philips LCD (LPL)사가 55인치 LCD TV를 개발하였고 같은 해 삼성전자가 57인치 LCD TV를 개발했다. 그리고 SID 2005에서 삼성전자가 82인치의 LCD TV를 전시, 2006년 LPL에서 세계 최대 크기의 HD급 100인치 LCD TV를 개발하여 사실상 LCD 패널의 크기 경쟁은 우리나라의 삼성전자와 LPL이 선도하고 있다고 볼 수 있다. 80인치 크기 이상의

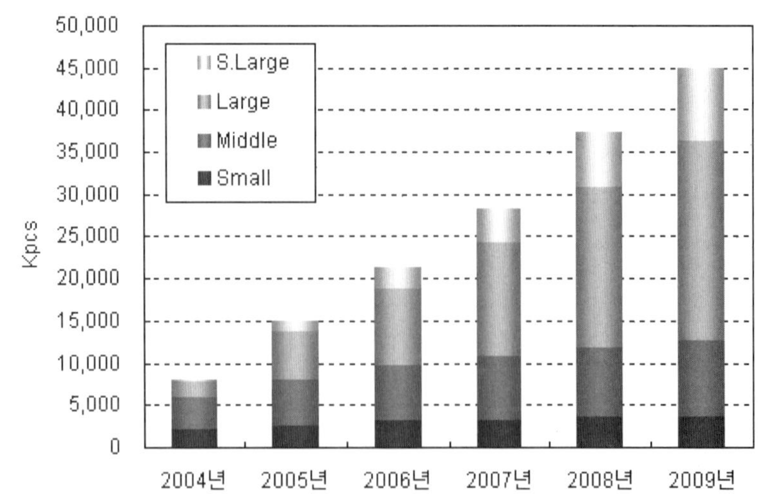

그림 1.8 LCD TV 연도별 수요전망
(출처: 디스플레이뱅크 2004-Q4 LCD TV 시장동향 분석)

LCD TV 개발의 주요한 의미는 PDP의 고유 영역으로만 여겨졌던 대화면 디지털 TV 시장이 이제는 더 이상 PDP의 독점 영역이 아니라는 것이다.

삼성전자의 82인치(가로: 2200mm, 세로: 1870mm), LPL의 100인치 초대형 TFT-LCD TV의 개발은 초대형화 구현에 큰 장애로 인식되던 LCD 패널의 일정한 두께 유지 문제, 배면광원(backlight unit: BLU)의 휘도 및 균일도 문제, 낮은 응답속도, 낮은 색재현성, 시야각 문제 등을 해결한 결과였다. 삼성전자의 경우 기존의 PVA(patterned vertical alignment)와 비교할 때 2배의 영역(domain)을 가지는 구조를 화소 당 배치한 S-PVA(super-PVA) 기술을 사용하여 넓은 시야각을 구현하였다. 또한 저산란 컬러필터 기술을 사용하여 LCD 표면에서 발생하는 눈부심 효과를 방지하였고, 높은 개구율(aperture ratio)을 실현하여 1200:1 이상의 대비비와 600 니트(cd/m^2)의 휘도를 달성하였다. 또한 8 ms 이하의 응답속도로 동영상 표현이 탁월하고 고성능의 냉음극형광램프(cold cathode fluorescence lamp: CCFL) BLU 성능을 향상시켜 색재현성이 92%에 달하고 있다. LPL의 경우 S-IPS(super in-plane switching) 기술을 이용하여 시야각과 색 재현성이 대단히 우수하다.

시장 측면에서는 비록 2004년 LCD TV 수요가 저조하여 800만 대 수준의 출하 실적을 기록하였으나 2005년 이후부터는 LCD TV 가격이 급속히 하락하여 꾸준히 수요가 증가하는 추세이고 2005년 LCD TV의 수요는 1500만대 규모에 이르고, LCD TV용 패널 생산이 2000만 대를 초과하게 되어 지속적인 공급 과잉을 가져와 LCD TV의 가격이 더욱 하락하면서 LCD TV 수요가 한층 더 증가하고 있다. 또한 [그림 1.8]에서 볼 수 있는 것처럼 2005년 560만대의 대형 LCD와 130만대의 초대형 LCD 수요가 2009년 2360만대의 대형과 870만대의 초대형 수요로 확대되면 전체 LCD TV 수요의 증가율인 41%보다 훨씬 높은 65%, 100%의 대형 및 초대형 LCD TV 시장 성장률을 달성할 것으로 전망된다.

한편, PDP 분야에서는 국내의 LG전자가 2004년 71인치, 그리고 같은 해 일본의 마쓰시타가 65인치 PDP TV를 출시하였는데 16:9 화면비에서 완전 HD급 영상을 구현한 제품이다. 크기 면에서 2003년 LG전자가 76인치 PDP, 2004년 삼성 SDI가 80인치 PDP, 연이어 2005년에는 CRT, LCD, 투사형, PDP 등을 통틀어 현존하는 TV용 디스플레이 가운데서 가장 큰 102인치(가로: 2,310mm, 세로: 1,325mm) PDP를 개발하였다.

이처럼 PDP의 대형화 달성은 지금까지의 여러 문제점들 중에서 전극 간 길이를 길게 하고 hybrid PDP 방전과 같은 새로운 방전 모드를 사용하여 짧은 방전 공간의 크기 때문에 낮았던 방전 효율을 높이고, 방전 개시 전압의 불균일성을 주던 ITO(indium−tin oxide) 투명 전극을 에칭 정밀도가 우수한 유지 전극으로 대체하는 등 새로운 기술을 채용한 결과이다. 특히, 새로운 격벽구조를 형성하여 오방전 발생 가능성을 낮추었으며 형광체 도포 면적을 넓히고, 새로운 유전체 물질과 고효율 형광체 등을 사용하여 가로 1920, 세로 1080 라인의 완전한 HD급 해상도 및 1000 니트(cd/㎡)의 휘도와 2000:1의 대비비를 구현하였다. 향후 잉크젯 인쇄 방식으로 나노 크기의 분말을 이용한 전극 형성을 통해 우수한 전기적, 물리적 특성을 확보할 수 있을 것이다. 최소 밝기를 결정하는 벽 전하 형성 과정에서의 배경 광을 줄이고, 최대 밝기를 주는 방전 셀 발광 휘도를 증가시키며, 주변의 반사광을 줄이는 등의 접근 방법으로 대비비를 더욱 향상시키고, 패널 온도 변화와 형광체 열화로 발생하는 영상 고착화(image sticking)를 방지하는 기술 등이 요구될 것이다.

PDP의 시장을 보면, 2005년 PDP TV 수요는 약 630만대 수준이고, 삼성SDI와 LG전자 등 국내 PDP 업체들의 본격적인 라인 증설로 대형 패널의 공급 능력이 빠르게 증가하여 [그림 1.9]에서 보는 것처럼 2005년에는 50~60인치 초대형 패널이 전체 PDP TV의 20%에 달한 데 이어 계속 증가할 것으로 예측된다. 50인치 이상 초대형 PDP 수요도 2005년 120만대, 2006년 200만대, 2007년 300만대에 이어 2008년 400만대로 PDP TV 전체의 50% 증가율에 비해 50인치 이상은 약 76%의 증가율을 보일 것으로 예상된다.

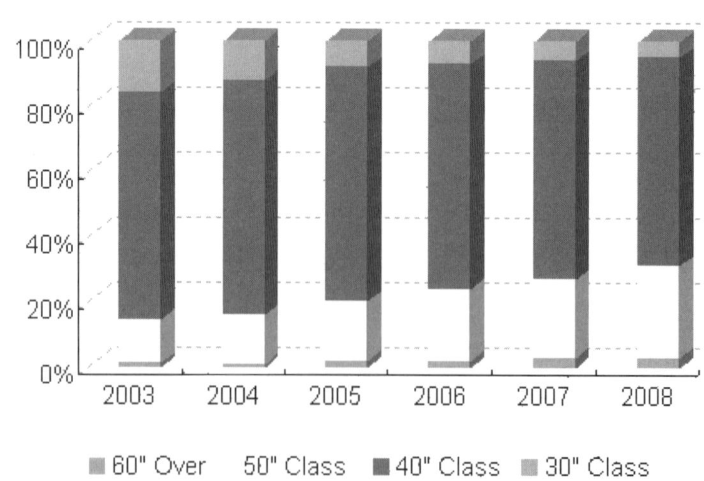

그림 1.9 PDP TV 연도별 수요전망
(출처 : 디스플레이뱅크 2004-Q4 PDP 패널 출하실적)

OLED 분야는 아직까지 대형화, 안정성 및 수명 등의 문제를 가지고 있지만 고휘도와 저소비전력, 경량, 박형 등의 장점을 지니고 있어 현재로는 LCD와 PDP 경우의 안정화된 대화면 TV 기술면에서 비록 열세에 있지만 향후 대형 TV 시장에 참여할 잠재력을 지니고 있다.

위에 언급한 세계 TV 시장에서 2004년 LCD TV는 점유율 5.5%, PDP TV는 0.9%에 불과하다고 Display Search가 발표했지만 이러한 양상은 디지털 TV 방송이 본격화되면서 세계 디지털 TV 시장 규모가 2006년에는 3000만대에 육박하고 있다. 그 중 90.5%에 해당하는 CRT는 SuperSlim 등의 신기술로 점유율을 유지하고자 하나, 2007년에는 HD 방송을 35% 수준으로 의무화할 방침에 따라 디지털 TV의 대기 수요가 실수요로 전환될 것으로 예상되어 2007년에는 LCD와 PDP 등의 평판디스플레이 점유율이 23%에 달하고, 총액 면에서는 43%에 달할 것으로 전망된다.

차세대 디스플레이 기술로서 현재까지는 기존 디스플레이에서 유리 기판을 플라스틱 기판으로 대체함으로써 가볍고 견고한 플렉시블 디스플레이(flexible 디스플레이)를 구현하려는 시도가 주를 이루고 있다. 지금은 flexible 디스플레이 시장이 비록 미미한 수준에 머물지만 Philips 사와 CDT 사 등에서 제품에 선보이고 있어 점차 시장이 형성되면 그 규모가 2010년도에는 180억 달러정도로 커질 것으로 예측되고 있다. 앞으로 flexible 디스플레이 수준을 넘어 출현하게 될 전유기디스플레이는 그 응용범위가 입는 컴퓨터와 rollable 디스플레이 등의 새로운 정보기기 전반에 걸쳐 다양하게 이용될 것으로 예상된다. 또한 휴대용 디스플레이의 최대 과제라 할 수 있는 저소비전력소화는 미래의 디지털 생활 패턴을 고려해 볼 때 대단히 중요한 요소이다. 이는 휴대성의 극대화 뿐 아니라 환경 및 국가 경제에도 커다란 영향을 미치게 될 것이기 때문이다.

마지막으로, 3차원 (또는 입체) 디스플레이는 응용 분야로 현재는 의료용, 게임기, CAD용 등에 제한되어 있으나 일반 TV영상으로 입체영상을 표현하는 기술이 개발되고 있어 2000년대 후반에는 방송분야에도 적용될 것으로 예상된다. 현재 우리나라의 3차원 정보단말기 시장은 대단히 미미한 상태로 극히 일부의 기업체, 연구소, 대학 정도에서 실험용으로 사용하고 있는 실정이다. 그러나 3차원 단말 기술에 대한 인식이 확대되면서 이에 대한 관련 산업체들의 욕구도 점점 증가함에 따라 최근에는 3차원 게임을 비롯한 소프트웨어 시장을 중심으로 의료, 보안, 광고, 방송 등에 대한 기업체의 참여와 더불어 수요시장이 형성되고 있는 추세이며 특히, 2002년 한.일 월드컵의 입체 중계방송을 시작으로 수요가 점차 증가할 것으로 예상되고 있다. 외국의 경우에는 3차원 게임, 교육, 의료, 컴퓨터, 시뮬레이터 분야 등에서 기존의 2차원 멀티미디어 정보단말기를 대신할 차세대 3차원 입체 멀티미디어 시장이 자리를 잡기 시작하였다. 2005년 세계시장 규모가 약 4조 달러인 멀티미디어 관련 산업에서 3차원 TV 시장은 20억 달러 수준에서 기타 3차원 관련 TV 방송 시장을 포함할 경우 30억 달러에 육박할 것으로 전망되고 있다. 한편, 3차원 게임 시장은 1997년에는 867억 달러로서 이는 지난 1987년부터 매년 25% 수준의 성장을 의미하고 2005년의 산술적인 시장규모를 약 5,200억 달러로 보고 3차원 디스플레이 시장을 10%로 추정한다면 약 520억 달러 규모가 된다.

1.5 결론

인간과 기계와의 인터페이스로서 모든 분야의 '창' 역할을 하는 디스플레이 분야는 인간의 활동 영역의 확대와 정보량의 증가에 따라 산업적 위치도 점점 더 중요해지고 있다. 디스플레이 분야는 물리, 화학, 재료, 전자공학, 인간공학 등과 같은 다양한 학문 분야를 망라한 첨단기술의 총아인 셈이다. 고속인터넷과 무선통신의 발달로 인해 대량의 디지털 영상정보 전달의 필요성이 강조되는 현 사회에서 디스플레이의 용도는 휴대용의 소형 디스플레이, 사무용의 중·대형 디스플레이에 이르기까지 그 수요는 더욱 급증하고 있으며 국가적으로 세계 우위를 유지해야 할 전략산업의 하나로서 주목받고 있다. 이러한 시대적 요구에 부응하기 위해 지속적인 연구개발과 관련 핵심인력의 양성이 절실하며 "도전과 성취"의 기쁨을 가져다 줄 분야로 꼽을 수 있을 것이다.

지난 100년 동안 대표적인 디스플레이로 여겨져 왔던 CRT는 멀티미디어 및 네트워킹 기술의 발전으로 인해 LCD, PDP, OLED 등의 평판디스플레이로 급속히 대체되고 있으며, 앞으로도 그 입지가 계속 좁아질 것으로 예상된다. 이러한 디스플레이 산업의 급속한 변화 속에서 최근에는 언제 어디서나 정보의 네트워크에 쉽게 접속하여 원하는 정보를 쉽게 볼 수 있고, 정보를 쉽게 교환할 수 있는 유비쿼터스 (ubiquitous) 기술 환경 시대로 접어들고 있으며, 네트워크, 인터넷, 디지털 컨텐츠, 휴대정보기기, 멀티미디어, 유무선 통신기술 등이 융합 (digital convergence)되며 종래의 개념으로 정의할 수 없는 새로운 기술 환경으로 디스플레이 기술 환경이 변화함에 따라 휴대가 쉽고, 깨지지 않으며, 임의의 형태로 디스플레이 구현이 가능하고, 변형이 자유로움과 동시에 우수한 디스플레이 특성을 나타내는 flexible 디스플레이가 크게 주목받고 있다. 이러한 이유로 인하여 CRT를 1세대 디스플레이로 부른다면, 유리 기판을 사용하는 평판디스플레이를 2세대 디스플레이, flexible 디스플레이를 3세대 디스플레이로 부를 수 있다.

평판디스플레이에 대한 수요의 큰 흐름으로는 첫째, 조만간 본격적으로 서비스가 제공될 디지털 방송을 꼽을 수 있다. 국내 모든 방송사가 디지털 TV 방송을 시작하였고, 2006년부터 방송의 25%이상을 HD 방식으로 의무화함에 따라 고선명 영상 표현이 가능한 대화면 디스플레이의 새로운 시장이 창출되어 수요가 급증할 것이다. 특히 대화면 디스플레이의 경우에는 일반 가정이나 좁은 장소에서도 활용될 수 있도록 경량이면서 두께가 얇은 슬림형이 주류를 이룰 것이다. 둘째, 20세기 들어 시작된 정보화 기반 구축사업은 이제 세계 각국으로 확산되고 지식기반사회에 대한 대중의 인식이 일반화됨에 따라 소비자들은 정보를 습득하는 과정에서 보다 편리하고 다양한 멀티미디어 서비스를 요구하고 있다. 따라서 서비스를 제공하는 사업자들은 이러한 멀티미디어 환경에 적극 대처하면서 소비자들이 원하는 서비스 제공에 주력하게 되어 유비쿼터스 환경으로 발전해 가고 있다. 이러한 환경에서는 이동성과 휴대성이 뛰어난 얇고, 가볍고, 깨지지 않으며 변형이 가능한 flexible 디스플레이가 필요하다.

LCD, PDP, OLED 등 평판디스플레이 분야는 물리학, 화학, 전자공학, 기계공학 등 거의 모든 이공계 학문이 종합된 연구 분야로 볼 수 있다. 그만큼 앞으로 연구하고 개발해야 할 주제가 많다는 것을 뜻한다. LCD의 예를 들면, 빠른 회전속도를 갖는 액정을 합성하기 위한 화학이나 화학공학, 재료공학에 대한 연구와 넓은 시야각 특성을 구현하기 위한 광학에 대한 지식이 필수적이다. 뿐만 아니라, 액정을 작동시키는 전자 회로와 구동 칩을 만들기 위해서는 전자공학에 대한 기조가 있어야 하며 디스플레이 생산에 필요한 설비를 개발·제작하기 위해 기계공학적 지식과 정밀 가공기술이 필요하다. PDP와 OLED 연구에 있어서도, 빛을 내는 효율을 높이기 위한 재료의 개발, 효과적인 발광 구조 도입을 위한 이론적 접근이 필요하므로 재료공학과 물리학 등에 대한 지식을 가지고 있어야 한다. 또 차세대 디스플레이 개념을 새로 만들고 정립하는 일에서 그 작동 원리를 이해하기 위해서는 공상 과학 영화에서처럼 상상력과 창의력이 요구된다. 천연색을 구현하기 위해 형광체 재료에 대한 연구도 이루어져야하며 사람이 색을 어떻게 인지하는지에 대한 연구가 바탕에 깔려있어야 한다. 이처럼 물리, 화학, 재료, 전자공학 등 많은 분야의 지식을 바탕으로 미래의 디스플레이가 탄생됨을 생각하면 디스플레이는 이공계 학문 분야 중에서도 가장 보람찬 도전과 성취를 맛 볼 수 있는 영역일 것이다.

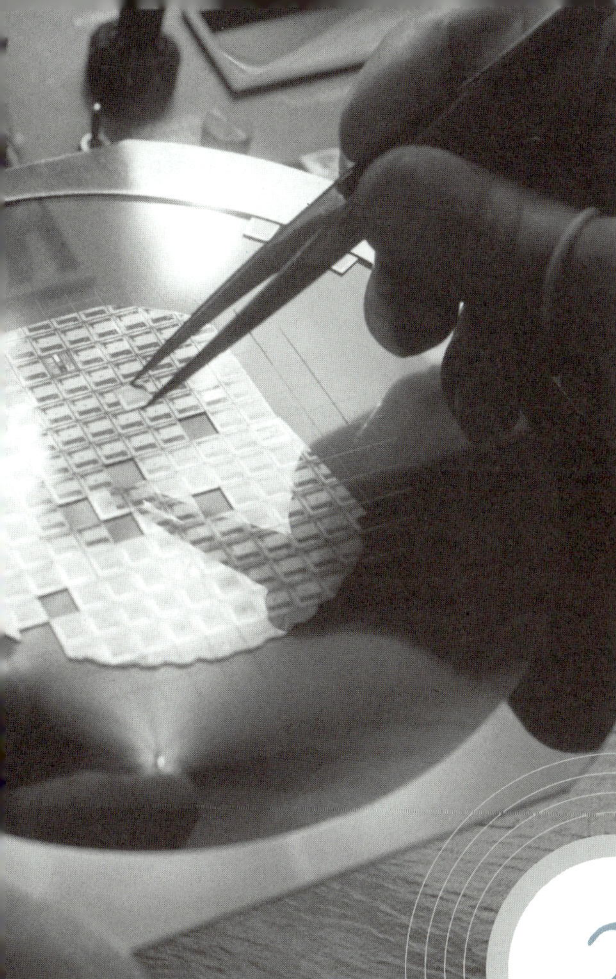

Display Engineering

2 액정디스플레이(LCD)

2.1 서론

액정 디스플레이(liquid crystal display: LCD)는 두 개의 얇은 유리기판 사이에 액정(liguid crystal)을 채우고 상하기판에 전압을 인가하여 액정 분자의 배열을 변화시킴으로써 외부에서 입사한 빛의 투과도를 조절하는 방식의 디스플레이로 현재 생산되는 평판 디스플레이의 대부분을 차지하고 있다.

LCD가 본격적으로 전자기기에 채용되기 시작한 것은 1970년대로 30년 정도의 역사를 가지고 있다. 이러한 짧은 기간에도 불구하고 급격한 기술발전을 통해 LCD의 표시성능은 현저히 향상되어 박형, 경량, 저소비 전력의 특징을 기반으로 현재 휴대폰에서 고선명(high definition: HD) TV에 이르기까지 정보기기 전반에서 수요를 창출해 왔다.

현재까지 LCD의 발전과정을 살펴보면 제 4 세대를 거쳐 제 5 세대로 향하고 있다. 제 1 세대는 전자계산기, 시계 등의 단순한 표시소자로서 사용되었던 LCD이며, 제 2 세대는 1986년에 개발된 고 대비비(contrast ratio)의 대형 단순 매트릭스 구동 방식의 STN-LCD로 처음으로 컴퓨터용 디스플레이로 응용되기 시작하였다. 제 3 세대는 1980 년대에 개발되어 그 동안 꾸준히 성장해 온 TFT 구동 방식의 LCD로서 10인치 급의 TFT-LCD가 양산되기 시작한 1991년 이후 새로운 비약이 시작되었다고 할 수 있다. 주요 응용제품은 노트북 PC 이었으며 1995년에 개발된 수평 전극 스위칭(in-plane switching) 및 수직 배향 (vertical alignment) 기술에 의한 시야각의 향상과 화면 크기의 증대에 따라 기존의 CRT(음극선관) 모니터(브라운관 : Braun tube)를 대체하기 시작하였다. 이러한 15인치 이상의 대화면 TFT-LCD 모니터로서의 제 4 세대를 거쳐 현재는 대형 HDTV 등과 같은 제 5 세대로 발전해 나가고 있다. 최근에는 삼성전자, LG-Philips LCD 및 Sharp 등의 선두기업들이 HDTV급의 대형 LCD 생산체제를 갖추고 시작했고, 2006년 현재 LG-Philips LCD가 세계 최대 크기인 100인치 TFT-LCD TV를 개발하였다. 이러한 대형 TFT-LCD 제품들은 향후 대형의 벽걸이 HDTV시장에서 플라즈마 디스플레이(plasma display panel : PDP)와 치열하게 경쟁할 것으로 전망된다.

2.2 LCD의 분류

LCD는 그림 2.1과 같이 크게 디스플레이의 형태와 구동방식에 따라 분류될 수 있는데, 형태에 따라서는 투사형 LCD와 직시형 LCD로, 구동방식에 따라서는 수동행렬(passive matrix : PM) 방식과 능동행렬(active matrix : AM) 방식으로 구분된다. 또한 LCD는 채용되는 액정모드에 따라 twisted nematic (TN)-LCD, super twisted nematic(STN)-LCD, ferroelectric(F)-LCD와 polymer dis-persed(PD)-LCD 등으로 분류할 수 있다. 한 예로 현재 휴대전화에 적용되는 대부분의 LCD는 직시형 능동행렬 방식 TN-LCD이다.

투사형(projection) LCD는 주로 대면적의 화상 디스플레이를 구현하기 위해 사용되며, 2차원의 화상 정보를 광원을 이용하여 공간상에 배치된 스크린에 투사하거나, 고휘도의 영상이나 데이터 화면을 광학 장치를 이용하여 스크린에 확대 투사함으로써 대화면의 화상을 얻는 디스플레이 장치로써 주로 40인치 이상 수백인치의 화상을 얻을 수 있다.

이러한 투사형 LCD는 스크린과 투사광원의 위치에 따라 배면 투사형(rear projection)과 전면 투사형(front projection)으로 구분된다. 투사형 LCD는 라이트 밸브, 광학부, 회로부 및 기구부로 구성되어 있다.

휴대폰용 소형 LCD, 노트북 및 탁상용 컴퓨터 모니터로 사용되는 중형 LCD, 그리고 최근에 HDTV로 사용되는 대형 LCD 등 현재 생산되고 있는 대부분의 LCD는 직시형 LCD이다. 직시형(direct view) LCD는 사용하는 빛에 따라 다시 투과형(transmissive), 반사형(reflective), 그리고 반투과형(transflective)로 나뉜다. 투과형은 배면광을 이용하여 나온 빛의 세기를 LCD 패널이 조절하는 것이고, 반사형은 주로 자연광 및 주변의 빛을 LCD 패널이 반사하여 화상을 표시하는 것이다. 반투과형은 투과형과 반사형을 동시에 구현하는 방식으로 실내에서는 투과형을 실외에서는 반사형 방식을 이용함으로써 최적의 화상을 표현하는 방식이다.

구동방식에 따른 분류는 상하 두 기판의 전극 사이에 들어있는 액정에 전압을 인가하는 방식에 따른 것으로, 수동행렬 방식은 상하 두 기판의 교차 전극에 의해 정의되는 각 화소에 전압 파형을 인가하는 것이고, 능동행렬 방식은 스위치 역할을 하는 능동소자를 각 회소마다 제작하여 구동하는 방식이다. 수동행렬 방식은 주로 초기의 LCD 제품(시계, 계산기 등) 등에 이용되었다. 각 화소를 능동소자에 의해 제어하는 능동행렬 방식은 능동소자의 단자의 수에 따라 2단자(two terminal) 소자 또는 3단자(three terminal) 소자를 이용한다. 2단자 소자로는 다이오드와 metal-insulator-metal(MIM) 소자가 있다. 한편, 3단자 소자 방식에서는 박막트랜지스터(thin film transistor: TFT)가 이용된다. 이 경우 TFT의 활성층(active

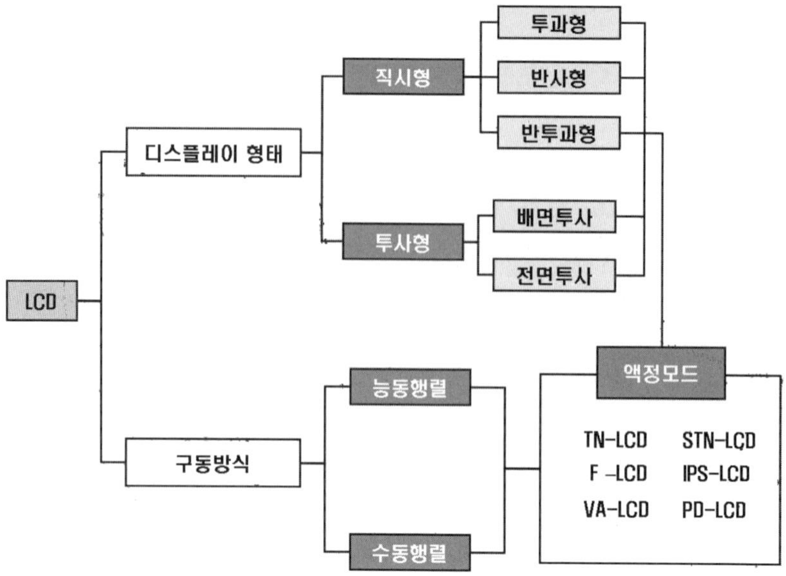

▌그림 2.1 LCD의 분류

layer)의 종류에 따라 비정질 실리콘(a-Si:H) TFT, 다결정 실리콘(poly-Si) TFT, CdSe TFT 등이 있고, 현재 대부분의 TFT-LCD 제품은 a-Si:H TFT를 이용하고 있으며 향후 poly-Si TFT로 전환될 것으로 예상된다.

액정모드에 따른 분류는 LCD는 채용되는 액정 분자의 배열구조 및 상에따른 것으로 STN-LCD는 시편내부에서 네마틱 액정 분자가 240~270도 비틀려 있는 구조로 인가전압에 따른 투과도가 매우 급격히 변화되기 때문에 수동행렬 방식으로 많은 정보량을 표현할 수 있어 초기의 LCD에 많이 활용되었다. TN-LCD는 비틀림 각도가 90도인 액정배열 상태를 이용한 것으로 현재 생산되는 LCD 제품의 대부분을 차지하고 있다. 그러나 네마틱 액정을 이용하는 경우는 응답속도가 수십 msec 수준으로 매우 느릴 뿐만 아니라 디스플레이를 보는 각도에 따라 색상 및 밝기의 변화가 생긴다는 단점을 안고 있다. 이를 개선하기 위해 개발된 것이 수평 전극 스위칭(in-plane switching: IPS) 및 수직 배향 (vertical alignment: VA) 액정모드이다. F-LCD는 강유전성 액정을 사용한 디스플레이로서 현재 사용되는 LCD 중 가장 빠른 수십~수백 μsec 정도의 응답속도를 가지고 있다. PD-LCD는 고분자에 액정방울이 분산되어 있는 구조로 액정의 복굴절성이 아닌 빛의 산란특성을 이용한다는 특징이 있다. 그러나 구동을 위해서는 50V 이상의 고전압을 인가하여야 하며 대비비가 낮다는 단점이 있다.

2.3 LCD의 역사

액정의 역사는 1854년 Virchow에 의해 발견된 농도전이형(lyotropic) 액정과 1888~1889년 Reinitzer와 Lehmann에 의해 발견된 온도 전이형(thermotropic) 액정(liquid crystal)을 시작으로 150년을 넘어서고 있다[1,2]. Lehmann은 액정이 광학 이방성을 나타내는 것을 확인하고, 액체가 갖는 유동성과 결정이 갖는 광학 이방성을 지니고 있는 액체의 의미로 liquid crystal, 즉 액정으로 부를 것을 제안하였다. 1920년대 들어 약 300 여종의 액정이 인위적으로 합성되면서부터 액정연구가 활기를 띠기 시작했으며, 1930년대에는 LCD 개발을 가능하게 한 가장 중요한 요소인 프레데릭스 전이(Freedericksz)라고 불리는, 전압 인가에 의한 네마틱상의 변형에 대한 발견이 이루어졌다[3]. 그 후 Williams 도메인 형성과 광 산란의 발견, 동적 산란 모드의 발명 등으로 액정자체에 대한 연구는 차츰 액정을 이용한 디스플레이 구현에 대한 연구로 발전을 하였다[4].

1960년대 들어 상온에서 액정상을 갖는 많은 액정물질이 합성되면서 액정의 전기광학 효과에 대한 실험적인 연구가 다양하게 이루어졌다[5-8]. 특히, TN 액정에서의 전기광학 특성에 대한 연구[7]와 STN 액정을 이용한 LCD에 대한 연구[9]는 능동행렬 구동방식[10]과 함께 LCD의 비약적인 발전에 결정적인 역할을 하였다.

초기의 단순행렬 구동 (simple matrix-addressing) 방식을 적용한 TN-LCD는 전기광학 투과도 곡선이 상당히 완만하여 패널에서 구동할 수 있는 행의 수가 제한되어 주로 소형 손목시계나 계산기에 활용되었다. 1980년대 중반에 이르러, Scheffer 등에 의해 STN-LCD 모드가 제안되면서 고용량 정보표시가 가능해졌다[9]. STN-LCD에서는 가파른 전기광학 투과도 곡선을 얻을 수 있어 많은 수의 행을 구동할 수 있어서 수동행렬 구동 방식으로도 상당한 수준의 정보를 패널에 표시할 수 있게 되었으며 기존의 TN-LCD 방식보다 넓은 시야각 특성을 얻을 수 있었다. 하지만, 500 라인 이상의 고해상도 구현시에는 광학적 간섭효과에 의해 생기는 형상 착색 현상이 문제로 나타났다. 이 문제를 해결하기 위해 STN-LCD의 위에 반대로 비틀린 액정을 겹치는 이중층(double-layer STN(DSTN-LCD)가 개발되었지만 DSTN-LCD 역시 대비비 측면에서 많은 문제점을 가지고 있었다.

1970년대에는 주로 액정의 구동방식에 대한 발전이 이루어 졌다. 특히 1972년 Brody[10]에 의해 제안된 능동행렬 구동 방법은 각 화소에 한 frame 동안 정해진 수준의 전압이 유지되는 metal-insulator-metal이나 TFT와 같은 능동 소자를

▌표 2.1 LC 및 LCD 관련 주요 역사

연도	LC 발견 및 LCD 개발	개발자
1854	농도전이형 액정 발견	R. C. Virchow(독일)[1]
1888	온도전이형 액정 발견	F. Reinitzer(오스트리아)[2]
1930	Freedericksz 전이 발견	V. Freedericksz[3]
1962	DMS-LCD 특허 출원	Williams(RCA, 미국)
1971	TN-LCD	Schadt, Helfrich(스위스)[7]
1972	Active Matrix 제안	P. Brody [10]
1980~1983	강유전성 LCD	N. Clark, S. Lagerwall[8], Yoshino
1984	STN-LCD	Scheffer, Nehring(스위스)[9]

이용하여 구동하는 방식으로 기존의 수동행렬 방식을 적용한 STN-LCD보다 응답속도가 빠르고 계조 표시기능 등을 포함하한 화질 특성이 우수하다는 장점이 있어 LCD의 발전에 크게 기여하였다. 1972년에 Spear 와 LeComber 가 글로우 방전 방법으로 수소화된 비정질 실리콘을 제조하였고 1979년에 LeComber는 비정질 실리콘 TFT를 개발하여 능동구동 LCD (AMLCD)에 적용할 것을 제안하였다. 비정질 실리콘 박막은 기판 온도 350℃ 이하에서 증착이 가능하기 때문에 저가의 대면적 유리 기판을 사용할 수 있다는 장점이 있다. 또한 비정질 실리콘 TFT 는 scan line의 수가 1000 이상인 디스플레이에서도 전하를 공급할 수 있을 정도로 drain 전류가 크고, 한 frame 동안에 전하의 방전이 거의 없을 정도로 off 전류가 작아서 대비비 100:1 이상을 구현할 수 있다. 1979년에 LeComber 등이 비정질 실리콘 (a-Si:H) TFT를 LCD 에 응용하기 위한 연구를 시작한 이후 TFT-LCD 는 급속히 발전하게 되어 소형 TV 및 노트북 컴퓨터용 모니터 등에 적용되기 시작하였다.

1990년대에 들어서는 TFT-LCD에 대한 연구는 PC용 모니터와 대형 TV에 적용하기 위한 대면적화, 광시야각화, 고개구율화 등에 중점을 두고 진행되었다. LCD의 좁은 시야각(viewing angle) 문제에 대한 해결 방안으로 1) 다중 영역(multi-domain), 2) 필름 보상, 3) 수평 전극 스위칭(in-plane switching: IPS) 방식, 4) 광보상 복굴절(optically compensated birefringence) 방식, 5) 다중 영역 수직배향(multi-domain vertical alignment: MVA) 방식 등이 제안되었으며, 이러한 방법들은 현재 생산에 적용되고 있다. 그중 IPS 및 MVA 방식은 모니터 및 TV 등의 대화면 TFT-LCD에 적합하고 상하좌우 시야각이 모두 140° 이상인 장점을 가지고 있어 현재 HDTV용 LCD에 폭넓게 적용되고 있다.

1996년 Sharp 사에서는 29인치의 TFT−LCD를 두 장 접합하는 방식으로 그 당시 세계 최대크기인 40인치 SVGA급 TFT−LCD를 발표하였다. 또한 Fujitsu 에서는 MVA방식을 적용하여 좌우 160°, 상하 140° 시야각을 갖는 XGA급 15인치 TFT−LCD의 상품화에 성공하였다. 또한 Sharp사, 삼성전자, NEC사 와 Hosiden사 에서는 13인치급 반사형 color TFT−LCD 개발에 성공하였고, Toshiba 와 LG 전자에서는 각각 15.1인치 와 13.3인치 저온 poly−Si TFT−LCD를 개발하였다. 삼성전자에서 그 당시 세계 최초의 1600x1200 화소수를 갖는 30인치 UXGA급 TFT−LCD를, LG전자에서는 노트북용 14.1인치 XGA급 TFT−LCD를

표 2.2 TFT-LCD 역사

연도	연구개발과 응용상품	비고
1978	MOS FET 1.75″ 30625 화소 LCD CdSe−TFT active matrix 화상표시 LCD	Lipton et al. Brody and Luo
1979	a−Si TFT 의 응용 제안	LeComber et al.
1982	a−Si TFT 3″, 4″ LCD TV 개발	Sanyo
1983	poly−Si TFT 2.14″ LCD 개발	Seiko−Epson
1984	poly−Si TFT 2″ (240220) LCD color TV 상품화 CdSe−TFT (128192) LCD 상품화	Seiko−Epson Panelvision
1985	a−Si TFT 10″ (640480) color LCD 개발	Toshiba
1987	a−Si TFT 6″ LCD color TV 상품화 a−Si TFT 4″ (6404800) LCD color TV 개발	Hitachi Sharp
1988	a−Si TFT 4″ LCD color TV 상품화	Sharp
1992	13.3″ EWS (1152900) 15″ EWS (1152900) 0.7″ poly−Si TFT LCD (473218) 12.9″ EWS (12801024)	Toshiba Matsushita Sony NEC
1993	1.9″ HDTV projection (14721024) 11.8″ XGA (1024760), 17″ EWS (12801024)	Sharp
1995	10.4″ SVGA 개구율 65%, 22″ VGA 13.8″ EWS (1152900) fully self−aligned TFT 사용	Samsung Toshiba
1996	광시야각 13.3″ XGA TFT−LCD 상하/좌우 140 15.5″ TFT−LCD (19201035) 화면비16:9 21.3″ UXGA (16001200) TFT−LCD 40″ TFT−LCD (29″ x 2) 14.1″ Notebook용 TFT−LCD	Hitachi Toshiba Samsung Sharp LG
2004	55″ TFT LCD 개발 57″ TFT LCD 개발 65″ TFT LCD 개발	LG−Philips LCD Samsung Sharp
2005	82″ TFT LCD 개발	Samsung

발표하였다. 2000년 이후 TFT−LCD는 비약적인 발전을 거듭하여 2006년에는 직시형 LCD로는 가장 큰 화면의 100인치 TFT−LCD TV를 LG−Philips LCD삼성전자에서 개발하였다.

현재 LCD는 TV, 컴퓨터 모니터 등에 사용되는 많은 화소수의 대화면 LCD 모듈과 소형 휴대용기기, 프로젝션 TV, 비디오 카메라 등에 필요한 소형 LCD 모듈 등 디스플레이 전 분야에서 그 영역이 확장되어 가고 있다.

2.4 LCD의 기본구조

현재 널리 사용되고 있는 컬러 TFT−LCD는 그림 2.2에서와 같이 크게 액정 패널, 구동회로 unit, 그리고 backlight unit으로 구성된다. 배면광원유닛(Backlight unit)에 있는 형광램프에서 나온 빛이 반사판(reflector)과 확산판(diffuser)에 의해 액정 패널로 유도되어 입사된다. 이때 액정 패널을 투과하는 빛의 세기는 구동회로 unit에 의해 발생된 전압이 액정 패널의 TFT에 인가되어 액정분자 배열을 변화시킴으로써 조절된다. 각 구성부의 역할에 대해 좀 더 자세히 설명하면 다음과 같다.

액정 패널에서 액정물질은 구동전극, 배향층, 컬러필터 등을 가진 두 장의 유리기판 사이에 약 5 μm 두께로 채워져 있다. 빛이 입사된 쪽의 유리기판 위에는 TFT가 형성된 ITO (indium−tin oxide) 투명전극 화소와 액정 배향층이 있고, 다른 쪽의 유리기판 위에는 컬러필터와 액정 배향층 및 공통전극이 형성되어 있다. 두 장의 유리기판의 외부에는 편광판이 부착되어 있다. 컬러화상은 R(적색) G(녹색), B(청색) 세 종류의 컬러필터를 조합하여 얻어진다. RGB 세개의 화소가 모여서 한 개의 컬러화소를 이루며, TFT는 RGB 화소에 각각 형성되어 SVGA(800x600)급의 경우 3,480,000개의 TFT가 필요하다.

액정 패널에 입사된 빛은 패널의 각 층을 거치며 손실이 일어나게 되고, 최종적으로는 입사한 빛 세기의 3∼10% 이내만 투과하게 된다 (그림 2.3 참조). 특히 도광판(light guide plate),

편광판과 컬러필터를 투과할 때 각각 38.3%, 62%, 67% 정도의 많은 양이 손실된다. 현재 생산되는 14.1인치급 LCD에서의 광투과도는 5∼8% 수준이다.

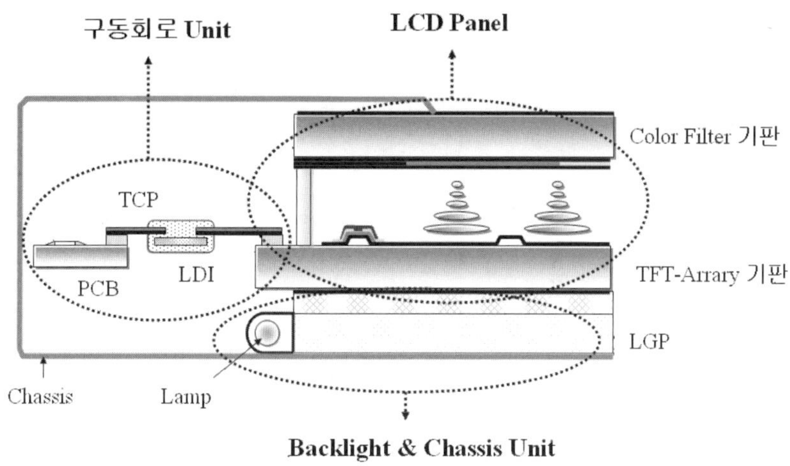

▌그림 2.2 Color TFT-LCD의 단면 구조

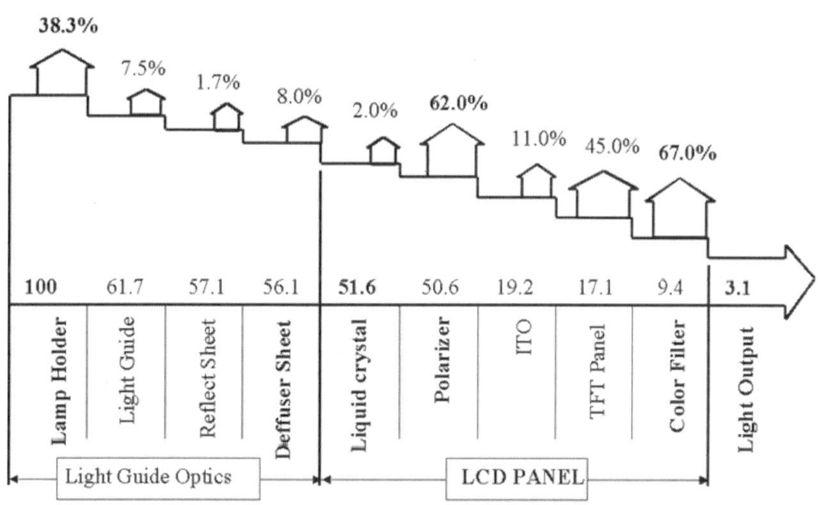

▌그림 2.3 TFT-LCD 배면광원에서 나온 빛이 각 층을 통과할 때의 투과도

LCD에 사용되는 액정은 대부분이 네마틱(nematic)상이며 특히 위아래 기판에서 액정이 90도로 비틀려 배열되어 있는 비틀린 네마틱(twisted nematic: TN) 구조를 가장 많이 사용한다. 이 비틀린 액정 배열구조에 전압을 인가하면 분자들이 전기장 방향으로 재배열하면서 비틀림이 풀어지게 되어 패널의 광투과도가 변화하게 된다.

Backlight unit은 램프, 반사판, 도광판, 확산판과 프리즘판으로 구성되어 있다. 램프로는 CCFT(cold cathode fluorenscence tube) 또는 HCFT(hot cathode

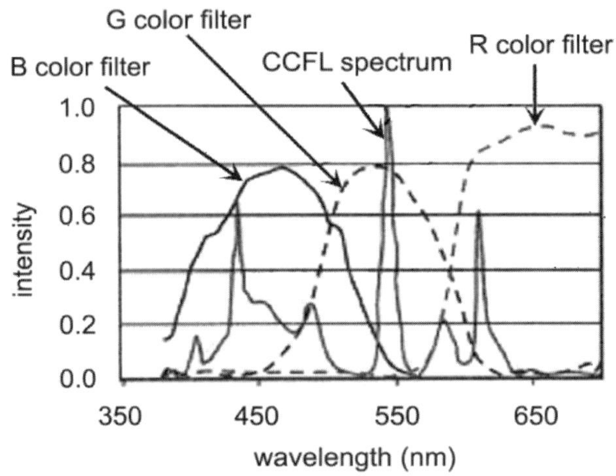

▌그림 2.4 Backlight의 스펙트럼 및 컬러필터의 투과특성[11]

fluorenscence tube)를 사용한다. 빛은 도광판을 거쳐서 확산판을 지나면서 균일해지며 프리즘을 통해서 면에 수직한 방향으로 나가게 된다. 편광판은 다층구조로 되어 있는데 입사광을 편광시키는 고분자 편광물질을 중심으로 지지체 TAC(tri−acetyl−cellulose)가 편광물질의 양쪽에 사용되고 접착층은 편광필름을 유리 표면에 접착시키기 위하여 사용된다. 그리고 위측 표면에는 저반사용으로 사용되는 anti−glare와 anti−reflection coating 층과 보호막이 있다. LCD의 컬러 구현 성능은 액정패널에 형성된 컬러필터의 투과 특성과 backlight에서 방출된 빛의 스펙트럼에 의해 결정된다. 그림 2.4와 같이 빛이 컬러필터를 통과할 때 파장에 따라 투과도가 다르기 때문에 램프의 스펙트럼을 함께 감안하여 투과되는 RGB 빛의 세기를 조절하게 된다.

LCD에 정보를 표시하기 위해서는 각각의 화소에 형성되어 있는 TFT를 이용해 화소별로 전압을 인가하여야 한다. 이를 위해서는 구동회로 unit에 있는 gate IC에서 TFT를 on 시켜주기 위한 문턱 전압 이상의 전압을 순차적으로 발생시키고, 화소에 필요한 전압을 data IC에서 화소로 공급함으로써 액정의 배열 변화를 유도한다. Gate 및 data IC로부터 기판에 형성되어 있는 화소에 전압을 인가하기 위해서는 표면실장기술(surface mount technology: SMT)을 이용해서 IC들을 유리기판에 접합하여 전기적으로 연결되도록 회로를 구성하여야 한다. 구동용 IC를 포함하는 flexible PCB나 IC 칩 자체를 어떠한 방법으로 연결하는지에 따라 여러 접합 기술이 있다. 칩을 실장하는 주요한 방식은 wire bonding 방식과 tape automated bonding(TAB) 방식, 그리고 flip chip bonding 방식의 세 가지가 있는데 현재 노트북용 TFT-LCD 제작에는 TAB 방식이 주로 사용되고 있다.

2.5 액정상 및 종류

이상에서 살펴본 바와 같이 LCD의 경우 스스로 빛을 내는 PDP나 OLED와는 달리 외부에서 입사한 빛을 액정의 배열상태를 이용하여 조절함으로써 영상을 표시하는 수광형 소자이기 때문에 액정패널 내에서 인가한 전기장에 대한 액정의 배열상태 변화와 이에 따른 빛의 특성 변화를 이해하는 것이 매우 중요하다. 본 절에서는 액정의 기본적인 물성에 대해 알아보고 전기장이 인가되었을 때 액정 분자 배열의 변화와 이에 따른 광학특성이 어떻게 변하는 지에 대해 살펴본다.

2.5.1 물질의 상태

자연계에는 물질을 구성하는 분자들의 질서도에 따라 기체, 액체, 고체의 세 가지 상이 존재한다고 알려져 있다. 일반적으로 물질은 물질을 이루는 분자 간의 상호작용이 열적 요동 (thermal fluctuations)보다 커지게 되면 물질에 거시적인 질서가 존재하게 된다[12]. 가장 강한 질서를 갖는 경우는 결정(crystal) 상태로서 모든 구성 분자들이 정해진 위치에 존재하며, 열적인 요동은 이 정해진 위치에서의 작은 진동으로 나타나게 된다. 이러한 결정상태는 대부분 고체(solid) 상태로 존재하게 되며, 외부의 변형에 대한 반응(response)은 구성 분자들이 협동하여 집합적인 거동 (collective behavior)의 형태로 나타난 탄성 변형을 보이게 된다. 반면, 유체(liquid) 상태에서는 개개의 구성 분자의 영향이 수 개의 분자 거리 이상에서는 모두 사라지게 된다. 이러한 유체 상태는 외부의 변형에 의하여 구성 분자가 자유롭게 이동하게 되며 거시적으로는 흐름(flow)으로 나타나게 된다.

어떤 특정한 물질에서는 일부 물리적 자유도(degree of freedom)는 거시적인 질서를 보이는 반면 다른 자유도는 무질서한 상태인 유체 상태로 존재하게 되는 데, 이러한 물질을 액정(liquid crystal) 상이라 정의하며 액정 물질은 고체와 유체 상태의 복합적인 성질을 가져 일반적인 물질이 가질 수 없는 독특한 성질을 보인다.

2.5.2 액정 상의 종류

액정상은 상변화를 일으키는 원인에 따라 온도 전이형(thermotropic) 액정과 농도 전이형(lyotropic) 액정으로 구분된다. 온도 전이형 액정은 액정 상의 변화가 온도에 기인 한 것으로 온도가 상승함에 따라 고체상 → 액정상 → 액체상으로 상전이가 일어난다. 이때 구성 분자의 구조에 따라 단분자 액정과 고분자 액정으로 구분이 가능하고 단분자 액정의 경우 분자의 모양에 따라 다시 막대형(rodlike) 및 원판형(discotic)액정으로 구분을 할 수 있다. 이러한 액정들은 분자의 배열 상태에 따라 네마틱(nematic)상과 스멕틱(smectic)으로 구분이 가능하다.

특히 온도 전이형 액정은 분자구조에 분자를 회전시켜주는 성질인 카이랄리티(chirality)가 있는 지의 유무에 따라 카이럴(chiral) 액정과 비카이럴(nonchiral) 액정으로 구분할 수도 있다.

서로 다른 두 물질들이 섞여 있는 경우 그 혼합물은 온도가 변화하거나 혼합물의 한 성분의 농도가 변화하면 상의 변화가 일어난다. 이때 액정 상의 특성이 한 성분의 상대적인 농도 변화에 따라 나타나게 될 때 이것을 농도 전이형 액정이라 부른다.

현재 LCD에서 가장 널리 이용되는 액정은 막대모양의 단분자 네마틱 액정으로 일반적으로 액정이라 함은 그림 2.6의 막대모양의 단분자 액정을 의미한다. 액정은 몇 개의 종류로 분류되지만 어느 경우나 공통적으로 분자 장축(張軸)이 서로 평행으로 배열하고 있다. 이 때문에 액정물질의 굴절률 n, 유전율 ϵ, 자화율 χ, 전도도 σ,점도 η등의 물리적 성질들은 분자 장축의 방향과 이와 직교하는 방향에 따라 그 크기가 서로 달라서 이방성(anisotropy)을 나타낸다.

특히 액정의 굴절률 이방성은 액정을 이용해 디스플레이를 구현할 수 있게 해주는 가장 중요한 특성이다. 액정은 광학적 1축성 결정과 같이 장축방향의 굴절율과

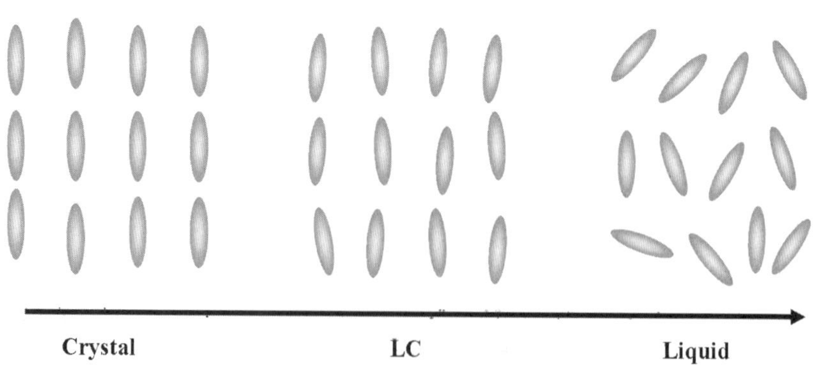

그림 2.5 고체, 액정, 액체

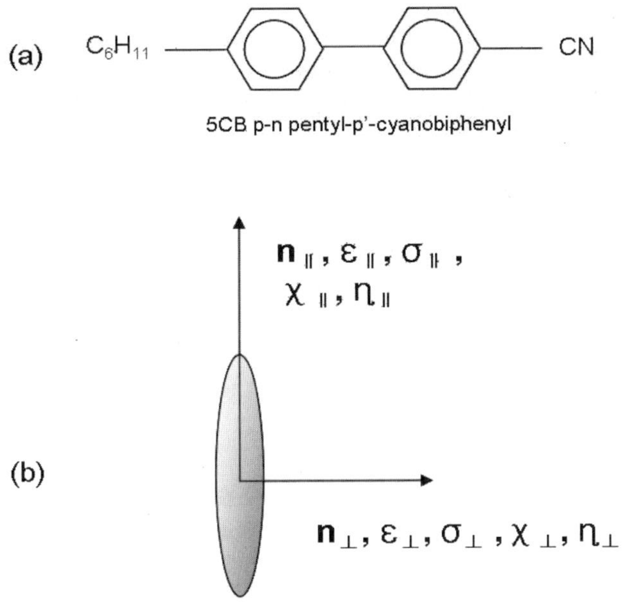

$(n_\parallel \neq n_\perp,\ \epsilon_\parallel \neq \epsilon_\perp,\ \chi_\parallel \neq \chi_\perp,\ \sigma_\parallel \neq \sigma_\perp,\ \eta_\parallel \neq \eta_\perp)$

그림 2.6 5CB 액정의 화학구조 및 이방성

단축방향의 굴절율이 다른 굴절률 이방성(anisotropic refractive), 즉 복굴절성(birefringence)을 갖는다. 1축성 결정은 2개의 서로 다른 주굴절률 n_o와 n_e를 가진다. 이들은 각각 전기벡터의 진동방향이 결정광학축에 대해 직교하는 보통광의 굴절률과 평행하는 이상광(異常光)의 굴절률을 의미한다. 네마틱 액정과 스멕틱 액정에서는 액정 분자의 장축방향(이를 n으로 표시, 방향을 나타내는 단위벡터임)이 1축성 결정의 광학축에 해당하기 때문에 n에 각각 직교와 평행으로 진동하는 빛에 대한 굴절률을 $n_\parallel$, $n_\perp$으로 표시하면 $n_o = n_\perp$, $n_e = n_\parallel$이 되고, 굴절률 이방성은 $\Delta n = n_e - n_o = n_\parallel - n_\perp$로 주어진다. 일반적으로 $n_\parallel > n_\perp$이 되며 Δn은 (+)값이 된다. 따라서 네마틱 액정과 스멕틱 액정은 광학적으로 양(+)으로 불려진다.

액정이 갖는 이러한 물리적 성질의 이방성과 전압 또는 가열 등으로 분자배열이 쉽게 재배열하는 현상을 서로 조합함으로써 액정 디스플레이로 대표되는 액정의 다양한 응용이 가능하다.

다음에는 디스플레이에 가장 널리 이용되는 네마틱, 스멕틱 상의 특성에 대해 살펴보기로 한다.

(1) **네마틱(Nematic)액정**

네마틱 액정 상을 갖는 분자의 가장 큰 특징은 그림 2.7 (a)와 같이 완전히 무질서한 상태인 액체상과는 달리 분자 간 상호작용에 의하여 그림 2.7 (b)와 같이 분자들이 어떤 한 방향으로 평균적으로 정렬된 상태를 갖는다는 것이다.

네마틱 액정상을 조금 더 자세히 정의하면 '각 분자를 어디에 위치시킬 것인가'에 관련된 위치 자유도(positional order)에 관해서는 무질서한 상태로 존재하는 반면, 특유의 기다란 분자구조로 인하여 '각 분자를 어떤 방향으로 정렬시킬 것인가'에 관련된 방향 자유도(orientational order)에 관해서는 질서가 존재하는 상태로 정의할 수 있다. 방향 자유도에 존재하는 질서, 즉 방향 질서를 기술하기 위하여 그림 2.7 (b)에 나타난 것과 같이 분자가 정렬된 방향을 방향자(director)로 정의하며 보통 n으로 나타낸다. 그림 2.7 (b)는 네마틱 액정 상의 어떤 순간에 찍은 사진에 해당되는 그림으로서 실제 각 네마틱 액정 분자들은 열적 요동에 의하여 위치적으로 계속 움직이면서 끊임없이 회전하고 있다. 방향 질서가 존재한다는 것은 각 순간순간에 구성 분자들의 방향을 평균하여 보면 특정한 방향으로 정렬되어 있는 경향을 나타낸다. 따라서, 동일한 n을 갖는 방향 질서라 하더라도 그 정렬되어 있는 정도가 다를 수 있으며, 이를 정량적으로 나타내기 위하여 보통 각 분자들의 $(3\cos^2\theta - 1)/2$ 값 (θ는 정해진 n과 각 분자의 긴 방향 사이에 이루는 각)을 평균하여 그 정도를 표현한다[13]. 만일 분자들이 완전히 무작위하게 정렬되어 있다면 이 값은 0이 되며 n의 방향으로 완벽하게 정렬되어 있으면 1의 값을 가지기 때문에, 이를 네마틱 액정상의 질서매개변수(order parameter)로 정의하여 사용한다[12,13].

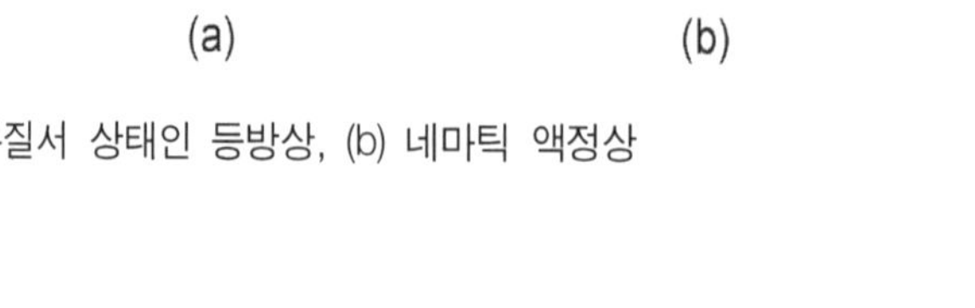

▌그림 2.7 (a) 무질서 상태인 등방상, (b) 네마틱 액정상

이러한 접근 방법에서 온도에 따라 등방상에서 네마틱 액정상으로 전이하는 상전이는 그림 2.8와 같은 질서도의 변화로 기술할 수 있다. 등방상에서는 그림 2.7 (a)와 같이 구성 분자들이 무질서하게 분포하며 따라서 질서도는 0이 되고 온도가 물질의 고유한 상전이 온도 (T_c) 아래로 내려가게 되면, 분자 간 상호작용이 열적 요동보다 커지게 되어 0이 아닌 질서도를 가지게 되며 온도가 더욱 내려감에 따라 질서도는 점점 커져 1에 접근하게 된다. 이렇게 질서도가 커짐에 따라 네마틱 액정 상은 비등방적(anisotropic) 성질이 점차 나타나게 된다. 가장 두드러진 특징이 n에 평행한 전기장과 수직한 전기장에 대해 서로 다른 유전상수(dielectric constant) (굴절률) 값을 갖게 되며, 이 두 값의 차이는 질서도가 커짐에 따라 커진다. 온도 변화에 의한 유전상수(굴절률) 차이의 변화로 인해 표시소자를 비롯한 모든 액정소자가 온도의 존성을 보이게 된다.

액정의 또 다른 비등방적 성질로는 방향 질서의 공간적 변형에 의한 탄성계수들의 값이 달라진다는 것이다. 네마틱 액정은 위치 질서가 없는 유체와 같이 흐를 수 있지만, 방향 질서가 존재하여 외부 변형에 대하여 탄성변형(elastic distortion)을 보인다. 예를 들어 적절한 표면 처리를 통해 일정한 지점에서의 방향자를 정의해 준다면 (혹은 외부 변형을 준다면) 방향 질서는 그림 2.9에 나타난 것과 같이 외부 변형에 대해 분자들의 연속적인 집합적 거동으로 인해 탄성변형을 보이게 된다. 이러한 탄성변형에 의한 자유 에너지 증가는 정량적으로 탄성계수들을

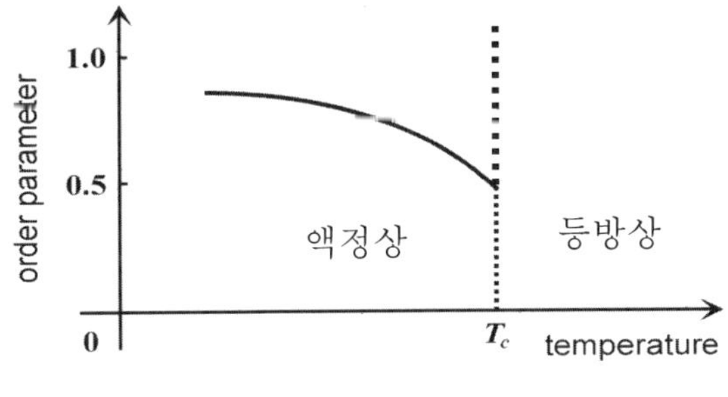

▌그림 2.8 온도에 따른 질서매개 변수의 변화

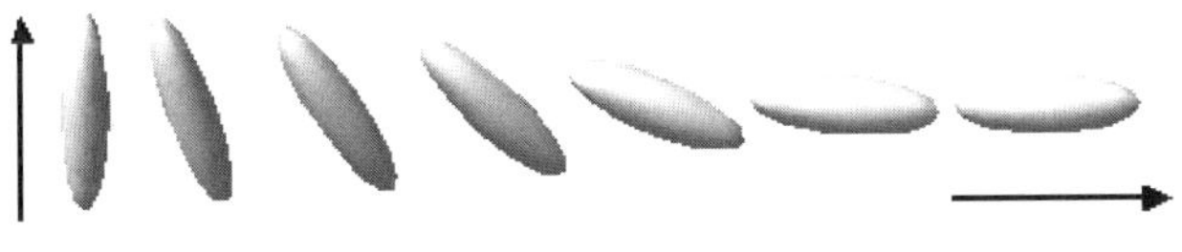

▌그림 2.9 네마틱 액정상의 탄성변형 : 좌우 경계조건(화살표)을 만족시키기 위하여 액정의 변형은 연속적인 집합적 거동으로 나타난다.

사용하여 기술할 수 있고 이 탄성계수들은 질서도가 커짐에 따라 증가한다. 이러한 탄성적 성질은 네마틱 액정상의 복원력을 주게 되며 LCD 기본 원리를 제공한다.

(2) Cholesteric 액정

분자 구조에 카이랄리티가 있는 카이랄 액정의 네마틱 상을 콜레스테릭 상이라 부른다. 비카이랄 액정의 네마틱 상에서는 분자상호간의 힘이 존재하여 분자들이 서로 평행을 유지하려 하였으나 카이랄리티가 존재하는 경우 분자들간의 상호작용은 서로 작은 각도를 유지하는 쪽으로 작용을 하게 되어 네마틱 상과는 다른 액정 배열을 갖는다. 이러한 액정상에서는 방향자가 그림 2.10에서와 같이 시편 전체를 통해 회전을 하게 된다. 이러한 액정상을 카이랄 네마틱 상(chiral nematic) 혹은 콜레스테릭(cholesteric) 액정상이라 부른다.

이러한 콜레스테릭 액정상은 특유의 나선구조로 인하여 굴절률도 따라 변하는 독특한 광학적 성질을 갖게 되는데 간단히 정리하면 다음과 같다.[15]

① 나선구조의 주기(P) $\gg$ 입사한 빛의 파장(λ)/평균 굴절률(n) : 빛의 투과 정상모드(투과하면서 편광상태와 위상속도가 바뀌지 않는 편광상태)는 나선 축을 따라 회전하는 선형 편광이다. Waveguide 영역이라 불리며 2.9절에서 논의하는 비틀린 네마틱 액정 모드에서 사용된다.

② $P \sim \lambda/n$: 빛의 투과 정상모드는 방향이 다른 두 원형 편광이다. 나선 구조와 같은 선성(handedness)을 갖는 원편광은 브래그 반사(Bragg reflection) 현상에 의하여 반사되지만, 다른 원편광은 그대로 투과된다. 이는 반사형 액정모드에 이용된다.

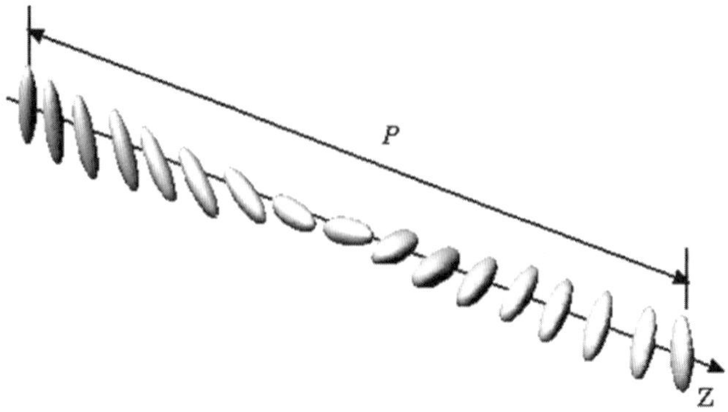

그림 2.10 콜레스테릭 액정: z축을 따라 방향질서가 나선을 따라 회전한다.

③ $P \ll \lambda/n$: 빛의 투과 정상모드는 방향이 다른 두 원형 편광이며 두 원편광은 매우 다른 위상속도로 진행하여 광학적 활성을 보이게 된다.

(3) 스멕틱(Smectic) 액정 (Sm A, Sm C, Sm C*, Sm C_A*)

스멕틱 액정상은 네마틱 액정상이 갖는 방향질서와 더불어 위치질서를 가지고 있는 상으로 대게 물질의 온도를 낮추게 되면 네마틱 액정상이 상전이 되어 나타난다. 위치질서 중 가장 간단한 질서는 1차원 결정 구조로서 그림 2.11과 2.12에 나타난 것과 같이 일정한 한 방향(z)을 따라 특정한 면에 액정 분자들이 대부분 분포하는 층 구조(layer structure)로 나타나게 되며 주어진 층내 (xy평면상)에서는 여전히 분자의 위치는 무질서하게 존재하게 된다. 이와 같이 방향질서 외에 층구조를 갖는 액정을 스멕틱 액정상이라 부른다[12,13,14].

스멕틱 액정상이 갖는 층구조와 방향자 사이의 관계에 따라 여러 종류의 스멕틱상이 존재할 수 있다. 그림 2.11과 같이 층질서 방향(z)과 평행하게 방향자가 정렬한 상태를 스멕틱 A상이라 부르고, 그림 2.12과 같이 층질서 방향에 대하여 방향자가 일정한 각도(θ)로 기울어진 경우를 스멕틱 C상이라 하며 기울어진 각도는 온도에 따라 변하게 된다.

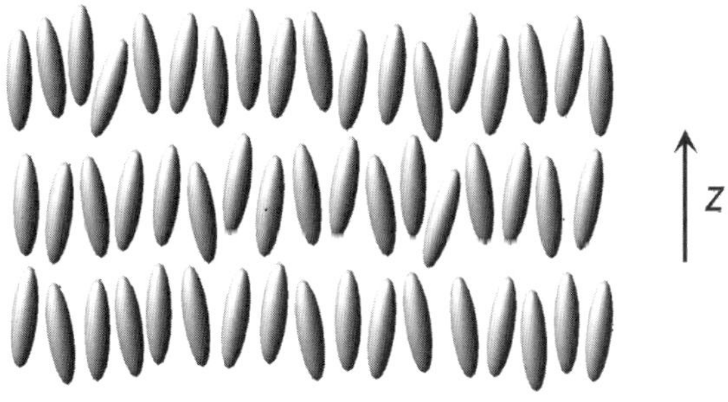

▌그림 2.11 스멕틱 A상

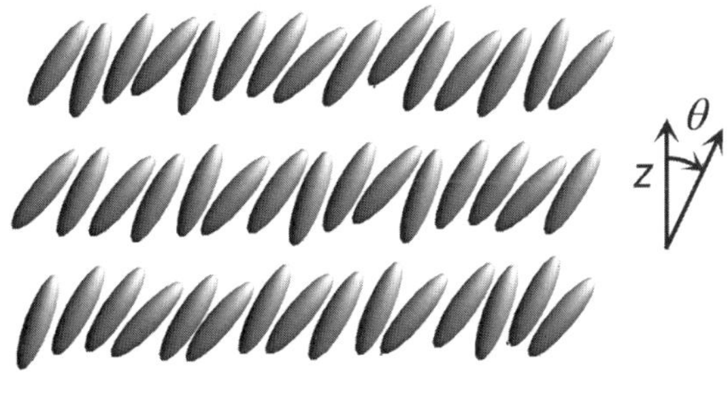

▌그림 2.12 스멕틱 C상

이러한 스멕틱 A상, 스멕틱 C상에서는 방향질서에 의한 탄성변형과 층질서에 의한 탄성변형이 모두 존재하며 층내에서의 나머지 위치 자유도는 무질서하기 때문에 층과 층 사이에는 서로간 간섭효과가 없는 유체상태와 같다.

콜레스테릭 액정의 경우와 같이 한 종류의 이성질체로 이루어진 스멕틱 액정상에서는 방향자가 나선 구조를 형성할 수 있는 데, 스멕틱 C상의 경우를 카이랄 스멕틱 C 또는 스멕틱 C*상 (Sm C*)이라 한다 (그림 2.13). 스멕틱 C*상은 콜레스테릭 액정과 같이 다양한 광학특성을 나타낸다.

이러한 스멕틱 C*상의 중요한 점은 스멕틱 C*상의 나선 구조를 외부 영향을 통해 풀어서 그림 2.12의 스멕틱 C상과 같은 구조를 얻게 되면 거시적인 자발분극을 가지게 되어 강유전성(ferroelectricity)을 보이게 된다는 것이다. 서로 반대의 거울 대칭성을 가지는 두 종류의 이성질체가 동일한 양이 혼합된 스멕틱 C상에서는 분자들의 분극이 서로 상쇄되는 것과는 달리 한 종류의 이성질체로 이루어진 스멕틱 C*상의 경우에는 모든 분자의 자발분극이 더해져서 거시적인 자발분극으로 나타나게 된다[16]. 스멕틱 C*상은 이러한 자발분극으로 인해 방향자의 분포가 전기적으로 제어될 수 있으며 그 응답속도가 네마틱 액정 상의 수십 ms 수준에 비하여 수십-수백 μs로 매우 짧아서 빠른 응답속도를 갖는 LCD에 이용될 수 있다.

지금까지 살펴본 네마틱이나 스멕틱상을 보이는 액정분자들은 막대 구조를 하고 있다. 그러나 다른 형태를 갖는 분자구조에서도 액정상이 존재할 수 있는데 대표적인 것이 판상 액정과 고분자 액정이다.

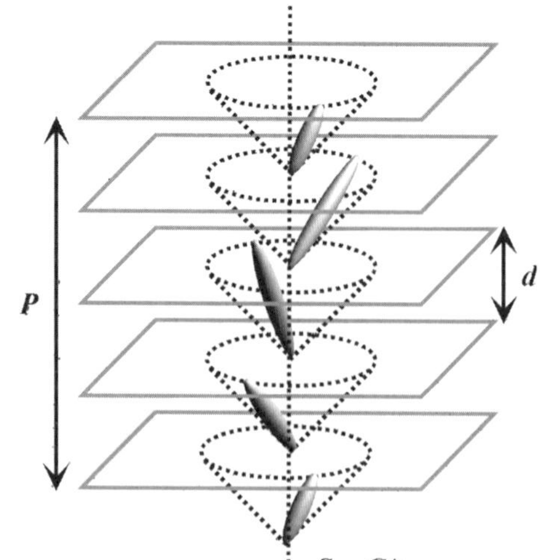

그림 2.13 스멕틱 C*상: P는 나선구조의 주기이며 d는 스멕틱 층간의 거리

(4) 판상 액정(Discotic liquid crystal)

지금까지 논의한 긴 막대모양의 분자구조를 갖는 분자들 외에 원판모양의 분자들 역시 액정상을 가질 수 있다는 것이 1977년 인도 과학자 Chandrasekhar에 의하여 발견되었다. 이러한 원판 모양의 분자들은 원판에 수직한 축이 특정한 방향으로 정렬된 질서를 갖으며 이러한 액정 상을 판상 액정상이라 한다.

긴 막대모양의 경우와 같이 가장 간단한 상태는 네마틱 상으로, 위치 질서는 존재하지 않으며 방향 질서만 존재한다. 그리고 위치 질서가 마치 각 원판형 분자가 동전이 쌓여진 것처럼 정렬하면 주상(columnar) 상태라 한다. 이 경우 방향 질서와 더불어 대부분의 분자들이 스스로 기둥을 형성하게 되고 이러한 기둥들은 서로 육방격자를 가지며 배열되기도 한다.

(5) 고분자(Polymer) 액정

고분자들은 화학반응을 통해 짧은 분자들을 서로 연결시켜 형성한 매우 길고 가는 분자들이다. 고분자에 대한 아주 좋은 예는 요리된 스파게티와 같다고 할 수 있다. 크게 두 가지 유형의 고분자들이 액정상을 생성한다.

첫 번째는 상당히 단단한 부분이(액정분자의 중앙부분과 같은) 양쪽 끝에 있는 휠 수 있는 부분들(액정 분자의 끝 부분과 같은)에 의해 서로 연결된 구조이다. 이러한 긴 고분자들이 액정상에서 움직이면서 다른 분자들과 충돌하더라도 단단한 부분은 여전히 한 방향으로 향하게 된다. 두 번째 유형의 고분자는 하나의 완전히

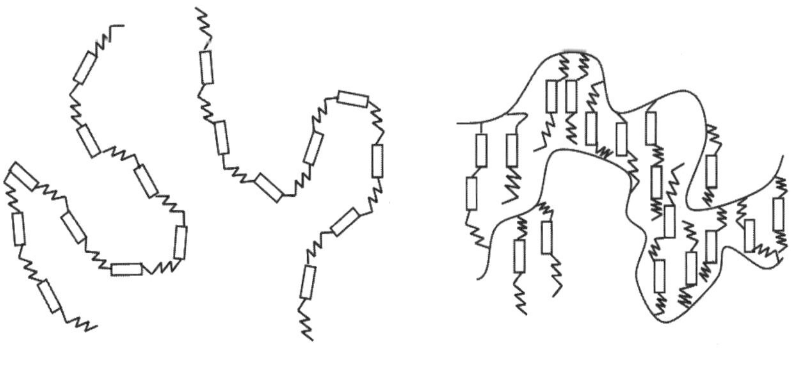

(a) (b)

▌그림 2.14 액정 고분자에서의 방향질서에 대한 예시. (a) 주사슬 (main chain)인 경우와 (b) 측사슬(side chain)인 경우이다. 사각형은 단단한 부분을 나타내며 지그재그 선들은 고분자의 휠 수 있는 부분을 표현한다.

휠 수 있는 고분자 사슬을 따라 또 다른 단단한 부분들이 짧고 휠 수 있는 연결부분에 의해 매달려 있는 구조이다. 이렇게 형성된 고분자 액정상에서는 길고 휠 수 있는 고분자 사슬은 어떠한 방향 질서나 위치질서도 갖지 않고 물질 전체를 통해 누비며 휘감기게 된다. 그러나 거기에 매달려 있는 단단한 부분들은 액정상에서 전형적인 방향질서를 가지고 있다. 그림 2.14은 위의 두 가지 고분자 액정들을 예시하고 있다. 네마틱, 카이랄 네마틱, 스멕틱상들이 고분자들에서 발견되었고, 물질에 따라 하나 이상의 액정상을 보유한다.

2.6 액정의 자유에너지

앞서 언급 했듯이 LCD의 구현원리는 전기장을 인가하여 액정분자 배열의 변화를 유도하고 이를 통해 빛의 투과정도를 조절하는 것이다. 따라서 LCD의 구동원리를 이해하기 위해서는 액정 배열상태를 알아내는 것이 무엇보다 중요하다. 평형상태에서 액정의 배열은 액정을 기술하는 자유 에너지가 최소화 되는 조건으로부터 알아낼 수 있다. 액정을 기술하는 총 자유 에너지는 외부에서 인가된 힘에 의한 액정의 변형을 기술하는 탄성 변형 에너지와 전기장이 인가되었을 때의 전기에너지. 그리고 액정을 배향하는 표면 고정에너지의 합으로 표현될 수 있다. 본 절에서는 각각의 자유 에너지를 구하는 방법과 이러한 자유 에너지에서 액정의 배열상태를 구하는 방법에 대해 기술하기로 한다.

2.6.1 연속체 이론 : 탄성 변형 에너지(elastic distortion energy)

전기장의 인가 유무에 따른 액정분자 배열은 연속체 이론을 통해 기술 될 수 있다[13]. 실제로 액정은 외부 변형력에 의해 거시적으로 액정에 유도되는 탄성변형에너지가 최소화되도록 재배열하여 평형상태에 이르게 된다. 이상적으로 균일하게 배향된 네마틱 액정은 분자들이 평균적으로 일정한 방향 n으로 배향된다. 이는 외부의 변형력이 없을 때의 액정 내에서의 방향자의 형태이다. 그러나 액정은 접촉하고 있는 표면에 의해서나 혹은 전기장과 같은 외력에 의해 균일하게 배향된 구조에서 변형을 일으키게 된다. 이러한 변형은 그림 2.15와 같이 (1) 퍼짐(splay), (2) 비틀림(twist), (3) 휨(bend)의 세가지 기본적인 형태로 기술될 수 있다.

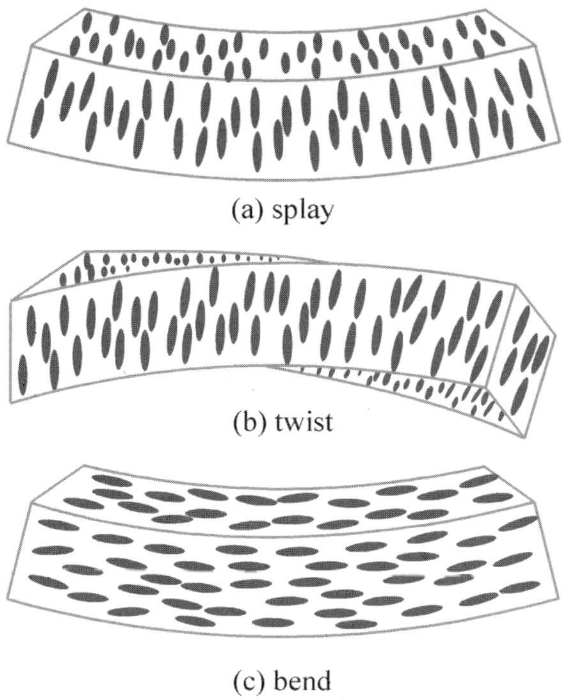

▌그림 2.15 네마틱 액정에서의 탄성변형

이러한 액정 분자의 변화가 생기는 거리 (~1um)는 분자의 크기 (~ 2nm)에 비해 매우 크다. 따라서 액정층의 기본적인 변형은 분자 단위에서의 자세한 구조를 무시하고 연속체 이론(continuum theory)을 적용할 수 있으며, 각각에 대한 탄성 변형 에너지 밀도는 다음과 같이 주어진다.

$$
\begin{aligned}
f_{splay} &= \frac{1}{2}K_1(\nabla \cdot n)^2 \\
f_{twist} &= \frac{1}{2}K_2(n \cdot \nabla \times n)^2 \\
f_{bend} &= \frac{1}{2}K_3(n \times \nabla \times n)^2
\end{aligned}
\qquad (2.6.1)
$$

변형이 복잡한 경우에는 한 가지 이상의 기본적 변형이 관련된다. (한 예로 한 평면에서 퍼짐과 휨이 동시에 일어난 경우를 들 수 있다) 따라서 액정의 총 탄성 변형 에너지는 각각의 경우에 대한 합으로 표현된다.

$$
f_{elas} = \frac{1}{2}K_1(\nabla \cdot n)^2 + \frac{1}{2}K_2(n \cdot \nabla \times n)^2 + \frac{1}{2}K_3(n \times \nabla \times n)^2 \qquad (2.6.2)
$$

이 때 계수 K_1, K_2, K_3는 각각 퍼짐(splay), 비틀림(twist), 휨(bend)을 나타내며 힘의 차원을 가진 양이다. 전형적인 크기는 10^{-11}N 정도이며, 대부분의 네마틱 액정의 경우 $K_3 > K_1 > K_2$의 순서를 갖는다. N-(4- methoxybenzylidene)-4-butylaniline (MBBA)에서 측정된 탄성 계수는 22℃ 에서 $K_1 = 5.3 \times 10^{-11}$N, $K_2 = 2.2 \times 10^{-11}$N, $K_3 = 7.45 \times 10^{-11}$N 이다[17].

일반적으로 서로 다른 세 계수를 사용하여 탄성변형 에너지를 계산하는 일은 매우 복잡하여 세 개의 탄성 계수가 같다고 가정하는 동일계수 근사법(one-constant approximation, $K_1 = K_2 = K_3 = K$)이 널리 사용되며, 이 때 탄성변형에너지 밀도는 다음과 같이 간단히 쓸 수 있다.

$$f_{OCA} = \frac{1}{2}K[(\nabla \cdot n)^2 + (\nabla \times n)^2] \tag{2.6.3}$$

2.6.2 전자기장과의 상호작용

액정에 전기장 E를 인가하면 다양한 물리적 현상이 발생하며 이들 중 일부는 매우 해석이 복잡하다[18]. 여기서는 완전한 네마틱 절연체(perfect nematic insulator)를 가정하고 유전효과에 대해서만 알아보기로 한다.

네마틱 액정에 전기장이 인가되면 적어도 두 가지의 효과가 나타난다. 하나는 유전상수의 이방성에 의한 효과이고 다른 하나는 변형된 네마틱 액정에 나타나는 유도 분극(변전 분극이라 부름)에 의한 것이다[19]. 본 절에서는 유전상수의 이방성에 따른 유전효과에 대해서만 고려하기로 한다.

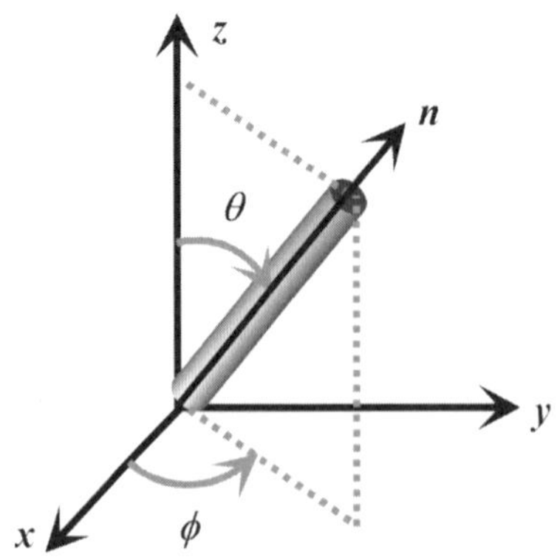

▌그림 2.16 직교좌표계에서의 액정 방향자

네마틱 액정을 단축성 유전물질로 간주하면 액정 좌표계에서 대각화된 (diagonalized) 액정의 유전 텐서(dielectric tensor) ϵ_{LC} 는 다음과 같다.

$$\epsilon_{LC} = \begin{pmatrix} \epsilon_{\perp} & 0 & 0 \\ 0 & \epsilon_{\perp} & 0 \\ 0 & 0 & \epsilon_{\parallel} \end{pmatrix} \tag{2.6.4}$$

여기서 $\parallel$와 $\perp$는 각각 액정의 장축 방향의 유전율과 수직 방향의 유전율을 나타낸다. 액정의 유전 텐서는 그림 2.16과 같은 기준 좌표계에서 외부 전기장과의 상호 작용을 기술하려면 입체 회전변환을 이용하여 기준 좌표계에서의 유전 텐서 ϵ_{Lab}으 로 변환해야 한다. 기준 좌표계에서 액정의 유전 자유 에너지 밀도는 다음과 같이 나타낼 수 있다.

$$f_{elec} = -\frac{1}{2}\epsilon_0 \mathbf{E} \epsilon_{Lab} \mathbf{E} \tag{2.6.5}$$

기준 좌표계에서의 유전 텐서로 변환하기 위해, 그림 2.16에서 z 축을 중심으로 ϕ만큼 회전 변환하여 액정 좌표계의 y 축과 기준 좌표계의 y 축을 일치시킨다. 다음으로 y 축을 중심으로 $-\theta$만큼 회전 변환하여 액정 좌표계와 기준 좌표계를 일치시킨다. 이러한 입체 회전 변환을 수식으로 나타내면 다음과 같은 3차원 회전 변환 행렬의 곱으로 표현된다[15].

$$\boldsymbol{T}(\theta,\phi) = \boldsymbol{R}_y(-\theta)\boldsymbol{R}_z(\phi) \tag{2.6.6}$$

여기서 y축에 대한 회전 변환 $\boldsymbol{R}_y$와 z축에 대한 회전 변환 $\boldsymbol{R}_z$는다음과 같이 정의할 수 있다.

$$R_y(\theta) = \begin{pmatrix} \cos\theta & 0 & -\sin\theta \\ 0 & 1 & 0 \\ \sin\theta & 0 & \cos\theta \end{pmatrix} \tag{2.6.7}$$

$$\boldsymbol{R}_z(\phi) = \begin{pmatrix} \cos\phi & \sin\phi & 0 \\ -\sin\phi & \cos\phi & 0 \\ 0 & 0 & 1 \end{pmatrix} \tag{2.6.8}$$

결과적으로, 기준 좌표계에서의 유전 텐서는

$$\begin{aligned} \epsilon_{Lab} &= \mathbf{T}^{-1}(\theta,\phi)\epsilon_{LC}\mathbf{T}(\theta,\phi) \\ &= \begin{pmatrix} \epsilon_{\theta}\cos^2\phi + \epsilon_{\perp}\sin^2\phi & \Delta\epsilon\sin^2\theta\cos\phi\sin\phi & \Delta\epsilon\cos\theta\sin\theta\cos\phi \\ \Delta\epsilon\sin^2\theta\cos\phi\sin\phi & \epsilon_{\theta}\sin^2\phi + \epsilon_{\perp}\cos^2\phi & \Delta\epsilon\cos\theta\sin\theta\sin\phi \\ \Delta\epsilon\cos\theta\sin\theta\cos\phi & \Delta\epsilon\cos\theta\sin\theta\sin\phi & \epsilon_{\parallel}\cos^2\theta + \epsilon_{\perp}\sin^2\theta \end{pmatrix} \end{aligned} \tag{2.6.9}$$

여기서 $\mathbf{T}^{-1}(\theta,\phi)$는 $\mathbf{T}(\theta,\phi)$의 역행렬을 나타내고, ϵ_θ와 $\Delta\epsilon$은 다음과 같이 주어진다.

$$\begin{aligned} \epsilon_\theta &= \epsilon_\parallel \sin^2\theta + \epsilon_\perp \cos^2\theta \\ \Delta\epsilon &= \epsilon_\parallel - \epsilon_\perp \end{aligned} \tag{2.6.10}$$

외부 전기장이 기판에 수직하게 인가될 경우, 전기장 $\mathbf{E}= E_z\mathbf{z}$이므로 식 (2.6.5)로부터 유전 자유 에너지 밀도는 다음과 같이 간단히 정리할 수 있다.

$$\begin{aligned} f_{elec} &= -\frac{1}{2}\epsilon_0(\epsilon_\parallel \cos^2\theta + \epsilon_\perp \sin^2\theta)E_z^2 \\ &= -\frac{1}{2}\epsilon_0\Delta\epsilon\cos^2\theta E_z^2 - \frac{1}{2}\epsilon_0\epsilon_\perp E_z^2 \end{aligned} \tag{2.6.11}$$

식 (2.6.11)에서 두 번째 항은 액정의 배열상태와 관련이 없는 상수값이므로 무시할 수 있으며, 전기장 에너지의 크기는 첫 번째 항에 의해서 결정된다. $\Delta\epsilon > 0$인 경우에는 $\cos\theta$가 최대가 될 때 (즉 n과 E가 평행일 때) 에너지가 최소값을 가지며, $\Delta\epsilon < 0$인 경우에는 $\cos\theta$가 최소일 때(즉 n과 E가 수직일 때) 최소값을 갖는다. 즉 유전체에 전기장이 인가되면 유도 쌍극자 모멘트(induced dipole moment)가 생성되는데 액정의 경우 유전 이방성에 의해 분자의 장축 방향으로의 유도 쌍극자 모멘트의 크기와 장축에 수직한 방향의 유도 쌍극자 모멘트 크기가 다르게 된다. 전기장이 인가된 경우 각각의 유도 쌍극자 모멘트는 전기장의 방향으로 배열하려 하는데 장축 방향으로의 유도 쌍극자 모멘트의 크기가 큰 경우(즉 $\Delta\epsilon > 0$인 경우)에는 분자의 장축방향이 전기장의 방향으로 놓이게 되고, 장축에 수직한 방향으로의 유도 쌍극자 모멘트의 크기가 큰 경우 (즉 $\Delta\epsilon < 0$인 경우)에는 분자의 장축방향이 전기장의 수직한 방향으로 놓이게 된다.

만약, 식 (2.6.11)을 아래와 같이 대응시킨다면 자기장 효과를 마찬가지로 기술할 수 있다.

$$\frac{\epsilon_\perp E^2}{8\pi} \rightarrow \frac{1}{2}\Delta \times H^2 \tag{2.6.12}$$

전기장의 경우에는 액정분자 배열이 변화함에 따라 시편 내부의 전기장의 분포가 함께 변화하게 되어 자기장의 경우와 비교하여 보다 복잡하게 되는데 반해 자기장의 경우에는 방향자의 분포에 의해 크게 영향을 받지 않기 때문에 상수로 다룰 수 있다. 따라서 대부분의 액정관련 전문서적에서는 자기장을 인가한 경우의 액정변형에 대해 다루고 있다.

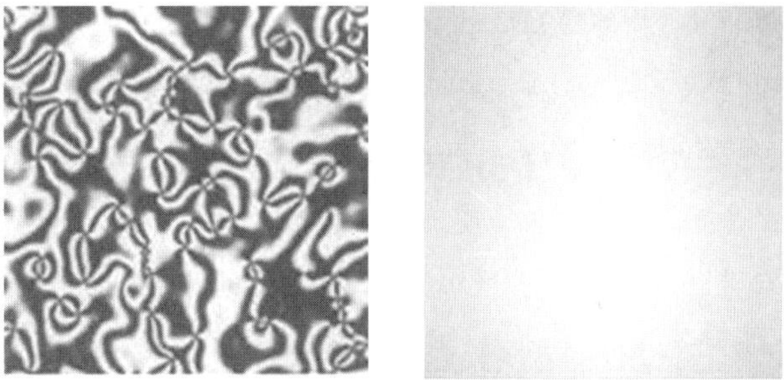

▌그림 2.17 (a) 배향되지 않은 액정, (b)배향된 액정

2.6.3 액정의 배향(alignment of liquid crystal)

LCD를 비롯한 액정 응용소자를 구현하기 위해서는 액정 상의 방향 질서나 위치 질서(층구조)가 기판 표면에서 정밀하게 제어되어야 하며, 이를 액정의 표면 배향이라고 부른다. 그림 2.17 (a)는 제어 되지 않은 액정의 배향상태를 편광현미경을 이용하여 관찰한 결과로 무질서한 액정의 배향상태를 보여준다. 이러한 무질서한 배향 상태에서는 광학효과를 극대화 할 수 없기 때문에 디스플레이의 표시품질이 저하하게 된다. 따라서 그림 2.17 (b)와 같이 액정 분자들을 한 방향으로 정렬을 하여야 하는데 이를 액정을 배향한다고 한다.

액정의 배향은 크게 액정의 방향자가 표면에 평행하는 경우인 수평배향과 방향자가 표면에 수직한 경우의 수직 배향으로 나누어지며, 응용에 따라 수평방향과 수직 배향 사이의 분자 경사를 갖는 경사 배향을 이용하기도 한다. 그림 2.18에 액정 배향의 각 경우에 대한 개념을 나타내었다.

액정을 표면 배향하기 위해 다양한 방법들이 사용되고 있으나 아직 배향에 대해 정확하게 분자수준의 물리학적 이론이 정립되어 있지는 않다. 현재 액정의 표면

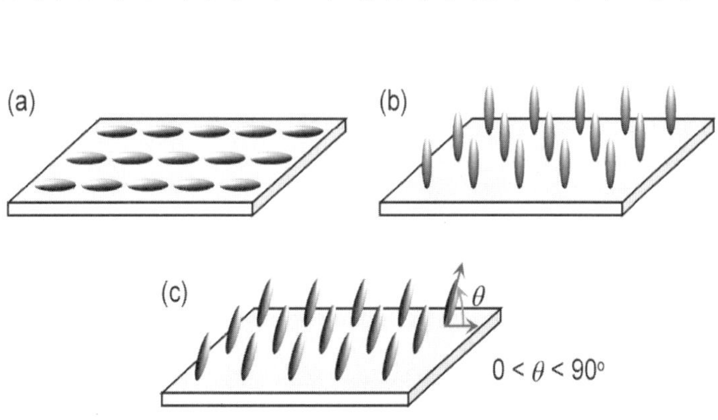

▌그림 2.18 액정의 표면 배향: (a) 수평 배향, (b) 수직 배향, (c) 경사 배향

배향에 대한 물리화학적 기전(mechanism) 은 크게 1) 액정과 표면 사이의 물리화학적 상호작용과 2) 표면의 기하학적 구조에 의한 영향으로 분류하고 있다. 최근의 연구 결과들은 전자가 액정의 배향에서 주된 역할을 하고, 후자는 보조적으로 새로운 응용소자 적용에 중요하다고 알려져 있다.

각각의 표면 배향 방법에 대해 자세히 살펴보면 다음과 같다.

(1) **수평배향** (homogeneous alignment)

일반적으로 수평 배향을 얻는 방법은 특정 박막을 표면에 형성하는 것이다. 액정 표면 배향을 위하여 형성된 이러한 박막을 배향막이라 부르며, 현재 수평 배향막에 가장 널리 사용되고 있는 물질은 고분자 물질인 polyimide이며 이외 poly-vinyl alcohol(PVA)과 같은 고분자 물질도 사용되고 있다.

기판과 평행하게 액정의 정렬 방향을 가지는 수평 배향막을 얻기 위하여, 특정한 방향으로 배향막을 문지르는 러빙(rubbing) 공정이 이용되고 있다.

(2) **수직배향** (homeotropic alignment)

액정의 수직 배향을 얻기 위하여서는 탄화수소나 flurocarbon 사슬을 가진 물질이 사용된다. 이러한 탄화수소 사슬은 매우 강한 소수성(hydrophobic)을 가지며, 배향막으로 사용되기 위하여서는 친수성(hydrophilic)을 갖거나 표면에 부착되는 성질을 가진 분자기에 붙여진 형태로 사용된다. 이렇게 친수성의 머리부분과 탄화수소 사슬의 꼬리로 형성된 분자는 양친성(amphiphilic)을 갖는 계면 활성 특성을 나타내어 LB막(Langmuir-Blodgett)과 같은 자발정렬(self assembly)방법을 이용하면 계면에 집적시킬 수 있다. 계면에 집적된 이와 같은 배향막은 친수성의 머리부분이 기판에 부착되며 탄화수소 사슬의 꼬리가 표면에 나타나게 된다

액정의 수직 배향은 그림 2.19에 나타난 것처럼 탄화수소 사슬들이 서로간의 상호작용으로 배향막 표면에 수직하게 정렬됨에 따라 일어난다. 따라서 탄화수소 사슬의 유연성과 상호작용을 좌우하는 사슬의 길이와 탄소 간 이중결합의 존재 여부가 액정의 배향 특성에 매우 중요하며, 이와 더불어 배향 표면에서 탄화수소 사슬이 집적된 밀도가 배향 특성을 크게 바꿀 수 있다. 예를 들어 계면활성제인 레시틴(lecithin)의경우 레시틴의 집적 밀도가 낮아 탄화수소 사슬간의 유효 거리가 액정분자의 물리적 크기보다 커지게 되면, 액정 분자들이 배향막에 부분적으로 침투할 수 있게 되고 따라서 탄화수소 사슬에 의하여 액정 분자의 수직배향이 이루어

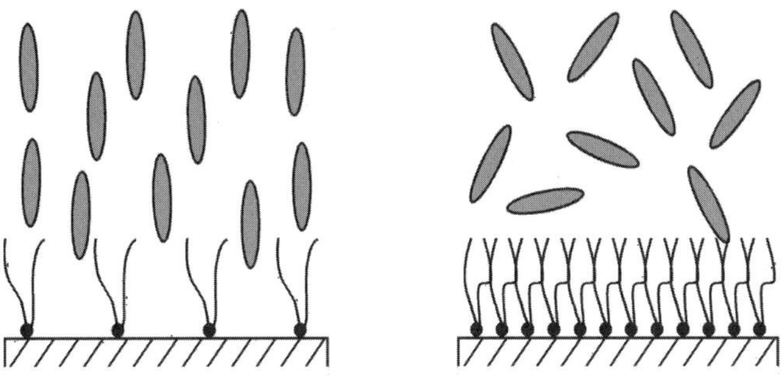

▌그림 2.19 계면활성제에 의한 액정의 수직 배향

지게 된다(그림 2.19(a)). 반면, 레시틴의 집적밀도가 커져 액정 분자들이 탄화수소 사슬 안으로 침투할 수 없게 되면(그림 2.19(b)) 약한 배향 효과만이 얻어지게 된다. 특히 이러한 탄화수소 사슬들이 고분자의 측쇄 혹은 곁가지(side chain)로 사용됨으로써 액정의 수직 배향을 얻을 수 있는 방법도 연구되고 있다.

2.6.4 표면 고정에너지(surface anchoring energy)

액정의 표면 배향을 현상학적으로 다루기 위하여 표면 고정 에너지의 개념이 도입되었다. 방향자가 배향막 평면 내에서 주어진 방향에서 벗어나는 경우를 다루기 위해 azimuthal 표면 고정 에너지가 사용되며, 방향자가 배향막 표면에서 수직 방향으로 벗어나는 경우는 polar 표면 고정 에너지를 사용한다.

표면 고정 에너지는 주어진 배향 방향에서 방향자가 벗어날 경우 자유 에너지가 증가하는 다음과 같은 형태로 주어진다.

$$f_{surf} = \frac{1}{2}W_{\phi}\sin^2(\phi - \phi_t) + \frac{1}{2}W_{\theta}\sin^2(\theta - \theta_t) \tag{2.6.13}$$

여기서 W_ϕ와 W_θ는 각각 polar 표면 고정에너지 및 azimuthal 표면 고정에너지 상수이며, ϕ_t와 θ_t는 표면에서의 분자방향을 의미한다. 이때 외부력에 의해 배향막 표면에서의 분자방향이 변하지 않을 경우를 '강한고정' (hard anchoring)이라고 지칭하며, 시편 내부에서의 액정변형이 표면에 있는 액정분자의 배열방향에 영향을 미치는 경우를 '약한고정' (weak anchoring)이라고 부른다. '강한고정'의 한 예로는 LCD에서 배향막으로 많이 이용되는 폴리이미드를 러빙한 경우를 들 수 있다.

2.6.5 총 자유 에너지 및 Euler-Lagrange 관계식

액정을 기술하는 단위 면적당 총 자유 에너지(f_{tot})는 지금까지 살펴본 바와 같이 탄성 변형 에너지(f_{elas})와 전기 에너지(f_{elec}), 그리고 표면 고정에너지(f_{surf})의 합으로 표현될 수 있다.

$$f_{tot} = \int (f_{elas} + f_{elec}) dz + f_{surf} \tag{2.6.14}$$

이때 탄성 변형 에너지(f_{elas})와 전기에너지(f_{elec})는 부피 액정의 자유에너지를 기술하는 것으로 단위 부피당 자유에너지의 단위를 갖기 때문에 액정이 적층되어 있는 높이에 따른 적분을 수행한다.

앞서 언급했듯이 평형상태에서 액정의 배열은 액정을 기술하는 식 (2.6.14)로 주어지는 자유 에너지가 최소화되는 조건으로부터 알아낼 수 있다. 액정의 자유 에너지는 $f = f(\phi, \theta, \dot{\phi}, \dot{\theta}, z)$의 형태로 주어지며, 이때 $\int_0^d f dz$는 다음과 같은 Euler-Lagrange 관계식의 해를 만족할 때 최소화 된다.

$$\begin{aligned} \frac{\partial f_{total}}{\partial \theta} - \frac{d}{dz}\left(\frac{\partial f_{total}}{\partial \dot{\theta}}\right) = 0 \\ \frac{\partial f_{total}}{\partial \phi} - \frac{d}{dz}\left(\frac{\partial f_{total}}{\partial \dot{\phi}}\right) = 0 \end{aligned} \tag{2.6.15}$$

따라서 식 (2.6.15)의 미분방정식의 해 $\theta(z)$와 $\phi(z)$는 평행상태에서의 액정분자의 배열을 결정한다.

2.7 액정의 방향자 변형 이론

LCD를 비롯한 액정 광학소자의 구현이 가능한 이유는 전기장과 같은 외부 변형력에 의해 액정의 광학적 특성을 조절할 수 있기 때문이다. 앞서 언급한 바와 같이 액정에 외부 전기장이 인가되면 액정 방향자는 총 자유 에너지가 최소인 안정한 평형 상태에 도달하게 된다. 특히 강한고정의 경우에는 표면 에너지를 무한히 큰 상수로 가정할 수 있기 때문에 총 자유 에너지는 연속체 이론에 따른 액정의 탄성 변형 에너지와 액정과 전기장의 상호작용에 의한 전기적 자유 에너지로 이루어진다고 가정할 수 있다. 보다 일반적으로 액정 방향자의 동역학까지 고려하는 경우, 다음식과 같이 동적 상태에서 탄성 변형력 및 전기장 상호 작용에 의해 유도되는 액정 방향자의 토크(torque)와 점성에 의한 복원 토크가 평형을 이룬다.

$$\gamma\frac{d\theta}{dt}=\frac{\partial f_{tot}}{\partial\theta}-\frac{d}{dz}\left(\frac{\partial f_{tot}}{\partial\dot{\theta}}\right)$$
$$\gamma\frac{d\phi}{dt}=\frac{\partial f_{tot}}{\partial\phi}-\frac{d}{dz}\left(\frac{\partial f_{tot}}{\partial\dot{\phi}}\right) \quad (2.6.16)$$

동적 상태가 충분히 오랜 시간 후 정적 평형 상태에 도달하여 점성에 의한 회전 토크를 무시하게 되고, 그 결과는 식 (2.6.15)와 같아진다. 이 미분방정식의 해를 구함으로써 평형 상태의 액정 방향자 분포를 계산할 수 있으며 이를 이용해 액정의 광학 특성을 구할 수 있다. 일반적으로 방향자 분포와 광학 특성에 대한 해석적인 해(analytical solution)는 특별한 경우를 제외하고는 구할 수 없으며 수치해석을 통해 계산할 수 있나. 본 절에서는 TN 구조에서 선기상에 따른 1차원 방향자 분포와 광학 특성에 대해 기술할 것이다.

2.7.1 탄성 변형에너지(elastic distortion energy)

비틀린 네마틱 액정의 탄성 변형 에너지를 계산하기 위해, 그림 2.16과 같은 직교 좌표계를 도입하면 액정 방향자는 $n=(\sin\theta\cos\phi,\ \sin\theta\sin\phi,\ \cos\theta)$로 표현된다. 단순히 액정 방향자가 기판에 평행한 평면인 xy 평면에서는 동일한 값을 갖고 시편의 두께 방향인 z 축에 따라 변화한다고 가정하면 θ와 ϕ는 z만의 함수가 된다. 그러므로, 식 (2.6.2)에 표현된 탄성 변형 에너지 밀도는 다음과 같이 θ와 $\delta\theta/\delta z$ 그리고 ϕ와 $\delta\theta/\delta z$의 함수로 표현된다.

$$f_{elas}=\frac{K_1}{2}\left(\frac{\partial\theta}{\partial z}\right)^2\sin^2\theta+\frac{K_2}{2}\left(\frac{\partial\phi}{\partial z}\right)^2\sin^4\theta$$
$$+\frac{K_3}{2}\left[\left(\frac{\partial\theta}{\partial z}\right)^2+\left(\frac{\partial\phi}{\partial z}\right)^2\sin^2\theta\right]\cos^2\theta \quad (2.6.17)$$

2.7.2 전기 에너지 및 평형상태

외부에서 액정에 전기장이 인가되면 액정의 총 자유 에너지 밀도 f_{tot}가 최소가 되는 상태로 액정의 방향자는 재정렬하게 된다. 이때 액정의 토크는 액정의 점성에 의한 토크와 평형을 이루게 된다. 식 (2.6.11)과 식 (2.6.17)로부터 총 자유 에너지 밀도는

$$
\begin{aligned}
f_{tot} &= f_{elas} + f_{elec} \\
&= \frac{K_1}{2}\left(\frac{\partial\theta}{\partial z}\right)^2 \sin^2\theta + \frac{K_2}{2}\left(\frac{\partial\phi}{\partial z}\right)^2 \sin^4\theta \\
&\quad + \frac{K_3}{2}\left[\left(\frac{\partial\theta}{\partial z}\right)^2 + \left(\frac{\partial\phi}{\partial z}\right)^2 \sin^2\theta\right]\cos^2\theta \\
&\quad - \frac{1}{2}\epsilon_0\Delta\epsilon\cos^2\theta E_z^2 - \frac{1}{2}\epsilon_0\epsilon_\perp E_z^2
\end{aligned}
\tag{2.6.18}
$$

식 (2.6.18)을 식 (2.6.16)에 대입하면 다음과 같은 두개의 미분 방정식을 얻을 수 있다.

$$
\begin{aligned}
\gamma\frac{\partial\theta}{\partial t} &= (K_1\sin^2\theta + K_3\cos^2\theta)\ddot{\theta}_z + (K_1 - K_3)\dot{\theta}_z^2 sin\theta\cos\theta \\
&\quad - (K_2\sin^2\theta + K_3\cos^2\theta)\dot{\phi}_z^2 sin\theta\cos\theta \\
&\quad - (K_2 - K_3)\dot{\phi}_z^2 sin^3\theta\cos\theta - \epsilon_0\Delta\epsilon E_z\sin\theta\cos\theta,
\end{aligned}
\tag{2.6.19}
$$

$$
\begin{aligned}
\gamma\frac{\partial\phi}{\partial t} &= (K_2\sin^2\theta + K_3\cos^2\theta)\ddot{\phi}_z \\
&\quad + 2\dot{\phi}_z\dot{\theta}_z(K_2 - K_3)\sin^3\theta\cos\theta \\
&\quad + 2\dot{\phi}_z\dot{\theta}_z(K_2\sin^2\theta + K_3\cos^2\theta)\sin\theta\cos\theta
\end{aligned}
\tag{2.6.20}
$$

여기서

$$
\ddot{\theta}z = \frac{\partial^2\theta}{\partial z^2}, \quad \ddot{\phi}_z = \frac{\partial^2\phi}{\partial z^2}
\tag{2.6.21}
$$

로 주어진다. 마지막으로 식 (2.6.19)와 식(2.6.20)를 만족하는 미분 방정식을 풀면 θ와 ϕ는 z의 함수로 구해진다. 그러나 일반적으로 식(2.6.19)와 식 (2.6.20)의 해석적인 해는 존재하지 않으므로 수치해석을 통해 θ와 ϕ의 위치에 따른 근사값을 구해야한다.

2.7.3 수치해석 (numerical simulation)

수치해석을 위해 액정 영역을 z축 방향으로 N개의 균일한 두께의 액정 층으로 나누는 유한 차분법(finite difference method)을 이용한다. N 등분한 임의의 z_i $(i = 0 \sim N)$층에서의 평균 방향자의 $\theta(z_i)$와 $\phi(z_i)$를 계산하면 액정의 방향자 분포를 구할 수 있다. 이때, 각 층에서 평균 방향자 $\theta(z_i)$와 $\phi(z_i)$는 시간에 따라 식 (2.6.19)와 식 (2.6.20)을 만족하며 안정된 값으로 수렴하게 된다. 완화법(relaxation method)을 이용하면 다음과 같은 단계를 거쳐 액정의 방향자 분포를 구할 수 있다.

① 동적 평형 방정식을 유한 차분법으로 표현한다.
② 초기 방향자 분포를 가정하여 입력값으로 취한다.
③ 동적 평형 방정식을 이용해 모든 z_i 층에서 미소 시간 t가 지난 후의 $\theta(z_i)$와 $\phi(z_i)$ 값을 이전의 $\theta(z_i)$와 $\phi(z_i)$ 값으로부터 구한다.
④ t가 지난 후의 $\theta(z_i)$와 $\phi(z_i)$ 값과 이전의 $\theta(z_i)$와 $\phi(z_i)$ 값의 차이를 비교한다.
⑤-1 그 차이가 설정한 유효 error 범위보다 작으면 $\theta(z_i)$와 $\phi(z_i)$ 값은 액정 방향자의 근사적인 해로 선택한다.
⑤-2 그 차이가 설정한 유효 error 범위보다 크면 t가 지난 후의 $\theta(z_i)$와 $\phi(z_i)$ 값을 이전 $\theta(z_i)$와 $\phi(z_i)$ 값으로 대체하여 단계 ③~⑤를 반복한다.

먼저 유한 차분법에 따라 액정 영역을 N 등분하면 각 층의 두께는 $z=d/N$ 으로 표현되고, t 시각에서 $\theta(z_i,t)$와 $\phi(z_i,t)$의 공간 미분값은 다음과 같이 나타낼 수 있다.

$$\begin{aligned}\dot{\theta}_z(z_i,t) &= \frac{\theta(z_i+\Delta z,t)-\theta(z_i-\Delta z,t)}{2\Delta z},\\ \dot{\phi}_z(z_i,t) &= \frac{\phi(z_i+\Delta z,t)-\phi(z_i-\Delta z,t)}{2\Delta z}\end{aligned} \tag{2.6.22}$$

$$\begin{aligned}\ddot{\theta}_z(z_i,t) &= \frac{\theta(z_i+\Delta z,t)+\theta(z_i-\Delta z,t)-2\theta(z_i,t)}{(\Delta z)^2},\\ \ddot{\phi}_z(z_i,t) &= \frac{\phi(z_i+\Delta z,t)-\phi(z_i-\Delta z,t)-2\phi(z_i,t)}{(\Delta z)^2}\end{aligned} \tag{2.6.23}$$

동일한 방법으로 $\theta(z_i,t)$와 $\phi(z_i,t)$의 시간 미분값은

$$\begin{aligned}\frac{\partial\theta(z_i,t)}{\partial t} &= \frac{\theta(z_i,t+\Delta t)-\theta(z_i,t)}{\Delta t},\\ \frac{\partial\phi(z_i,t)}{\partial t} &= \frac{\phi(z_i,t+\Delta t)-\phi(z_i,t}{\Delta t}\end{aligned} \tag{2.6.24}$$

식 (2.6.22)~(2.6.24)를 식 (2.6.19)와 식 (2.6.20)에 대입하면, $t+\Delta t$시각에서 액정 방향자 $\theta(z_i,t+\Delta t)$와 $\phi(z_i,t+\Delta t)$는 $\theta(z_i,t)$, $\theta(z_i+\Delta z,t)$, $\phi(z_i,t)$, $\phi(z_i+\Delta z,t)$의 함수로 표현된다 (단계 ③). 앞서 언급했듯이 단계 ③~⑤를 반복 수행하여 $|\theta(z_i,t+\Delta t)-\theta(z_i,t)|\approx 0$ 이고 $|\phi(z_i,t+\Delta t)-\phi(z_i,t)|\approx 0$ 이 될 때 반

복 수행을 종료하고 $\theta(z_i,t)$와 $\phi(z_i,t)$를 선택하여 액정의 방향자 분포를 결정한다.

2.8 액정의 광학특성

앞 절에서 살펴본 외부 전기장 인가에 따른 액정의 방향자 재배열 특성은 액정 분자 자체의 광학적 이방성과 결합되어 작은 전압으로도 쉽게 구동되는 우수한 전기광학 소자를 구현할 수 있게 한다. 본 절에서는 액정의 광학적 이방성이 디스플레이에 응용되기 위한 기초적 이론으로 빛의 편광특성 및 이를 표현하는 이론인 Jones 행렬을 소개하고 가장 기본적인 LCD모드인 TN(twisted nematic)구조에서 액정층을 통과하는 빛의 편광상태 변화를 예로 들어 액정의 투과광학을 전체적으로 이해할 수 있는 기반을 마련하고자 한다.

2.8.1 빛의 편광(Optical polarization)상태

1864년 C. Maxwell 이 빛의 전자기 이론을 방정식으로 정리하여 발표한 이후, 빛의 특성에 대한 정성적인 분석을 통해 빛의 투과, 굴절, 회절, 간섭 현상 등을 이해하기 시작한 것이 현대 광학의 효시라 할 수 있다. Maxwell이 전자기파를 기술하는 네 가지 기본 방정식에서 유도한 자유공간(free space)에서 빛의 속도로 진행하는 wave equation에 의하면 빛은 다음 그림과 같이 일반적으로 사인파(sine wave) 형태의 전자기파로 진행한다.

그러나 일반적인 자연광이 빛의 전자기적 진동 상태가 무작위함에 반해 일반적으로 LCD나 광학소자에서 사용되는 빛은 전자기파가 특정한 방향성을 갖는 형태를 띠게 되는데 이것을 빛의 편광상태로 정의한다. 본 절에서는 빛의 편광상태를 이해하기 위해 가장 단순화된 형식의 단색성 평면파(monochromatic plane wave)의 경우에 대해 빛의 전자기적 성질을 살펴보기로 하겠다.

일반적 전자기파에서 위치 r에 따른 전기장의 세기는 식(2.8.1)과 같이 주어지며 z축방향으로 진행하는 단색성 평면파를 가정하면 식(2.8.2)와 같이 단순화할 수 있다.

$$\overrightarrow{E}(\vec{r},t) = \overrightarrow{A}e^{i(wt - \vec{k} \cdot \vec{r})} \qquad (2.8.1)$$

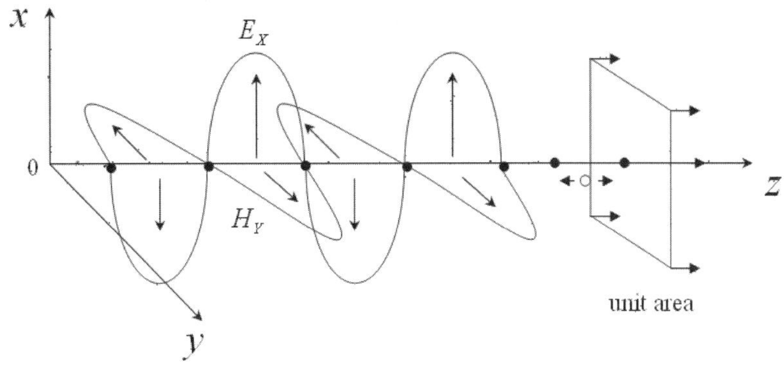

그림 2.20 사인파 형식의 전자기파.

$$\overrightarrow{E}(z,t) = Re[\overrightarrow{A}e^{i(wt-kz)}] \tag{2.8.2}$$

이 함수의 특성을 특정한 위치 $z=0$를 잡아 전기장 벡터의 끝점이 시간에 따라 변화하는 궤적을 살펴보면 빛의 편광상태에 대한 이해가 가능하다. 전기장의 x축 성분과 y축 성분을 각각 나누어 표현하면,

$$\begin{aligned} E_x &= A_x \cos(wt - kz + \delta_x) \\ E_y &= A_y \cos(wt - kz + \delta_y) \end{aligned} \tag{2.8.3}$$

여기서 δ_x와 δ_y는 각각의 위상 성분을 나타낸다. 시간 성분을 두 식에서 제거하면, 간단한 수식전개를 통해

$$\begin{gathered} \left(\frac{E_x}{A_x}\right)^2 + \left(\frac{E_y}{A_y}\right)^2 - 2\frac{\cos\delta}{A_x A_y}E_x E_y = \sin^2\delta, \\ \delta = \delta_y - \delta_x \end{gathered} \tag{2.8.4}$$

와 같이 주어진다. 식(2.8.4)는 타원 방정식으로 전기장 벡터의 끝점을 시간에 따라 변화하는 궤적이 두 축이 각각 다음의 식에서 주어지는 2a, 2b의 길이를 가지고 기준 x, y축에 각도 ϕ만큼 회전된 타원(그림 2.21)으로 주어진다는 것을 의미한다.

$$\begin{aligned} a^2 &= A_x^2\cos^2\phi + A_y^2\sin^2\phi^2 + 2A_x A_y \cos\delta\cos\phi\sin\phi \\ b^2 &= A_x^2\sin^2\phi + A_y^2\cos^2\phi^2 - 2A_x A_y \cos\delta\cos\phi\sin\phi \end{aligned} \tag{2.8.5}$$

$$\tan 2\phi = \frac{2A_x A_y}{A_x^2 - A_y^2} cos\delta \tag{2.8.6}$$

이러한 빛의 전기장 변화 특성을 타원편광 상태라고 하며 가장 보편적인 형태의 편광상태가 되게 된다. 특정 위치에서의 전기장 벡터의 회전 방향은 $\sin\delta$의 부호에 따라 결정되며 부호가 양일 때 시계방향으로, 음일때는 반시계방향으로 회전하게 된다.

한편, 일반적으로 광학계에서 많이 사용되는 빛의 편광상태는 선형(linear) 편광과 원형(circular) 편광 상태인데 일반적인 타원(elliptic) 편광상태의 특수한 경우가 이에 해당된다. 먼저 선형 편광 상태에 대해 살펴보기로 하자.

선형 편광의 빛은 전기장벡터의 두 위상 성분차 δ가 0 또는 π가 될 때 얻어진다. 이 때 식(2.8.4)의 타원은 직선으로 변화하게 되며 이 때 전기장 벡터는 $E_y/E_x = \pm A_y/A_x$의 기울기를 가지고 진동하게 된다. 그림 2.22에 일반적인 선형 편광 상태를 설명하는 모식도를 나타내었다. 선형 편광상태의 경우 가장 단순한 형태의 편광이기 때문에 가장 광학적으로 널리 쓰인다.

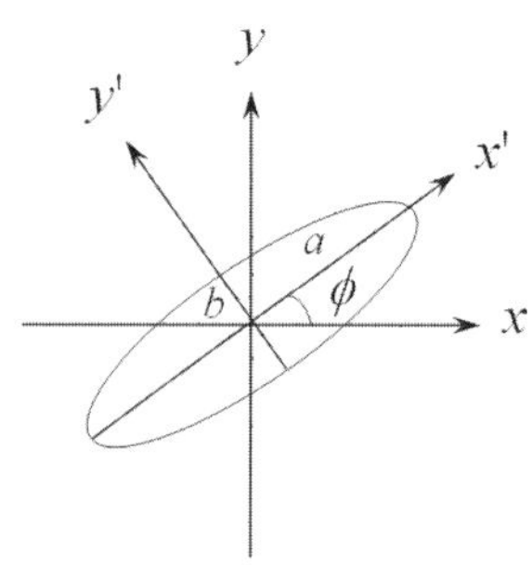

▌그림 2.21 일반적인 타원 편광의 궤적.

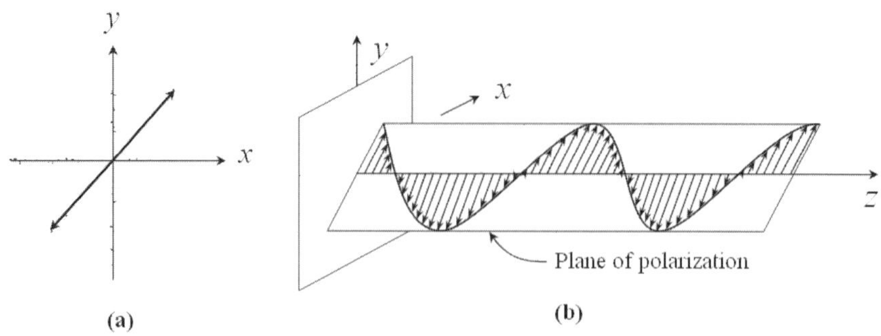

▌그림 2.22 선형 편광 상태의 빛.

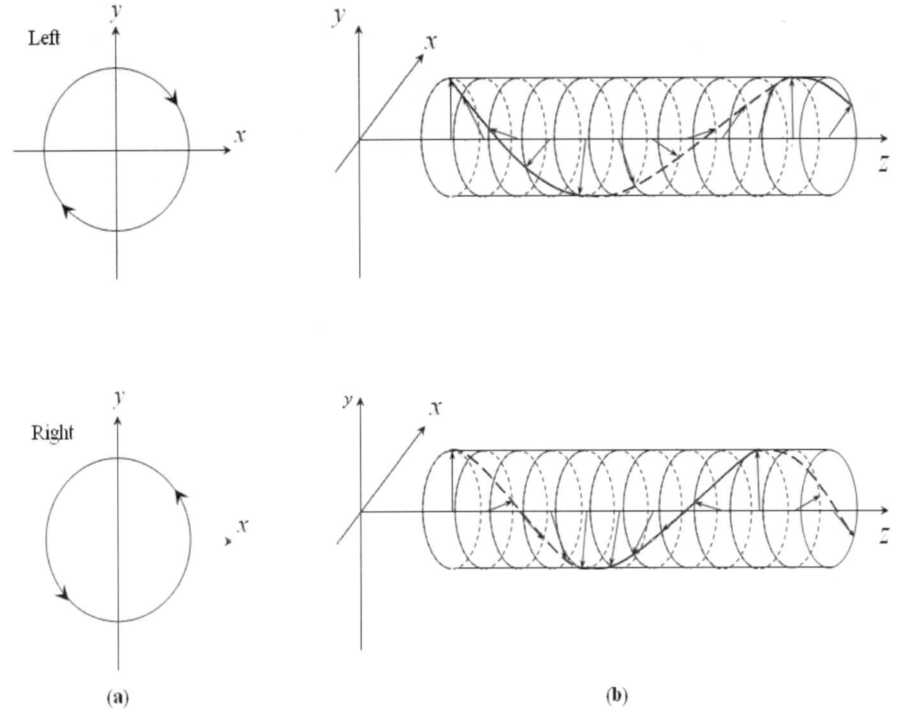

▌그림 2.23 원형 편광 상태의 빛.

원형 편광 상태의 경우, 위상 성분차 δ가 $\pm\pi/2$이며 $A_y = A_x$일 때 얻어진다. 이 때 식(2.8.4)는 원으로 수렴하며, 전기장 벡터의 회전 방향에 따라 우선 원편광(right−handed circular)과 좌선 원편광(left−handed circular) 으로 나누어 진다. 본 절에서는 δ가 $-\pi/2$일 때, 즉 전기장의 회전 방향이 반시계 방향일 때를 우선 원편광 상태로 그 반대의 경우를 좌선 원편광 상태로 분류하기로 한다. 그러나 이러한 편광의 정의는 기준에 따라 변화할 수 도 있다.

LCD에 사용되는 빛들은 주로 선편광된 상태의 빛으로 편광자나 위상지연판과 같은 부품을 사용하여 편광상태를 제어하게 된다. 다음절에서는 이러한 광학 부품들에 대해 그 개념과 역할에 대해 살펴보기로 하겠다.

2.8.2 편광자와 위상지연판(wave retarder)

편광자(polarizer)란 편광자의 투과축에 결맞아 들어오는 전기장 성분은 투과 시키고 그에 수직한 성분은 차단시키는 성질을 가진 소자를 말한다. 그림 2.24에서 보듯 자연 상태의 빛은 여러 방향의 선편광 성분을 모두 가지고 있으나 편광자를 통과하게 되면 편광자의 편광축에 평행한 성분의 전기장만을 갖는 선편광 상태의 빛이 되게 된다.

편광자는 등방적(isotropic) 물질의 선택적 흡수 및 반사 특성을 이용하거나 비등방적(anisotropic) 물질의 선택적 반사 및 굴절 효과를 이용하여 제작되며 특정한 투과축을 가지게 된다. 오른쪽 그림과 같이 두개의 편광자가 동시에 있는 광학 시스템의 경우, 각각 편광자와 검광자(analyzer)로 불리우게 되는데 이 경우 첫 번째의 편광자를 통해 입사되는 자연광이 선편광으로 바뀌고 최종적으로 detector에 입사될 때는 검광자와 편광자의 투과축간 경사각 θ의 함수로 주어지는 다음과 같은 투과도를 가지게 된다(Malus's law).

$$I(\theta) = \frac{c\epsilon_0}{2} E_0^2 \cos^2\theta = I(0)\cos^2\theta \qquad (2.8.7)$$

여기서 E_0는 첫 번째 편광자를 투과한 빛의 전기장의 크기이다.

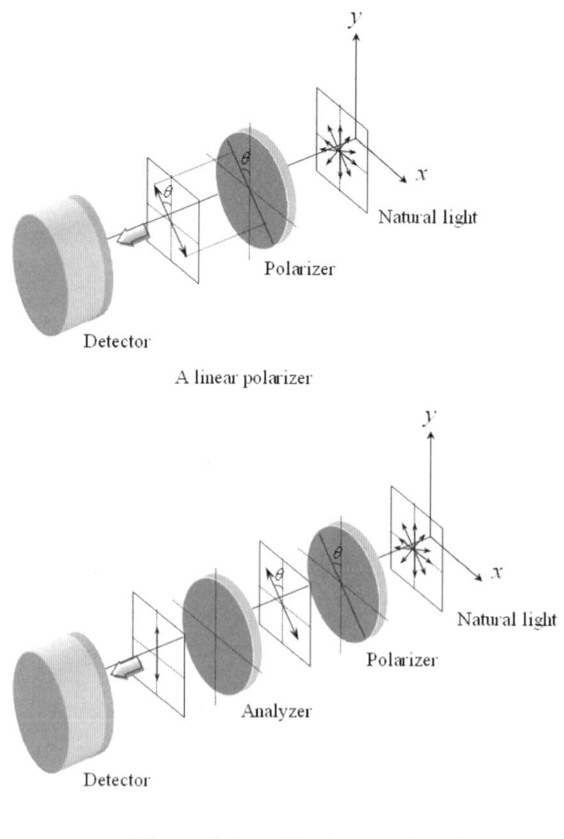

그림 2.24 편광자의 특성 및 두 개의 편광자가 함께 있는 시스템의 모식도.

간단하게 위의 식에서 두 편광자간의 경사각이 90도가 되면 투과가 되지 않는것을 확인할 수 있는데, 이러한 두 편광자가 직교하는 시스템을 crossed polarizer, 혹은 직교 편광자 시스템이라고 하며 LCD등에서 완전한 dark를 얻기 위해 보편적으로 사용되는 구조이다.

위상 지연판(wave retarder)은 일반적으로 위상 지연값(retardation) Γ과 위상 지연판의 fast, slow 축으로 특성지어지는 광학적 소자로써 주로 비등방적 물질을 가지고 만들어 진다. 위상 지연판에서 slow축을 통과하는 전기장 성분은 fast축을 통과하는 성분에 비해 Γ 만큼의 위상 지연이 생기게 되어 입사되는 빛의 편광상태를 변화시킬 수 있게 된다.

일반적으로 비등방적 물질의 이상 굴절률과 상 굴절률을 각각 n_e, n_o라고 하면, 두께 d의 위상 지연판의 총 위상 지연값은 $\Gamma = 2\pi(n_e - n_o)d/\lambda_0$으로 주어지며, 어기에서 λ_0는 입사되는 빛의 파장이다. 위상 지연판은 총 위상 지연값에 따라 quarter−wave retarder $(\pi/2)$, half−wave retarder (π)등으로 구분되는데, 선편광 혹은 원편광과 결합하여 아래의 그림과 같이 편광상태를 바꾸어 주는 역할을 주로 하게 된다. 그림에서 입사되는 선편광의 편광 방향은 위상 지연판의 광축에 45도 기울어져 있다.

그림 2.25에 나타나 있듯이 위상 지연판을 통해 선편광을 원편광으로 혹은 그 반대로 변화시키거나 선편광의 회전, 원편광의 회전 능이 위상 지연판을 거침으로서 얻어질 수 있다. 자세한 위상 지연판의 작용에 대하여는 추후의 절에서 Jones 벡터와 Jones 행렬를 통한 정성적인 분석을 통해 논의하기로 하겠다.

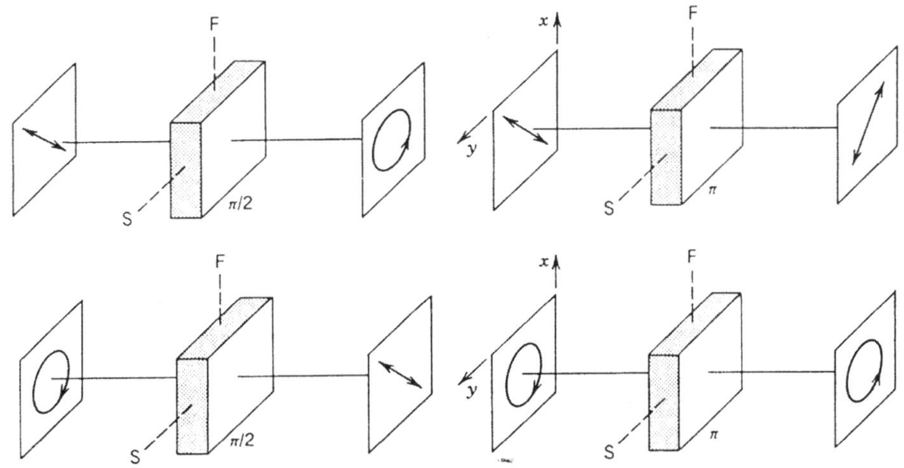

그림 2.25 위상 지연판의 다양한 역할.

2.8.3 Jones 벡터(Vector)

앞서 살펴본 빛의 전자기적 특성은 이번 절에서 설명하려는 Jones 벡터와 다음 절의 Jones 행렬를 통하여 정량화/수식화 되어 쉽게 표현될 수 있다. R. C. Jones에 의해 1941년 제안된 Jones 벡터는 plane wave의 편광 상태를 효율적으로 기술할 수 있는 것으로, 앞 절에서 제시된 전자기적 표현을 다음과 같은 벡터로 나타낸 것이다.

$$\mathbf{J} = \begin{pmatrix} A_x\, e^{i\delta_x} \\ A_y\, e^{i\delta_y} \end{pmatrix} \tag{2.8.8}$$

Jones 벡터에서 주의할 것은 이 벡터가 complex 형태라는 점이다. 즉, x축 성분의 실제 전기장 크기를 알고 싶다면 벡터 성분의 실수항을 취해야 한다. Jones 벡터는 전기장의 크기와 위상 성분을 모두 포함하고 있는데, 만약 빛의 편광 상태를 분석하는데 초점을 맞춘다면 크기는 다음과 같이 표준화(normalization)시켜서 사용하는 것이 유리하다.

$$\mathbf{J}^* \cdot \mathbf{J} = 1 \tag{2.8.9}$$

$$\therefore \mathbf{J}^* \cdot \mathbf{J} = (A_x e^{-i\delta_x} A_y e^{-i\delta_y}) \begin{pmatrix} A_x\, e^{i\delta_x} \\ A_y\, e^{i\delta_y} \end{pmatrix} = A_x^2 + A_y^2 = 1$$

이때 *는 complex conjugation을 의미한다.

이제부터는 Jones 벡터 표현을 앞서 살펴본 편광 상태를 나타내는데 적용하여 보자. 먼저 선편광된 빛의 경우, 선편광의 진동(oscillation) 방향이 x축과 각도 ϕ를 이루어 진동한다고 할 때 표준화된 Jones 벡터 표현은 다음과 같이 주어진다.

$$\frac{\mathbf{J}}{(\mathbf{J}^* \cdot \mathbf{J})^{1/2}} = \frac{1}{\sqrt{A_x^2 + A_y^2}} \begin{pmatrix} A_x \\ A_y \end{pmatrix} = \begin{pmatrix} \cos\phi \\ \sin\phi \end{pmatrix} \tag{2.8.10}$$

이 경우, $\delta_x = \delta_y = 0$ 이다.

원편광의 경우에는 $A_x = A_y$, $\delta_y = \delta_x \pm \pi/2$가 되고, 이 때 기준 위상을 $\delta_x = 0$으로 가정해도 무방하므로, 다음과 같은 Jones 벡터가 얻어진다.

$$\frac{\mathbf{J}}{(\mathbf{J}^* \cdot \mathbf{J})^{1/2}} = \frac{1}{\sqrt{2}} \begin{pmatrix} e^{i0} \\ e^{i\pm\pi/2} \end{pmatrix} = \frac{1}{\sqrt{2}} \begin{pmatrix} 1 \\ \pm i \end{pmatrix} \tag{2.8.11}$$

이 때, 앞서 정의한 대로 $-i$의 경우, 우선 원편광(right handed circular), i의 경우 좌선 원편광으로 분류할 수 있다.

일반적인 타원 편광의 경우는 $A_x \neq A_y$ 이고 $\delta = \delta_y - \delta_x$ 에서,

$$\frac{\mathbf{J}}{(\mathbf{J}^* \cdot \mathbf{J})^{1/2}} = \frac{1}{\sqrt{A_x^2 + A_y^2}} \begin{pmatrix} A_x e^{i0} \\ A_y e^{i\delta} \end{pmatrix} = \begin{pmatrix} \cos\phi \\ e^{i\delta}\sin\phi \end{pmatrix} \tag{2.8.12}$$

와 같이 나타낼 수 있다. 예를 들어, $A_y = 2A_x$ 이고 $\delta = \pi/2$인 타원 편광은

$$\frac{\mathbf{J}}{(\mathbf{J}^* \cdot \mathbf{J})^{1/2}} = \frac{1}{\sqrt{5}} \begin{pmatrix} 1 \\ 2i \end{pmatrix} \tag{2.8.13}$$

으로 주어진다. 다음 표에 주요한 편광 상태들의 Jones 벡터 표현을 정리하여 놓았다.

▌표 2.3 다양한 편광 상태의 Jones 벡터 표현식.

Polarization Ellipse	Jones Vector
	$\begin{pmatrix} 1 \\ 0 \end{pmatrix}$
	$\begin{pmatrix} 0 \\ 1 \end{pmatrix}$
	$\frac{1}{\sqrt{2}}\begin{pmatrix} 1 \\ 1 \end{pmatrix}$
	$\frac{1}{\sqrt{2}}\begin{pmatrix} 1 \\ -1 \end{pmatrix}$
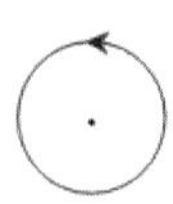	$\frac{1}{\sqrt{2}}\begin{pmatrix} 1 \\ -i \end{pmatrix}$
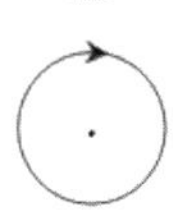	$\frac{1}{\sqrt{2}}\begin{pmatrix} 1 \\ i \end{pmatrix}$
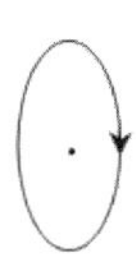	$\frac{1}{\sqrt{5}}\begin{pmatrix} 1 \\ 2i \end{pmatrix}$
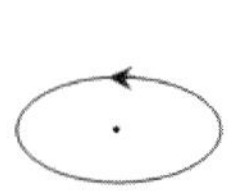	$\frac{1}{\sqrt{5}}\begin{pmatrix} 2 \\ -i \end{pmatrix}$

2.8.4 2×2 Jones 행렬(Matrix)

앞 절에서 살펴본 Jones 벡터를 이용한 편광 상태의 표현은 여러 가지 소자들로 구성된 광학 시스템에서 본 절에서 살펴볼 Jones 행렬과 결합되어 광학계를 통과하는 빛의 편광 상태를 기술하는데 사용된다. 1940년에 R. C. Jones 가 제안한 이러한 수식체계에서 각각의 광 소자(optical element) 들은 2×2 행렬로 표시되며 빛의 편광 상태는 앞서 제안된 벡터의 형태로 표시된다. 전체적 광학 시스템은 개개의 2×2 행렬을 곱한 형태로 표시될 수 있으며 따라서 전체 광학계를 통과한 뒤의 빛의 편광 상태는 단순히 이렇게 얻어진 행렬에 입사 편광 Jones 벡터를 곱하면 얻어질 수 있다. 이러한 단순성과 편리성 때문에 2×2 Jones 행렬은 LCD를 비롯한 투과 광학에서 가장 널리 쓰이는 방법이며 본 절에서는 먼저 2×2 Jones 행렬의 수학적 형태를 유도한 뒤, 광학 시스템에 실제로 적용되는 예를 통해 응용에 대해 살펴보도록 하겠다.

대부분의 편광판이나 위상 지연판 등의 광학 소자들은 단축성 결정(uniaxial crystal)으로 구성되어 내부에 고유파(eigenwave)가 진행하는 두 개의 축을 가지게 되는데, 이를 각각 slow와 fast 축으로 명명하게 된다. 그림 2.26과 같이 z축으로 진행하는 빛이 위상 지연판을 통과하는 경우를 가정해보자.

이 경우, 입사되는 빛의 편광 상태는 Jones 벡터에서 다음과 같고,

$$V = \begin{pmatrix} V_x \\ V_y \end{pmatrix} \tag{2.8.14}$$

위상 지연판을 통과할 때의 빛의 위상 지연을 적용시키기 위해 식(2.8.14)를 fast와 slow축 성분으로 분리해야 하므로, 각도 Ψ 만큼의 회전 행렬을 이용하여,

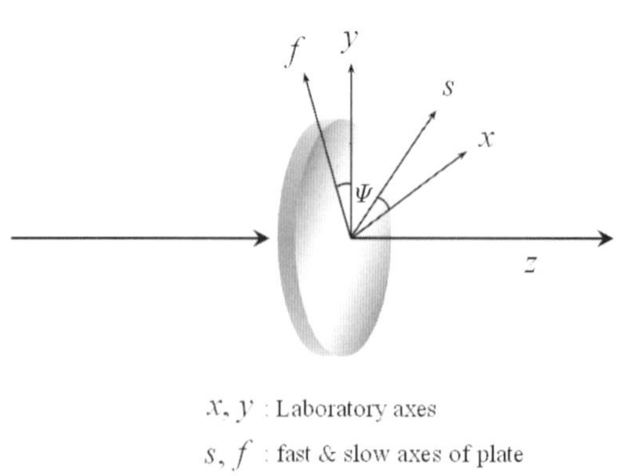

▌그림 2.26 기준축에서 각도 Ψ 만큼 회전된 위상 지연판의 좌표계.

$$\begin{pmatrix} V_s \\ V_f \end{pmatrix} = \begin{pmatrix} \cos\Psi & \sin\Psi \\ \sin\Psi & \cos\Psi \end{pmatrix} \begin{pmatrix} V_x \\ V_y \end{pmatrix} \tag{2.8.15}$$

두 개의 성분으로 나누어준다. 이제 이 성분이 위상 지연을 느끼며 소자를 통과하게 되면,

$$\begin{pmatrix} V_s{}' \\ V_f{}' \end{pmatrix} = e^{-i\phi} \begin{pmatrix} e^{-i\Gamma/2} & 0 \\ 0 & e^{i\Gamma/2} \end{pmatrix} \begin{pmatrix} V_s \\ V_f \end{pmatrix} \tag{2.8.16}$$

$$\Gamma = \frac{2\pi}{\lambda}(n_s - n_f)d \tag{2.8.17}$$

$$\phi = \frac{1}{2}(n_s + n_f)\frac{2\pi}{\lambda}d \tag{2.8.18}$$

위의 식과 같이 위상 지연판을 통과하게 된다. 여기서 위상 지연값 Γ는 식 (2.8.17)에서 정의된 바와 같으며 복굴절을 갖는 액정과 같은 물질의 경우, 이상 굴절률(extraordinary refractive index)과 상 굴절률(ordinary refractive index)값이 각각 n_s와 n_f에 해당하게 된다.

Slow축과 fast축으로 회전된 성분을 다시 원래의 좌표계로 환원시키면,

$$\begin{aligned} \begin{pmatrix} V_x{}' \\ V_y{}' \end{pmatrix} &= \begin{pmatrix} \cos\Psi & -\sin\Psi \\ \sin\Psi & \cos\Psi \end{pmatrix} \begin{pmatrix} V_s{}' \\ V_f{}' \end{pmatrix} \\ &- R(-\Psi)\, W_0 R(\Psi) \begin{pmatrix} V_x \\ V_y \end{pmatrix} \end{aligned} \tag{2.8.19}$$

과 같이 주어지며 여기서,

$$W_0 - e^{-i\phi} \begin{pmatrix} e^{-i\Gamma/2} & 0 \\ 0 & e^{i\Gamma/2} \end{pmatrix} \tag{2.8.20}$$

$$R(\Psi) = \begin{pmatrix} \cos\Psi & \sin\Psi \\ -\sin\Psi & \cos\Psi \end{pmatrix} \tag{2.8.21}$$

이다. 즉, 쉽게 예상되듯이 원래의 입사편광에 회전좌표계를 도입하여 고유모드를 유지하는 투과 특성을 반영한 뒤 다시 원래의 좌표계로 환원시키는 것이다. 여기에서 $e^{-i\varphi}$ 항은 광소자의 표면 등에서 반사되는 다중 반사 성분을 무시한다고 할 때 (일반적인 경우임) 종종 무시되게 된다. Jones 행렬 또한 unitary 행렬이므로 다음의 조건을 만족한다.

$$W^{\dagger} W = 1 \tag{2.8.22}$$

편광판에서의 Jones 행렬은 x축을 투과하는 경우와 y축을 투과하는 경우, 각각

$$P_x = \begin{pmatrix} 1 & 0 \\ 0 & 0 \end{pmatrix} \tag{2.8.23}$$

$$P_y = \begin{pmatrix} 0 & 0 \\ 0 & 1 \end{pmatrix} \tag{2.8.24}$$

으로 주어지며 각도 Ψ 만큼 회전할 경우, 회전각도 만큼의 회전행렬을 곱하면 된다. 표 2.4에 일반적으로 사용되는 편광판과 위상 지연판의 Jones 행렬 표현을 정리하여 놓았다.

일반적으로 위상 지연값 Γ의 크기에 따라 $\Gamma=\pi/2$일 때 quarter-wave plate 혹은 $\lambda/4$ 판이라고 하며 입사된 선편광을 원편광으로 혹은 원편광을 선편광으로 바꾸는 역할을 하고, $\Gamma=\pi$일 때 half-wave plate 혹은 $\lambda/2$ 판이라고 하며 선편광을 90도 회전시키거나 원편광의 회전 방향을 바꾸는데 주로 사용된다.

표 2.4 다양한 편광판/위상 지연판의 Jones 행렬 표현식.

Optical Element	Jones Matrices
	Wave Plates $\Gamma \equiv \frac{2\pi}{\lambda}(n_e - n_o)d$
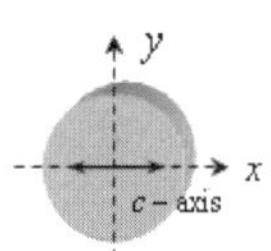	$\begin{pmatrix} e^{-i\Gamma/2} & 0 \\ 0 & e^{i\Gamma/2} \end{pmatrix}$
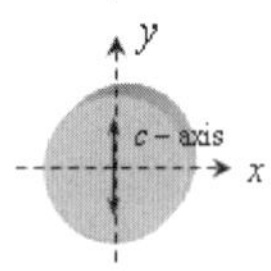	$\begin{pmatrix} e^{i\Gamma/2} & 0 \\ 0 & e^{-i\Gamma/2} \end{pmatrix}$
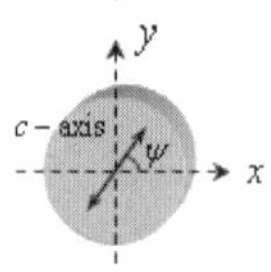	$R(-\Psi)\begin{pmatrix} e^{-i\Gamma/2} & 0 \\ 0 & e^{i\Gamma/2} \end{pmatrix}R(\Psi)$ $= \begin{pmatrix} \cos\Psi & -\sin\Psi \\ \sin\Psi & \cos\Psi \end{pmatrix}\begin{pmatrix} e^{-i\Gamma/2} & 0 \\ 0 & e^{i\Gamma/2} \end{pmatrix}\begin{pmatrix} \cos\Psi & \sin\Psi \\ -\sin\Psi & \cos\Psi \end{pmatrix}$
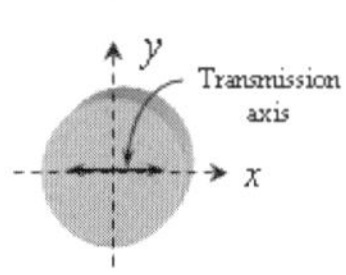	$\begin{pmatrix} 1 & 0 \\ 0 & 0 \end{pmatrix}$
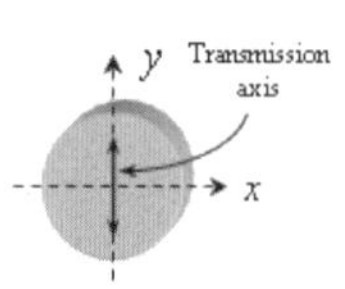	$\begin{pmatrix} 0 & 0 \\ 0 & 1 \end{pmatrix}$
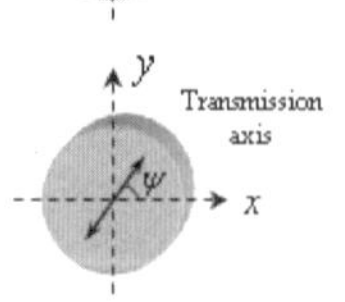	$R(-\Psi)\begin{pmatrix} 1 & 0 \\ 0 & 0 \end{pmatrix}R(\Psi)$ $= \begin{pmatrix} \cos\Psi & -\sin\Psi \\ \sin\Psi & \cos\Psi \end{pmatrix}\begin{pmatrix} 1 & 0 \\ 0 & 0 \end{pmatrix}\begin{pmatrix} \cos\Psi & \sin\Psi \\ -\sin\Psi & \cos\Psi \end{pmatrix}$ $= \begin{pmatrix} \cos\Psi & -\sin\Psi \\ \sin\Psi & \cos\Psi \end{pmatrix}\begin{pmatrix} \cos\Psi\sin\Psi \\ 0 \quad 0 \end{pmatrix} = \begin{pmatrix} \cos^2\Psi & \cos\Psi\sin\Psi \\ \sin\Psi\cos\Psi & \sin^2\Psi \end{pmatrix}$

마지막으로는 Jones 행렬의 실제적인 응용 예를 통해 행렬의 사용법에 대해 이해해보도록 하자.

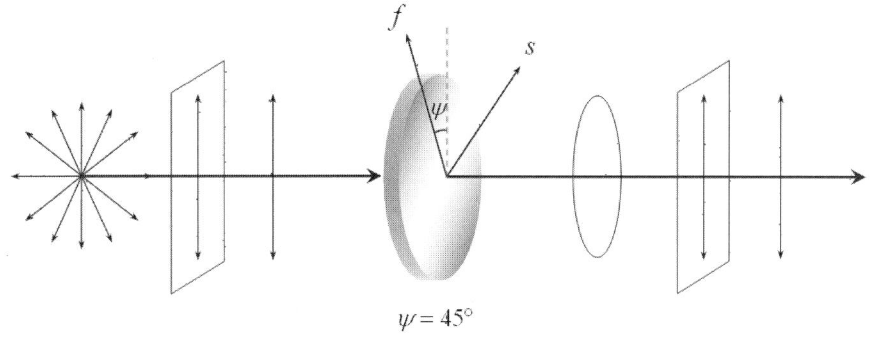

▌그림 2.27 평행한 두 편광자 사이에 위상 지연판이 놓인 경우.

다음 그림과 같은 광학계에서 입사되는 빛은 y축 방향의 편광자와 위상 지연판, 그리고 y축 방향의 검광자를 지나게 된다.

이 때 각각의 단계에 해당하는 Jones 벡터와 Jones 행렬을 대입하여 최종적으로 투과되는 빛의 Jones 벡터성분을 구하면 다음과 같다.

$$\mathbf{E}' = \begin{pmatrix} 0 & 0 \\ 0 & 1 \end{pmatrix} \begin{pmatrix} \cos\frac{\Gamma}{2} & -i\sin\frac{\Gamma}{2} \\ -i\sin\frac{\Gamma}{2} & \cos\frac{\Gamma}{2} \end{pmatrix} \frac{1}{\sqrt{2}} \begin{pmatrix} 0 \\ 1 \end{pmatrix} = \frac{1}{\sqrt{2}} \begin{pmatrix} 0 \\ \cos\frac{\Gamma}{2} \end{pmatrix} \tag{2.8.25}$$

따라서, 이때 위상 지연판이 half-wave plate로 작용하면($\Gamma = \pi$), 빛이 투과되지 않으며, quarter-wave plate로 동작할 때는 일정 성분의 빛이 투과되게 된다. 이는 앞서 언급한 위상 지연판의 선편광 변조 효과를 통해서도 쉽게 이해할 수 있는 결과이다. 최종적으로 투과되는 빛의 세기는 다음과 같이 주어지며 이는 입사되는 빛의 파장, 위상 지연판의 두께 및 굴절률 차이의 함수가 된다.

$$I = E_x^2 + E_y^2 = \frac{1}{2}\cos^2\frac{\Gamma}{2} = \frac{1}{2}\cos^2\left[\frac{\pi(\mathrm{n_e} - \mathrm{n_o})\mathrm{d}}{\lambda}\right] \tag{2.8.26}$$

만약 다음 그림과 같이 위상 지연판이 두 개 있는 경우 혹은 여러 개가 중첩되는 경우에는 각각의 위상 지연판을 나타내는 Jones 행렬의 곱으로 전체 투과 특성 행렬을 표시하면 된다.

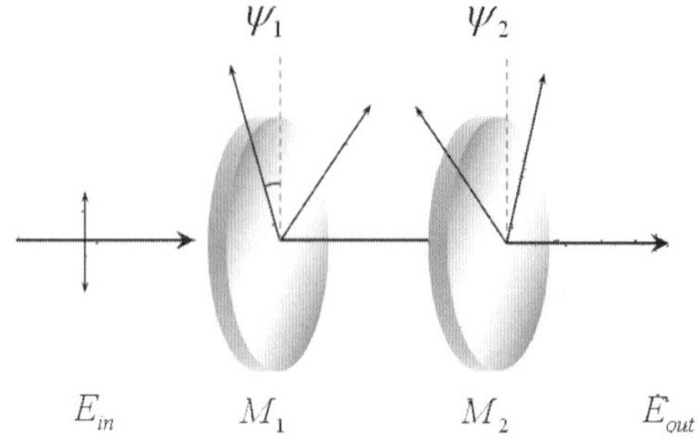

▮그림 2.28 두 개의 위상 지연판을 투과하는 빛.

$$\begin{aligned} M_1 &= R(-\Psi_1)\,W_0 R(\Psi_1) \\ M_2 &= R(-\Psi_2)\,W_0 R(\Psi_2) \end{aligned} \tag{2.8.27}$$

$$\mathbf{E}_{out} = M_2 M_1 E_{in} \tag{2.8.28}$$

2.8.5 액정의 투과광학

앞서 살펴본 Jones 행렬을 이용한 광학적 해석법은 액정층을 통과하는 빛의 편광 특성을 해석하는데 매우 효과적으로 적용될 수 있다. 왜냐하면 액정의 광학적 이방성 때문에 액정층을 각각 위상 지연판으로 가정하여 Jones 행렬로 표현할 수 있기 때문이다. 이를 위하여서는 우선 2-7절에서 언급된 수치해석을 통해 액정의 방향자 분포를 경사각 θ와 비틀림각 ϕ로 구해야 한다. 살펴본 바와 같이 액정과 같은 비등방 매질을 통과하는 빛의 편광상태는 Jones 행렬 방법으로 구할 수 있으며[20], 특히 LCD의 시야각 특성의 해석과 같이 기울어진 각도로 입사하는 빛의 편광상태는 좀 더 일반화된 extended 2×2 Jones 행렬을 도입하여 계산하여야 한다[21-24]. 그러나 본 절에서는 액정층에 수직으로 입사하는 빛의 편광 상태만을 간단한 2×2 Jones 행렬 방법[15]만으로 기술하여 분석함으로써 액정의 전기광학 특성에 대한 기초적인 이해를 돕도록 하겠다.

그림 2.29와 같이 액정 자체는 연속적으로 불균일하게 분자의 질서도가 변화하는 비등방 물질의 연속체로 생각할 수 있다. 그러나 특정한 표면 조건을 제한한 경우에는 액정의 질서도에 의해 오른쪽 그림과 같이 액정층을 여러 개의 균일한 위상 지연판이 쌓인 형태로 단순화 할 수 있다. 이 때 각각의 층은 하나의 위상 지연판과 동일하므로 이를 통해 액정층을 통과하는 빛의 편광 상태를 분석할 수 있게 된다. 일반적으로는 N 등분한 각개 액정층의 유효 굴절율이 서로 다른 값을

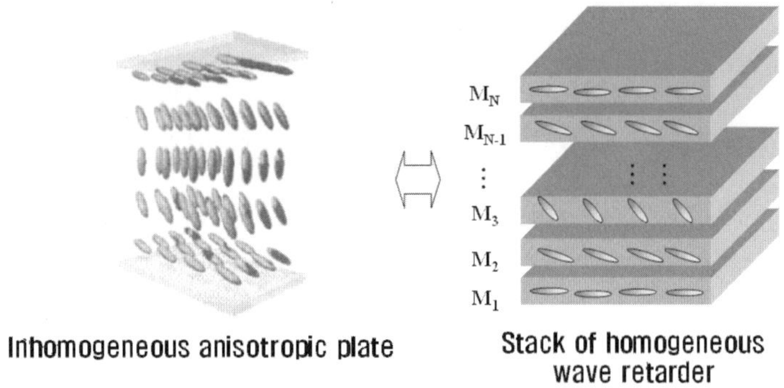

▌그림 2.29 액정층의 투과 특성 분석을 위한 개념도.

갖게 되어 각 층의 경계면에서 부분적으로 반사가 일어나게 되며, 반사된 빛은 입사하는 빛과 간섭하여 거시적인 광학특성에 영향을 미치게 된다. 이와 같이 N 등분한 개별 액정층의 경계면에서 반사되는 빛에 의해 생기는 간섭현상까지 고려하기 위해서는 4×4 Jones 행렬 방법이 사용되어야만 하지만[25] 간단한 2×2 Jones 행렬의 해석만으로도 주요한 전기광학 특성의 분석이 가능하므로 본 절에서는 이를 사용하기로 하겠다.

그림 2.30과 같이 입사되는 빛은 각각의 액정층을 표시하는 행렬 $\mathbf{M}_i$를 통과하며 $\mathbf{E}_i$의 Jones 벡터 형태로 표시되게 된다. 따라서 최종 투과되는 빛의 상태는

$$\mathbf{E}' = \mathbf{M}_N\mathbf{E}_N = \mathbf{M}_N\mathbf{M}_{N-1}\mathbf{E}_{N-1} = \cdots = \mathbf{M}_N\mathbf{M}_{N-1}\cdots\mathbf{M}_3\mathbf{E}_3 = \mathbf{M}_N\mathbf{M}_{N-1}\cdots\mathbf{M}_3\mathbf{M}_2\mathbf{M}_1\mathbf{E}$$

$$\mathbf{M}_I = \mathbf{R}(-\Psi_i)\begin{pmatrix} e^{-i\Gamma/2} & 0 \\ 0 & e^{e^{i\Gamma/2}} \end{pmatrix}\mathbf{R}(-\Psi_i) \tag{2.8.29}$$

와 같이 주어지며 이때 각 액정층의 위상 지연값은 Γ이다. 최종적으로 얻어지는 투과 특성은

$$\mathbf{E}' = \begin{pmatrix} E'_x \\ E'_y \end{pmatrix} = \mathbf{ME} = \prod_{m=1}^{N} R(-\psi_m)W_0R(\psi_m)\begin{pmatrix} E_x \\ E_y \end{pmatrix} \tag{2.8.30}$$

가 되어 비교적 간단하게 해석될 수 있다.

마지막으로는 가장 일반적인 LCD모드의 하나인 TN(twisted nematic)구조에 지금까지 살펴본 액정의 투과광학을 적용하여 TN 모드의 동작 특성을 살펴보기로 하자. 선형 편광된 빛이 액정층에 수직하게 입사된 경우, N 등분한 각 액정층의 평균 광축은 비틀림각 $\theta(z_i)$만큼 회전하게 되고 이때 유도되는 위상지연은 다

음과 같이 표현할 수 있다.

$$\Gamma_i = \frac{2\pi\Delta z}{\lambda}\left[\frac{n_e n_o}{\sqrt{n_e^2\cos^2\theta(z_i) + n_o^2\sin^2\theta(z_i)}} - n_o\right] \tag{2.8.31}$$

수직 입사한 빛이 각개 액정층을 통과하면서 경험하는 위상지연이 회전변환을 통해 기준 좌표계에서의 편광상태로 변환되면,

$$\mathbf{G}_{Lab}(z_i) = \mathbf{R}(-\phi(z_i))\begin{pmatrix} \exp\frac{\left(-\frac{i\Gamma_i}{2}\right)}{2} & 0 \\ 0 & \exp\left(\frac{i\Gamma_i}{2}\right) \end{pmatrix}\mathbf{R}(\phi(z_i)) \tag{2.8.32}$$

가 되며 R은 회전 행렬이다.

식 (2.8.32)은 기준 좌표계에서 각 액정층의 편광상태의 변화를 나타내는 것으로 살펴본 바와 같이 N 등분한 각 액정층에서의 편광상태의 변화를 나타내는 행렬을 순차적으로 곱하면 전체 액정층에 의한 편광상태의 변화를 계산할 수 있다.

$$\mathbf{G}_{LC} = \mathbf{G}_{Lab}(z_N)\times\mathbf{G}_{Lab}(z_{N-1})\times\cdots\times\mathbf{G}_{Lab}(z_0) = \prod_{i=0}^{N}\mathbf{G}_{Lab}(z_i) \tag{2.8.33}$$

전기장이 인가되지 않은 TN의 경우, 경사각은 90도가 되고 비틀린각은 z축을 따라 선형적으로 변화되어 식 (2.8.33)은 Chebyshev 항등식(identity)을 이용하여 다음과 같이 간단히 표현할 수 있다[15].

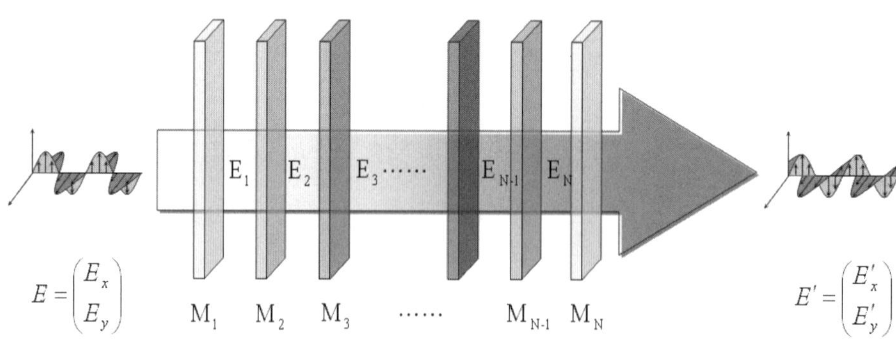

▌그림 2.30 액정층을 통과하는 빛의 Jones 행렬 해석 모식도.

$$\mathbf{G}_{LC}=\begin{pmatrix}\cos\Phi & -\sin\Phi\\ \sin\Phi & \cos\Phi\end{pmatrix}\begin{pmatrix}\cos X-i\frac{\Gamma}{2}\frac{\sin X}{X} & \Phi\frac{\sin X}{X}\\ -\Phi\frac{\sin X}{X} & \cos X+i\frac{\Gamma}{2}\frac{\sin X}{X}\end{pmatrix} \quad (2.8.34)$$

여기서 Φ는 액정층의 총 비틀린각이고, X와 Γ는 다음과 같다.

$$X=\sqrt{\Phi^2+\left(\frac{\Gamma}{2}\right)^2}$$
$$\Gamma=\sum_{i=0}^{N}\Gamma_i \quad (2.8.35)$$

여기에서 입사되는 편광판과 x축이 이루는 각을 ϕ_{ent}일 때, 직교 편광자 하에서 TN 구조의 액정층을 통과하는 빛의세기 T는 다음과 같이 계산된다.

$$\begin{aligned}T&=\left|\mathbf{V}(\Phi_{ent}+\frac{\pi}{2})^{+}\mathbf{G}_{LC}\mathbf{V}(\Phi_{ent})\right|^2\\ &=\left[\cos X\sin\Phi-\Phi\frac{\sin X}{X}cos\Phi\right]^2\\ &+\left[\frac{\Gamma\sin X}{2X}sin(\Phi-2\Phi_{ent})\right]^2\end{aligned} \quad (2.8.36)$$

즉, 각 인가전압에 대해 자유에너지 밀도를 최소화함으로써 액정분자의 배열 $\theta(z)$ 및 $\phi(z)$를 구하고, 이를 이용하여 빛의 투과도를 계산할 수 있다. TN 모드의 동작 및 광학특성에 대한 자세한 내용은 2-9-1절을 참고하기 바란다.

2.9 LCD 모드

LCD에 채용되는 액정 분자의 배열구조 및 상에 따라 다양한 액정모드가 가능하다. 액정모드는 크게 네마틱 액정상을 사용한 경우와 스멕틱 액정상을 이용하는 경우로 구분할 수 있는데 그림 2.31에 네마틱 액정을 이용한 대표적인 TN, IPS, VA 및 OCB 액정모드에 대한 전기인가 유무에 따른 구동특성을 나타내었다.

스멕틱 액정을 이용한 액정모드에는 강유전 및 반강유전성 액정을 이용한 모드가 있다. 이외에도 액정과 고분자의 혼합체를 이용한 고분자 안정화 또는 고분자 분산 액정모드가 있다. 본 절에서는 LCD를 구현하기 위해 현재까지 개발된 다양한 액정모드에 대해 알아본다.

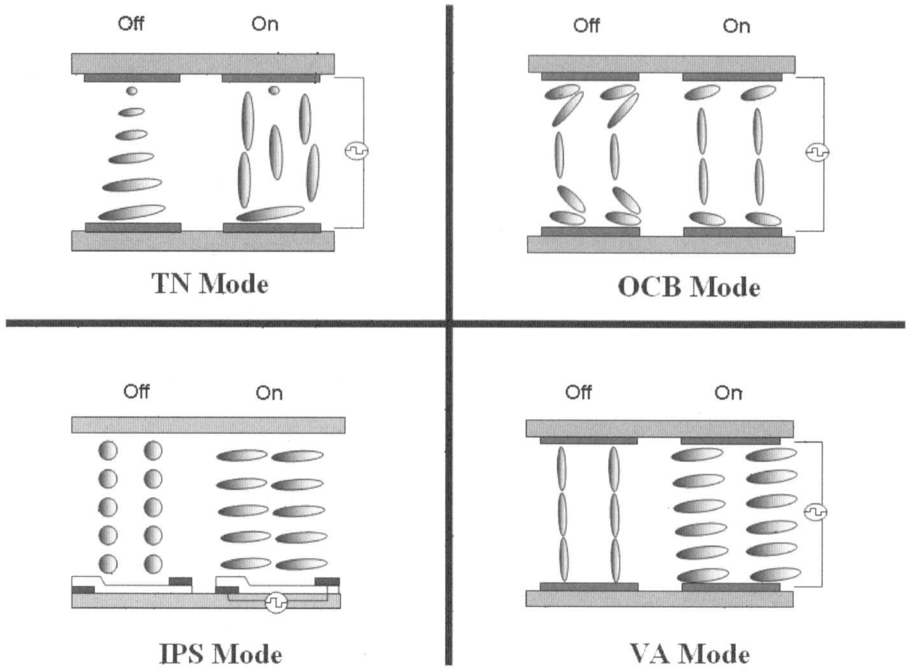

▌그림 2.31 네마틱 액정을 이용한 액정모드.

2.9.1 비틀린 네마틱 (twisted nematic: TN) 액정모드

액정의 광축이 공간에서 비틀려 있게 되면 액정 시편에 입사된 빛은 광학 활성 (optical activity)으로 인해 광축이 액정 방향자를 따라 회전하게 된다. 이러한 액정의 비틀린 구조를 이용하면 액정이 단일 배향되어 단순히 복굴절에 의한 편광의 이심률 (ellipticity) 변화만을 이용하는 경우에 비해 광 투과도가 상대적으로 우수하다. 따라서, LCD에서는 액정 분자배열이 공간에서 비틀어져 있는 twisted nematic (TN)[26] 또는 super twisted nematic (STN)[27] 액정모드의 전기광학 효과가 많이 사용된다.

TN 액정 시편의 구성과 기본 동작 원리는 그림 2.32와 같다. 상하 유리기판 표면에는 액정에 전기장을 인가할 수 있도록 투명 전극이 형성되어 있다. 전극 위에는 액정 방향자의 방향이 결정될 수 있도록 배향막을 도포하여 상판과 하판에서의 배향 방향이 서로 수직이 되도록 러빙한다. 그러면 전기장이 인가되지 않은 상태 (비활성 상태)에서 액정 방향자는 한 기판에서 다른 기판으로 연속적으로 90° 비틀리게 된다. 상하 기판의 외측면에는 두 편광판이 액정 배향방향과 나란하게 광축을 가지도록 부착되어 있다. 이때 비활성 상태에서 위쪽 기판에 입사하는 빛은

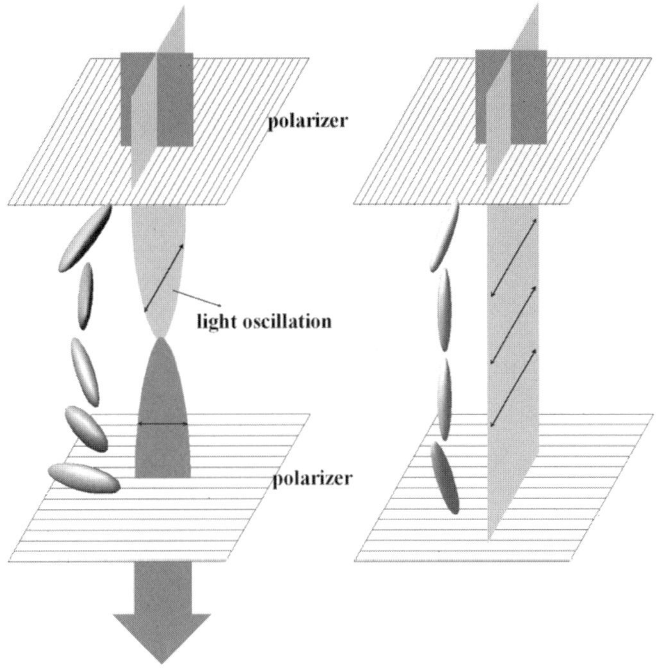

▮그림 2.32 Normally white 모드에서 TN 시편의 동작원리. (a) 비활성 상태 (전압이 없는 상태)와 (b) 활성 상태(전압이 인가된 상태).

그림 2.32 (a)에서 볼 수 있듯이 시편을 통과하면서 편광방향이 비틀어진 액정의 방향자를 따라 연속적으로 회전하게 되어 아래쪽 편광판을 투과하게 된다. 하지만, 시편에 충분히 높은 전기장이 인가되어 액정의 방향자가 전기장 방향으로 재정렬하는 경우에는 액정층에 더 이상 광학활성 효과나 복굴절 효과가 존재하지 않기 때문에 위쪽 편광판을 통과한 빛은 액정층을 지나면서도 편광방향을 그대로 유지하여 그림 2.32 (b)에서 볼 수 있듯이 아래쪽 편광판에 의해 차단된다.

그림 2.9-2의 경우, 전압이 인가되지 않은 비활성 상태에서 밝은(bright) 상태가 되기 때문에 normally white 모드라고 부르고, 상하 두 편광판의 광축을 평행하도록 배치하여 전기장이 인가되지 않은 비활성 상태에서 어두운(dark) 상태가 되는 경우를 normally black 모드라고 한다.

비활성 상태에서 빛의 투과 특성을 살펴보면 다음과 같다. 연속적으로 비틀린 네마틱 층의 나선 축을 따라 진행하는 단색광은 서로 직교하는 두 normal mode (정상 모드)로 기술할 수 있다. 빛의 진행 방향을 하나의 축으로 선택한 국소(local) 직교 좌표계에서 normal 모드는 일반적으로 진동하는 타원의 주축이 네마틱 방향자에 각각 평행하거나 수직한 타원편광이 된다. 그러나 아래와 같은

Mauguin 조건(Mauguin condition)[28]에서 normal 모드는 선편광되어 액정의 광축을 따라 편광방향이 회전하는 것으로 근사될 수 있다.

$$\Delta nd \gg \Phi\lambda/\pi \tag{2.9.1}$$

식 (2.9.1)에서 Φ는 액정층의 총 비틀림각이고, d는 시편의 두께이며, λ는 입사된 빛의 파장이다. 90도 TN 시편에서 상기 조건은 다음과 같이 쓸 수 있다.

$$\Delta nd \gg \lambda/2 \tag{2.9.2}$$

실제 LCD의 배면광(backlight)은 단색광이 아니라 여러 파장이 중첩된 백색광이므로 입사된 빛의 파장에 따라 Maugin 조건은 다소 변하게 된다. 단색광의 경우 Gooch 와 Tarry 는 TN 시편의 normally black 모드에서 비활성 상태의 광투과도에 대해 아래의 결과를 얻었다[29].

$$T = \frac{1}{2}\frac{\sin^2\left(\frac{\pi}{2}\sqrt{1+u^2}\right)}{1+u^2} \tag{2.9.3}$$

여기서 T는 편광되지 않은 단색광에 대한 투과도이며, u는 다음과 같이 주어지는 입사 빛의 파장에 대한 복굴절율에 의존하는 변수이다.

$$u = 2d\left(\frac{\Delta n}{\lambda}\right) \tag{2.9.4}$$

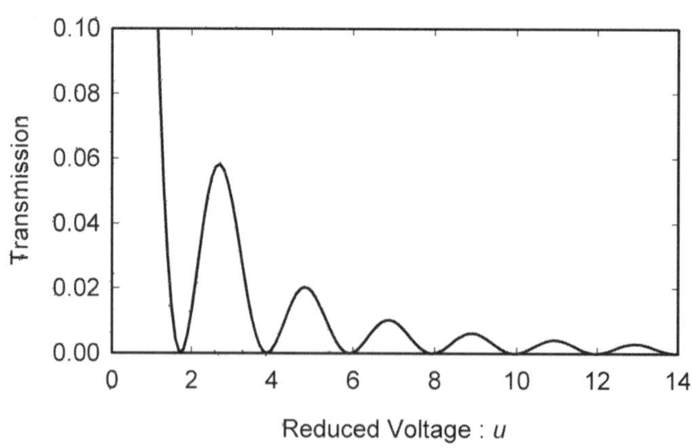

▌그림 2.33 광축이 서로 평행한 두 편광판을 부착한 90도 TN 시편에서 단색광의 투과도 (normally black 모드).

그림 2.33은 u의 값을 14까지 변화시키면서 계산한 투과도 결과이며 u 가 매우 작을 경우는 식 (2.9.2)의 Mauguin 조건을 만족하지 못하므로 시편을 통과하면서 입사 빛의 편광방향이 그대로 유지된다. 따라서, 광축이 서로 평행한 두 편광판 사이에서 밝은 상태가 구현된다. 하지만, u가 증가함에 따라 액정 시편은 Mauguin 조건을 만족하여 normal 모드가 선편광 상태에 근접해지기 때문에 투과도가 감소하게 되어 $u=\sqrt{3}$ 에서 첫번째 어두운 (first minimum)상태를 구현할 수 있다. 이러한 어두운 상태는 $\sqrt{1+u^2}$ 혹은 $(1+u^2)^{1/2}$ 등에서 존재한다.

전압이 인가된 상태의 광투과 특성은 앞절에서 언급했던 바와 같이 먼저 전압에 의해 재정렬된 액정층의 방향자 분포를 계산하고, 이 방향자 분포에 대응하는 광축 분포를 광학적으로 충분히 균일한 정도의 두께를 가지는 여러 개의 단축성 결정층으로 근사한다. 이 층들에 대한 전파행렬(propagation matrix)을 구하여 광투과 특성을 계산할 수 있다.

유전 이방성이 양인 액정에 전기장이 인가된 경우 액정 분자들은 전기장 방향으로 재정렬하게 된다. 하지만, 배향막 표면에 있는 분자들은 표면과의 강한 상호결합으로 인해 초기 배향 방향으로 고정되어 있다. 전기장이 인가된 경우 시편 내의 액정 방향자 분포는 표면 고정 에너지에 의한 경계조건 하에서 전기 에너지와 탄성 변형에너지를 모두 고려하면 정확하게 계산될 수 있다. 기판 표면에서의 선경사각이 0인 경우 90도 TN 시편의 문턱 전압은 다음과 같이 주어진다[26].

$$V_{th} = V_c\left[1+\left(\frac{K_{33}-2K_{22}}{4K_{11}}\right)\right] \tag{2.9.5}$$

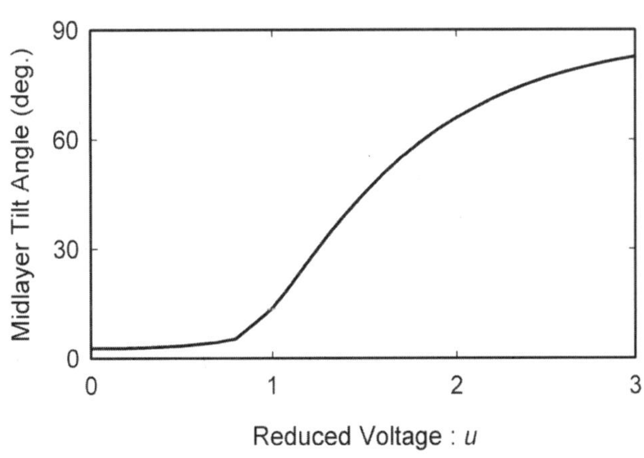

▌그림 2.34 90도 TN 시편의 중간층에서의 경사각을 reduced 전압의 함수로 보인 결과.

여기서, V_c는 비틀림각이 존재하지 않는 경우의 문턱전압(threshold voltage)을 의미하며 아래와 같이 표현된다.

$$V_c = \pi\sqrt{\frac{K_{11}}{\Delta\epsilon}} \tag{2.9.6}$$

위의 두 식에서 K_{11}, K_{22}, K_{33} 은 각각 액정의 퍼짐, 비틀림, 그리고 휨 탄성 계수를 나타내며, Δε은 유전 이방성 상수로서 액정 방향자에 수평한 방향과 수직한 방향 간의 유전상수의 차이를 나타낸다. 대부분의 네마틱 액정에서 $K_{33} > 2K_{22}$이므로 90도 TN 시편의 문턱 전압은 식 (2.9.6)에서 알 수 있듯이 평행 배향된 경우에 비해 다소 큰 문턱 전압을 가지게 된다.

문턱 전압 이상에서나 선경사각이 존재하는 일반적인 경우에는 방향자의 분포를 결정하기 위해서 2−7절에서 이미 살펴보았듯이 수치 해석을 이용해야 한다. 기판 표면의 선경사각이 1도 정도인 전형적인 90도 TN 시편에서 전압에 따른 액정 방향자의 분포를 계산해 보자. 그림 2.34는 이러한 TN 시편의 액정 중간층에서의 방향자 경사각을 reduced 전압의 함수로 나타낸 것이다. 충분히 높은 전압이 인가되면 경사각이 거의 90도에 접근함을 알 수 있다.

또한, 여러 reduced 전압에 대해 위치의 함수로 구한 방향자의 경사각과 비틀림 각을 그림 2.35에 나타내었다. 경사각의 분포(활 모양의 곡선)는 낮은 전압에서는 sine 함수 모양이고 높은 전압에서는 사각파 모양으로 근사할 수 있는데 액정 중간층에 대해 대칭적이다. 어느 이상의 전압에서는 분자들이 두 기판에서의 러빙 방향을 향하게 되어 비틀림 각(대각 곡선)이 시편의 가운데 영역에서 급격한 변화를 보인다.

전산 수치 해석으로 구한 액정 방향자 분포를 이용하여 전압에 따른 투과도는 앞절에서 언급하였던 전파 행렬(propagation matrix) 계산법에 의해 구할 수 있다. 먼저 비틀림과 경사각을 가진 액정층을 광학적으로 충분히 균일한 N 개의 여러 층으로 나누도록 한다. 이러한 층들은 균일한 광축을 갖는 동일한 두께의 단축성 결정 층들로 볼 수 있다. 각각의 층은 입사하는 빛의 편광 상태를 바꾸는 전파 행렬로 표현될 수 있고 전체 액정층의 투과도는 이 행렬을 서로 곱함으로서 구할 수 있다. 앞 절에서 구한 첫번째 최소 투과 조건인 $\Delta nd = 0.48\mu m$에서 동작하는 TN 시편을 예로 들면, 수직 입사하는 빛에 대한 광투과도를 normally black 모드와 normally white 모드에서 계산한 결과가 그림 2.36에 나타나 있다. 두 모드에서 광투과도는 상보적이나 어두운 상태에 대한 밝은 상태의 투과도 비로서 주어지는 대비비의 경우는 다르다. Normally black 모드에서 대비비가 낮은 까닭은 선편광된 입사 빛이 어두운 상태에서인 비틀린 액정 구조를 통과하면서 미세한 타원성에 의해서 빛이 새어 나올 수 있기 때문이다. 그러나 normally white 모드에서는 어두운 상태가 전압이 걸린 활성 상태이므로 분자가 기판에 수직으로 재배열하게 되어 타원효과의 영향을 받지 않아서 normally black 에 비해 10배 이상의 높은 대비비를 얻을 수 있다.

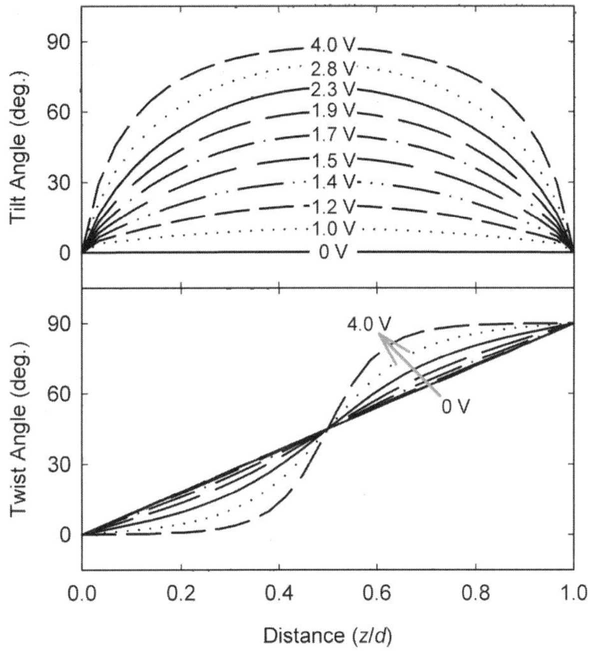

▌그림 2.35 90도 TN 시편의 중간층에서의 경사각을 reduced 전압의 함수로 보인 결과.

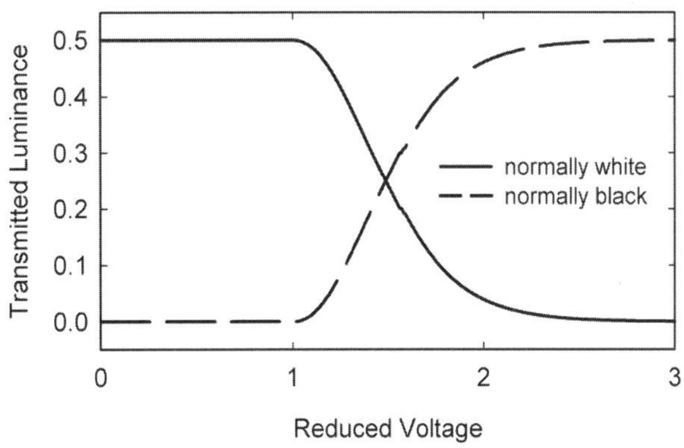

▌그림 2.36 첫 번째 최소 투과 조건을 갖는 TN 시편의 normally white 모드와 normally black 모드에서의 reduced 전압에 따른 광투과도 곡선.

2.9.2 초비틀린 네마틱 (super twisted nematic: STN) 액정모드

앞서 살펴본 TN 액정모드의 기본적인 광투과 특성은 액정의 물질상수에 따라 큰 변화를 보인다. 예를 들어 휨/퍼짐 탄성계수의 비 K_{33}/K_{11}와 유전계수 $\gamma = (\epsilon_{\parallel} - \epsilon_{\perp})/\epsilon_{\perp}$이 작아질수록 전압에 따른 투과도 곡선이 크게 변화된다. 이러한 전압 변화에 따른 전기광학 곡선의 변화는 LCD를 수동구동하는 경우 많은 정보량과 높은 대비비를 얻기 위한 선결 조건이다. 하지만, 액정의 물성을 변화시키는 것만으로는 한계가 있어서 액정층의 비틀림 각을 90도 이상인 180~270도 정도까지 크게 하여 전기광학 곡선의 경사를 급격하게 증가시킨 초비틀린 네마틱 (super twisted nematic: STN) 모드가 제안되었고[30], 실제 중소형 수동행렬 구동방식의 LCD 제품에 적용되고 있다.

비틀림각을 90도 와 360도 사이에서 8 개의 서로 다른 값으로 변화시킬 때 액정 중 2.37에 나타내었다. 초비틀림 각을 안정하게 유지하기 위해서 카이랄 네마틱(chiral nematic)을 사용하는데 일반 네마틱 액정에 광학 활성 첨가제(dopant)를 수 % 정도 혼합하여 만들며 이 첨가제 분자는 "선성(handedness)"을 가지고 있어 액정에 고유의 비틀림을 준다. 자발적인 비틀림 정도는 피치 p로 나타내며 첨가제의 양이 증가하면 피치는 짧아진다. 시편 두께의 피치에 대한 비 d/p 를 $\phi/2\pi$가 되도록 하면 선경사각이 없는 경우에 고유 피치는 비틀림각 2π에 해당하는 시편 두께와 일치한다.

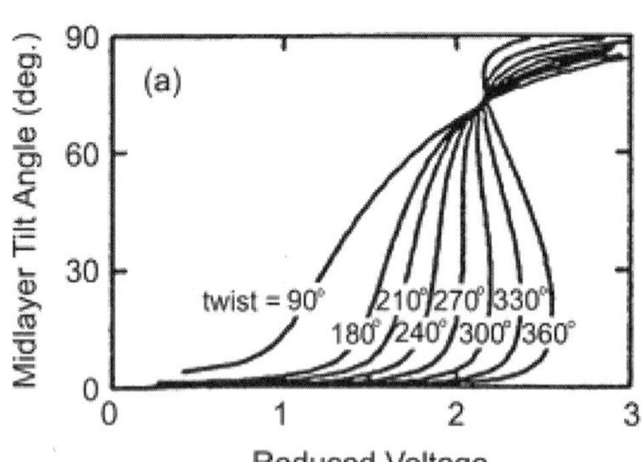

▮그림 2.37 STN 시편에서 비틀림각의 변화에 따른 액정 중간층의 경사각 변화를 reduced 전압의 함수로 계산한 결과.

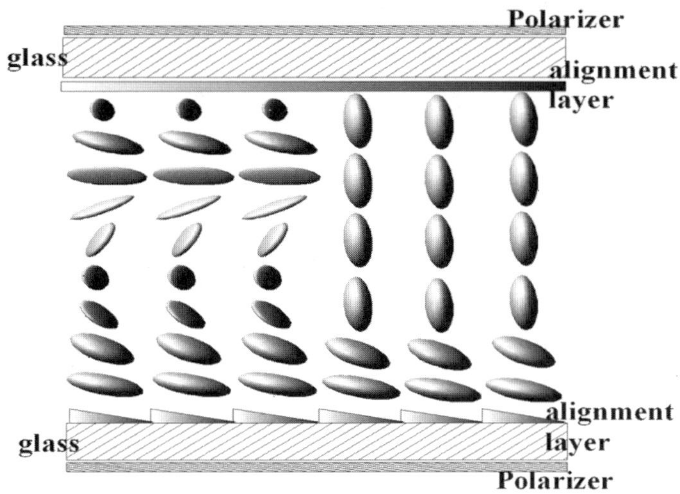

▌그림 2.38 270도 STN 시편 구조: 왼쪽은 전기장이 없는 비활성 상태의 방향자 분포이며 오른쪽은 전기장이 인가된 활성 상태의 방향자 분포.

그림 2.38에 270도 STN 시편구조를 도식적으로 나타내었다. 90도 TN의 경우와 마찬가지로 STN LCD도 전면과 후면에 각각 편광판을 필요로 한다. 그림의 오른쪽 부분은 인가된 전압에 의해 분자가 기판에 수직하게 재배열한 것을 보여 준다. STN LCD에서 편광판의 광축은 off−axis를 향하고 있으며 그 방향과 시편의 Δnd 값은 주어진 다중구동비(multiplexing ratio)에 대해 휘도와 대비비가 최적이 되도록 조정된다. 최적화된 물질상수의 조건에서 우선성의 270도 STN 시편은 Δnd = 0.8 μm로 하고 전면에서는 편광판의 광축이 표면배향에 대해 시계방향으로 60도를 후면에서는 반시계방향으로 30도를 회전시킨 경우에 최적의 성능을 제공한다.

2.9.3 수평전극 스위칭(in−plane switching:IPS) 방식

TN 모드의 경우 구조가 간단하고 파장에 따른 광학 특성 변화가 작은 장점이 있지만 보는 각도에 따라서 대비비가 크게 달라지는 시야각 특성이 좋지 않은 문제점을 안고 있다.

그림 2.39에서 보듯이 TN 모드에서는 기판 표면에서의 초기 배향 방향을 기준으로 보는 각도에 따라 대비비가 비대칭적이며 대비비도 달라진다. 이러한 TN 모드의 시야각 문제를 해결하기 위하여 1990년대 중반들어 여러 기술이 개발되었다. 그 중에서 1995년 말 히타치에서 수평전극 스위칭(in−plane switching: IPS)

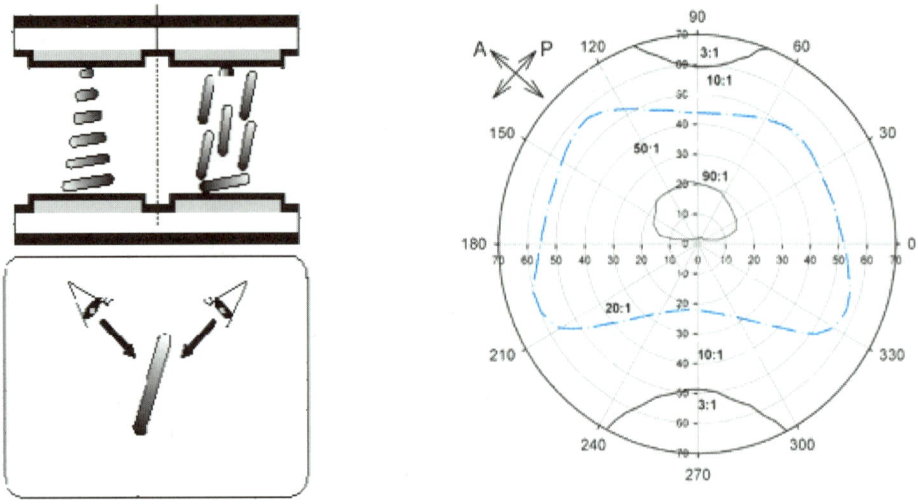

▌그림 2.39 TN 모드에서 (a) 액정분자 배열에 따른 시야각 특성 및 (b) 시야각 측정결과.

방식을 이용하여 LCD의 시야각을 크게 향상하였다[31]. 그림 2.40에서 볼 수 있는 것처럼 IPS 방식에서는 액정의 방향자를 기판 평면상에서 회전시켜 어두운 상태와 밝은 상태 모두를 구현함으로서 기판으로부터 수직하게 방향자가 변형될 때의 시야각의 문제를 해결하였다[32].

그림 2.40 (a)는 IPS 방식의 시편에서 전기장에 의한 액정 분자의 회전과 빛의 투과 상태를 보여 준다. 액정 분자들이 수평 배향되어 그 광축이 서로 수직한 두 편광판의 하나와 일치하는 경우 초기 field-off 상태는 어두운 상태가 된다. 만약 전압이 인가되어 기판 평면내에서 전기장의 방향으로 액정 방향자가 회전하게 되면, 액정의 복굴절 효과에 의해 액정층을 통과하는 정상파(ordinary wave)와 비정상파(extraordinary wave)의 전파 속도가 달라져서 생긴 위상지연(phase retardation)때문에 빛이 투과하게 된다. 하지만 시야각이 향상되는 장점에도 불구하고 초기의 IPS 방식은 투과율 저하와 상대적으로 느린 응답속도가 새로운 문제로 등장하였다.

이러한 IPS 방식을 보완하기 위하여 1996년 fringe-field switching (FFS) 모드가 제안되었다[33]. FFS 모드는전극간의 간격을 좁혀 fringe-field 효과를 이용함으로서 밝은 상태에서 빛의 투과를 극대화하는 방식이다. 그림 2.41은 FFS 모드의 기본 개념을 보여주는데 그림 2.41 (a)의 초기 field-off상태는 IPS 방식처럼 액정 분자들이 상하 두 기판에 평행하게 배열하고 있어기 때문에 완전히 어두운 상태이다.

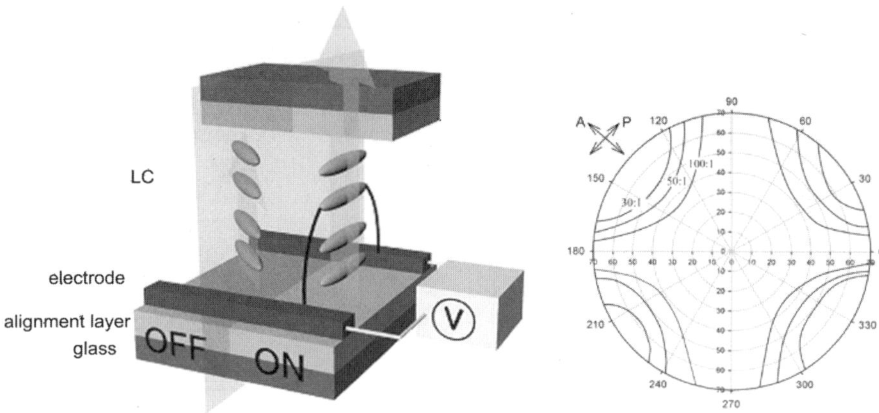

▌그림 2.40 (a) 전압 인가 전후의 IPS 모드에서의 분자배열, (b) 시야각 측정결과.

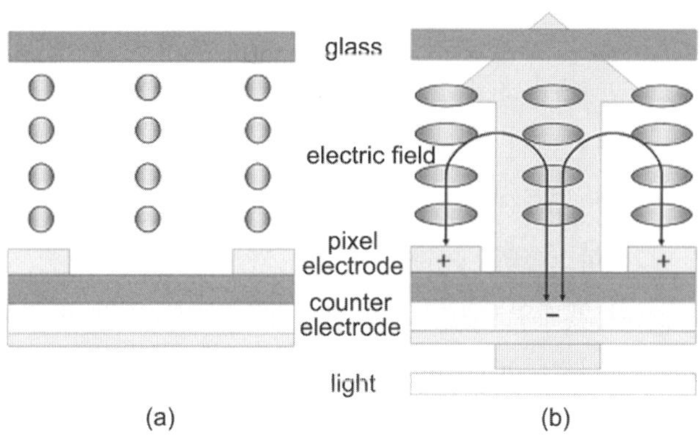

▌그림 2.41 FFS 모드에서의 전기장에 의한 액정의 방향자 회전: (a) 전기장이 없는 경우와 (b) 전기장이 있는 경우 전기장의 분포와 방향자 회전.

전기장이 인가된 경우에는 그림 2.41 (b)에서 보듯이 액정 분자들이 좁은 간격의 전극 주위에서 왜곡된 전기장 효과 때문에 재배열되는 것을 알 수 있다. 전극 사이뿐아니라 전극 위에서도 액정 방향자가 전기장에 의해 재배열되므로 전극 영역에서도 액정 분자가 회전할 수 있게 된다. 따라서 FFS 모드에서의 투과도는 TN 모드의 90% 이상에 이르기 때문에 IPS 방식보다 투과도 면에서 유리하다. 또한, IPS 방식의 경우 전압에 따른 투과도가 시편 두께와 전극 사이의 간격에 크게 의존하므로 해상도와 화소 크기에 따라 화소 설계를 하게 되지만, FFS 모드의 경우에는 단지 화소 전극의 수를 조절하면 된다. 그래서 FFS 모드가 IPS 방식에 비해 이론상으로는 다양한 크기의 패널 적용에 유리해 보이지만 FFS 모드는 전극 배열의 어려움 등으로 실제 제조 공정에 많은 문제를 보이고 있다.

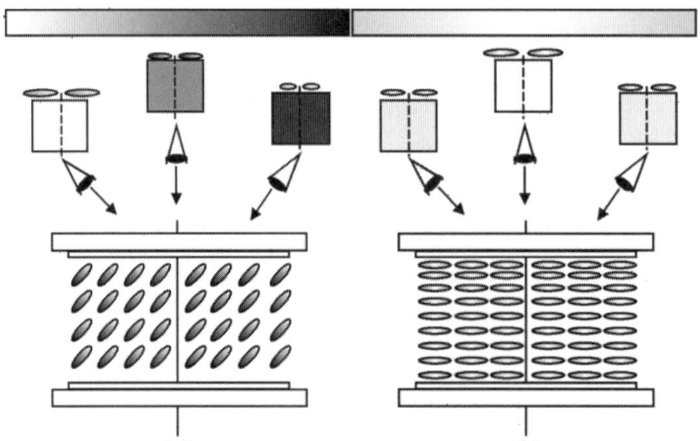

▌그림 2.42 액정 분자의 재배열 구조에 의한 시야각 특성: (a) 상하 전극에 의한 분자 재배열과 (b) IPS 방식에서의 분자 재배열.

그림 2.42는 액정 분자의 재배열 구조에 의한 시야각 특성을 개념적으로 보여준다. 이 그림에서 알 수 있듯이 IPS 방식에서는 좌측과 우측에서 같은 각도로 볼 때 동일한 크기의 복굴절 효과가 나타나게 되고 경사각이 없기 때문에 정면에서 볼 때와 비스듬히 볼 때와의 차이가 작아지게 된다. 이는 상하의 전극에 의해 액정분자가 재배열되는 모드에 비하여 IPS 방식은 우수한 시야각 특성을 가짐을 의미한다. 더구나 어두운 상태와 밝은 상태 모두 균일한 시야각을 제공하고 편광판 방향에 대해서 대칭성이 존재한다. 입사 빛의 투과도는 전기장에 의한 액정 분자의 회전각에 주로 의존하며 기판 표면층에 한정된 비틀림 변형은 전혀 wave-guiding 효과를 주지 못한다.

2.9.4 수직배향(vertical alignment: VA) 액정모드

TN 모드나 STN 모드, IPS 방식 등 대부분의 LCD 모드에서는 액정을 수평 배향하게 되는데 주로 기판의 표면에 고분자 배향막을 코팅하고 이를 러빙하는 방법들이 사용되어 왔다. 이러한 러빙 공정을 거칠 경우 표면의 미세한 표면 구조와 불순물이 생기게 되어 LCD 화면의 불균일성이 나타나기도 한다. 이와는 달리 액정을 수직 배향(vertical alignment: VA)하는 경우 러빙 공정이 필요하지 않거나 러빙을 하더라도 초기 액정 배향이 균일하며 대비비가 높은 LCD를 구현할 수 있다. 이러한 장점을 가진 VA 액정 모드[34]가 개발된 이후 넓은 시야각을 얻기 위한 다양한 방식의 기술이 제안되었다[35-37].

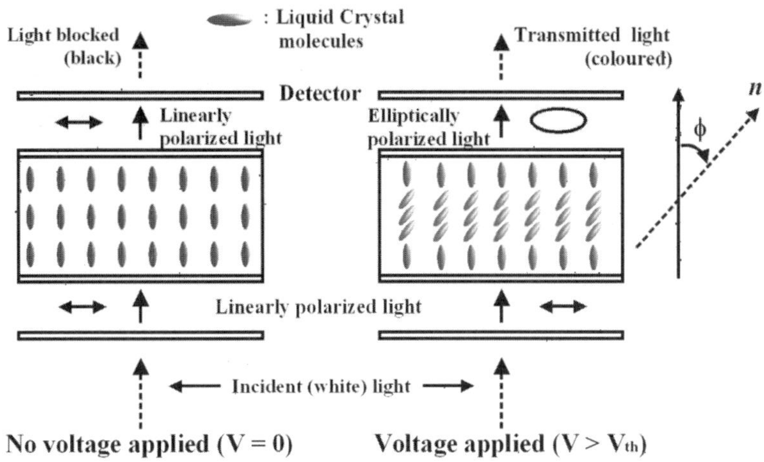

▌그림 2.43 VA 모드에서의 동작 원리: (a) 전압이 없을 때와 (b) 전압이 인가되었을 경우.

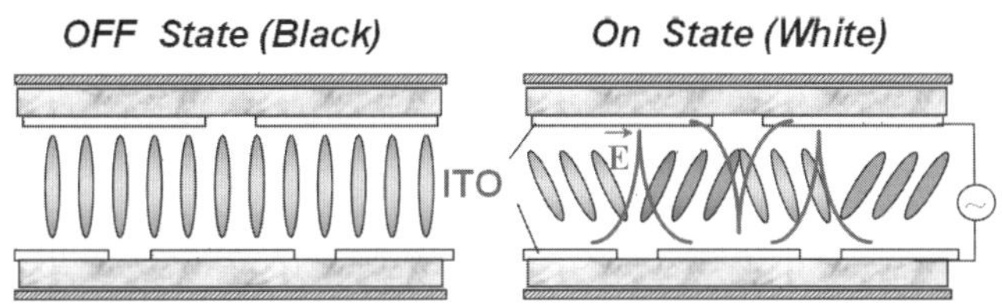

▌그림 2.44 PVA 모드의 동작원리 (a) 전압이 인가되지 않았을 경우, (b) 전압이 인가 되었을 경우.

초기 VA 모드는 수직배향상 변형(deformation of vertical alignment phase: DAP)으로 불리기도 하였으며[34], 수직 배향된 유전 이방성이 음인 액정이 사용되고 그림 2.43 (a)에서처럼 전압이 없는 경우 서로 수직하게 배치된 두장의 편광판 사이에서 시편을 통과하는 빛은 차단된다. 문턱 값보다 높은 전압이 인가되면 그림 2.43 (b)에서 볼 수 있듯이 분자가 기울어진 상태가 되어 복굴절효과가 생기며 이로 인해 입사 빛의 편광방향이 회전되어 빛이 시편을 투과한다. field−off 상태에서는 초기 배향 상태가 수직이므로 완전히 어두운 상태가 되지만, field−on 상태에서는 러빙되지 않은 기판의 경우 일정한 방향으로 분자가 재배열되지 않아 대비비가 나빠지게 되며 또한 재현성도 떨어진다. 그리고 기판을 러빙한 경우에 분자가 러빙 방향으로만 기울어져 시야각 특성이 나빠질 뿐만 아니라 투과도가 파장에 따라 다른 값을 갖게 된다.

1996년 Suh 등[38]은 수직 배향구조에 비틀린 성질을 갖는 액정을 사용하여 VA 모드와 유사한 inverse TN(ITN) 모드를 제안하였다. 기존의 VA 모드의 field−on 상태에서는 액정 방향자가 임의의 방향으로 기울어지거나 러빙 방향으로만 기울어지는 반면 ITN 모드에서는 마치 TN 구조의 초기 상태처럼 재배열되어 상대적으로 높은 대비비와 넓은 시야각을 얻을 수 있고 투과도의 파장 의존성이 감소하게 되었다. 1997년에는 Fujitsu사에서 multidomain VA (MVA) 모드를 채용하여 매우 넓은 시야각을 갖는 LCD 패널을 개발하였다[35]. 이외에도 삼성전자에서는 patterned VA (PVA) 모드[36]를 개발하였고, Sharp에서는 advanced super viewing (ASV) 모드[37]를 개발하기도 하였다. 그림 2.44에 PVA 모드의 동작특성을 표시하였다. 상하판 전극을 patterning 함으로써 전기장을 왜곡하여 다중영역을 구현하는 방법으로 현재 40인치 이상의 HDTV용 LCD에 적용되고 있다.

2.9.5 PI-cell 모드와 광 보상 휨(optically compensated bend: OCB) 모드

TN 모드의 느린 응답속도와 좁은 시야각 때문에 고해상도의 모니터용 LCD나 HDTV용 LCD 제품에는 일반적으로 적용하지 않는다. 따라서 최근에는 1 ms 수준의 빠른 응답속도와 상대적으로 넓은 시야각을 보이는 PI-cell 모드와 광 보상 휨(optically compensated mode: OCB) 모드 등이 많이 연구되고 있다[39].

일반적으로 문턱 값 이상의 전압이 액정 시편에 인가되어 생기는 활성(field-on) 상태에서 전압이 없어지면 표면 경계조건과 탄성적 복원력으로 인해 초기의 비활성(field-off) 상태로 분자들이 이완(relaxation)하게 된다. 이 이완과정에서 분자들은 기울어지고 회전하여 초기의 상태로 되돌아가는 데 이로 인해 유체 흐름(flow)이 생기게 된다. 이 경우 시편의 가운데 부근에 있는 분자들은 그림 2.45에 나타나 있는 것처럼 주변 분자들에 의해 생기는 유체 흐름의 영향을 받게 된다. 그림 2.45 (a)에 있는 반평행 러빙에 의해 반거울대칭인 수평 배향 시편의 경우 가운데에 대한 아래 위의 유체 흐름이 서로 반대방향으로 형성되어, 즉 역류(back flow)가 생김으로 인해 이완과정이 길어져 이완속도가 상대적으로 늦다. 하지만, 그림 2.45 (b)와 같이 평행 러빙에 의해 거울대칭인 PI-cell의 경우 가운데에 대한 아래 위의 유체 흐름이 동일한 방향으로 형성하여 가운데 부근의 분자들은 토오크를 겪지 않는다. 따라서, 비활성 상태로의 이완과정이 짧아 cell에서의 이완속도는 1 ms 내외가 된다.

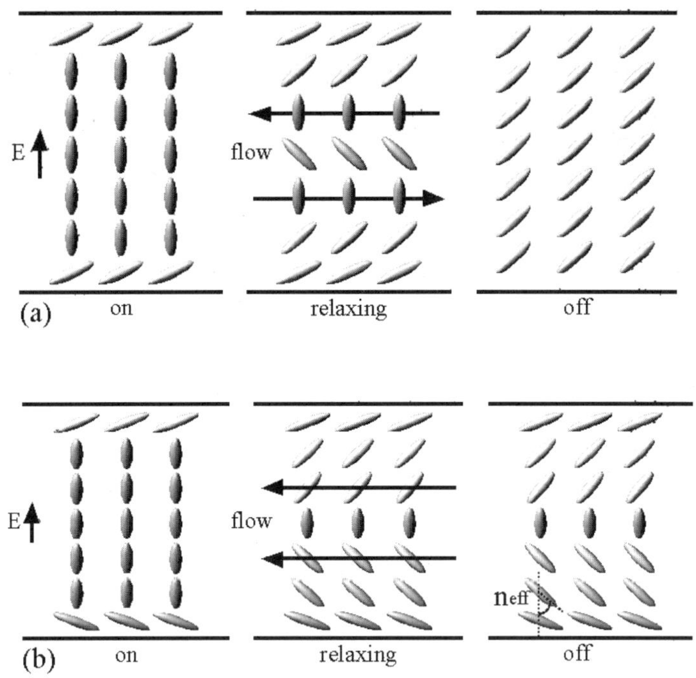

▌그림 2.45 활성(field-on) 상태에서 비활성(field-off) 상태로 이완될 때의 분자 경사각의 변화와 이로 인해 생기는 유체 흐름(flow): (a) 반평행 러빙에 의해 반거울대칭안 수평배향 시편의 경우와 (b) 평행 러빙에 의해 거울대칭인 PI cell의 경우.

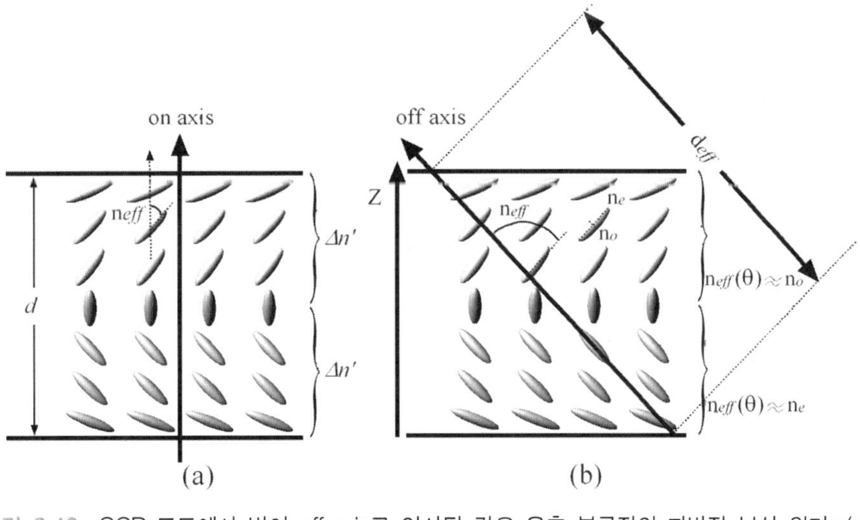

▌그림 2.46 OCB 모드에서 빛이 off-axis로 입사된 경우 유효 복굴절의 자발적 보상 원리: (a) 빛이 시편에 수직하게 입사된 경우와 (b) 빛이 시편에 경사지게 입사된 경우.

이제 OCB 모드의 시야각 특성에 대해 알아 본다. 대부분의 액정모드에서 빛이 기판에 수직하게 그리고 경사지게 입사되었을 때 복굴절의 크기가 서로 달라진다. 하지만, OCB 모드의 경우 그림 2.46(a)와 (b)에서 볼 수 있듯이 경사지게 입사한 빛은 수직하게 입사한 빛의 경우보다 시편의 한 부분에서는 작은 유효 복굴절을 가지지만 다른 부분에서는 큰 유효 복굴절을 가지게 되므로 전체적으로는 유효 복굴절이 자발적으로 상호 보상되는 효과가 존재한다. 따라서, OCB 모드의 경우 기판면에 기울어진 방향으로 입사된 빛에 대한 시야각은 동일한 두께의 수평 배향된 시편의 경우보다 넓어진다.

OCB 모드의 구현에 필요한 '퍼짐－휨' 전이 과정은 아직 규명되어야 할 점이 상당히 남아 있으나, 자체적으로 얻을 수 있는 넓은 시야각 특성과 빠른 응답 속도 등의 장점을 지닌 OCB 모드에 대한 관심은 앞으로도 계속될 것으로 보인다.

2.9.6 강유전성(ferroelectric)과 반강유전성(antiferroelectric) 액정모드

1975년 Meyer 등에 의해 카이랄 스멕틱 C (Sm C*) 액정에서 강유전성(ferroelectricity)이 발견된 이래[16,40], 이 강유전성 액정(ferroelectric LC: FLC)에 대한 연구는 새로운 물질 합성과 LCD를 비롯한 전기광학적 응용을 위해 활발하게 진행되어 왔다. 변형되지 않은 Sm C* 상 자체는 나선 구조를 형성하고 있어 부피 영역에서는 알짜분극(net polarization)이 존재하지 않는다. 그러나 어떤 문턱값 이상의 외부 전기장이 인가되면 분극들이 전기장과 나란하게 정렬하게 되면서 나선 구조가 풀리게 된다. 특히, 입사되는 빛의 파장보다 짧은 나선 피치를 가지는 Sm C* 액정에서는 전기장이 없는 경우 광학적으로 등방적인 성질을 보이지만 전기장에 의해 나선 구조가 풀리면서 입사 빛이 산란되거나 투과될 수 있다. 이러한 FLC에서의 분자 스위칭은 분극 모멘트와 전기장의 극성 상호작용에 의하여 일어나며 수십~수백 μs 정도의 빠른 응답 특성을 가지기 때문에 자연스러운 동영상 구현이 필요한 고속응답 LCD에 적용될 수 있다. 이 절에서는 우선 FLCD에 관해 알아보고 반강유전성(antiferroelectric: AF) LCD 모드를 기술할 것이다.

1977년 Meyer가 얇은 시편에서 표면 효과에 의해 안정화되는 Sm C* 액정의 나선 풀림 현상을 제안한 것을 시초로 하여[40], 1980년 Clark 등은 피치가 긴 강유전성 액정을 이용하여 표면안정화 강유전성 액정(surface stabilized ferroelectric liquid crystal: SSFLC)의 광학적 쌍안정성(bistable) 모드를 제안하였다[41].

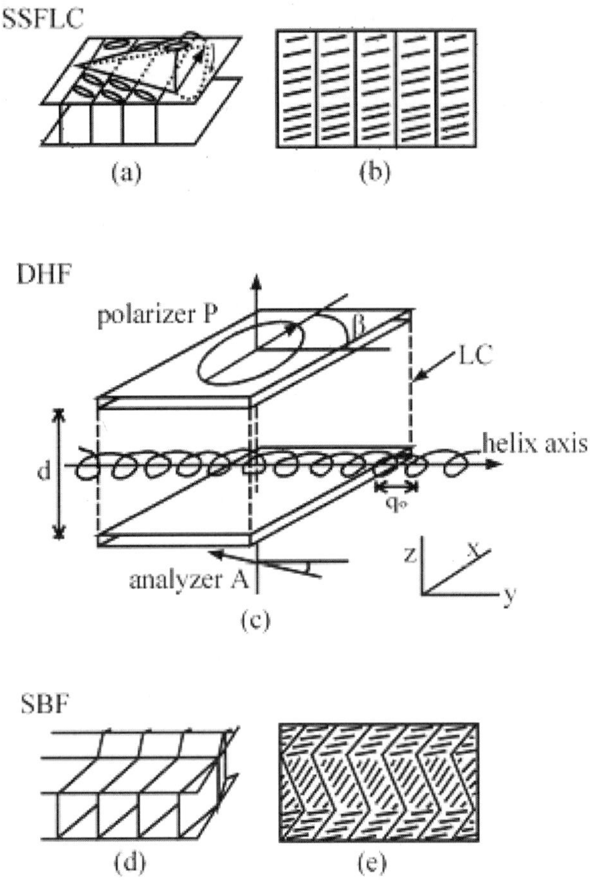

▮그림 2.47 여러 가지 FLC 모드: (a) SSFLC의 이상적인 책선반 구조, (b) SSFLC 구조에서 한 안정된 상태, (c) 나선변형(deformed helix: DH) FLCD, (d) 짧은 피치 쌍안정(short-pitch bistable: SB) FLC의 책선반 유사 구조, (e) SBFLC의 기판면에서의 분사 성릴 구소.

그림 2.47 (a)는 Clark 등이 제시한 SSFLC의 이상적인 책선반구조(bookshelf structure)를 나타낸 것이다[41]. 이 SSFLC 책선반 구조에서의 한 안정된 상태가 그림 2.47 (b)에 주어져 있다. 만약 θ를 Sm C* 평면의 수직방향에 대한 분자의 경사각(혹은 원추각)이라고 하면, 기판에서의 방향자는 − 방향 혹은 + 방향을 가지며 인가한 전기장의 극성에 따라 자발분극(spontaneous polarization)의 방향이 바뀌면서 두 안정한 상태 사이에서 스위칭하게 된다. 이때 상온에서의 전형적인 SSFLCD의 응답시간은 수십μs 정도로 TN의 경우보다 수백배 정도 빠르다. 이러한 SSFLC의 두 안정된 상태 사이에서 방향자가 스위칭하여 생기는 광학적 효과를 쌍안정성 LCD에 이용한다.

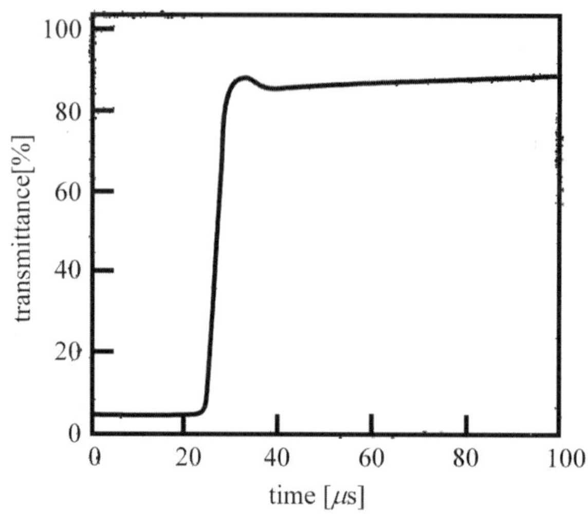

▌그림 2.48 SBFLC의 광학적 쌍안정성 응답 특성[47].

쌍안정성 SSFLC LCD에서는 빠른 응답속도로 인해 수많은 전극 회선을 다중 구동할 수 있어 초기에는 지대한 관심을 끌었다. 그러나, 1992년 Canon사가 세계 처음으로 개발한 15인치 급 FLCD가 발표되었지만[42], 여전히 기판 표면 특성에 민감한 배향의 불안정성, 세브론(chevron) 결함 구조의 형성으로 인한 대비비 저하, 대비비의 심한 온도 의존성, 그리고 쌍안정성으로 인한 원천적 계조표시의 어려움[43] 등의 해결해야 할 여러 문제점을 안고 있다. Canon사는 SSFLC 배향 문제를 해결하기 위해 매우 얇은 시편 두께(1.1μm)와 18°의 선경사(pretilt)을 사용하였다. 또한 16 계조표시가 가능하도록 각 화소를 4부분으로 나누었는데 이는 상대적으로 휘도를 떨어지게 한다.

쌍안정성을 가지고 있는 SSFLC와는 다른 형태의 연속적인 전기광학 효과가 Beresnev 등에 의해 발견되었다[44]. 이는 짧은 피치를 가진 Sm C* 액정에 외부 전기장이 인가되었을 때 나타나는 나선 변형(deformed−helix: DH) FLC 구조에 기인한다. 그림 2.47 (c)에 이러한 DHFLC 구조를 보여주고 있으며 외부 전기장에 의한 나선 변형을 통해 Sm C* 층의 굴절률 타원체(index ellipsoid)가 xz 평면상에서 회전하게 되고 이때 시편의 투과율은 전기장의 세기에 따라 거의 선형적으로 변화하는 연속적 계조표시가 가능하다. 이러한 연속 계조표시 기능을 가진 고속응답의 TFT−DHFLCD 시제품이 보고되었지만[45], 가장 큰 어려움은 대면적에서 재현성 있는 균일한 배향을 얻는 데 있다. 또 다른 시제품으로는 낮은 구동전압(operating voltage)(< 1.8 V)으로 높은 다중구동성을 가지고 10 μs 정도의 짧은 응답 시간과 우수한 계조 표시 기능 등이 특징인 DHFLCD를 들 수 있다[46].

DHFLC 물질 자체의 관점에서 큰 자발분극 P_s 값은 짧은 응답속도를 제공하며 배열구조에는 영향을 주지 않으나 이력특성을 나타내기도 한다. 높은 다중구동성과 빠른 응답속도, 계조표시 기능, 넓은 시야각 등의 장점을 가지는 DHFLCD는 차세대 LCD의 하나로서 많은 장점을 가지고 있다.

아주 짧은 피치를 가진 Sm C* 에서 DHFLC와는 달리 쌍안정성을 갖는 FLC 구조가 Funfschilling 등에 의해 보고되었다[47]. 이러한 짧은 피치의 쌍안정성(short-pitch bistable: SB)효과는 그림 2.47 (d)에서처럼 책선반 구조가 나선 형성을 억제하는 chevron 층 구조를 가지고 있으며 SSFLC 효과와는 달리 60 nC/cm^2 정도의 큰 자발분극 Ps와 피치가 0.4μm 정도인 Sm C* 물질에서 나타난다[47]. SBFLC의 분자 정렬 구조는 그림 2.47 (e)에서 볼 수 있다.

그림 2.48은 20μs 동안의 전압 펄스를 가했을 때 SBFLC 시편의 쌍안정 응답특성을 나타낸 것이다[47]. 빛이 투과하지 않는 어두운 상태와 완전히 투과하는 밝은 상태 (투과율 85%) 사이의 스위칭은 10μs 이내에서 가능하다. 어두운 상태와 밝은 상태의 투과율은 시간에 무관하며 SBFLC 경사각 의 경우 DHFLC 경우와 비슷하게 거의 $\theta = 45°$에 이르지만 쌍안정성을 갖는다는 점이 다르다. 투과율의 온도 의존성, 즉 대비비는 주로 θ의 온도 의존성에 달려 있으며[47], 약 80:1의 대비비를 가지고 안정한 계조 표시 기능이 있는 SBFLC가 보고된 바 있다[48].

마지막으로 FLC의 선기광학 효과와 상당히 유사하면서도 고유의 장점을 가진 삼중안정(tristable) 강유전성/반강유전성 전기광학 효과가 새로운 Sm C* 상에서 Chandani 등에 의하여 발견되었다[49,50]. 이러한 새로운 Sm C* 상은 반강유전성 액정(antiferroelectric liquid crystal: AFLC) 상으로 불리며 전기장이 없는 경우에는 반강유전성의 Sm C^*_A상을 보이나 전기장이 인가되면 전기장의 세기가 커짐에 따라 선전이(pretransition) 상태를 거쳐 문턱 전기장 이상에서 강유전상으로 전이하게 된다. 이러한 전이 현상을 이용한 AFLCD는 수십 μs의 응답속도를 보이며 대비비는 수십 정도이며 FLC에 비해 AFLC 고유의 구조로 인해 역학적이나 열적 충격에 대해 배향이 상대적으로 안정하게 유지된다. 그러나, 현재 AFLC의 온도 범위가 0~60℃ 정도로 좁고 선전이 현상에 의한 대비비의 저하가 존재하여 낮은 구동 전압과 넓은 온도 범위를 가지는 AFLC 물질이 개발되어야 한다. 특히 선전이 효과를 줄이면 문턱 전기장이 없는 V-모양의 스위칭을 얻을 수 있는데 이러한 thresholdless AFLC (TLAFLC)는 자체의 연속적 계조 표시를 제공하며 3 V 정도의 낮은 구동 전압에서 우수한 대비비를 얻을 수 있다[51]. 이 경우의 TLAFLC 물질은 큰 자발분극(229 nC/cm^2)과 큰 분자 경사각(32°), 아주 짧은 나선 피치(1.5μm)를 갖는다.

2.9.7 고분자 분산형 (polymer dispersed: PD) 모드

고분자 분산형 액정(polymer dispersed liquid crystal: PDLC) 모드는 고분자 매트릭스에 균일하게 분산된 액정 방울 내의 방향질서를 전기적으로 조절하여 입사빛의 산란(scattering)을 조절하는 원리이다. PDLC 시편을 만들기 위한 방법은 크게 상분리(phase separation) 방법[52]과 캡슐화(micro−encapsulation) 방법[53,54]으로 나눌 수 있다. 상분리 법은 다시 고분자화를 통한 상분리 (polymerization induced phase separation: PIPS), 열적 상분리 (thermally in duced phase separation: TIPS),

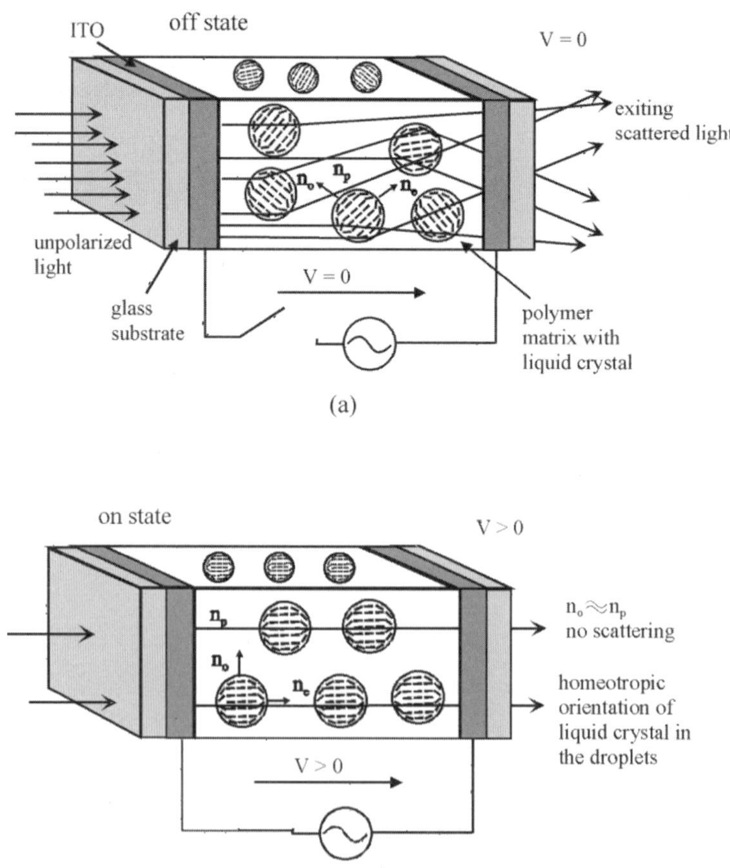

▌그림 2.49 PDLC 시편에서의 빛의 투과 특성: (a) 전압이 없는 경우 산란에 의한 불투명한 (opaque) 상태와 (b) 전압이 인가된 경우 분자가 배열된 투명한(transparent) 상태.

용매에 의한 상분리 (solvent induced phase separation: SIPS)로 구분된다. 그리고 캡슐화 법은 액정을 polyvinyl alcohol(PVA)과 같은 수용성 고분자에 분산시켜 수용성 유체 (aqueous emulsion)를 형성한 후 건조시켜 고분자로 둘러 쌓인 액정 방울을 형성시키는 것이다. PDLC 시편의 전압에 따른 광투과 특성은 형성된 액정 방울들의 크기, 모양, 박막의 두께, 액정과 고분자 간의 굴절률 차이, 그리고 입사된 빛의 파장에 따라 달라지는데 기본적인 동작 원리는 그림 2.49와 같다.

일반적으로 액정을 분산시키는 고분자 물질은 광학적으로 등방상인데 굴절률을 n_p라고 할 때 액정의 상굴절률(n_o)과 이상굴절률(n_e)과는 $n_p = n_o \neq n_e$를 만족한다고 하자. 전압이 없는 경우에는 각각의 액정 방울들이 임의의 광축 방향을 가지고 있는데다 고분자와의 굴절률 차이(index mismatching) 때문에 편광되지 않은 입사 빛은 그림 2.49 (a)에서 보는 것처럼 각 방울에서 아무 방향으로나 산란되기 때문에 불투명한(opaque) 상태가 된다. 이러한 빛의 산란 정도는 액정 방울의 크기와 밀도, 액정 방울과 고분자 간의 굴절률 차이 정도, 시편 두께, 그리고 입사 빛의 파장에 의존한다. 그림 2.49 (b)와 같이 인가된 전압이 충분히 커서 방울 속의 분자들이 전기장의 방향으로 재배열하는 경우 $n_p = n_o$인 굴절률 일치(index matching) 조건을 만족하여 입사 빛의 산란이 없는 투명한(transparent) 상태가 된다.

PDLC 모드의 우선적인 장점으로는 분산된 액정 방울들에 의한 빛의 산란을 이용하므로 시야각이 대단히 넓고 또한 외부 충격에 강하다는 것이다. 이외에도 방울내에서 액정 배향이 요구되지 않기 때문에 편광판이 필요하지 않다. 그러나, 투명한 상태에서의 광 투과도는 높을지라도 불투명한 상태에서 빛의 산란 때문에 어두운 상태를 얻기가 불가능하여 대비비가 낮다. 그리고 액정 방울이 고분자 매트릭스에 분산되어 있어 동작 전압이 높다는 단점이 있어 주로 smart window나 light attenuator 등에 응용되고 있다. 최근 PDLC 모드의 대비비를 향상시키기 위해 액정 방울에 이색성 염료(dichroic dye)를 혼합하기도 하고 액정 방울의 모양을 제어하는 연구도 수행하고 있다.

2.9.8 고분자 안정 콜레스테릭(polymer stabilized cholesteric: PSC) 모드

PSC 모드를 논의하기 전에 우선 콜레스테릭 액정(ChLC)의 배향 및 전기장 효과에 대해 설명한다. 수평 배향된 ChLC는 그림 2.50 (a)와 같이 한 기판에서 다른 기판으로 균일하게 비틀린 구조를 형성한다. 이렇게 나선형으로 비틀린 구조에서는 굴절률이 주기적으로 변해서 입사하는 빛이 나선구조와 일치하는 선성(handedness)으로 원편광되어 있는 경우 입사 빛의 파장에 따라 선택적으로 반사하게 된다. 이 경우 ChLC의 상굴절률을 n_o, 이상굴절률을 n_e, 피치를 p, 반사대역의 폭을 $\Delta\lambda$, 중심 파장을 λ_0로 정의하면 아래의 관계식을 만족한다.

$$\Delta\lambda = p\Delta n \tag{2.8.7}$$

$$\lambda_o = p\frac{1}{2}(n_e + n_o) \tag{2.8.8}$$

수평 배향된 네마틱 액정은 문턱 값 이상의 전압을 인가하면 유전 에너지에 의해 그림 2.50 (c)의 경우처럼 분자들이 기판에 수직하게 재배열된다. 그러나 ChLC의 경우 분자간의 강한 비틀림 결합으로 인해 비록 문턱 값 이상의 전압이 인가되더라도 그림 2.50 (b)와 같은 focal conic 조직를 형성하게 된다. 이 조직은 나선축의 방향이 무질서한 많은 영역들로 나누어져 있어 입사된 빛을 산란시키게 된다. 물론, 매우 높은 전압이 인가되면 네마틱 액정의 경우처럼 그림 2.50 (c)와 같이 분자들이 기판에 수직하게 재배열하게 된다.

낮은 전압을 인가하여 형성된 focal conic 조직은 에너지 관점에서 안정한 상태이므로 전압이 제거되어도 그 상태를 유지하게 된다. 이러한 focal conic 조직의 안정한 상태를 그림 2.50 (a)와 같은 초기 상태로 되돌리기 위해서는 매우 큰 전압을 인가하여 그림 2.50 (c)의 수직 상태를 얻은 후 서서히 이완시켜야 한다. 이는 그림 2.50 (b)의 상태를 메모리(기억) 상태로서 그림 2.50 (a)는 지운 상태로서 사용할 수 있음을 의미하고, 메모리를 지우기 위해서는 그림 2.50 (c)의 상태를 얻어야 한다.

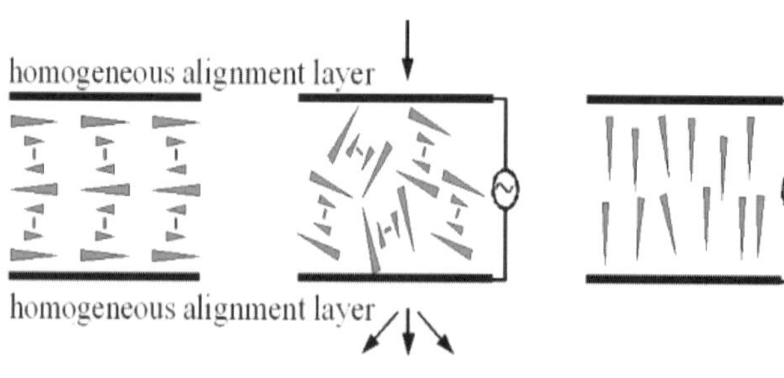

(a) (b) (c)

그림 2.50 인가된 전압에 따른 콜레스테릭 액정의 분자 재배열 상태

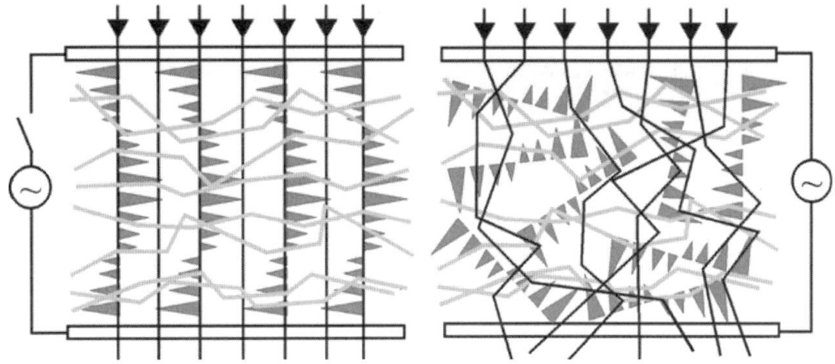

(a) (b)

그림 2.51 인가 전압에 의한 역모드 광셔터의 동작 원리: (a) 전압이 없는 경우와 (b) 전압이 인가된 경우.

이제 고분자 안정화 네트워크(polymer stabilized network)를 이용한 ChLC모드를 논의하자[55,56]. 그림 2.51은 그림 2.50 (a) 상태에서 고분자 네트워크를 형성하여 안정화시킨 PSC 모드이다. 전압이 없는 경우 비틀림을 가진 수평 배향구조이며 전압이 인가되면 focal conic 조직을 가진 구조가 되는데 이를 역모드 광셔터(reverse mode light shutter)라고 한다.

고분자 안정화 네트워크는 액정의 배향 방향을 따라 대부분이 기판에 평행하게 형성된다. 전압이 인가되지 않은 상태에서 ChLC의 피치를 조절함으로서 입사된 빛이 선택적인 반사를 하거나 전부 투과하도록 시편을 설계할 수 있다. PSC 모드가 일반적인 ChLC 모드와의 가장 큰 차이는 그림 2.50 (c)의 상태를 거치지 않고 단지 인가 전압을 제기함으로서 그림 2.51에서처럼 활성 상태에서 비활성 상태로 자발적으로 되돌아간다는 점이다. 또한, PSC 모드에서는 고분자 네트워크의 상태와 구조를 변화시켜 전압에 따른 이력(hysteresis) 특성을 조절하여 어떤 한 상태를 선호하도록 하거나 메모리 상태를 얻을 수가 있다. 한편, 높은 전압이 인가된 상태에서 고분자 네트워크를 형성하여 인가된 전압이 제거되었을 때 focal conic 조직을 형성하는 구조가 정상모드 광셔터(normal mode light shutter)인데 역모드 광셔터에 비해 광투과 특성은 우수하나 상대적으로 느린 응답속도와 큰 이력 등의 문제가 있다.

2.10 LCD 기술의 발전방향

2.10.1 다결정 실리콘 (poly-silicon) TFT-LCD

휴대형 개인 정보단말기, 휴대전화를 비롯한 모바일(mobile) 정보기기의 보급과 평판 디스플레이의 급속한 발전으로 초박형, 경량, 고정세, 고휘도, 고신뢰성, 저소비전력 등의 성능을 가진 LCD 제품에 대한 수요가 급증하고 있다. 특히 AMLCD에서 TFT는 각 화소의 스위칭 소자로서 투과광의 세기를 조절하여 정확한 계조 표시를 할 수 있도록 한다. 현재까지 LCD의 스위칭 소자에 사용되어 온 비정질 실리콘(a-Si:H) TFT로는 그 성능 향상에 한계가 있어 다결정 실리콘 (poly-Si) TFT로 점차 전환되고 있다.

다결정 실리콘 TFT는 비정질 실리콘에 비하여 전계효과 이동도가 커서 (a-Si:H TFT의 이동도가 1 cm^2/Vs 정도인데 비해 poly-Si TFT는 100 cm^2/Vs 정도임) 주변회로를 집적화한 일체형 LCD 또는 고밀도 LCD 제작에 적합하며, 구동 IC의 가격 경쟁력에서 비교 우위를 가진다. 그리고 광 감음성도 비정질 실리콘에 비하여 대단히 작기 때문에 빛에 의한 누설전류 영향도 적게 받아 TFT 소자 특성이 우수하다. 뿐만 아니라 TFT 소자의 전체 면적 축소를 통해 개구율이 향상되고 정밀도, 고휘도의 영상 표시가 가능하도록 한다.

현재 대부분의 산업체의 TFT-LCD는 a-Si:H TFT를 이용하고 있다. 그 이유는 poly-Si TFT의 제조공정이 복잡하고 저온공정에서 대면적화가 상대적으로 어려워 제조원가 측면에서 불리하기 때문이다. 이로 인하여 TFT-LCD는 a-Si:H TFT-LCD를 중심으로 발전되어 왔지만 고정밀도와 일체형을 필요로 하는 소형 및 모바일 정보 디스플레이의 폭발적인 수요로 인해 최근에는 다결정 실리콘 TFT-LCD의 비약적인 발전이 이루어지고 있다.

다결정 실리콘 TFT-LCD는 전형적인 반도체 공정기술에 기반을 둔 고온 다결정 실리콘(high temperature poly silicon, HTPS)과 유리기판에 적용하기 위한 저온 다결정 실리콘(low temperature poly silicon, LTPS)으로 구분된다. 다결정 실리콘의 장점은 CPU, memory 등을 일체형으로 유리기판에 직접 제작할 수 있어 system on panel(SOP) 또는 system on display(SOD)를 구현할 수 있는 기술이다. 고온 다결정 실리콘은 일반적인 CMOS 공정을 이용하며 박막 형태의 다결정 실리콘을 반도체 재료로 TFT를 제작하여 디스플레이 패널을 구성한다.

최근에는 유리기판에 적용될 수 있는 저온 다결정 실리콘 공정이 개발되어, 저온 다결정 실리콘 TFT-LCD 제품들이 출시되고 있다. 고온 다결정 실리콘 TFT-LCD는 융점이 높은 석영(quartz) 기판을 이용하여 섭씨 1,000도 이상의 고온에서 실리콘을 다결정화한 TFT를 사용한 제품이다. 석영 기판의 직경은 대개 200㎜ 수준이며 유리기판보다 가격이 3배 이상 높아서 기판 크기 등에 많은 제약이 따른다. 다결정 실리콘 TFT를 이용한 대부분 패널의 크기가 2~3인치 정도이기 때문에 소형이면서 높은 정밀도가 요구되는 캠코더의 뷰파인더(view finder), 프로젝터, 프로젝션 TV 등에 채용되고 있다.

고온 다결정 실리콘 TFT-LCD는 1990년대에 들어서 비디오 카메라의 뷰파인더용으로 시작하여 1995년경부터 프로젝터의 light valve, 캠코더의 뷰파인더, head mount display(HMD) 등에 채용되고 있다. 프로젝터는 점점 소형화, 고화질화, 고휘도화되어 1998년에는 1.1인치형에서 0.9인치형으로 소형화되고 화질도 VGA에서 SVGA, XGA 나아가 1999년에는 SXGA가 상품화되었다. 그리고 휘도가 현저하게 향상되어 400 ANSI lumen에서 1,200 ANSI lumen 더 나아가 1999년에는 2,500 ANSI lumen 제품이 출시되었다.

한편 저온 다결정 실리콘 TFT-LCD는 유리기판 상의 실리콘 박막을 엑시머 레이저 열처리(eximer laser annealing) 등을 통해 다결정화하여 섭씨 400~600C의 저온에서 형성한 TFT를 사용한 제품이다. 현재는 소형의 캠코더, 디지털 카메라, PDA, portable DVD player의 패널 용도로 사용되나 점차 노트북 컴퓨터용으로 점차 영역을 확장해가고 있다. 다결정 실리콘을 제작하는 방법으로 고상 결정화(solid phase crystallization), 직접 증착법, 급속 열처리(rapid thermal annealing), 액상 결정화(liquid phase recrystallization), 엑시머 레이저 열처리 등이 있는 데, 이중에서 대면적화가 용이하고 저온의 유리기판을 사용할 수 있는 엑시머 레이저 열처리 방법을 널리 적용하고 있다. 엑시머 레이저의 경우 자외선 영역의 파장에서 비정질 실리콘의 흡수계수가 106 cm^{-1} 이상으로매우 높아 유리기판의 손상을 최소화하면서 실리콘을 결정화 시킬 수 있다.

1970년대 말과 1981년에 Geis 등과 Rief 등에 의해 다결정 실리콘 TFT 발전에 계기를 마련하는 self-implantation에 의한 다결정 실리콘 박막의 제작이 시도되었다. 1980년대 초에 이르러 다결정 실리콘과 비정질 실리콘 소자를 사용한 AMLCD가 개발되었다. 이 무렵 일본에서 주로 생산한 비정질 실리콘 TFT-LCD는 주로 pocket TV (3~5인치)용이었다. Kamins와 T. Matsumoto 등에 의해 1981년과 1982년에는 엑시머 레이저 열처리 방법을 통해 제작한 다결정 실리콘 TFT가 발표되었으며, 1984년에는 Brody 등에 의해 직접 증착 다결정 실리콘 TFT가 보고되었다[9]. 그 후 1985년에 Morozumi에 의해 다결정 실리콘 TFT 드라이버 IC가 제안되었으며, 1980년대 후반에 다결정 실리콘 TFT의 누설전류를 줄이려는 많은 시도가 있었다.

다결정 실리콘의 결정성 및 결정립 크기의 증가를 위해 저온 공정이 가능한 레이저 열처리 방법이 Sera 등과 Okumura 등에 의해 활발하게 이루어졌다. 특히 TFT의 누설전류 감소를 위한 단순 공정과 이동도의 증가에 대한 연구가 미국 및 일본 등의 업체를 중심으로 활발하게 이루어졌다. 이러한 레이저 열처리에 의한 결정화의 핵심은 비정질 실리콘의 용융 후 고체화 과정에서 일어나는 열 전달과 고체화 속도의 조절인데 열 전달과 고체화 속도의 최적화를 위해 초기 비정질 실리콘의 두께, 버퍼(buffer) 층의 두께, 레이저 빔의 조사횟수, 레이저 빔의 모양 등의 변수를 제어하게 된다. 그리고, submicron의 엑시머 레이저 열 처리를 이용한 다결정 실리콘 TFT에 관한 연구도 이루어지고 있어 TFT 소자의 크기가 점점 작아질 전망이다.

다결정 실리콘 TFT-LCD 제조를 위한 엑시머 레이저 열 처리 공정 및 소자 구조의 발전은 저누설전류화, 고이동도화, 단순공정화, 신구조 및 신공정화 측면에서 이루어져 왔으며 향후 대화면 LCD용으로도 수요가 창출되어 비정질 실리콘 TFT-LCD와 치열한 경쟁을 할 것으로 보인다. 1990년대 후반에 실용화되어 지금까지 다양한 고성능 정보기기의 표시소자로 채용되고 있는 다결정 실리콘 TFT-LCD는 향후 새로운 개념의 디스플레이, 일체형 system on glass(SOG) 등으로 발전할 것으로 예상된다.

2.10.2 플라스틱(plastic) LCD

지난 수년간 flexible 디스플레이를 구현하는데 액정을 전기광학 활성층으로 이용한 플라스틱 LCD에 대한 많은 연구가 진행되어 왔다. 액정을 이용한 경우 flexible 디스플레이 모드를 크게 dynamic 모드와 memory 모드로 구분하거나 반사형 모드와 투과형 모드로 구분하기도 한다. Memory 모드나 반사형 모드의 경우 저소비 전력으로 정보를 표시할 수 있다는 장점이 있고 동화상 구현에는 dynamic 모드가 필요하다.

Flexible 디스플레이는 기본적으로 유리기판과는 달리 휠 수 있는 플라스틱 등의 기판을 사용하기 때문에 휨에 따른 시편 두께 혹은 간극(cell gap)과 액정 배향의 안정성을 확보하여야 한다. 기존의 유리기판을 이용한 LCD의 경우에는 일반적으로 ball spacer를 기판 표면에 균일하게 산포하는 방법을 사용하고 있으나 플라스틱 LCD의 경우에는 시편 간극과 액정 배향의 안정성을 확보하기 위한 새로운 spacer 형성기술 등이 요구된다. 또한, 플라스틱 기판의 사용으로 인해 반드시 저온 TFT 공정과 유기 박막 공정이 저온에서 이루어져야 한다.

2.10.3 반사형(reflective) 및 반투과형(transflective) LCD

반사형 LCD(reflective LCD)는 배면광(backlight)없이 주변광을 이용하기 때문에 소비전력이 적고 경량화가 가능하여 휴대용 정보기기에 주로 채용되고 있다. 종래의 개인용 단말기(personal digital assistant: PDA) 시장을 주도하던 흑백 반사형 패널은 95년 이후부터 4~16색 수준의 컬러 반사형 패널로 발전하게 되었다. 컬러화를 위해서는 다계조화 기술, 색순도 향상기술, 반사도 및 휘도 향상기술, 여러 구동기술의 개발, 그리고 반사판, 위상차판 등의 부품 설계기술이 필요하며 특히 광학적 설계기술이 중요하다.

현재의 투과형에 사용되는 TN 모드를 반사형에 채용할 경우 두장의 편광판이 사용되므로 색의 중간 계조표시에는 유리하지만 화면이 어두운 단점이 있다. 따라서 편광판을 한 장만 사용하거나 혹은 편광판을 사용하지 않는 구조가 유리하다. 최근 제안되고 있는 반사형 모드는 일본의 Sharp사와 Tohoku 대학 등에서 연구하고 있는 phase change guest host(PCGH) 모드와 일본의 NTT사와 미국의 AT&T사 등에서 연구하는 polymer dispersed liquid crystal(PDLC) 모드가 있다. PCGH 모드의 경우는 색소의 흡수 이방성을 이용하여 편광판을 이용하지 않고 색을 구현하여 밝기를 향상하고 능동소자를 이용하여 저전압 구동이 가능하다. 그러나 전압에 대한 투과도가 심한 이력현상(hysteresis)을 보이기 때문에 중간 계조표시가 어려운 메모리형에 가깝다.

PDLC 모드는 고분자와 액정의 혼합물을 열, 광, 용매 등을 이용하여 고분자 매트릭스에 액정 방울을 분산시켜 광산란을 이용하는 방식으로 중간계조 표시가 가능하며 다색화에 유리하지만 구동전압이 높다는 단점이 있다. 그 외에 polymer stabilized cholesteric texture(PSCT), electrically controlled birefringence(ECB) 모드 등도 꾸준히 연구되고 있다.

그리고, 반사형(reflective) LCD가 빛이 없는 환경에서 사용이 불가능하기 때문에 휴대용 정보기기용으로 실내외에서 모두 사용이 가능한 반투과형(transflective)에 대한 연구가 활발히 수행되고 있다. 반투과형 LCD는 상대적으로 표시 성능이 우수하여 휴대폰 등에 점점 채용이 확대되고 있으며, Sharp 사, 삼성전자, LG-Philips LCD 등이 제품을 생산하고 있다. 반투과형에서는 각 화소가 투과영역과 반사영역으로 구성되어 있어 실외에서는 반사영역을 통해 외부광을 이용하고, 실내에서는 투과영역을 통해 배면광을 이용하여 정보를 표시한다.

현재 주로 사용되는 반투과형은 투과영역과 반사영역의 광경로차를 없애기 위해서 두 영역의 두께가 다른 구조로 되어 있다. 그러나 제조시 어려움 때문에 동일한 두께를 가지는 반투과형에 대한 연구가 최근 들어 진행되고 있다. 또한 투과영역과 반사영역의 색차이를 제거하기 위해 두 영역의 컬러필터를 다르게 제작하는 연구 등도 수행되고 있다.

반사형과 반투과형 컬러 LCD의 경우에는 주변광의 이용 효율을 최대한 높여야 하고 이를 위해서 컬러필터의 광손실 감소, 개구율 향상, 고투과율 편광판 개발, 반사판의 반사효율 증대 등이 필요하다.

마지막으로, 본장에서 다루지 못한 LCD 제조공정과 차세대 LCD에 관한 보다 자세한 내용은 참고문헌 [57]에서 심도 있는 수준으로 기술되어 있다.

연습문제

01. 아래 그림과 같이 상하기판의 러빙방향이 90도 차이가 나는 경우 두 기판 사이에서 네마틱 액정의 배열상태를 계산하시오. (강한고정 상태를 가정)

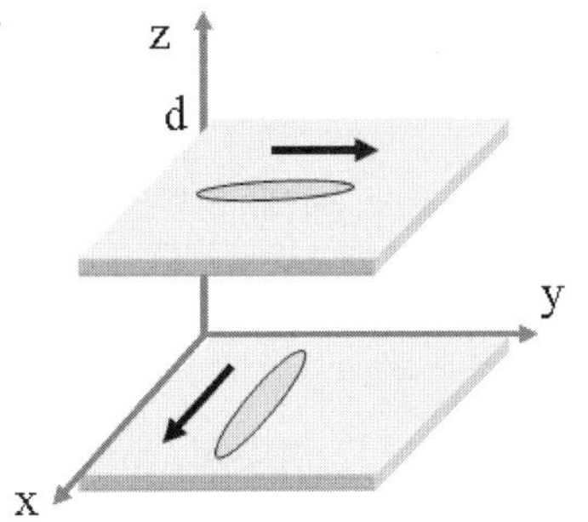

02. 아래 그림과 같이 액정의 장축방향에 45도로 전기장이 인가된 경우 전기 에너지를 계산하시오.

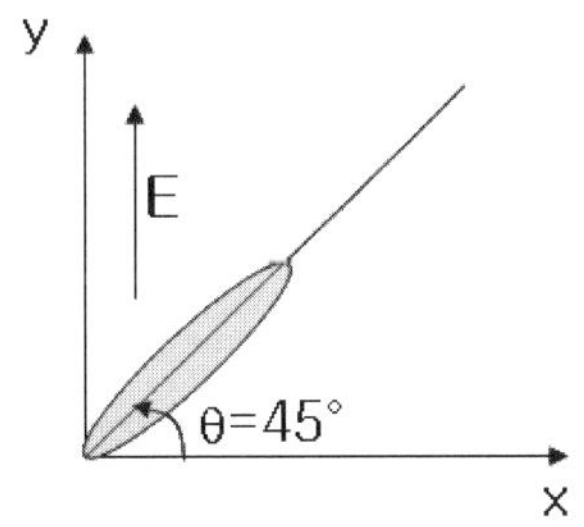

03. 그림 2.8-1의 모드에서 시편의 두께가 d이고 전기장이 인가되지 않았을 때 액정의 x축 방향으로 배향되어 있을 때 다음에 답하시오.

(a) $\Delta\epsilon > 0$이고 $E = E_0\hat{y}$의 전기장이 인가된 경우 elastic free energy를 구하시오.

(b) Electric free energy를 구하시오.

(c) Threshold voltage의 의미를 쓰고 그 값을 구하시오.

(Hint : One elastic constant approximation 및 강한고정 상태 가정)

04. 액정 분자들이 주기적인 표면 굴곡을 가진 기판에서 굴곡에 평행한 방향으로 배열하려는 물리적인 이유를 설명하시오.

O5. 편광에 대한 다음의 물음에 답하시오.

(a) z축으로 진행하는 빛의 전기장이 $\overrightarrow{E}(z,t)=\overrightarrow{E_0}cos(\omega t-kz)$로 주어질 경우 이 빛이 선형편광이 되기 위한 조건을 기술하시오 (Hint : 전기장의 x축과 y축의 성분계산)

(b) 선형편광된 빛이 편광판의 광축에 45도로 입사한 경우 빛의 세기를 계산하시오. (입사한 빛의 세기를 I_0로 가정)

O6. 다음과 같이 x축에 대해 45도로 선형 편광된 빛이 half-wave plate에 입사한 경우 빛의 편광이 90도 회전하게 된다. Wave plate의 굴절률을 x축 방향으로 n_x, y축 방향으로 $n_y(n_x > n_y)$라 할 경우 편광을 90도 만큼 회전시키기 위한 wave plate의 두께를 계산하시오.(Hint : Phase delay $\Delta\phi_k = 2\pi n_k d/\lambda$)

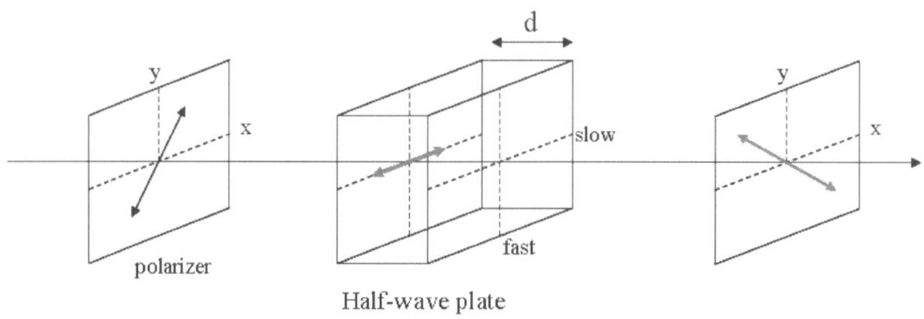

O7. 다음과 같이 $\Delta nd = \lambda/4$인 액정 시편과 편광자가 배열되어 있는 경우 빛의 편광이 어떻게 변화하는지 기술하시오.

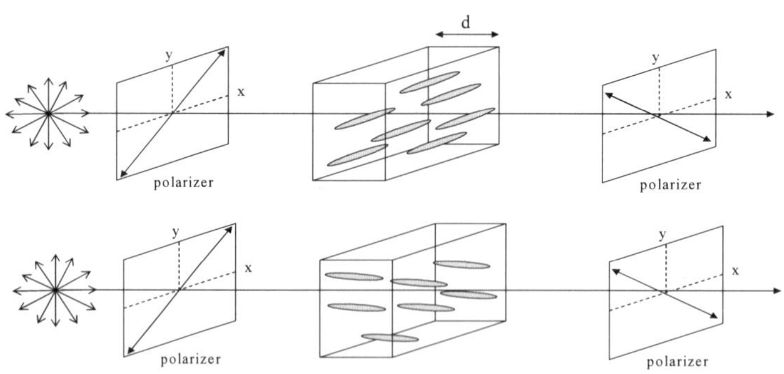

O8. 비등방 광학 매질을 투과하는 빛의 세기를 계산할 수 있는 2x2 Jones 행렬 방법, 확장된 2x2 Jones 행렬 방법, 4x4 행렬 방법의 원리와 서로 간의 차이점을 설명하시오.

참고문헌

[01] R. Virchow, 6, 562−572 (1854).

[02] F. Reinitzer and Monatshefte Liq. Cryst. 9, 421 (1888).

[03] V. Freedericksz, V. Zolina, and Zh. Russ, Fiz. Khim. Obshch. 62, 457 (1930).

[04] R. Willams, J. Chem. Phys. 39, 384 (1963).

[05] G. H. Heilmeier, L. A. Zanoni, and L. A. Barton, Appl Phys. Lett. 13, 46 (1968).

[06] G. H. Heilmeier and L. A. Zanoni, Appl. Phys. Lett. 13, 91 (1968).

[07] M. Schadt and W. Helfrich, Appl. Phys. Lett. 18, 127 (1971).

[08] T. J. Scheffer and J. Nehring, Appl. Phys. Lett. 45, 1021 (1984).

[09] T. P. Brody, J. A. Asars, and G. D. Dixon, IEEE Trans. El. Devices ED−20. 993 (1973).

[10] N. A. Clark and S. T. Lagerwall, Appl. Phys. Lett. 36, 899 (1980).

[11] 月刊 Display 2004년 5월호, pp. 18−23.

[12] P. M. Chaikin and T. C. Lubensky, Principles of Condensed Matter Physics (Cambridge University Press, New York, 1995).

[13] P. G. de Gennes and J. Prost, The Physics of Liquid Crystals(Clarendon Press, New York, 1993).

[14] P. J. Collings, Liquid Crystals: Nature's Delicate Phase of Matter (Princeton University Press, New York, 1995).

[15] P. Yeh, Optics of Liquid Crystal Displays(John Wiley, New York, 1999).

[16] R. B. Meyer, L. Leibert, L. Strzelecki, and P. Keller, J. Phys. (Paris) Lett. 36, L−69 (1975).

[17] F. Rondelez, J.P. Hulin, Solid State Commun. 10, 1009 (1972)

[18] W. Helfrich, Mol. Cryst. 21, 187 (1973).

[19] R. B. Meyer, Phys. Rev. Lett. 22, 918 (1969).

[20] G. R. Fowles, Introduction to Modern Optics (Dover, New York, 1989).

[21] A. Lien, Appl. Phys. Lett. 57, 2767 (1990).

[22] H. L. Ong, Appl. Phys. Lett. 59, 155 (1991).

[23] K. Lu and B. E. Saleh, Opt. Lett. 17, 1557 (1992).

[24] A. Lien, Liq. Cryst. 22, 171 (1997).

[25] D. W. Berreman, J. Opt. Soc. Am. 63, 1374 (1973).

[26] M. Schadt and W. Helfrich, Appl. Phys. Lett. 18, 127 (1971).

[27] T. J. Scjeffer and J. Nehring, Appl. Phys. Lett. 45, 1021 (1984).

[28] C. Mauguin, Bull. Soc. Franc. Mineral. 34, 71 (1911).
[29] C. H. Gooch and H. A. Tarry, Electron. Lett. 10, 2 (1974).
[30] H. Amstutz, D. Heimgartner, M. Kaufmann, and T. J. Scheffer, Swiss patent application 3819/83, July 12, 1983.
[31] M. Oh−e and K. Kondo, Appl. Phys. Lett. 67, 3895 (1995).
[32] M. Oh−e, M. Yoneya, and K. Kondo, J. Appl. Phys. 82, 528 (1997).
[33] S. H. Lee, S. L. Lee, and H. Y. Kim, Appl. Phys. Lett. 73, 2881 (1998).
[34] M. F. Schiekel and K. Fahrenschon, Appl. Phys. Lett. 19, 391 (1997).
[35] Y. Koike, Nikkei Electronics Asia, March, 75 (1997).
[36] K. H. Kim, K. H. Lee, S. B. Park, J. K. Song, S. N. Kim and J. H. Seok, Asia Display '98, 383 (1998).
[37] Y. Ishiii, S. Mizushima and M. Hijikigawa, SID '01 Symp. Digest, 1090 (2001).
[38] S. −W. Suh, S. T. Shin, and S. −D. Lee, Appl. Phys. Lett. 68, 2819 (1996).
[39] P. J. Bos and K. R. Koehler, Mol. Cryst. Liq. Cryst. 113, 329 (1984).
[40] R. B. Meyer, Mol. Cryst. Liq. Cryst., 40, 33 (1977).
[41] N. A. Clark, and S. T. Lagerwall, Appl. Phys. Lett. 36, 899 (1980).
[42] B. Stebler, Information Display, 14, 20 (1997).
[43] W. J. A. M. Hartmann, J. Appl. Phys., 66, 1132 (1989).
[44] L. A. Beresnev et. al., Liq. Cryst., 5, 1171 (1989).
[45] A. G. H. Verhulst, and G. Cnossen, Proc. of IDW '95, 35 (1995).
[46] J. Fünfschilling, and M. Schadt, J. Appl. Phys., 66, 3877 (1989).
[47] J. Fünfschilling, and M. Schadt, Jpn. J. Appl. Phys., 30, 741 (1991).
[48] J. Fünfschilling, and M. Schadt, SID '91 Symp. Digest, 183 (1991).
[49] A. D. L. Chandani, T. Hagiwara, Y. Ouchi, H. Takezoe, and A. Fukuda, Jpn. J. Appl. Phys. 27, L729 (1988).
[50] A. D. L. Chandani, E. Gorecka, Y. Ouchi, H. Takezoe, and A. Fukuda, Jpn J. Appl. Phys. 28, L1265 (1989).
[51] T. Yoshida et. al., SID' 97 Symp. Digest, 841 (1997).
[52] J. W. Doane, N. A. Vaz, B.−G. Wu, and S. Zumer Appl. Phys. Lett. 165, 511 (1986).
[53] J. L. Fergason et. al., SID '86 Symp. Digst, 68 (1986).
[54] P. S. Drzaic, J. Appl. Phys. 60, 2142 (1986).
[55] J. L. West, R. B. Akins, J. Francl, and J. W. Doane, Appl. Phys. Lett. 63, 1471 (1993).
[56] H. Ren, S. Gauza, and S. −T. Wu, SID '03 Symp. Digest, 641 (2003).
[57] 김상수, 김현재, 이신두, 디스플레이공학I(LCD), 청범출판사(2005).

Display Engineering

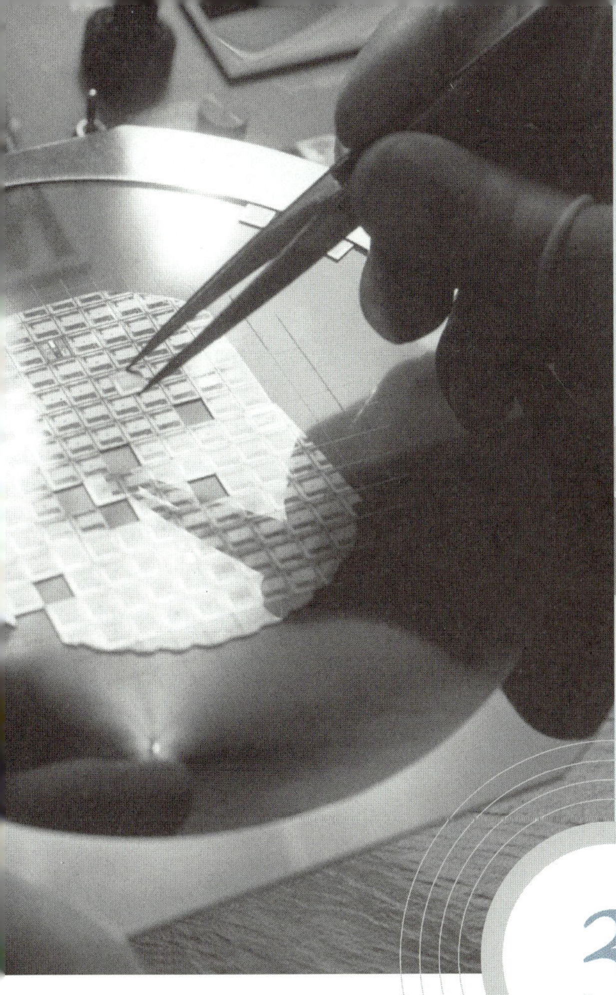

3 플라즈마 디스플레이(PDP)

3.1 PDP의 구조 및 특징

3.1.1 PDP의 역사

플라즈마 표시 패널(plasma display panel: PDP)은 두개의 전극 사이에 발생하는 플라스마 방전(정확하게는 글로우 방전, glow discharge) 현상을 이용하여 정보를 표시하는 자기 발광형 가스 방전 표시 소자이다. PDP 발광 원리는 우리가 일상적으로 사용하는 형광등과 매우 흡사하기 때문에, 밀리미터 정도 크기의 미소 컬러 형광등을 각 화소에 배치하여 구성하고, 이들을 점등/소등하는 방법에 의하여 이미지를 표시하는 소자라고 생각할 수도 있다. 이러한 PDP는 두께가 얇고, 대형화가 용이하며, 자연색에 가까운 실감 영상을 구현할 수 있는 장점이 있기 때문에, 대형 벽걸이 TV로의 적용이 최근 급속히 증가하고 있다. 1920년대 Nixie 튜브 등 글로우 방전 현상을 이용한 다양한 구조의 표시 소자등이 개발되었나, 현재 사용되는 AC PDP 원리와 유사한 구조는 1964년 미국 일리노이 대학교의 Bitzer와 Slottow가 최초로 고안하였다. 이들이 개발한 표시 소자를 그림 3.1에 나타내었다.

그림 3.1에서 glass dielectric이라고 표시되어 있는 상하 유리 기판의 표면에 줄 모양(stripe type)의 투명 전극을 형성하고, 구멍이 규칙적으로 형성되어 있는 100 μm 두께의 유리판(perforated glass dielectric)을 이들 기판 사이에 삽입한 후, 상하 유리 기판의 전극이 구멍 부위에서 서로 직교하도록 정렬하였다. 이들 상하 유리

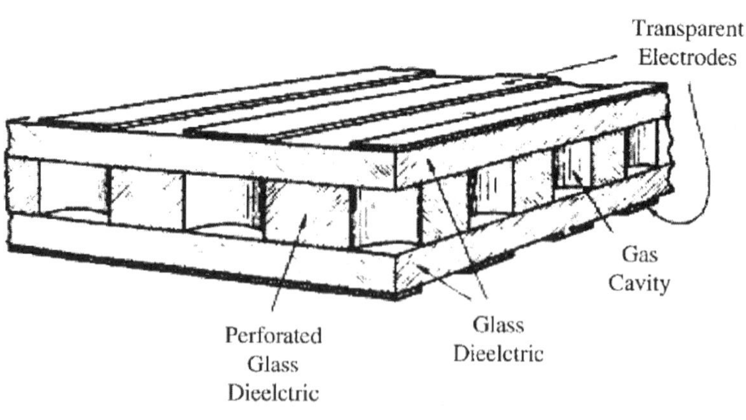

▌그림 3.1 일리노이 대학교에서 고안된 AC PDP의 구조 [출처: D. L. Bitzer & H. G. Slottow, AFIPS Conf. Proc. Vol. 29, p.541(1966)]

기판을 진공 에폭시로 밀봉한 후 패널내의 공기를 뽑아내고, 네온(Ne) 등의 불활성 가스를 대기압의 1/2정도의 압력으로 채워 패널을 제조하였다. 상하 투명 전극들 사이에 글로우 방전을 일으키기에 충분한 전압을 인가하면, 전극이 교차되는 구멍 부분에서 글로우 방전이 발생하여 이미지를 표시하는 것이다. 이 구조는 현재 사용되고 있는 행렬(matrix) 구동 AC PDP의 기초가 되었으며, 방전 전류가 전극 표면의 유전체의 캐페시턴스에 의해 제어되는 유전 장벽 방전(dielectric barrier discharge)의 AC PDP 적용 가능성을 제시하였다는 점에서 현재 사용되는 PDP의 효시라 할 수 있다. 또한 기억 효과(memory effect)를 활용하여 방전셀을 선택적으로 점등 할 수 있는 가능성을 보여준 최초의 소자이기도 하다. 메모리 효과는 PDP 구동을 매우 단순하게 만들어주는 핵심 기술중의 하나인데, 이 효과에 대해서는 다음 절에 자세히 설명하기로 한다.

그림 3.2는 이 패널을 이용하여 "N"이라는 글자 이미지를 구현한 모습을 보여주고 있다. 이 이미지는 글로우 방전 시 네온에 의하여 발생되는 오렌지-적색 가시광 (파장: 585~640nm)에 의하여 나타냈는데, 이것은 1970년대에서 1980년대까지 주로 상용화된 단색(monochrome) PDP 제품의 기초가 되었다. 이 단색 PDP는 1971년 미국의 Owens-Illinois사에서는 512x512 화소 규격의 컴퓨터용 모니터를 1,000여대를 제조하여, 일리노이 대학의 학생 교육에 사용하였고, 1983년도 IBM 사에서는 960x768 화소의 17인치 모니터를 년산 3만대 생산 라인을 구축하여 상용화하였으며, 1987년도 Photonics 사에서는 2048x2048 화소의 59인치 모니터를 제작하여, PDP가 대형 디스플레이 소자로서의 가능성을 입증하였다.

이와 같은 미국의 선도적인 연구 개발 결과를 기반으로 1970년대 후반부터 일본에서도 PDP 개발에 착수하였는데, 미국 방식과는 차별화된 형태의 PDP를 개발하였다. 즉, 미국의 업체들이 글로우 방전시 발생하는 적색-오렌지색 가시광을 이용하여 이미지를 표현하는데 반하여, 일본에서는 글로우 방전시 발생하는 진공 자외선(vacuum ultraviolet, VUV)이 형광체를 자극할 때 발생하는 가시광을 이용하여 이미지를 구현하는 방법을 개발하였다. 즉 네온 싸인과 같은 가스 발광 소자에서 형광등과 유사한 형광 발광 소자로의 전이가 이루어져, 컬러 PDP가 가능하게 된 것이다. 즉 글로우 방전을 이용하면 단색의 PDP만이 가능한데 비하여, VUV에 의하여 삼원색 가시광을 발생하는 형광체를 각각 코팅하고, 이때 발생하는 삼원색 가시광을 이용하여 컬러 이미지를 구현하는 것이다. NHK에서는 이 형광 발광 소자 원리를 이용하여 1978년도에 16인치 컬러 DC PDP를 성공적으로 개발하였다.

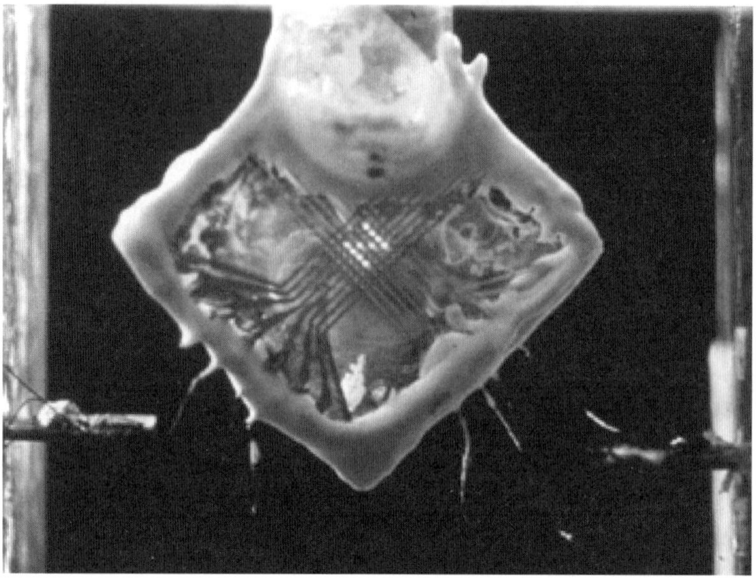

▮그림 3.2 초기 PDP에 의한 문자가 표시된 형상. 기판의 주변에 두껍게 코팅되어 있는 것은 진공 에폭시 접착제로서 두개의 유리 기판을 접착시키는데 사용된 것이다.(Dr. L. Weber 제공)

그러나 이 DC PDP는 일리노이 대학의 유전 장벽 방전 구조(전극이 유전체에 코팅되어 있는 구조)와는 다르게 전극이 글로우 방전에 직접 노출되어 있는 구조이기 때문에, 그 작동 원리가 현재 사용되는 AC PDP와는 많은 부분에서 다르다. 각 방전 싸이클에서 방전 전류를 제한하기 위하여 방전셀 마다 저항체를 형성시켜야 하고, 전극 재료가 글로우 방전시 이온에 의하여 스퍼터링되는 문제점이 노출되어 1980년대 말을 기점으로 DC PDP의 연구 개발 활동이 점차 쇠퇴하였다. Fujitsu사의 Shinoda 박사는 1979년에 전극을 전면 유리 기판 하나에 형성시킨 면 방전(coplanar discharge) 형태의 컬러 AC PDP를 최초로 구현하였고, 1984년에는 현재 AC PDP의 기본 구조인 3전극 면 방전 구조를 가진 컬러 AC PDP를 고안하였다. 1992년에는 현재 AC PDP의 구동에 사용되는 방식인 ADS (address display separated) 방식으로 256 계조(gray level)를 구현한 21인치 3전극 면 방전 구조 AC PDP를 개발하여 PDP가 상업적으로 적용될 수 있는 가능성을 보여주었다.

이러한 연구 개발 결과를 기반으로 PDP는 크기, 방전 효율, 밝기, 대비비(contrast ratio), 계조 표시(gray scales) 기능 등을 개선하기 위한 연구 개발이 전 세계적으로 활발하게 진행되었다. 현재 PDP는 최대 크기가 100 인치 수준, 방전 효율은 2 lm/watt, 밝기는 1,500 cd/m2, 대비비는 10,000:1, 계조 표시는 2048까지 구현하고 있다. 우리나라에서는 1980년대 중반부터 기업체 연구소를 중심으로 소규모의 PDP 기초 연구가 진행되어 왔으나, 본격적인 연구 개발은 1990년대 중반부터 시작하였다고 할 수 있다. 특히 우리나라는 새로운 공정의 적용 및 개발에 있어 선도적인 역할을 하고 있어 AC PDP 산업이 상업적으로 성공하는데 많은 기여를 하고 있다.

3.1.2 PDP의 구조

현재 사용되고 있는 3전극 면 방전 AC PDP의 구조를 그림 3.3에 모식적으로 나타내었다. AC PDP는 전면 유리 기판과 배면 유리 기판으로 구성되어 있는데, 전면 유리 기판의 아래쪽 표면에는 화소에 유지 전압(sustain voltage)을 인가하기 위한 투명 유지 전극(sustain electrode)과 보조 전극(BUS electrode)이 형성되어 있다. 투명 유지 전극은 ITO(indium−tin oxide) 박막이 사용되고 있는데, 각 화소별로 1개의 쌍이 형성되어 있다. 보조 전극은 전기 전도도가 높은 Ag와 같은 금속 후막이 약 8μm 정도의 두께로 형성되어 있어, 투명 유지 전극에서의 전압 강하를 방지한다. 이들 전극은 두께가 약 30μm 정도인 저융점 유리 투명 유전체층(dielectric layer)으로 코팅되어 있으며, 이 유리 유전체 층은 다시 보호막으로 불리는 MgO 박막으로 코팅되어 있다.

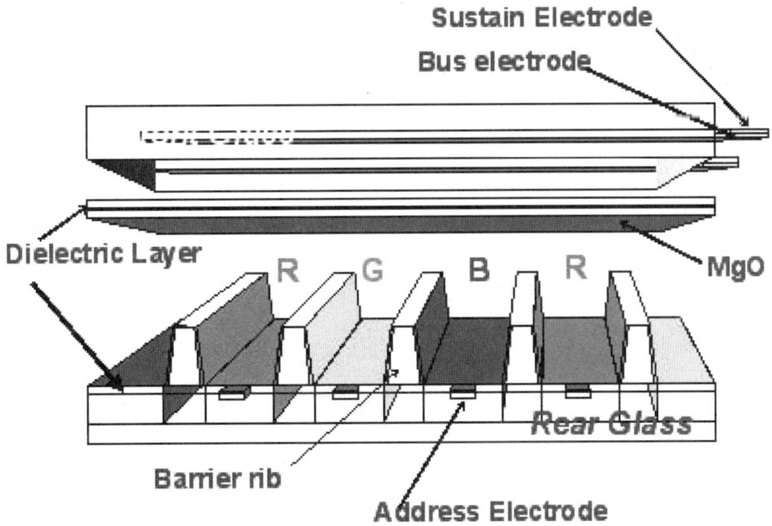

▌그림 3.3 AC PDP 구조의 모식도

배면 유리 기판에는 Ag 어드레스(address) 전극이 전면판의 유지 전극과 서로 수직하도록 형성되어 있고, 그 위에 두께가 15μm 정도인 배면 유전체로 코팅되어 있다. 전면 유리 기판의 유전체 층은 가시광에 대하여 투명한데 반하여, 배면 유리 기판상의 유전체 층은 방전셀에서 발생하는 가시광을 반사시키는 특성을 가져야 하는 점이 다르다. 이 유전체 층 상부에는 격벽(barrier rib)이라는 구조물이 형성되어 화소의 피치를 결정하며, 인접된 화소와의 전기적, 광학적 혼선(cross-talk)을 방지하는 중요한 역할을 한다. 격벽은 높이가 120~140μm 정도이고, 상부 폭은 40~60μm, 하부 폭은 80~120μm 정도이다. 이들 격벽 표면에 형광체가 도포되어 있는데, 형광체는 글로우 방전시 발생하는 진공 자외선에 의하여 여기된(excited) 후 기저 상태(ground state)로 전이하면서 삼원색 R, G, B(red, green, blue) 가시광을 발생시키는 재료이다. R, G, B 삼원색 가시광을 방출하는 형광체가 세 개의 방전셀에 각각 코팅되어 있는데, 이들 세 개의 부화소(sub-pixel)들을 합쳐 하나의 화소(pixel)를 구성한다.

PDP에서 가시광선이 발생시켜 이미지를 표현하는 과정을 그림 3.4에 나타내었다. 먼저 전면 유리 기판상에 형성되어 있는 유지 전극사이에 전압을 인가하면, 글로우 방전이 개시되고, 이 글로우 방전으로 인해 높은 에너지 상태로 여기된 가스 원자나 분자가 기저 상태로 전이되면서, 진공 자외선(vacuum ultraviolet)이 방출된다. 이 진공 자외선은 형광체 표면에 도달하여 형광체를 자극하여 가시광선을 방출하게 된다. 따라서 진공 자외선에 의하여 발생된 R, G, B 삼원색 가시광선을 조합하여 천연색의 영상을 구현할 수 있게 된다.

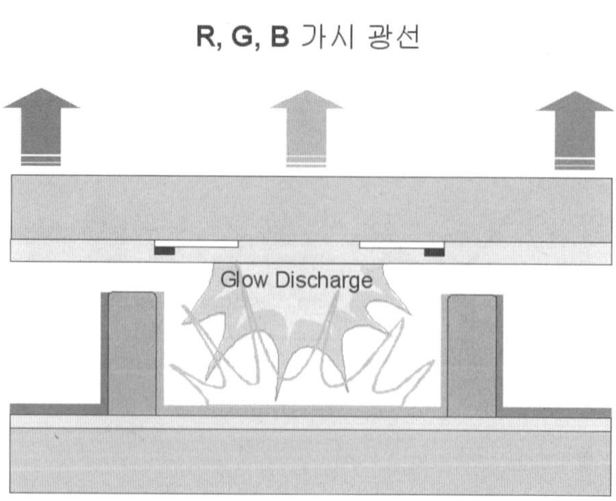

그림 3.4 PDP의 발광 과정의 모식도

한편 유지 전극의 양단에 가해진 전압에 의하여 글로우 방전이 지속되는 동안, 방전에 의하여 형성된 하전 입자(전자 및 이온)는 반대 극성의 전극 쪽으로 이동하여 MgO 보호막에 축적된다. 이렇게 축적된 전하는 인가된 전압의 반대 부호의 벽 전압(wall voltage)을 발생시켜 전극간에 가해지는 실효 인가 전압(인가 전압 – 벽전압)을 감소시키게 된다. 벽 전압이 증가하여 실효 인가 전압이 방전 개시 전압 이하로 감소되면 글로우 방전이 꺼지고, 방전셀에서의 가시광선 발생도 중지된다. 그러나 이때 전극 사이에 극성을 바꾸어서 전압을 인가하면, 벽전압과 인가 전압이 같은 부호가 되어 실효 전압(인가 전압 + 벽전압)이 방전 개시 전압보다 크게 되어 방전이 다시 시작되는데, 이 과정을 매우 빠른 속도로 반복하면 가시광선이 연속적으로 발생하는 것으로 시각적으로 인지되는 것이다. 즉 AC PDP의 글로우 방전은 유전체가 코팅되어 전극간에 발생하는 유전 장벽 방전 현상을 이용한 것으로, 이것의 기초 원리는 1800년대 말 독일의 Siemens에 의하여 최초로 개발되어 오존 발생기 등에 사용되어 왔다.

AC PDP가 유전 장벽 방전을 이용하기 때문에 발생하는 몇 가지의 특징이 있다. 첫째, 각 방전 싸이클 동안 전류는 전극 표면의 유전체 캐패시턴스에 의하여 제어되기 때문에 방전 전류를 제어하기 위한 별도의 저항체가 필요하지 않다. 따라서 화소 구조가 단순하다는 점이다. 둘째, 유전 장벽 방전 시 하전 입자가 유전체 표면에 축적되어 벽 전하(wall charge)가 형성되어 벽 전압이 발생하는데, 이에 따른 기억 효과(memory effect)가 발생한다. 즉, 이전의 방전싸이클에 의하여 벽 전압이 형성되어 있는 방전셀은 벽 전압과 인가전압의 합(실효 인가 전압)이 방전 개시 전압 보다 높게 되는 인가 전압을 전극 사이에 인가하게 되면 방전이 개시된다. 이에 비하여 벽전압이 형성되어 있지 않은 방전셀의 경우에는 상기의 인가 전압을 가하여도 방전이 유도되지 않는다. 즉 방전셀의 방전 이력이 방전 개시 여부를 결정하는 기억 효과가 발생하는 것이다. 따라서 방전셀의 벽전하 형성 여부에 따라 선택적으로 방전셀을 켜는 것이 가능하여, 수 백만개의 방전셀을 구동하는데 소수의 구동 소자만으로 구동이 가능하게 되는 것이다.

3.1.3 PDP의 특징

PDP는 두께가 1.8~2.8 mm 정도인 두 장의 유리 기판을 봉착하여 제조하기 때문에 패널의 자체의 두께는 6 mm 정도로 얇고, 표시 면적이 증가함에 따라 두께가 증가하는 CRT와는 달리 패널 크기가 두께에 영향을 받지 않는다.

또한, PDP의 화소를 구성하는 유전체, 전극, 격벽, 형광체는 후막 공정에 의하여 형성되는데, 후막 공정은 먼저 원재료를 미세한 분말 형태로 제조하고, 이 분말들을 페이스트(paste) 또는 슬러리(slurry)로 만든 후 인쇄 등의 공정으로 green(미소성) 상태의 후막을 형성하고 가열/소성하여 입자들이 화학적으로 결합되도록 하는 것이다. 이러한 후막 공정의 가장 큰 특징은 상압에서 공정이 진행되는 것인데, 진공 박막공정을 사용하는 TFT-LCD, OLED 등의 표시 소자와는 크게 차별화되는 점이다. 이러한 상압 후막 공정을 통해 PDP는 대면적 기판 상에 화소를 형성하는 것이 매우 용이하고 제조장비도 비교적 단순하여 평판 디스플레이 중 크기 면에서 가장 먼저 100인치의 벽을 돌파하였다.

그리고 PDP는 방전셀 내에서 형광체의 표면으로부터 발생하는 가시광선이 모든 방향으로 방사되기 때문에 관찰 위치에 따라서 휘도, 색깔의 변화가 작아 시야각 특성이 우수하다. 일반적으로 PDP는 160° 정도까지 시야각이 변화하여도 암실 대비비는 거의 변화 없이 유지되나 명실 대비비는 상대적으로 낮다.

3.2 PDP의 방전 원리

우선 PDP에서의 방전 원리를 가스 방전의 관점에서 이해하도록 하자.

3.2.1 가스 방전 현상

가스가 채워져 있는 두개의 전극 사이에 전압을 인가하면 그림 3.5에서 보는 것처럼 두 전극 사이에는 미약한 전류가 흐르기 시작하고, 전압이 증가함에 따라 전류가 점차 증가하게 된다. 이때 두 전극 사이에 흐르는 전류가 낮은 경우(10^{-5}~10^{-9}A)에는 육안으로는 전류가 흐르는 현상을 관찰되지 않는데, 이러한 현상을 Townsend 방전 또는 암흑 방전(dark discharge)라고 한다. 이들 전극 간에 흐르는 전류가 증가하면, 전자와의 충돌에 의하여 가스 원자가 이온화되는 분률이 증가하여 방전 전압이 감소하고, 글로우 방전으로 천이하게 된다.

이와 같은 글로우 방전은 $10^{-6}-10^{-4}$정도의 이온화 분률을 가지는 것이 일반적으로, 극히 일부분의 원자가 이온화되어 있는 상태이다. 이러한 방전 현상을 글로우 방전이라 부르는 이유는 네온 싸인과 같이 전류가 흐르는 부분에서 가시광선이

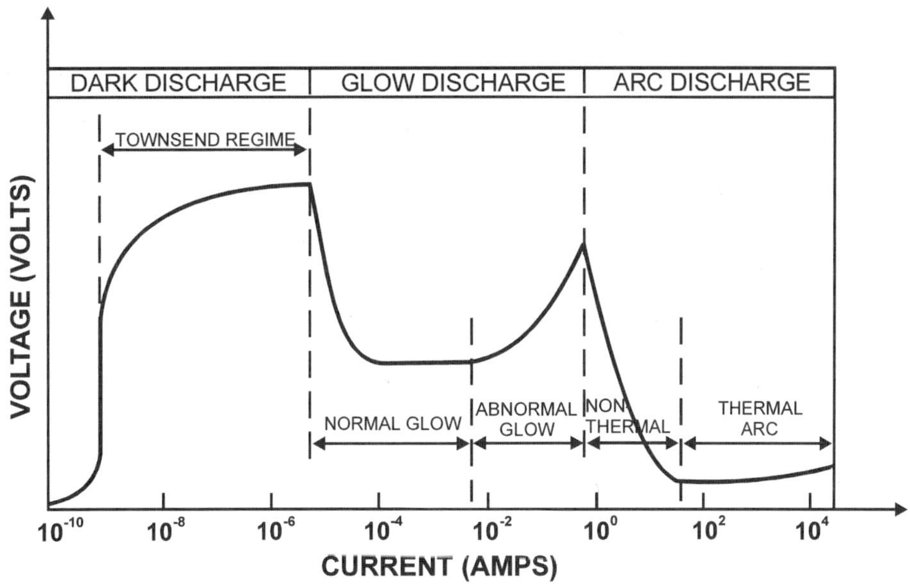

▌그림 3.5 기체의 방전 전압 - 전류 특성 곡선

발생(글로우)하기 때문이다. 이러한 글로우 방전 영역을 PDP에서 이용된다. 글로우 방전에서 두 전극 사이의 전류를 더욱 증가시키면 아크(arc) 방전으로 천이하게 된다.

3.2.2 방전 가스의 이온화 및 여기 반응

아르곤, 네온 등과 같은 불활성 방전가스가 채워져 있는 두개의 전극 사이에 전압을 인가하면 방선 가스 내에 존재하는 씨앗 전지(seed clcctrons)는 전장에 의하여 가속되어 양극(positive electrode) 쪽으로 이동하게 된다. 씨앗 전자는 우주에서 오는 감마선등과 같은 우주 방사선(cosmic ray) 또는 고에너지 광자(photon)등에 의하여 방전 가스 원자가 이온화 되어 발생되거나, 방전셀을 구성하는 MgO와 같은 재료에서 지연 전자 방출(delayed electron emission) 기구등에 의하여 발생된다. 이러한 씨앗전자가 전기장에 의하여 가속되어 이동하는 과정에서 방전셀내의 가스 원자와 충돌하게 될 것이다. 이때 충돌은 탄성 출동(elastic collision)과 비탄성 충돌(inelastic collision) 방식으로 일어나게 되는데, 탄성 충돌이란 충돌된 두 개의 입자의 운동 에너지의 교환만이 있고, 내부 에너지는 변화하지 않는 현상을 지칭하고 비탄성 충돌은 운동 에너지 및 내부 에너지가 충돌 전후에 변화가 있는 현상이다.

전자와 가스 원자 간의 비탄성 충돌 과정은 가스 방전에서 매우 중요한 역할을 하게 되며, 비탄성 충돌을 통해 가스 원자의 이온화 및 여기종 원자로의 천이를 유발하게 된다. 예를 들어, 전자와 아르곤 원자가 충돌하여 이온화 되는 과정은 $e + Ar = Ar^{+} + 2e$ 로 표현한다. 즉 아르곤 원자에 전자가 충돌하여 아르곤 원자 내에 있던 전자를 방출시키고, 중성 원자였던 아르곤 원자를 아르곤 이온으로 변환시킨 것이다. 이렇게 원자가 이온화되는 과정을 충돌 이온화 과정(또는 α −process)이라고 부르고, PDP의 가스 방전에서 발생하는 이온 및 전자는 대부분 이와 같은 충돌 이온화 과정에 의하여 발생한다. 위의 이온화 반응이 발생하기 위해서는 입사되는 전자의 에너지가 원자의 이온화 에너지보다 커야 한다. PDP의 방전 가스로 주로 사용되는 불활성 기체의 이온화 에너지 및 여기종 에너지를 다음의 표 3.1에 나타내었다. 이 표에서 알 수 있듯이 이온화 에너지는 원자 번호가 증가할수록 감소하는 경향을 나타내어, 낮은 전자 에너지에 의해서도 쉽게 이온화 된다.

전자가 원자와 충돌할 경우, 충돌 확률을 결정하는 중요한 변수 중의 하나는 충돌 단면적이다. 즉, 충돌 이온화 과정에서 입사되는 전자가 원자와 충돌할 경우, 입사 전자는 목표 원자핵의 주위를 돌고 있는 전자와 충돌하게 된다. 따라서 목표 원자의 전자 수가 많을수록 충돌 확률은 증가하고, 입사 전자와 궤도 전자의 충돌할 수 있는 시간(전자의 속도, 즉, 에너지)이 증가할수록 충돌 확률이 증가하게 될 것이다. 그리고 충돌 단면적은 입사되는 전자의 에너지가 증가함에 따라서 급격히 증가하여 대개 수백 eV 정도에서 최고의 값에 도달한 후, 서서히 감소하게 된다. Xe 원자의 경우 입사 전자의 에너지가 이온화 에너지인 12.08eV 보다 낮은 경우에는 충돌 단면적이 0이며, 입사 에너지가 증가함에 따라서 증가하고, 입사 전자의 에너지가 아주 높아지면 충돌 단면적이 감소하는데, 이것은 입사 전자의 에너지가 증가함에 따라 전자의 속도가 증가하여, 전자가 원자와 비탄성 충돌 할 수 있는 시간이 감소하기 때문이다.

표 3.1 불활성 가스의 이온화 에너지및 준안정 에너지

가스	He	Ne	Ar	Kr	Xe
이온화 에너지(eV)	24.6	21.57	15.76	14.0	12.13
여기종 에너지(eV)	21.2/ 19.8	16.54/ 16.62	11.61/ 11.53	9.98/ 9.82	8.45/ 8.28

이제 여기종의 형성과정에 대해 알아보자. 이온화 반응에서는 입사되는 전자가 원자 궤도를 돌고 있는 전자와 충돌하여 전자를 가스 원자 밖으로 축출한다. 그러나 입사되는 전자의 에너지가 이와 같은 축출에 필요한 에너지보다 낮은 경우에는 원자내의 궤도를 돌고 있는 전자를 높은 에너지 궤도로 올리게 되는데, 이를 여기 과정(excitation process)이라고 한다. 이렇게 여기된 제논 원자는 Xe^*의 형태로 표시하는데, 여기 반응은 $e + Xe = Xe^* + e$ 로 표현한다. 즉, 입사된 전자는 제논 원자에 일부 운동 에너지를 전달하여 높은 에너지 상내로 변화시키고, 그의 에너지 차이에 해당하는 만큼의 낮은 운동 에너지를 갖게 되는 것이다. 이와 같은 여기 상태의 입자는 원자 상태로 존재하기도 하고(공명 준위), 다른 원자와 충돌하여 분자 형태로 결합한 상태로 존재하기도 (분자 준위)한다. 이들 에너지 준위가 [표 3.1]의 준안정 준위의 에너지 상태이다.

3.2.3 플라즈마

플라즈마는 이온화된 중성 가스이며, PDP에서 사용되는 글로우 방전의 경우 전리도가 약 10^{-4}이하로 매우 낮기 때문에, 대부분은 중성 원자로 이루어져 있다고 생각할 수 있다. 글로우 방전 개스내에 존재하는 양이온과 전자는 이온화 반응과 재결합 반응의 동적(dynamic)인 평형 상태를 유지하는 것이라고 볼 수 있다.

전기장(E)이 인가되어 있는 방전 가스내의 전자와 이온은 서로 반대의 전극 방향으로 가속되어 다른 중성 입자와의 충돌이 τ초 후에 발생한다고 가정하면, 그 동안에 가속되어 이동한 거리 $x = \frac{1}{2}a\tau^2$ (여기서 가속도 $a = eE/m$, $m =$ 하전 입자의 질량, $e =$하전 입자의 전하량)이므로 전자가 얻은 에너지는 $W = \frac{1}{2}\frac{(eE)^2}{m}\tau^2$ 가 된다. 이 식에서 보면, 운동 에너지는 질량에 반비례하는 것을 볼 수 있다. 따라서 질량이 작은 전자는 전기장에 의하여 가속되어 에너지(또는 온도)가 증가하나, 질량이 큰 Ar^+, Ne^+, Xe^+이온들은 전기장에 의한 가속 효과가 작기 때문에 이온의 온도가 크게 변화지 않는다. 일반적인 플라즈마에서 전자의 에너지는 약 2eV 정도, 아르곤 이온의 에너지는 약 0.04eV의 값을 가진다. 이들 에너지를 하전 입자의 속도로 변환시키면, 전자는 9.5×10^7cm/sec 와 아르곤 이온 5.2×10^4cm/sec로 각각 계산된다. 즉, 전자의 속도가 이온 속도의 1000배 정도 빠른 것을 알 수 있다. 이와 같은 이온과 전자의 속도 차이는 플라즈마의 중요한 특성 중의 하나인 sheath 형성의 직접적인 원인이 된다.

이제 양이온과 전자가 혼재하는 플라즈마 내에 전기적으로 절연된(isolated) 기판을 삽입하는 경우를 가정하여 sheath 형성에 대해 알아보자. 이때 플라스마내의 전자와 양이온의 자유 운동에 의하여 삽입된 기판 표면과 충돌하게 될 것인데, 기판의 단위 면적에 충돌하는 하전 입자의 유속(flux)은 다음 식으로 주어진다. 이때 하전 입자의 속도는 Maxwell 분포를 가진다고 가정하였다.

$$
\begin{aligned}
flux &= \int_0^{\infty} n' v\, dv = \int_0^{\infty} \frac{4n}{\sqrt{\pi}}\left(\frac{m}{2kT}\right)^{3/2} v^3 \exp\left(-\frac{mv^2}{2kT}\right) dv \\
&= \frac{n\bar{c}}{4}
\end{aligned}
\tag{3.1}
$$

여기서 n'는 v $v+dv$의 속도 범위에 있는 하전 입자의 밀도, v는 하전 입자의 속도, m은 하전 입자의 질량, T는 절대 온도, k는 Boltzman 상수, $\bar{c}$는 하전 입자의 평균 속도이다. 이렇게 입사되는 하전 입자의 유속은 전류를 유발하게 되는데, 전자에 의한 전류 밀도, j_e, 및 양 이온에 의한 전류 밀도, j_i, 는 다음 식으로 주어진다.

$$
j_e = \frac{en_e \overline{c_e}}{4},\ j_i = \frac{en_i \overline{c_i}}{4} \tag{3.2}
$$

양이온과 전자의 밀도가 플라즈마 내에서는 동일하기 때문에($n_e = n_i$), 식 (3.2)에서 각 하전 입자의 전류 밀도는 양이온과 전자의 속도에 의하여 좌우된다. 플라즈마 내에서 양이온과 전자의 속도는 앞 절에서 계산한 바와 같이 약 1,000배 정도 차이나기 때문에, 기판에 입사되는 초기의 전자 전류 밀도는 이온 전류 밀도의 1,000배 정도 높게 된다. 따라서 절연된 기판의 표면에 입사된 양이온과 전자 전류 밀도의 차이에 해당하는 만큼의 기판 표면은 전자가 축적되고, 이에 따라 마이너스 표면 전위를 형성하게 된다.

이와 같이 기판 표면으로 입사되는 과잉 전자에 의하여 형성된 하전층은 마이너스 전위를 발생시키고, 이 전위는 전자가 기판의 표면으로 입사되지 못하도록 척력을 발생시키며, 양이온을 표면으로 끌어 다니는 인력으로 작용하게 될 것이다. 이러한 상황을 모식적으로 나타내면 그림 3.6과 같다. 즉 전자는 기판의 표면으로 접근 할수록 전장에 의한 위치 에너지가 높아져서 플라스마내 원래 위치로 돌아오게 되고, 양이온은 기판의 표면으로 접근 할수록 위치 에너지가 낮아지기 때문에 더욱 기판 쪽으로 끌리는 현상이 발생하는 것이다. 따라서 플라스마내의 전자 중에서 이러한 위치에너지 장벽을 넘을 수 있는 에너지를 가진 것들만이 장벽을 넘어서 기판에 입사하게 되고, 그보다 낮은 에너지를 가진 전자는 플라즈마로 되돌아가게 될 것이다. 시간이 경과함에 따라 이러한 에너지 장벽이 증가하여 기판에 입사되는 전자의 개수가 감소하고, 양이온은 인력이 증가하여 입사되는 이온의 개수가 증가하여, 결국은 양이온 입사 전류 밀도와 전자의 입사 전류 밀도가 동일해지는 평형 상태에 도달하게 된다.

이와 같이 기판 주위에는 에너지 장벽에 의하여 전자의 밀도가 플라즈마 본체보다 낮은 영역이 존재하게 되는데 이를 sheath 구역이라고 부른다. 이 구역은 전자 밀도가 플라즈마 본체보다 낮아 이온화 반응 및 여기 반응 빈도가 낮게 되는데, 이에 따라 여기된 원자가 기저 상태로 천이하면서 발생하는 가시광선이 상대적으로 적게 나타날 것이다. 따라서 이 구역은 주변에 비하여 어둡게 나타나게 되어, cathode dark space로 불리운다.

에너지 장벽에 의하여 전자 및 이온 입사 전류 밀도가 동일하게 된 평형상태에 도달한 조건에서, 절연 기판에 형성된 전위(V_f : floating potential)는 비교적 쉽게 계산하는 것이 가능하다. 이 평형 상태에서는 양이온에 의한 전류 밀도와 전자에 의한 전류 밀도가 같은데, 식 (3.2)를 약간 변형하여 나타내면

$$\frac{n'_e \overline{c_e}}{4} = \frac{n_i \overline{c_i}}{4} \tag{3.3}$$

여기서 n_e'는 에너지 장벽을 넘어서 절연된 기판 표면에 도달하는 전자의 밀도를 나타낸 것이다. 그림 3.6에 나타낸 바와 같이, 절연된 기판 주위에는 전자에 대한 에너지 장벽이 형성되고, 이 장벽의 최대 높이는 중성 상태인 플라즈마의 전압, V_P과 기판의 전압, V_f의 차이인 $e(V_P - V_f)$가 된다. 따라서 이러한 에너지 장벽보다 높은 운동 에너지를 가진 전자는 장벽을 넘어서 기판 표면에 도달하고, 이 보다 낮은 에너지를 가진 전자는 다시 플라즈마 본체로 되돌아가게 된다. 에너지

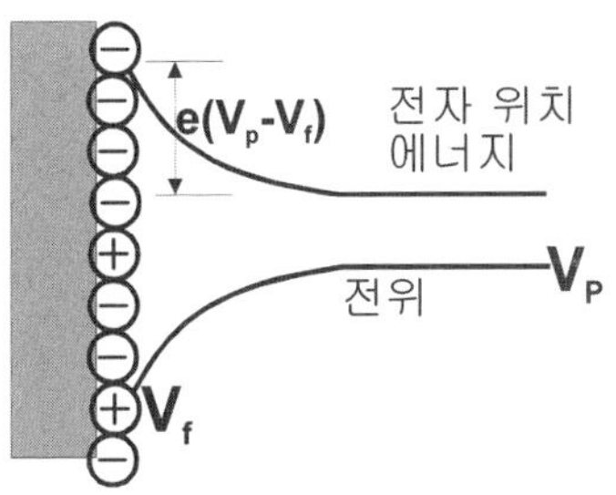

▌그림 3.6 기판 표면의 축적 전하에 의한 위치 에너지 및 전위 분포의 모식도

장벽을 넘을 수 있는 전자의 분률은 Maxwell−Boltzmann 분포 함수로부터 구하는 것이 가능한데, 이는 식 (3.4)로 주어진다.

$$\frac{n'_e}{n_e} = \exp[-\frac{e(V_P - V_f)}{kT_e}] \tag{3.4}$$

식 (3.4)를 식 (3.3)에 대입하고, $n_e = n_i$, $\bar{c} = (\frac{8kT}{\pi m})^{1/2}$의 조건을 대입하면 다음의 식 (3.5)가 얻어진다. 결국 전위차는 전자의 온도 및 이온의 온도, 즉 하전 입자의 에너지에 의하여 좌우되는 것을 알 수 있다.

$$V_P - V_f = \frac{kT_e}{e} ln(\frac{m_i T_e}{m_e T_i}) \tag{3.5}$$

절연된 기판 주위의 전위 분포는 Poisson 식으로 계산하는 것이 가능한데, 이는 다음의 식 (3.6)으로 나타낼 수 있다.

$$\frac{d^2 V}{dx^2} = -\frac{e[n_i - n_e(x)]}{\epsilon_0} \tag{3.6}$$

여기서 $e[n_i - n_e(x)]$는 이온 밀도(ni) 및 전자 밀도($ne(x)$)의 차이에 의한 공간 전하 밀도이고, ϵ_0는 자유 공간의 permitivity이다. Sheath 구역내에서 전자의 밀도는 식 (3.4)와 유사하게 구하는 것이 가능하다.

$$\frac{n_e(x)}{n_e} = \exp[-\frac{e\Delta V(x)}{kT_e}] \tag{3.7}$$

여기서 $\Delta V(x)$는 $Vp - V(x)$를 나타낸다. 식 (3.7)을 식 (3.6)에 대입하면,

$$\frac{d^2 V}{dx^2} = -\frac{e}{\epsilon_0}[1 - \exp(-\frac{e\Delta V(x)}{kT_e})] \tag{3.8}$$

이 된다. 이 식의 해석적인 해(analytical solution)는 구하기 어렵지만 $\Delta V(x) \ll kT_e$인 조건에서는 근사식으로 구하는 것이 가능하다.

$$\frac{d^2 V}{dx^2} \cong -\frac{e^2 n_i}{kT_e \epsilon_0} \Delta V(x) \tag{3.9}$$

상기 식을 적분하여 구하면,

$$\Delta V(x) = \Delta V_0 \exp(-\frac{|x|}{\lambda_D}), \quad \lambda_D = (\frac{kT_e\epsilon_0}{n_e e^2})^{1/2} \tag{3.10}$$

상기의 식 (3.10)에서 보면 sheath 구역에서 전위는 지수 함수적으로 감소하는 것을 알 수 있고, sheath의 두께는 Debye length로 정의되는 λ_D에 비례하는 것을 알 수 있다. 일반적인 글로우 방전($n_i = n_e = 10^{10}/\mathrm{cm}^3$, $\mathrm{kTe} = 2\mathrm{eV}$)을 가정하여, Debye length를 구하면, 그 값은 약 100μm 정도가 된다. 식에서 알 수 있듯이 전자의 밀도가 증가하면, Debye length는 물론 감소하게 된다.

3.2.4 DC 글로우 방전 구조

PDP의 방전 현상을 이해하기 위해서 먼저 DC 글로우 방전의 구조에 대하여 살펴보기로 하자. 두개의 스테인레스 전극 사이에 DC 전압이 인가되어 있고, 이들 전극사이에는 양이온과 전자로 구성되어 있는 플라즈마가 형성되어 있는 구조를 생각해 보자. 이 구조에서 방전이 지속적으로 이루어지기 위해서는 다음 조건이 만족되어야 한다. 첫 번째는 전류의 연속 조건이 만족되어야 한다. 즉 외부 회로, 음극, 플라즈마, 양극에서 흐르는 회로 전류가 모두 동일하도록 유지되어야 한다. 둘째는 플라즈마에서 이온화 반응, 여기종 생성 등에 의하여 소모되는 전기에너지가 방전 회로로부터 공급되어야 한다. 이와 같이 방전과정은 상호 연관되어 있고, closed-loop 시스템을 이루어야 한다.

플라즈마에 DC 전압이 인가되면, 양이온이 음극 쪽으로 이동하게 될 것이고, 음전하인 전자가 양극 쪽으로 이동하게 될 것이다. 이때 음 전극 부분의 전압 분포에 대하여 살펴 보기로 하자. 앞의 절에서도 언급한 바와 같이, 플라스마내의 양이온의 속도 즉 이동도(mobility)는 전자의 이동도에 비하여 1/1,000정도로 낮다. 따라서 양 전극 – 플라스마 – 음 전극이 이루는 방전 회로에서 동일한 회로 전류량을 각 부분에서 유지하기 위해서는 음극 부분의 전계가 매우 커야할 것이다. 따라서 음전극 부분에서 전압 강하가 크게 발생하게 될 것이다. 이에 비하여 플라즈마 구역에서는 양이온과 전자가 동시에 current carrier의 역할을 하기 때문에 매우 낮은 전기장 또는 거의 전기장이 가해지지 않은 상태에서도 요구되는 회로 전류량을 만족시키게 될 것이다. 마지막으로 양전극 부분의 전압 분포를 살펴보기로 한다. 양극 부분의 전압은 플라즈마의 전자 밀도에 따라 좌우된다. 만약, 방전 회로 전류가 전자의 임의 운동에 의하여 양극으로 입사되는 전자에 의한 전류보다 작은 경우에는 양극으로 입사되는 전자 밀도를 감소시켜야 한다. 따라서 양극은 플라스마 본체대비 마이너스 전압이 가해져야 한다. 이에 비하여 방전 회로 전류가 임의 운동에 의하여 양극으로 입사되는 전자에 의한 전류보다 크면, 양극으로 전자를 끌어들여야 한다. 따라서 양극은 플라스마 본체 대비 양의 전압을 가지게 된다. 즉 그림 3.7에 나타낸 바와 같이, 플라스마내의 전자 밀도가 높아 임의 운동에 의하여 전류가 회로 전류보다 클 경우에는 양극의 전압이 플라스마보다 낮고, 플라스마내의 전자 밀도가 낮은 경우에는 양극의 전압이 플라스마 보다 크게 된다. 이러한 양극 주위에서의 전압 변화는 글로우 방전에서 플라스마 전압대비 그의 크기가 상대적으로 작고, 대부분의 전압은 앞에서 언급한 음극 주위에서 발생하게 된다. PDP의 글로우 방전은 저밀도 플라스마의 방전과 유사한 전압 분포를 가지는 것으로 알려져 있다.

한편 음극 강하 부분에서 가속된 양이온이 음극 표면과 충돌하면, 전자를 발생시키는데 이러한 전자 발생과정을 감마 과정(γ-process)라고 하고, 이때 발생된 전자를 이온 유도 2차 전자(ion induced secondary electron)라고 한다. 충돌하는 이온당 발생하는 전자의 개수를 2차 전자 발생 계수[γ_i (coefficient of electron emission)]라고 하는데, 그림 3.8에 텅스텐 및 몰리브덴의 예를 들어 나타낸 바와 같이 대부분 재료의 2차 전자 방출 계수는 1보다 작다. Ne^+이온이 몰리브덴 재료와 충돌하는 경우, 1개의 Ne^+이온이 0.3개 정도의 전자를 발생시키는 것을 알 수 있다. 한편 음극 표면으로 부터 2차 전자의 방출은 이온뿐만이 아니라, 전자가 재료로부터 방출되는데 필요한 에너지를 공급할 수 있는 광자(photon), 여기 원자, 전극 표면에 형성된 전계 등에 의해서도 발생하는 것으로 알려져 있다. 이러한 2차 전자의 발생은 음극 부위의 전압 강하를 감소시키는 매우 중요한 역할을

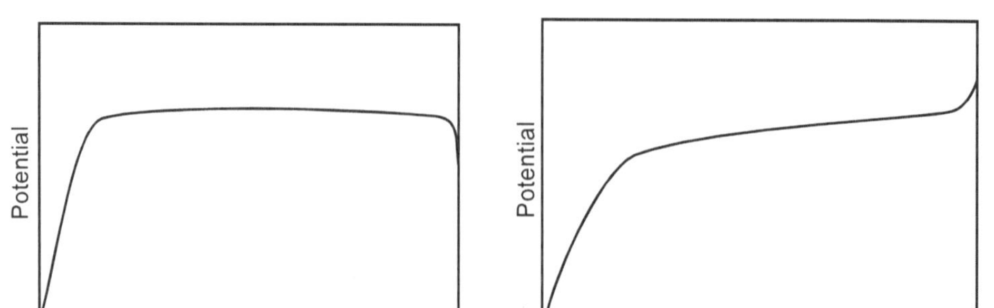

▌그림 3.7 방전 공간내의 전위 분포: (a)고밀도 플라스마, (b)저밀도 플라스마

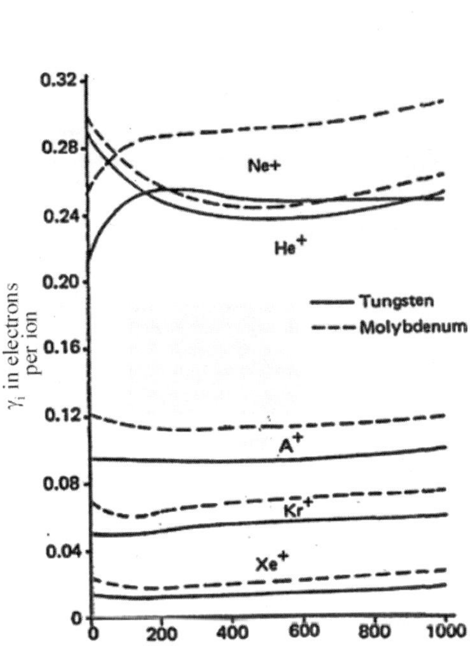

▌그림 3.8 텅스텐 및 몰디브덴의 2차 전자 방출 계수

한다. 즉 음극 부위의 전압 강하는 전극 주위의 전자 밀도가 낮기 때문에 발생하는 현상이기 때문에, 음극 표면에서 2차 전자가 발생하게 되면 음극 강하 부분에서 전자의 밀도를 증가시키게 된다. 즉 음극에서 2차 전자 발생 계수가 높을수록 전자에 의한 전류의 분률 증가하여 낮은 전계에서도 방전 회로 전류의 연속성을 유지하는 것이 가능하게 되는 것이다.

DC 글로우 방전에서 음극에서 2차 전자가 방출되는 것을 고려한 방전 과정을 모식적으로 나타내면 그림 3.9와 같다. 글로우 방전내의 Ne 양이온, 준안정 원자, 광자가 음극과 충돌하여 2차 전자를 방출하고, 이때 방출된 2차 전자는 cathode drop 지역에서 가속되어 운동 에너지를 얻게 되며, 이들 전자는 중성 가스 원자와 충돌하여 이온화 반응(α－과정)에 의한 전자 및 양이온이 급속도로 증가하는 avalanch를 발생시킨다. 이 이온화 반응은 전자가 cathode drop 지역에서부터 가속되어 방전 가스를 이온화시키기에 충분한 에너지를 얻게 되는 경계선에서 부터 활발하게 일어나고, 이 구역에서는 이온화된 이온이 전자와의 재결합 등을 통하여 기저 상태로 천이하면서 가시광선을 발생하는데, 이 부분을 음극 글로우(cathode glow) 영역이라고 한다. 전극간의 간격을 더욱 증가시키면, 형광등에서와 같은 양광주(positive column)가 관찰되는데, 이에 관해서는 참고 문헌을 참고하기 바란다.

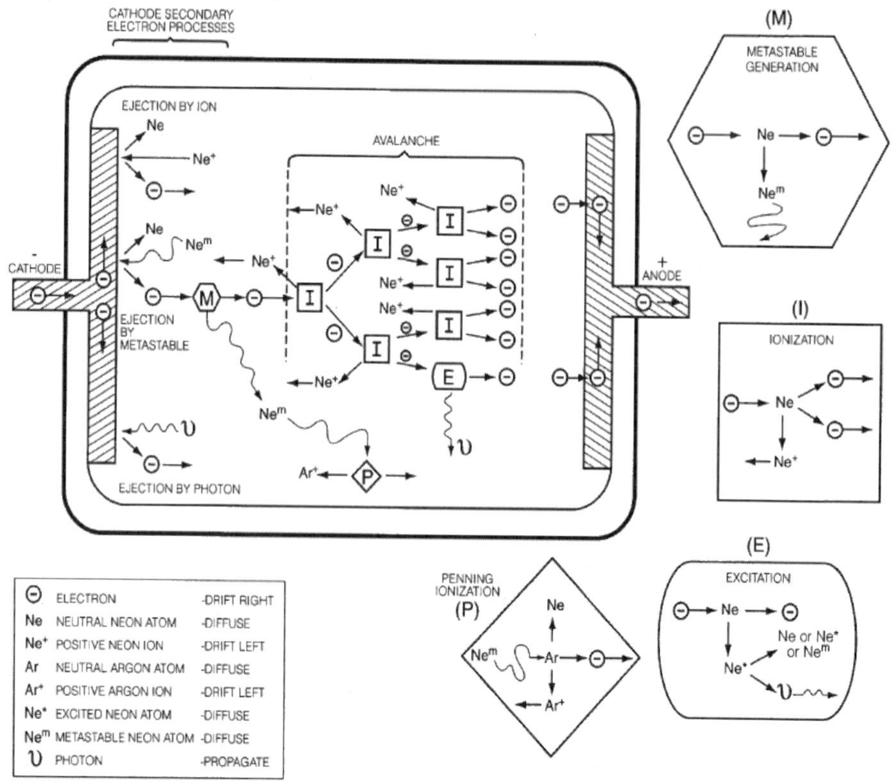

그림 3.9 DC 글로우 방전의 모식도

그렇다면, 이들 글로우 방전은 어떠한 조건에서 개시되겠는가? 방전이 개시되기 위해서는 방전 공간 내에 씨앗 전자(seed electron)가 존재하여야 한다. 이러한 씨앗 전자는 앞에서 언급한 바와 같이 우주 방사광(cosmic ray)등 고에너지 광자에 의하여 가스 원자의 이온화 또는 전극 재료로부터 2차 전자의 발생을 통하여 얻어진다. 이러한 씨앗 전자가 전계에 의하여 가속되면, 전자는 이온화에 의하여 증식(mutiplication)이 발생하게 될 것이다. 즉,

$$\frac{dn}{n_0} = \alpha\, dx \tag{3.11}$$

여기서 α는 이온화 계수이고, n_0는 원래 씨앗 전자의 밀도이다. 상기 식을 적분하여 나타내면 $n(x) = n_0 \exp(\alpha x)$이 된다. 즉, 전자의 밀도는 음극에서부터 거리가 증가함에 따라 지수 함수적으로 증가하게 될 것이다. 그런데, 여기서 이온화 계수를 정량적으로 구하기 위해서 그림 3.10과 같은 간단한 시스템을 가정하여 보기로 하자.

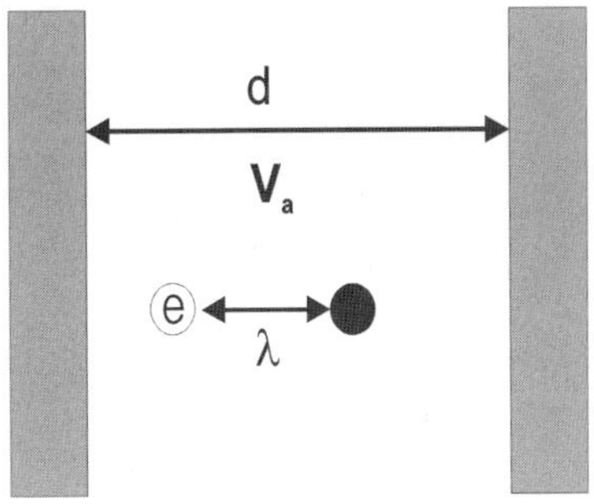

▌그림 3.10 방전 가스의 이온화 시스템

즉, 전자가 이동하여 첫 번째 가스 원자와 충돌하는데 까지 이동한 거리를 λ라고 하자. 여기서 λ는 평균 자유 경로(mean free path)로 정의되어, $n\sigma\lambda=1$ 이고 여기서 n은 단위 부피당의 가스 원자의 밀도, σ는 충돌 단면적이다. n은 가스 압력에 비례하기 때문에, 평균 자유 경로는

$$\lambda=\frac{RT}{P\sigma} \tag{3.12}$$

한편 평균 자유 경로 구간을 이동한 전자가 가속되어 얻은 평균 에너지는,

$$W_a=eV_a\frac{\lambda}{d}=eE\lambda \tag{3.13}$$

여기서 d는 전극간의 거리, V_a는 전극 간에 가해진 전압이다. 한편 이때 가속된 전자는 전자끼리의 탄성 충돌에 의하여 Maxwell−Boltzmann 분포를 하게 된다. 따라서 일부 전자는 이들 충돌에 의하여 충분히 높은 에너지를 갖게 되는데, 이 에너지가 가스 원자의 이온화 에너지보다 높으면 비탄성 충돌에 의하여 가스 원자를 이온화시킬 수 있게 되는 것이다. 따라서 이온화가 가능한 에너지를 가진 전자의 개수, 즉 이온화 에너지 보다 높은 운동에너지를 가진 전자의 분률은 Maxwell−Boltzmann 분포로부터 다음 식으로 나타내어진다.

$$\frac{n}{N_0}=\exp\left(-\frac{eV_i}{W_a}\right)=\exp\left(-\frac{V_i}{E\lambda}\right) \tag{3.14}$$

따라서 이온화 계수 α는 (단위길이 당 충돌빈도) × (이온화 확률)로서

$$a=\frac{1}{\lambda}\times\frac{n}{N_0} \tag{3.15}$$

식 (3.15)에 식 (3.13)및 식 (3.14)를 대입하면,

$$\alpha = \frac{P\sigma}{RT}\exp(-\frac{V_i P\sigma}{RTE}) = AP\exp[-\frac{B}{(E/P)}] \quad (3.16)$$

여기서 $A = \frac{\sigma}{RT}$, 이고 $B = \frac{V_i\sigma}{RT}$ 이다. 이들 상수 값은 방전 가스의 종류에 따라서 변화하는 값이다. 따라서 식 (3.16)를 이용하여 전자가 방전 시스템을 통과하는 동안에 증식되는 전자의 개수를 계산하는 것이 가능하여 진다.

한편 어느 방전 시스템에서 하전 입자가 증식되는 과정을 살펴보면 다음과 같다. 먼저 음극에서 씨앗 전자가 가속되어 양극에 도달하는 동안, 식 (3.11)에 나타낸 것이 전자의 증식이 발생하여, 방전 가스 내에서 전자수가 증가한다. 이 증가된 전자 개수 중에서 씨앗 전자의 수 만큼 제외하면, 충돌 이온화 반응에 의하여 생성된 전자 또는 양이온의 개수가 된다. 이때 생성된 양이온은 음극으로 가속되어 음극 표면에 충돌하여 2차 전자를 발생시키고, 이때 발생된 2차 전자는 cathode drop 구역에서 다시 가속되어 방전 가스를 이온화 시키는 과정을 반복하게 되는데, 이 과정을 그림 3.11에 나타내었다. 따라서 양극의 전류는 이러한 이온화 및 2차 전자 방출 과정을 총합하면 얻어지는데, 이를 식으로 표현하면 다음과 같다.

$$N = N_0 e^{\alpha d} + N_0 e^{\alpha d}\gamma(e^{\alpha d}-1) + N_0 e^{\alpha d}\gamma^2(e^{\alpha d}-1)^2 + N_0 e^{\alpha d}\gamma^3(e^{\alpha d}-1)^3 + \dots$$
$$= \frac{N_0 e^{\alpha d}}{1-\gamma(e^{\alpha d}-1)} \quad (3.17)$$

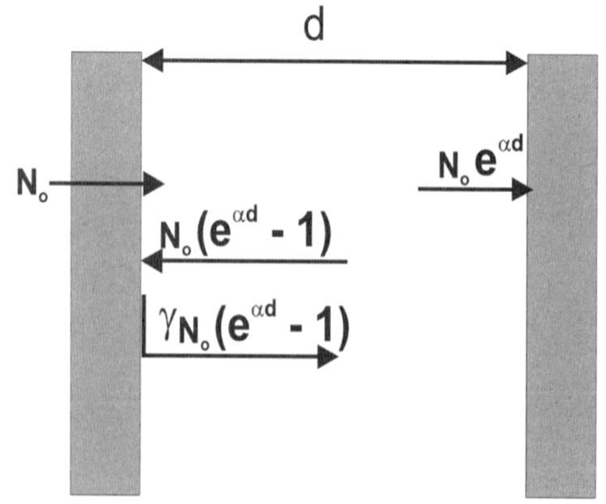

그림 3.11 방전 전류 이온화 싸이클

상기 식은 방전 전류로 표시하면, $I=\dfrac{I_0 e^{\alpha d}}{1-\gamma(e^{\alpha d}-1)}$이 된다.

방전이 개시되기 위해서는 위식의 분모 값인 $1-\lambda(e^{\alpha d}-1)$ 이 0에 가까워져서 방전 전류가 급격히 증가되어야 한다. 즉 Townsend 방전의 개시 조건은 $\alpha d=\ln(1+\dfrac{1}{\gamma})$이 된다. 따라서 식 (3.16)으로부터 방전 개시 전압, V_f, 는 다음의 식으로 주어지게 된다.

$$V_f = Ed = \frac{BPd}{\ln[APd/\ln(1+1/\gamma)]} \tag{3.18}$$

식 (3.18)은 Paschen 식으로 불리는데, DC 가스 방전에서 방전 전압에 영향을 미치는 인자들 간의 상관관계를 나타낸다. 즉 방전 개시 전압은 2차 전자 방출 계수와 P*d (방전 가스 압력*전극 간격)의 변수에 의하여 결정되고, 상수인 $A=\dfrac{\sigma}{RT}$와 $B=\dfrac{V_i\sigma}{RT}$의 값에 영향을 받게 되는 것이다. 식 (3.18)을 그래프로 나타내면 그림 3.12와 같은데, 이를 Paschen curve라고 한다. 그림에서 보면, 일정 P*d 값을 중심으로 방전 전압이 증가하는 현상을 볼 수 있다.

방전 전압이 최소가 되는 P*d값에서 감소함에 따라 방전 전압이 증가하는 현상은, 빙진 가스내의 원자 개수가 감소하여(압력이 감소하기 때문에), 전자 와 가스 원자와의 충돌 빈도수가 감소하여 전자 증식 속도가 감소하기 때문이다. 이에 비하여, P*d값이 증가함에 따라서 방전 전압이 증가하는 현상은 단위 거리당의 충돌 횟수가 증가하여 전자의 에너지가 감소하여 이온화가 어렵기 때문이다. 따라서 전자가 충분하게 가속된 상태에서 적절한 빈도수로 충돌하여 이온화가 용이한 조건에서 가장 낮은 방전 전압을 나타내는 것이다. 그림 3.13은 실제 방전 가스의

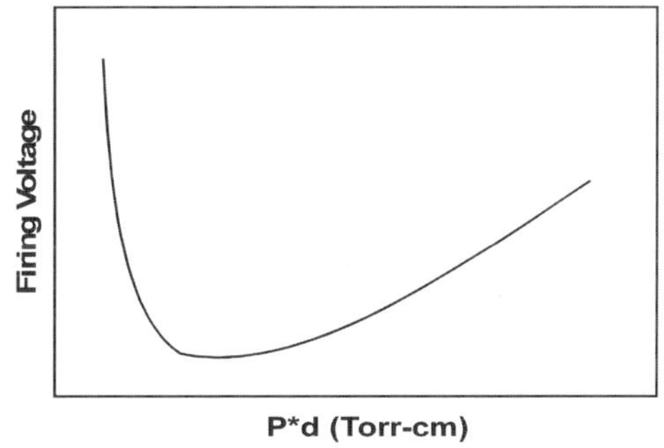

그림 3.12 Paschen Curve

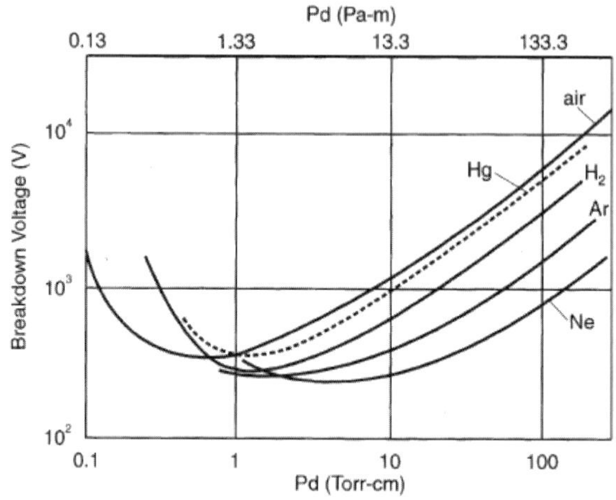

▌그림 3.13 실제 방전 가스의 Paschen curve

Paschen curve를 나타내고 있는데, 최소 방전 전압을 나타내는 것이 방전 가스의 종류에 따라서 영향을 받는 것을 알 수 있는데, P*d 값이 1~10 (Torr-cm)의 범위에서 방전 전압이 최소가 되는 것을 알 수 있다.

3.2.5 PDP의 방전원리

현재 통상적으로 사용되는 AC PDP의 면 방전(coplanar discharge) 구조는 앞 절에 나타낸 [그림 3.4]와 같다. 즉 전면 기판에 전극이 60~100μm 정도 떨어져 형성되어 있고, 이들 전극 사이에 전압을 가하여 방전이 유도되도록 하는 구조이다. 방전 가스로서는 통상 100~600Torr의 Ne-Ar, He-Xe, Ne-Xe, He-Ne-Xe등의 혼합 가스가 사용되고 있다. PDP의 방전셀이 앞 절에서 논의한 DC 글로우 방전셀과의 다른 점은 전극의 표면에 전기 부도체인 유전층이 형성되어 있다는 점이다. 따라서 PDP는 엄밀하게는 유전 장벽 글로우 방전(dielectric barrier glow discharge)을 이용한다고 할 수 있다. 이러한 유전체 장벽 방전은 PDP에서 가스 방전이 안정적이고 재현성을 갖도록 하는데, 이의 기초가 되는 유전 장벽 방전 현상 및 방전 마진(bi-stability)에 대하여 살펴보기로 하자.

1) 유전 장벽 방전의 특징

먼저 대향 방전형(counter electrode discharge type) 유전 장벽 방전 구조를 그림 3.14에 나타내었다. 전극이 유전체로 코팅되어 있고, 전극의 사이에는 방전

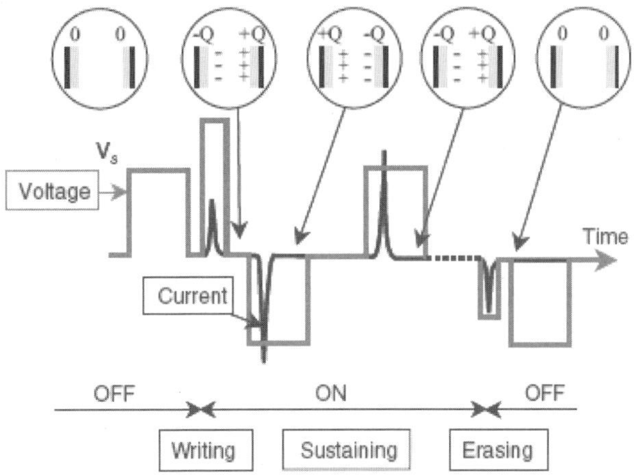

그림 3.14 유전 장벽 방전 과정

가스가 채워져 있다. 서로 대향되어 있는 전극간에 전압을 인가하면, DC 글로우 방전에서와 마찬가지로 글로우 방전이 유도된다. 그러나 전극 표면에는 전기 부도체인 유전체막이 형성되어 있기 때문에, 유전체 표면에 입사된 전자 및 양이온은 외부 회로로 빠져나가지 못하고, 유전체 표면에 잔류된다. 이렇게 유전체 표면에 잔류된 하전 입자(wall charge)는 벽 전압(wall voltage)발생시키고, 발생된 벽 전압은 인가된 전압과 반대 부호이기 때문에 인가된 전압을 상쇄시키게 된다. 인가된 전압 (V_a)과 입사된 하전 입자에 의한 벽전압(V_w)의 차이(실효 인가 전압)가 식 (3.18)에 나타낸 방전 개시 전압 (V_f)보다 작아지면 방전이 소멸된다. 이와 같은 유전 장벽 방전에서 전극에 가해지는 전압의 극성을 바꾸어 인가하게 되면, 인가된 전압(V_a)과 벽전압(V_w)이 동일 부호가 되어, 그의 합($V_a + V_w$)인 실효 인가 전압이 방전 개시 전압 (V_f)보다 커지지 때문에 방전이 다시 개시되고, 유전체 표면에 반대 방향의 벽전압이 다시 증가되어 방전이 소멸된다. 따라서 이와 같이 전극에 가해주는 전압의 극성을 계속 바꾸게 되면, 방전이 단속적으로 발생하게 되는데, 이것이 유전 장벽 방전 AC PDP인 것이다.

그림 3.15는 실제 PDP에서 가해진 전압과 이때 측정된 방전 전류를 나타내고 있다. 그림에서 보면, 인가전압이 증가함에 따라, 전류가 초기에 약간 증가하다가, 인가전압이 방전 전압에 도달하면 전류가 급격히 증가하여 최대에 도달한다. 인가 전압이 일정하게 유지된 상태에서 방전 전류는 시간이 증가하면, 감소하고, 궁극적으로는 방전이 소멸된다. 전압이 인가되는 초기에 흐르는 전류는 변위 전류(displacement current)로서 유전체를 비롯한 회로의 캐패시터가 채워지는 전류이다.

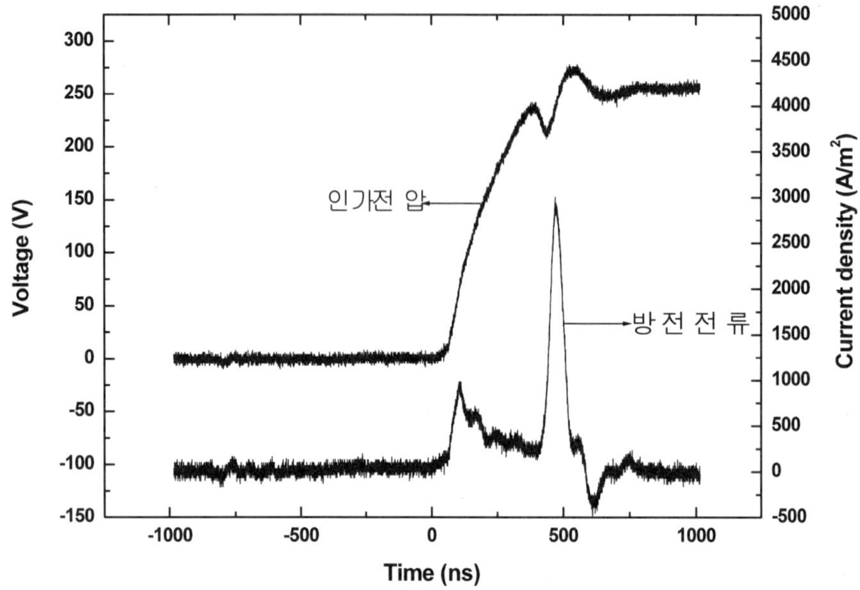

▌그림 3.15 PDP 방전셀에서 전류-전압 거동 곡선

그림 3.15에서 전류가 급격히 증가 부분은 앞에서 언급한 α − process에 의하여 방전 가스의 이온화에 의한 방전 전류(discharge current)이다. 방전이 지속됨에 따라 유전체 표면에 전하가 축적되어 벽 전압이 증가하고, 이에 따라 전극 사이에 가해진 실효 인가 전압이 감소하여 방전 전류가 감소하여 소멸하는 것이다.

유전 장벽 방전이 발생하는 과정에서 면 방전 구조 방전셀의 등가 회로는 그림 3.16과 같다. 방전이 개시되기 이전에는 그림 3.16 (b) 유전막 및 방전 공간의 캐패시턴스(C_d 및 C_g)의 직렬 연결 회로가 구성되어 있다. 이 경우에 유전체에 걸리는 전압 (V_d) 과 방전 공간의 가스에 인가된 전압(V_g)은 각각 다음의 식으로 주어진다.

$$V_d = \frac{C}{C_{d/2}} V_a, \quad V_g = \frac{C}{C_g} V_a \tag{3.19}$$

여기서 인가된 전압 $V_a = V_d + V_g$이고, 방전셀의 총 캐패시턴스 $C = \dfrac{C_d C_g}{C_d + 2C_g}$이다. 방전 가스가 채워져 있는 방전 공간에 인가된 방전 전압이 작용하여 방전이 개시되기 위해서는 $V_a \approx V_g$가 되어야 하는데, 이 조건이 만족되기 위해서는 식 (3.19)에서 볼 수 있듯이 $C_{d/2} \gg C_g$의 조건이 만족되도록 유전 장벽 재료의 유전 상수 및 유전막의 두께가 선정되어야 한다. 일단 방전이 개시되면, 중성 상태의 방전 가스는 이온화되어 부도체에서 가스 전도체로 그 물리적 특성이 바뀌게 된다.

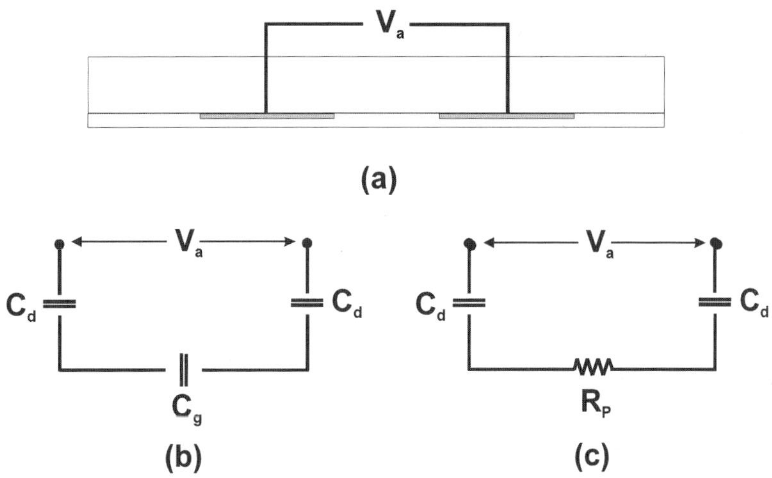

▌그림 3.16 면 방전셀의 등가 회로: (a) 면방전 구조, (b) 방전 개시 전 상태의 등가회로, (c) 방전 개시 후의 등가회로

따라서 등가 회로는 그림 3.17 (c)와 같이 변화하게 되는데, 이와 같은 변화는 방전셀의 시간 정수(time constant)에 영향을 미친다. 시간 정수는 방전셀에 펄스 전압을 인가할 때, 전압의 rising time에 영향을 미치는데, 이것은 저항 x 캐패시턴스 (R x C)으로 정의된다. 먼저 그림 3.16 (b)의 등가회로에 방전 전압 (V_f)보다 낮은 펄스형 전압 V_a를 인가하면, 전압은 일정 상승 곡선을 그리면서 그림 3.17 (a)와 같이 나타나게 될 것이다. 이때 방전셀의 캐패시터에 전류가 충전되면서 변위 전류(displacement current)가 흐르게 될 것인데, 이 전류는 다음의 식에 의하여 주어진다.

$$I = \frac{dQ}{dt} = \frac{d(CV)}{dt} = C\frac{dV}{dt} \qquad (3.20)$$

여기서 Q는 캐패시터에 축적된 전하이고, C는 방전셀의 캐패시턴스이다. 즉 변위 전류는 방전셀의 캐패시턴스 및 인가 전압의 시간 미분값에 따라서 좌우되는 것이다.

이에 비하여 인가전압을 방전개시 전압 이상으로 가하면, 인가된 전압이 방전개시 전압 이상이 되는 시점에서는 방전 가스가 전도체가 되기 때문에 방전셀의

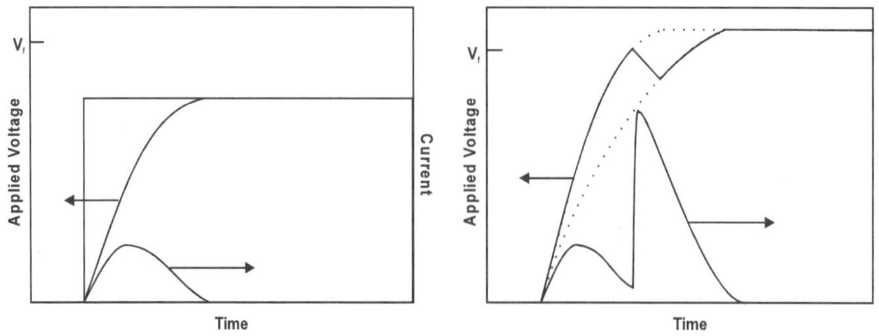

그림 3.17 인가 전압-전류 곡선 : (a) 인가전압이 방전개시 전압보다 낮을 경우, (b) 인가전압이 방전개시 전압보다 높을 경우.

캐패시턴스가 상기의 그림 3.16 (c)에 나타낸 것과 같이 변화한다. 따라서 그림 3.17 (b)에 나타낸 바와 같이, 인가전압이 방전 개시 전압에 도달하면 방전이 개시되어, 시간정수가 작은 곡선을 따라서 상승하게 될 것이다. 따라서 방전 전압 곡선에는 약간의 굴곡이 생성된다.

유전 장벽 방전에서 유전체 표면에 전하의 축적에 의한 벽 전압(V_w)의 생성은 실효 인가 전압을 감소시켜 방전을 소멸시키는 역할을 하지만, 기억 효과를 발생시킨다. 그림 3.18 (a)에 나타낸 바와 같이, 두개의 전극 사이에 방전 개시 전압(V_f) 이상의 전압을 인가하면, 방전이 개시된다. 방전시 형성된 전자와 양이온은 각각 +전극과 −전극 방향으로 이동하여 유전체 표면에 벽 전하 및 벽 전압(V_w)를 형성하여, 방전이 종료된다(그림 3.18 (b)). 앞 절에서 언급한 바와 같이 방전이

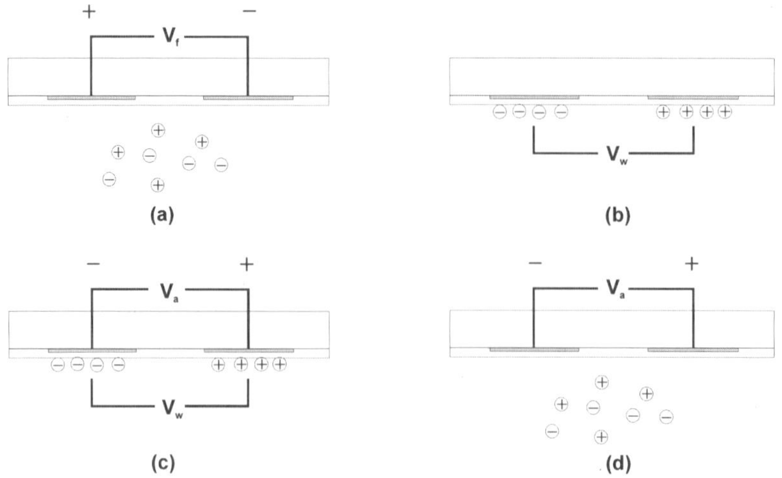

그림 3.18 메모리 효과의 모식도: (a) 초기 방전 개시,(b) 방전 소멸, (c)역극성에 의한 전압 인가, (d)역극성 방전 개시

종료되는 것은 인가된 전압이 벽전압에 의하여 상쇄되어 실효 인가 전압을 방전 전압 이하로 감소되기 때문이다.

다음에는 전극의 극성을 반대로 하여 전압을 가하는 경우를 보기로 하자(그림 3.18 (c)). 이 경우에는 인가된 전압(V_a)과 벽 전압(V_w)이 동일 부호이기 때문에 전극 사이에 인가되는 실효 전압은 인가전압보다 크게 된다.

따라서 이들 전압의 합이 방전 개시 전압 (V_f)보다 크면, 방전이 개시될 것이다. 즉 벽 전압이 형성된 조건에서는 외부 회로로부터 인가되는 전압이 방전 개시 전압보다 낮더라도 벽 전압의 도움에 의하여 방전이 유도되는 것이다. 그러나 벽 전하가 형성되지 않은 방전셀의 경우에는, 벽 전압에 의한 실효 인가 전압의 증가 효과가 없기 때문에 인가 전압이 방전 개시 전압보다 낮기 때문에 전극간에 방전이 유도되지 못한다. 따라서 벽전하가 형성된 방전셀에서만 선택적 방전이 발생하는 기억 효과가 발생한다. 이와 같은 기억 효과는 PDP에서 계조(grey level)를 표현하는데 필수 불가결한 특성으로서, 유전 장벽 방전의 주요 특성 중의 하나이다.

한편 현재 일반적으로 사용되는 AC PDP 면 방전형 방전셀은 그림 3.14의 대향 방전셀과는 다르게, 방전셀의 전극간에 가해지는 전계가 불균일하기 때문에 방전 현상이 조금은 복잡하다. 즉 그림 3.18과 같이 동일면에 전극이 형성된 면 방전 구조에서는 전극의 위치별로 전계가 변화한다. 두 전극이 인접된 부분에서는 전계가 강하기 때문에, 이 부분에서 먼저 방전이 개시된다. 그림 3.19는 면 방전 셀에서 방전이 개시된 후, 방전 공간애의 전위 분포를 전산 모사법으로 계산한 결과를 나타낸 것이다. 그림에서 보면, 전극이 인접한 부분에서 방전이 먼저 개시된 후, 시간이 증가함에 따라서 전극의 표면을 따라서 순차적으로 퍼져나가는 것을 볼 수 있다. 이러한 현상은 방전이 발생한 부분의 유전체 표면에 벽전하가 축적되어 실효 인가 전압이 감소하기 때문이다. 즉 먼저 방전이 발생한 부분은 실효 인가 전압이 감소하고, 이에 따라 방전이 발생하지 않아 실효 인가 전압이 높은 부분으로 방전 경로가 이동하는 것이다.

글로우 방전이 시간에 따라 방전 경로가 변화하는 현상은 ICCD(intensified charge coupled device)를 이용하여 관찰하는 것이 가능한데, 그림 3.21은 이러한 방전 이미지를 보여주고 있다. 그림에서 상부는 음극, 하부는 양극 전극이 위치하고 있는데, 방전이 전극이 인접한 부분에서 개시되고, 시간이 증가함에 따라 글로우의 강도가 증가하며, 글로우의 front가 전극의 상, 하의 양 끝단으로 퍼져나가 종료되는 것을 보여주고 있다. 여기서 상부 음극 부위에서 발생하는 글로우는

negative glow, 하부 양극 부위에서 발생하는 글로우는 striation 현상으로 불리우는데, 글로우 방전에서 마이크로 양광주(micro positive column)에 해당하는 것으로 알려져 있다.

한편 그림 3.19의 전산 모사 결과에서 3420 ns 조건을 보면, 음극 전극 상부에 전압 곡선이 밀집되어 있는 것을 알 수 있는데, 이 부분이 DC 글로우 방전의 음극 암부에 해당하는 부분이다. 즉 약 100μm 정도의 구간에서 인가된 전압(V_a = 180V) 보다 큰 200V 정도의 음극 전압 강하가 일어나는 것을 볼 수 있는데, 이것은 방전셀에 인가된 대부분의 전기적 에너지가 음극 암부 구역에서 소모되고 있는 것을 나타낸다.

음극 암부 구역에서 이온화 반응이 발생하지 않는 것으로 가정하면, 이 구역에서 전류는 양이온에 의한 전류(J_i)와 양이온이 음극 표면에 충돌할 때 발생하는 2차 전자에 의한 전류(J_e)의 합으로 주어진다. 즉, $J_T = J_i + J_e J_e = \gamma J_i$ 이고, 여기서 γ는 2차 전자 발생 계수이다. 음극 암부에서 양이온에 의하여 소모되는 전력(P_i) 및 전자를 가속하는데 소모되는 전력(Pe)을 음극 암부에서의 총 소모 전력

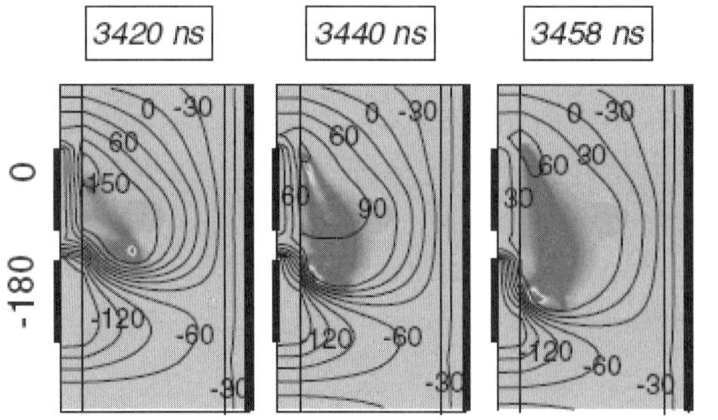

▌그림 3.19 면 방전형 AC PDP에서 방전셀내의 전위 분포

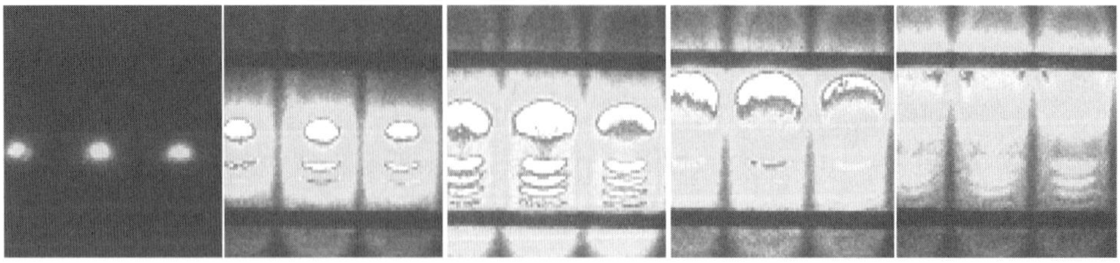

▌그림 3.20 시간에 따른 방전 이미지 변화

(P_T)의 비율로 나타내면 다음과 같다.

$$\frac{P_i}{P_T}=\frac{\int J_iE\,dx}{\int J_TE\,dx}=\frac{J_i}{J_T}=\frac{1}{1+\gamma},\quad \frac{P_e}{P_T}=\frac{J_e}{J_T}=\frac{\gamma}{1+\gamma} \tag{3.21}$$

상기 식에서 2차 전자 방출 계수를 0.2로 가정하면, 음극 암부에서 소모되는 총 에너지의 80%이상이 양이온을 가속하는데 소모되고 있는 것으로 계산된다. 음극 암부를 통하여 양이온을 가속하는데 사용된 에너지는 음극 표면의 유전체와 충돌하여 열 에너지로 소모되기 때문에, 이온을 가속하는데 소모된 소비 전력이 PDP 방전 효율을 저하시키는 주요 원인이 된다. 이에 비하여 음극 암부를 통하여 가속된 전자는 가스 원자와 충돌하여 이온 및 여기종을 생성시켜 진공 자외선을 발생시키기 때문에, 전자 가속에 사용된 에너지는 가시 광선 발생에 이용된다. 따라서 PDP의 방전 효율을 향상시키기 위해서는 음극 암부 시역에서 이온의 가속에 소모되는 에너지를 감소시키고, 상대적으로 전자의 가속에 소모되는 전기 에너지의 분률을 증가시켜야 한다. 결국 식 (3.21)에 나타낸 바와 같이 2차 전자 방출 계수 (γ)가 높은 재료가 유전체 표면에 형성되어 있어야 하는 것이다. 한편 2차 전자 방출 계수가 증가하면, 식 (3.17)에 나타낸 바와 같이 방전 개시 전압 또한 감소하는 장점이 있다.

재료로부터 2차 전자 방출이 일어나는 과정은 대개 Auger 중화(Auger neutral-ization) 또는 Auger 공명 (Auger resonance)과정을 통하여 일어나는 것으로 알려져 있다. 세라믹과 같은 절연체 재료의 경우를 예를 들어서 설명하면, 그림 3.21과 같다. 그림에 표시된 바와 같이 재료 내에는 valance band 및 conduction band의 에너지 레벨이 존재하고 있고, 재료의 표면으로부터 's'거리 만큼 떨어진 지역에 양이온이 이온화 에너지에 해당하는 에너지 레벨을 가지고 위치하고 있는 조건이다.

글로우 방전 과정에서 양이온이 음극 암부를 통하여 가속되어 양극에 충분하게 가까운 거리까지 접근하여, 재료내의 전자가 터널링(tunnelling)이 가능한 조건이 되면, valence band내에 있던 전자 '1'이 양이온과 직접 중화 반응을 일으키고, 이때 발생하는 에너지에 의하여 valence band내에 있던 전자 '2'기 재료 밖으로 방출되는 반응이 발생되는데, 이 과정을 Auger 중화 과정이라고 한다. 이때 양이온과의 이온 중화 반응에서 얻어진 에너지가 valence band내에 있던 전자를 재료 밖으로 축출한 만큼의 에너지를 갖지 못하면, 전자 방출은 발생하지 않는다. 따라서 본 전자 방출 과정은 양이온의 이온화 에너지에 좌우 된다. 이에 비하여, valence band내에 있던 '3'으로 표시한 방법과 같이 양이온의 공명 전자 준위로 터널링(tunneling)이 발생하고, 양이온이 여기 상태에서 기저 상태로 천이하면서 발생하는 에너지에 의하여 전자가 재료 밖으로 빠져 나오는 과정을 Auger 공명 중화 과정이라고 한다.

MgO와 같은 대부분의 원자 번호가 작은 부도체 재료에서 2차 전자의 방출은 Auger 중화 과정에 의하여 발생하는 것으로 알려져 있는데, 이 과정은 양이온의 이온화 에너지, 재료의 band gap 에너지, 전자 친화도(electron affinity), 그리고 재료 내 결함의 종류 및 밀도에 의하여 좌우된다. 따라서 2차 전자 방출 계수가 높은 재료를 개발하기 위한 많은 연구가 진행되었는데, 그림 3.22에 일부 결과를 나타내었다. 그림의 결과는 각 재료를 보호막 재료로서 사용하여 Paschen curve를 구하고, 이를 이용하여 2차 전자 방출 계수를 역산한 값이다. 따라서 얻어진 2차 전자 방출계수는 양이온에 의한 2차 전자뿐 아니라, 여기 원자, photon등에

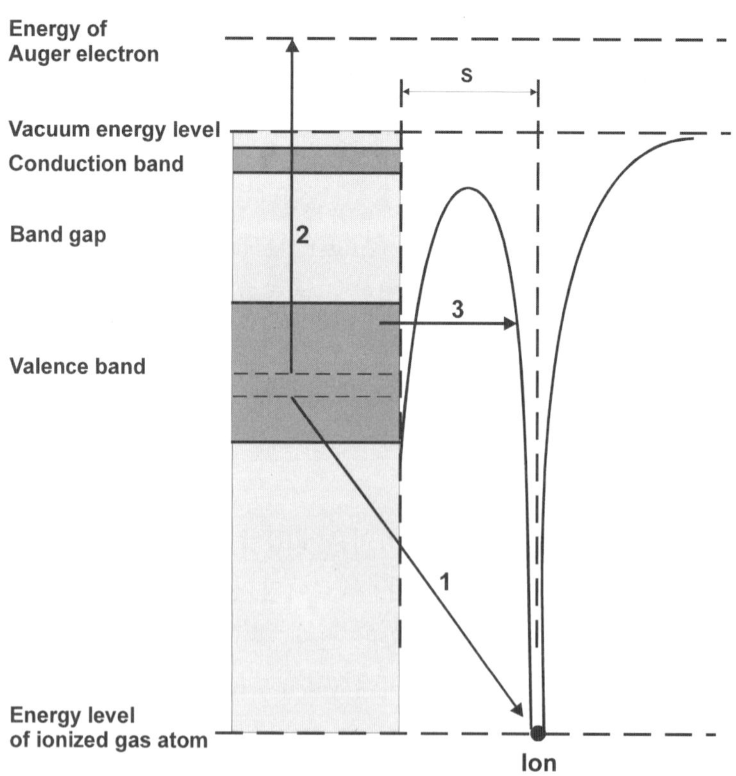

▌그림 3.21 Auger 반응에 의한 2차 전자 방출기구

의해서도 발생한 것의 합이기 때문에, 유효 2차 전자 방출 계수라 할 수 있다. 그림에서 보면, MgO가 다른 재료에 비하여 높은 값을 나타내고 있는 것을 볼 수 있다. 따라서 대부분의 AC PDP에는 유전체의 표면에 MgO 박막을 코팅하여, 방전 전압을 낮추고 방전 효율을 높이는 역할을 하도록 하고 있다.

한편 이러한 이차 전자 방출 재료는 음극 암부를 통하여 가속된 이온과 충돌에 의하여 sputtering된다. 따라서 이러한 2차 전자 방출층은 sputtering에 대한 저항성도 요구되기 때문에 이 재료는 보호막(protective layer) 또는 보호막/전자 방출막으로 불리기도 한다.

2차 전자 방출 계수(γ_i)는 앞에서 언급한 바와 같이 방전 가스의 이온화 에너지에 의하여 영향을 받는데, MgO 박막의 이온 종류에 따른 2차 전자 방출 계수를 그림 3.23에 나타내었다. 그림에서 보면 이온화 에너지가 큰 He(24.6eV)의 2차 전자 방출 계수가 가장 크고, 이온화 에너지가 가장 작은 Xe(12.1eV)의 값이 가장 작은 것을 볼 수 있다. 이것은 Auger 중화 과정에서 발생한 에너지가 재료내의 전자를 재료 밖으로 축출시킬 수 있는 확률이 떨어지기 때문이다. 따라서 방전 가스내에 Xe의 함량을 증가시키면, 2차 전자 방출 계수가 감소하여 방전 전압이 증가되는 영향을 미치게 된다. 이외에도 MgO의 이차 전자 방출 계수는 MgO 박막의 배향(preferred orientation), 결함 레벨 및 밀도에 영향을 미칠 수 있는 stoi-chiometry, 불순물의 종류 및 함량 등에 민감하게 변화하는 것으로 알려져 있다.

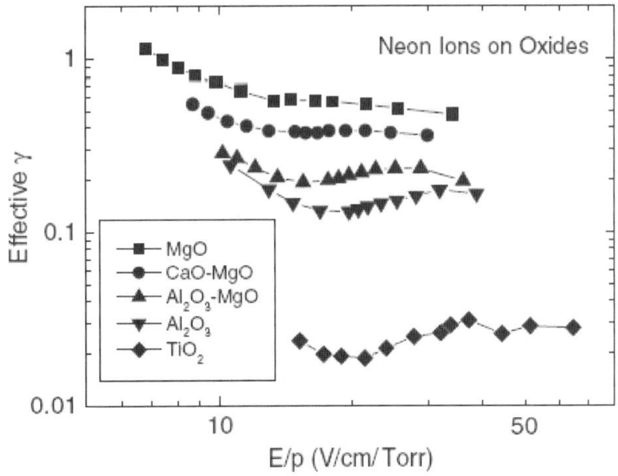

▌그림 3.22 각종 유효 2차 전자 방출 계수

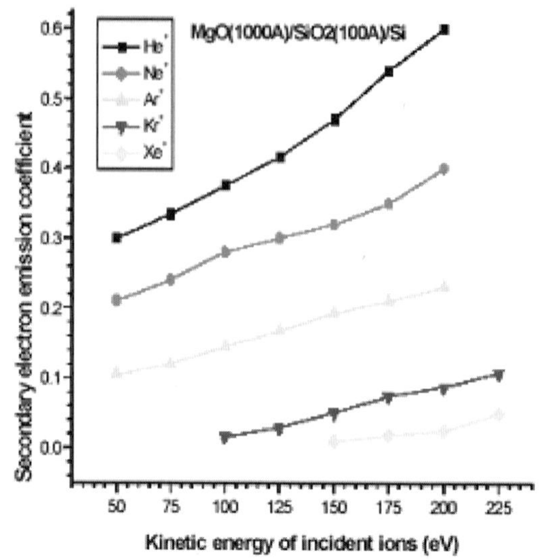

▌그림 3.23 MgO의 이온에 따른 2차 전자 방출 계수의 변화

2) 글로우 방전의 쌍안정성(bistability)

AC PDP는 일정 전압을 방전셀에 인가하여 두 전극 사이에 글로우 방전을 유도하여 이미지를 표현하는 소자이다. PDP는 정전압 공급 장치(constant voltage power supply)를 사용하여 방전셀에 전압을 인가하는데, 대부분의 정전압 공급 장치는 전력 공급 회로 및 장치 내에 저항 성분이 존재한다. 따라서 전류가 증가함에 따라 실제 방전셀에 공급되는 인가전압은 약간씩 감소하는 drooping power supply의 특성을 가지게 된다. 이러한 특성을 그림 3.24에 가스 방전 특성 곡선과 함께 나타내었다. 이때 power supply characteristic curve의 기울기는 전력 공급 회로 및 장치의 저항 값에 의하여 결정된다. 그림 3.24에서 방전 개시 전압(V_f)을 방전셀에 인가하면, 방전은 가스 방전 특성 곡선과 전력 공급 장치의 특성 곡선이 교차하는 지점 'A'의 전압 및 전류 값에 해당하는 방전이 유도될 것이다.

이 방전 개시 전압에서 인가 전압을 감소시키면, 교점 'A'에서 방전 전류가 점차 감소하여 비정상 글로우 방전(abnormal glow discharge)에서 정상 글로우 방전(normal glow discharge)을 거쳐 교점 'B'에 이를 때까지 글로우 방전이 유지될 것이다. 즉 글로우 방전은 높은 전압에서 개시되나, 낮은 전압(V_s)까지 방전을 유지하는 것이 가능하다. 이에 비하여 인가전압을 처음부터 V_f에 도달할 때까지 증가시켜도 글로우 방전이 유도되지 않는데, 이러한 특성을 쌍안정성(bistability)라고 한다.

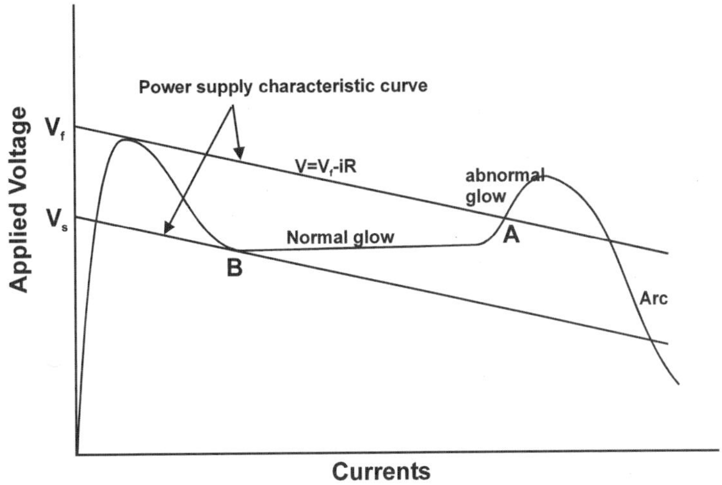

▮그림 3.24 정전압 power supply에 의한 글로우 방전

이 쌍안정성은 PDP의 가장 중요한 특성중의 하나인 방전 전압 마진(voltage margin)을 결정한다. 방전 전압 마진이란 방전셀에서 방전이 시작되는 전압과 방전이 꺼지는 전압의 차이를 나타내는데, 이것은 쌍안정성에 의하여 결정된다. 전압 마진이 클 경우에는 수많은 방전셀을 안정적으로 구동하는 것이 가능하기 때문에 PDP의 특성에 매우 중요한 변수이다. 쌍안정성은 방전 회로의 저항 값 및 방전 특성 곡선에 의하여 좌우되기 때문에, 매우 많은 변수에 의하여 영향을 받게 된다.

3.3 PDP의 이미지 표시원리

3.3.1 PDP에서 진공 자외선 발생

일반적인 AC PDP에서는 Ne−Xe 혼합 가스를 방전 가스로 사용하고 있다. Ne 가스는 이온화 에너지가 21.57eV로 높은 반면에 앞 절에서 언급한 바와 같이 2차 전자 방출 계수가 높아 방전 전압을 낮추는 역할을 한다. 이에 비하여 Xe 가스는 이온화 에너지가 12.13eV로 낮고 충돌 단면적이 커서 저 에너지 전자에 의하여 쉽게 이온화되고, 여기종이 쉽게 형성되기 때문에 PDP의 형광체를 여기시키는데 필요한 진공 자외선을 잘 발생시키는 특성을 지니고 있다. 그림 3.26에 Xe 가스의 주요 에너지 준위를 모식적으로 나타내었다. 전자와 Xe 가스 원자와 비탄성 충돌을 하게 되면, Xe 원자는 이온화 (Xe^+)되거나, 여기종(Xe^*, Xe^{**}, Xe^{***})을 형성한다.

이러한 여기종은 단계별 에너지 천이 과정을 거쳐서 공명 준위의 여기종(Xe^*)을 형성하고, 기저 상태로 천이하면서 에너지 레벨의 차이에 해당하는 147nm 파장의 진공 자외선을 발생시킨다. 이에 비하여 일부 에너지 레벨의 여기종은 3−body 충돌 과정등을 통하여 다이머(dimer)인 분자 여기종 (Xe_2^*)를 형성하는데, 대표적인 반응 중의 하나가 $Xe^*(3P_1, 3P_2) + Xe + Xe(Ne) \rightarrow Xe_2^* + Xe(Ne)$ 이다

이 반응에서 보면, 다이머 여기종의 생성 속도는 공명 여기종의 농도 및 Xe의 농도에 비례하는 것을 알 수 있다. 이러한 분자 여기종은 기저 상태로 천이하면서 152nm 또는 173nm 파장의 진공 자외선을 발생시킨다.

따라서 방전 가스중의 Xe 가스 함량을 변화시킴에 따라서 진공 자외선의 발생 효율 및 발생 파장이 영향을 받게 되는데, 이를 He−Xe 방전 가스의 예를 들어보면(그림 3.26), Xe의 함량이 0%에서 20%로 증가함에 따라서 비례하여 분자선인 173nm 파장의 방출 강도가 증가하고, 원자선인 147nm의 방출 강도가 상대적으로 감소하는 것을 볼 수 있다. 이것은 Xe의 함량이 증가함에 따라 다이머 여기종의 생성 분률이 증가하였기 때문이다.

이러한 장파장 진공 자외선의 증가는 방전 효율을 향상시키는 역할을 하는 것으로 알려져 있어, 최근 대부분의 PDP는 방전 가스내의 Xe 함량이 10%이상 사용되고 있다. 그러나 Xe 농도의 증가는 방전 가스의 2차 전자 방출 계수를 감소

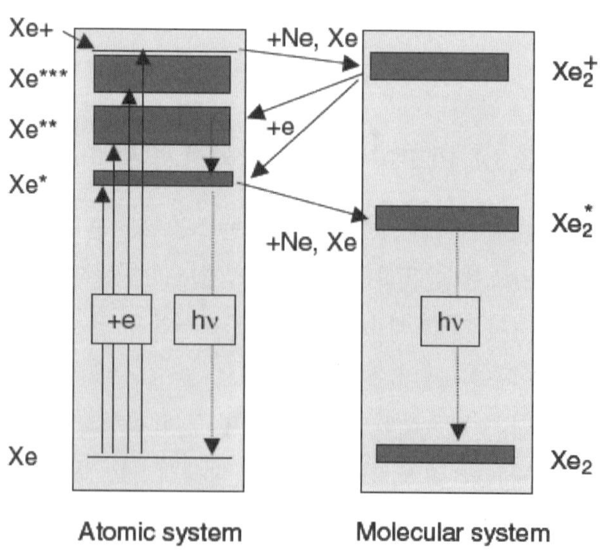

▌그림 3.25 Xe 가스의 주요 에너지 준위

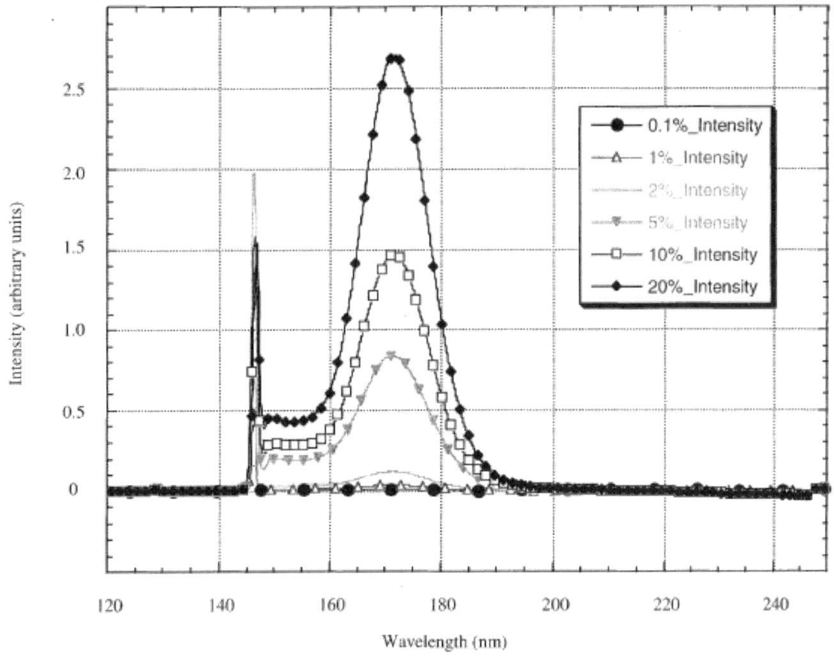

▌그림 3.26 He-Xe 방전 가스에서 발생하는 진공 자외선의 Xe 함량에 따른 강도 변화

시켜(그림 3.23 참조) 방전 전압을 증가시키는 문제점이 있기 때문에, 그 농도를 증가시키는데 한계가 있다.

3.3.2 형광체에 의한 가시광선 발생

글로우 방전을 통하여 생성된 진공 자외선은 격벽의 표면 및 배면 유전층 상부에 형성되어 있는 형광막 재료에 입사하여 가시광선을 발생시킨다. PDP에 사용되는 형광체의 종류는 다음의 표 3.2와 같다. 형광체로서는 산화물계 세라믹이 사용되고 있으며, 천이 금속인 Eu^{3+}와 같은 금속 원소가 활성제(activator)로 포함되어 있다. 활성제 원소는 글로우 방전에서 발생한 진공 자외선을 흡수하여 높은 에너지 레벨로 여기된 후, 다시 기저 상태로 천이하면서, 이 에너지 차이에 해당하는 가시 광선을 발생시키는 것이다. 현재 주로 사용되고 있는 형광체의 종류를 표 3.2에 굵게 표시하였는데, 그림 3.27에 이들 형광체로부터 발생한 가시 광선의 스펙트럼을 나타내었다. 그림에서처럼 청색과 녹색의 경우에는 중심 파장을 중심으로 대칭적인 발광 스펙트럼을 가지고 있으나, 적색의 경우에는 590nm에서 630nm 범위까지의 다양한 스펙트럼을 가지고 있는 것을 볼 수 있다.

표 3.2 PDP의 주요 형광체

발광색	화합물
Red	$(Y,Gd)BO_3 : Eu^{3+}$, $Y_2O_3 : Eu^{3+}$
Blue	$BaMgAl_{10}O_{17} : Eu^{2+}$ $BaMg_2Al_{16}O_{27} : Eu^{2+}$ $BaMgAl_{14}O_{23} : Eu^{2+}$
Green	$Zn_2SiO_4 : Mn^{2+}$ $BaAl_{12}O_{19} : Mn^{2+}$

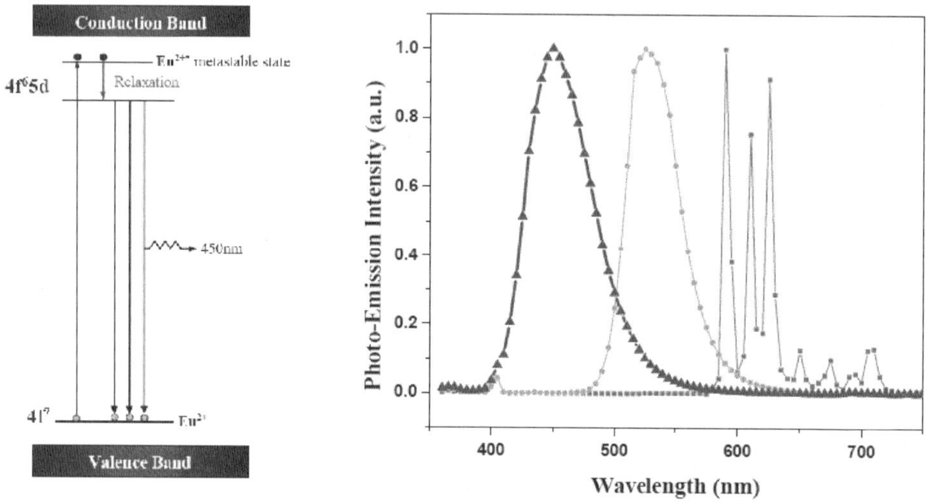

그림 3.27 (a) 형광체의 가시광선 발생 기구 및 (b) 발생된 가시광선 스펙트럼.

그림 3.26과 그림 3.27을 비교하면, 형광체를 여기시키는 진공 자외선의 파장은 147nm 또는 173nm인데 비하여, 생성된 가시광은 400nm에서 710nm의 파장 범위를 갖고 있는 것을 볼 수 있다. 이 관계를 광자(photon) 에너지로 표시하면, 8.4eV 또는 7.2eV의 에너지를 가진 진공 자외선이 형광체에 입사되어, 3.1eV 에서 1.75eV의 에너지를 가진 가시광선이 생성되는 것이다. 즉 형광체는 고 에너지 여기 광원을 흡수하여, 저 에너지 가시광을 방출하는 광원 변환기(light transducer)인 것이다. 여기 광원의 에너지와 발생되는 가시광의 에너지의 차이(stroke shift)가 적을수록 에너지 변환 효율이 높게될 것인데, 결국 진공 자외선의 파장이 큰 (여기 광원의 에너지가 작은) Xe 분자 여기종에 의한 가시광의 발생이 PDP의 발광 효율을 향상시키는데 유리한 것임을 알 수 있다.

한편 형광체는 고에너지 광원에 지속적으로 노출되면, 표면 미세 조직이 변화하거나, 활성제의 원자가 상태가 변화하여 가시광선 변환효율이 저하하는 열화 현상이 발생한다. 형광체의 가시광선 변환 효율이 저하하여 PDP의 휘도가 떨어지는 것이 일반적인데, 이러한 현상은 고에너지 광자에 의한 형광체 표면의 비정질층의 형성, 청색 형광체에서 Eu2+ 이온의 Eu3+ 이온으로의 전환 등이 원인으로 지적되고 있다. 이러한 열화의 속도는 입사된 광자 에너지 제곱의 역수에 비례하는 것으로 알려져 있다. 즉 에너지가 감소함에 따라서 형광체의 수명이 제곱으로 증가하는 것이다. 따라서 Xe dimer 여기종으로부터 발생하는 173nm 분자선 진공자외선을 주 여기 에너지원으로 사용할 경우, 형광체의 수명을 증가시켜 PDP의 수명을 향상시킬 수 있는 것이다.

3.3.3 AC PDP의 이미지 표현법

지금까지는 단위 방전셀에서 방전에 의한 진공 자외선의 발생, 형광체에 의한 가시광의 발생 과정에 대하여 논의하였다. 이 단위 방전셀을 TV, 모니터에 사용하기 위해서는 첫째는 원하는 화소에서만 가시광선을 발생시키는 선택 방전 기능(addressing)이 필요하고, 둘째는 각 화소의 밝기를 조절할 수 있는 계조(grey level) 표현 능력이 있어야 하며, 마지막으로는 명암 대비비(contrast ratio), 의사윤곽등 화질의 조절 능력이 있어야 한다. 이들 각 조건을 가장 잘 만족시키는 방법으로 AC PDP에서는 Shinoda등이 제안한 ADS(Address Display Separated)방법이 주로 사용되고 있는데, 이 구동 방법에 대하여 살펴보기로 한다.

PDP의 방전셀은 인가 전압에 따라 비선형적으로 글로우 방전이 ON/OFF 되기 때문에, 방전 세기를 조절하여 화소 밝기를 제어하는 것이 곤란하다. 따라서 PDP에서는 단위 필드(picture field)당 방전 횟수를 달리하여 밝기를 조절하는 방법을 사용한다. 즉 각 필드동안 방전이 1회 발생한 화소와 방전이 256번 발생한 화소는 그의 밝기가 256배 높을 것이다. 이와 같이 화소의 밝기 변화 단계를 계조(grey level) 표현 능력이라고 하는데, 계조의 표현 능력이 클수록(밝기의 단계가 많을수록), 자연스러운 이미지를 구현하는 것이 가능하다. TV의 경우, 1초에 60장의 이미지를 표시하기 때문에 1장의 이미지를 표현하는데 걸리는 시간인 1 TV field는 16.67ms(1/60 sec)이다.

한편 각 방전셀에 원하는 시점에 동일 전압을 인가하여 방전을 유도하기 위해서는, 방전셀의 조건이 모든 셀에 대하여 동일하여야 한다. 일부 방전셀의 유전체 표면에는 벽전하가 형성되어 있을 수도 있고, 일부 방전셀의 경우에는 시간이 경과되어 벽전하가 소멸되어 다른 셀과 벽전압이 다를 수도 있어 방전셀의 전기적 특성이 다양할 것이다. 따라서 일정 전압을 방전셀에 인가하였을 경우, 방전이 유도되는 셀이 있고, 유도되지 않는 셀도 존재하는 문제점이 발생할 수 있다. 이러한 문제점을 개선하기 위해서 Fujitsu사의 Shinoda 박사등은 ADS 구동법을 고안하였다. ADS법의 요점은 1TV field를 8개의 sub-field로 분할하고, 각 sub-field는 reset, address, sustain구간으로 나누어 방전이 안정적이고, 선택적으로 발생하도록 하는 방법이다. 각 sub-field의 sustain 구간은 각각 2^0, 2^1, 2^2, 2^3, 2^4, 2^5, 2^6, 2^7개의 방전 횟수를 갖도록 sub-field 시간을 조절하고, 이들 sub-field 구간을 조합하여 원하는 계조를 표현하는 방법이다. 그림 3.28에 ADS 각 sub-field에 분할된 시간과 각 sub-field내의 구동 파형 형태를 나타내었다.

각 sub-field내의 reset, address 및 sustain 구간의 역할에 대하여 다음에 설명하기로 한다. 이들 설명에 있어서 이해를 돕기 위해서 먼저 address 구간을 먼저 설명하고, 유지(sustain) 구간 및 reset 구간에 대하여 설명할 것이다.

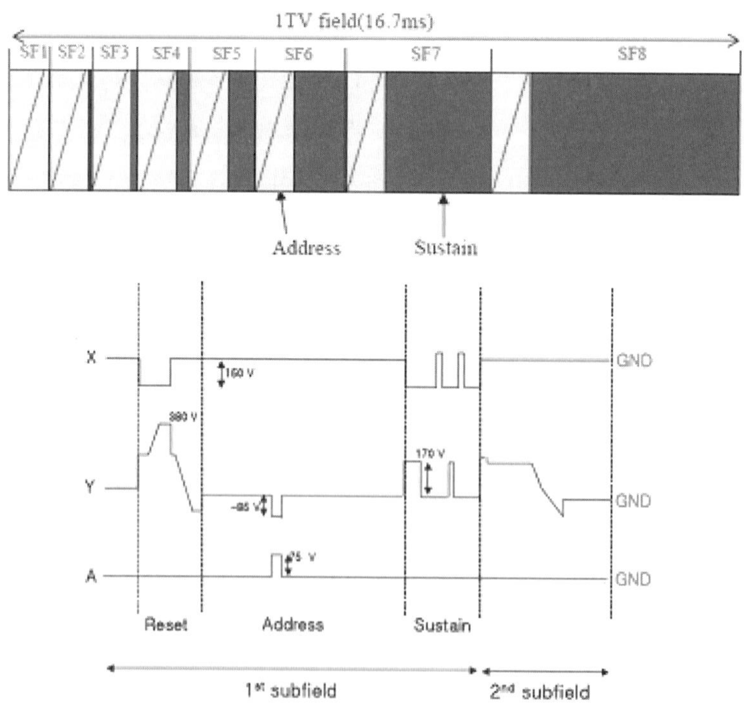

▌그림 3.28 ADS 방법의 모식도.

1) **어드레싱**(addressing)

그림 3.29의 면 방전 구조 AC PDP에서 배면 기판(back plate)의 데이터 전극(data electrode)과 전면 기판(front plate)에 유지 전극(sustain electrode)이 서로 수직하게 배치되어 있다. 데이터 전극은 어드레스 전극(address electrode)로 불리기도 하고, 유지 전극 중 그림 3.29 (b)의 Y 전극은 스캔 유지 전극(scan－sustain electrode)로 불린다. 이러한 면 방전 AC PDP에서 특정 방전셀을 ON시키기 위한 전 단계로 어드레싱 과정이 필요하다.이 과정은 특정 방전셀의 유지 전극에 코팅되어 있는 유전체의 표면에 벽전하를 형성시켜 기억 효과(memory effect)에 의한 유지 방전(sustain discharge)을 유도하기 과정이다.

그림 3.29 (b)에서 전극 'A'와 전극 'Y' 사이에 방전 개시 전압(Vf) 이상의 전압을 인가하면, 방전이 유도되고, 이 과정에서 유전체 표면으로 입사된 하전 입자에 의하여 벽 전압이 형성된다.

그림 3.30에 나타낸 바와 같이, 'Y' 스캔 유지 전극에 －200V를 가하고, 'A' 어드레스 전극에 ＋80V를 가하면, 이들 두 전극 사이에 인가된 전압이 280V가 되고, 이는 이 방전셀의 방전개시 전압보다도 높아 방전이 개시되는 것이다.

방전이 개시되면, 전자는 양극인 어드레스 전극 쪽으로 이동하고, 방전에 의하여 발생된 양이온은 음극인 스캔 유지 전극쪽으로 이동하여 벽 전하를 그림 3.30 (b)와 같이 형성된다. 이와 같은 어드레스 과성을 ON을 하고자 히는 각각의 방전셀에 대하여 그림 3.31에 나타낸 것과 같이 각각 실시한다. 예를 들면 어드레스라인 'A1'과 'A8'에 80V를 가한 상태에서 Scan line 'Y1'에 －200V를 가하면, 이들 교점에서 어드레스 방전이 발생한다. 이러한 과정을 'Y2', 'Y3',.... 라인에 대하여 각각 실시하면, 패널의 어드레스 과정이 종료되어 그림 3.31에서와 같이 'A'라는 글자를 표시할 준비가 된다.

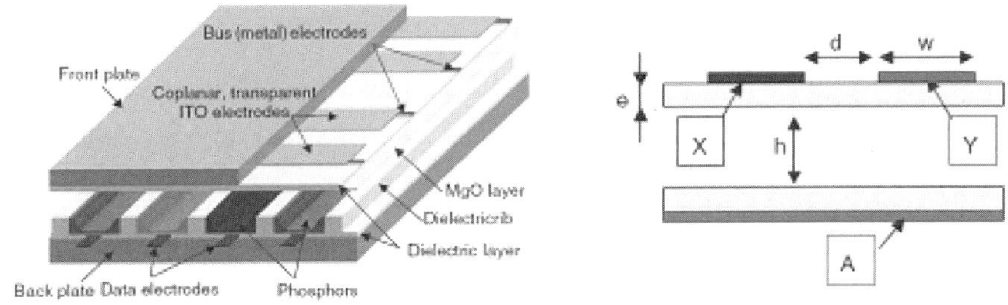

▌그림 3.29 면방전형 AC PDP의 (a) 입체 모식도 및 (b) 단면도

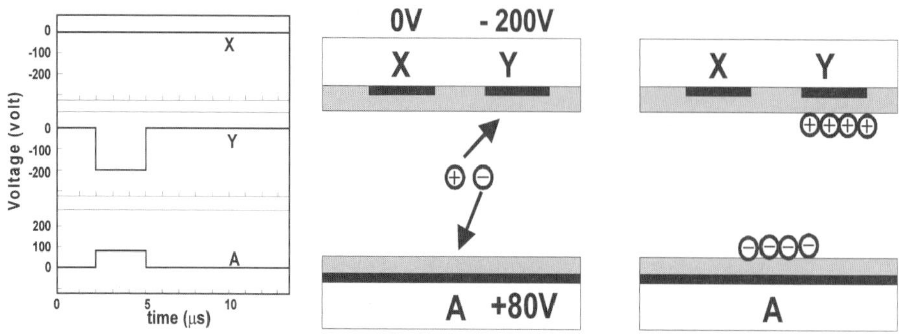

▌그림 3.30 어드레스 과정의 모식도:(a) 전압 파형, (b) 어드레스 방전개시, (c) 어드레스 방전종료 후

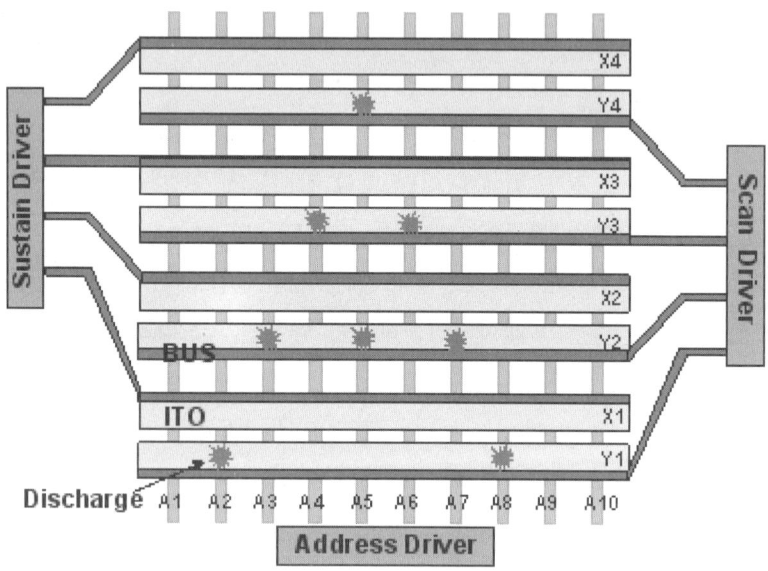

▌그림 3.31 PDP 패널의 어드레싱

이러한 어드레스 과정에 소요되는 시간은 scan line의 개수에 비례하여 증가하고 scan line의 개수는 TV의 해상도에 의하여 좌우된다.

SD급(standard definition)은 852(horizontal, address) x 480(vertical, scan)의 화소를, HD급은 1365(horizontal, address) x 768(vertical, scan), Full HD급은 1920(horizontal, address) x 1080(vertical, scan) 화소를 가진다. 따라서 TV의 해상도가 증가함에 따라 scan 회수는 480에서 768, 1035로 증가한다.

이때 각 셀에 어드레싱에 소요되는 시간을 2μs라고 가정하고, sub-field의 개수를 8개로 가정하여, 패널 전체를 어드레싱하는데 소요되는 시간을 계산하여 보면 다음의 표 3.3과 같다. 스캔 라인수가 768개인 HD급은 1 TV field 시간

(16.67msec)의 74%가량이 어드레스 시간으로 소요되어, 유지 방전을 하여 이미지를 표시하는데 할당할 수 있는 시간이 26%(4.38msec)로 매우 적은 것을 알 수 있다. 물론 Full HD급 해상도의 경우에는 거의 모든 시간이 어드레스에 소요되는 것을 알 수 있다.

표 3.3 해상도에 따른 어드레스 소요 시간

해상도	SD	HD	Full HD
소요시간(msec)	7.68	12.29	17.26
어스레스 시간 /TV field 시간(%)	46.1	73.7	100<

AC PDP에서 어드레스 전극과 Y-유지 전극 사이에 전압을 인가 한 후, 방전이 개시되는데 걸리는 지연 시간이 매우 불규칙하게 나타나는 것이 일반적이다. 그림 3.32는 하나의 방전셀에 pulse 전압을 1000회 인가하여, 각 펄스에서 발생하는 방전 전류를 중첩하여 나타낸 것이다. 그림에서 보면, 방전이 개시되는데 최소 시간이 필요한 것을 볼 수 있고, 방전이 일정 시간 범위를 가지고 산포하여 있는 것을 볼 수 있다. 이들 다수의 방전 싸이클에서 방전이 최초로 개시된 시간을 formative delay라고 부르고, 방전이 산포되어 일어난 시간을 statistical delay로 부른다. 그림에서 x-축의 큰 눈금은 0.5μs에 해당한다.

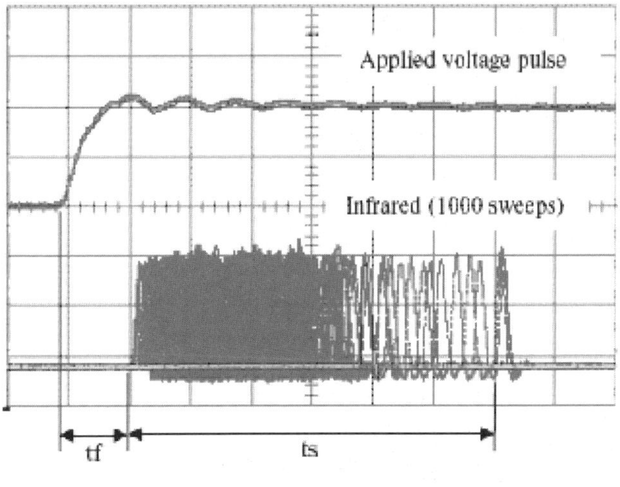

그림 3.32 AC PDP의 방전 delay

여기서 formative delay는 전자 회로의 특성 즉 pulse 전압의 상승 속도에 의하여 주로 영향을 받는 것으로 알려져 있다. 즉 전압의 상승 속도가 빠를 수록 이 delay 시간을 짧아지는 것이 일반적이다. 이에 비하여 statistical delay는 방전 공간내의 priming 효과에 의하여 주로 좌우되는 것으로 알려져 있다. Priming 효과는 씨앗 전자, 준안정 원자/분자등에 의하여 좌우되는데, 특히 MgO 전자 방출 재료의 delayed electron emission에 큰 영향을 받는 것으로 알려져 있다.

2) **유지 방전**(sustain discharge)

유지 방전은 유지 전극 'X'와 스캔 전극 'Y' 사이에 [그림 3.30]에 나타낸 것과 같은 사각형 유지 전압 펄스를 인가하는 방법으로 유도된다. 이때 인가되는 유지 전압(V_S)은 방전 개시 전압(V_f) 보다는 낮고, 어드레스 과정에 의하여 생성된 벽 전압(V_W)과의 합이 방전 개시 전압(V_f)보다 크도록($V_S + V_W > V_f$) 설정한다. 따라서 어드레스 방전이 일어난 방전셀에서는 유지 전압에 의하여 방전이 개시되어 ON상태가 되지만, 어드레스 방전을 방전하지 않아 벽전하가 축적되지 않은 방전셀은 OFF 상태를 유지하게 될 것이다. 따라서 그림 3.31에서 'A' 문자가 유지 방전이 지속되는 동안에는 패널에서 이미지로 나타나게 된다.

ADS법에서는 1 TV field (1/60초 = 16.7msec)를 8개의 sub-field(SF1~SF8)로 나누고 각 sub-field마다 시간(펄스에 의한 방전 횟수)을 $1 : 2 : 2^2 : 2^3 : 2^4 : 2^5 : 2^6 : 2^7$의 비율로 하여 이에 포함되는 동일 주파수의 sustain 펄스의 수가 달라지도록 하므로, 그에 따른 휘도의 상대비 역시 $1 : 2 : 2^2 : 2^3 : 2^4 : 2^5 : 2^6 :$ 27의 비율로 된다. 각 sub-field의 점등, 비점등을 표시 휘도의 데이터에 따라서 제어하고, 8개의 sub-field의 조합에 의하여 256 계조의 표시를 실현한다. 예를 들면, 모든 셀을 점등하지 않았을 경우에는 휘도가 0이며, SF3, SF6, 그리고 SF7을 ON시키면 휘도가 100이 되는 것이다.

한편 PDP에서 각 화소는 3개의 R, G, B, 서브-화소(Sub-pixel)를 가지기 때문에, 각 서브-화소를 256계조로 나타내면, 이 화소에서 표시할 수 있는 컬러는 1천 6백만 컬러(= 256x256x256)가 된다. 대부분의 경우에는 이러한 색깔 표시 능력이면 인간의 시각 능력에는 충분한 색깔 표현 능력을 가지는데, 최근에는 sub-field의 수를 10~12개까지 늘려서 좀 더 자연스러운 색깔의 표현을 지향하고 있다. Sub-field의 개수가 10개인 경우, 1024계조를 나타내어, 표시 가능한 색의 개수는 10억까지 증가하여 자연색에 가까운 색조를 표현하고 있다.

유지 방전시 각 sub-field내에서는 연속적인 사각 펄스 전압이 가해지는데, 대개의 경우 100~200 kHz정도의 주파수를 사용하여 유지 방전을 실시한다. 100kHz의 경우 펄스당의 시간은 0.01msec가 되어, 256개의 펄스를 인가하는데 요구되는 시간은 2.56msec가 된다. 이에 비하여 sub−field의 개수가 10개까지 증가되는 경우에는 방전 유지 시간이 10.24msec가 되어, 어드레스 시간을 6.43msec 이하(=16.67−10.24msec)로 감소시키거나, 유지 방전의 주파수를 증가시켜, 단위 펄스당의 유지 시간을 감소시켜야 된다.

3) Reset 방전(Reset discharge)

방전셀의 서브 필드(Sub−field)에서 유지 방전이 완료되면, 다음 서브 필드 방전을 유도하기 위해서는 방전셀을 다시 어드레스시켜야 한다. 그런데, 이전 서브 필드에서 방전셀에 따라 유지 방전이 이루어 졌거나 이루어지지 않은 경우가 있다. 이에 따라 방전셀의 벽 전하 상태가 서로 다르게 되어, 어드레스 방전 개시 전압이 방전셀에 따라 서로 다르게 되는 문제점이 있다. 따라서 이러한 문제점을 해결하기 위해서 서브 필드에서 유지 방전이 종료되고 나면, 방전셀의 벽 전하 상태를 동일하게 해주는 단계가 필요한데, 이를 리셋 방전(reset discharge) 단계라고 한다.

ADS법의 개발 최기의 리셋 방전은 방전 전압보다 매우 높은 전압으로 방전을 일으켜서, 이 방전에 의하여 형성된 벽 전압이 방전셀의 방전 개시 전압 이상으로 형성되도록 하였다. 이렇게 형성된 벽 전압은 인가된 전압 레벨이 0V가 되면 벽 전하간에 자체 소거 방전(self−erasing)을 일으켜, 벽 전하가 제거되어 각 방전셀이 균일한 벽전하 특성을 갖도록 하는 방법이다.

이를 단계별로 나타내면 그림 3.33와 같다. 방전 개시 전압(V_f)보다 높은 전압을 인가하면, 방전이 개시되어 벽 전하가 형성되고(단계 2), 방전 개시 전압보다 큰 벽전압이 형성된다. 외부에서 인가된 전압이 0으로 떨어지면, 이들 사이의 전압차이에 의하여 자체 소거 방전이 발생하여 벽전하를 제거되는 것이다. 이와 같은 자체 소거 방전 방식은 벽 전하를 안정적으로 소거할 수 있는 장점이 있고, 씨앗 전자나 준안정상이 방전 개스에 잔류하여 어드레스 방전시 방전 지연을 감소시켜주는 장점이 있다. 그러나 이와 같은 리셋 방전을 각 서브 필드마다 계속하게 되면(각 TV 필드당 8회), 각 TV 필드당 8번 패널이 켜지게 되어, 상당히 많은 가시광선을 방출, 패널의 암실 대비비(dark room contrast ratio)를 저하시키는 주요 요인으로 작용한다.

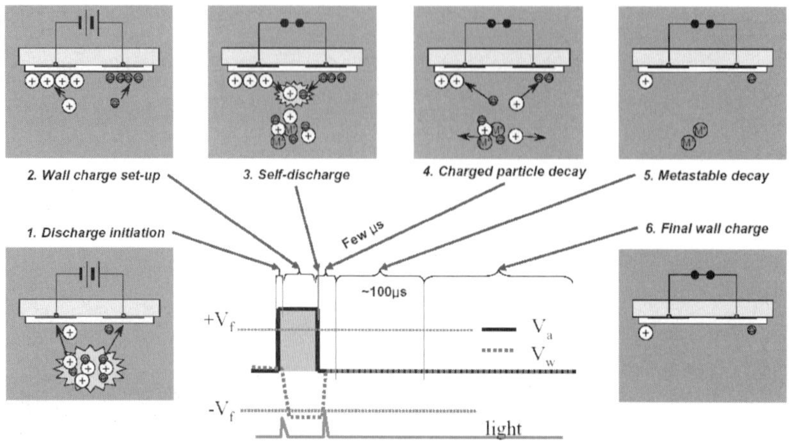

▌그림 3.33 강한 펄스 전압에 의한 reset 방전 단계

암실 대비비란 어느 화소가 최고 휘도로 켜져 있을 때(256계조)의 휘도와 모두 꺼져 있을 때(0계조)의 휘도비를 나타내는데, 각 서브 필드마다 리셋 방전을 시키면, 꺼져 있는 방전셀에서도 리셋 방전시 상당량의 가시광선이 배경광으로 방출되기 때문에 대비비가 저하되는 것이다.

이러한 문제점을 해결할 수 있는 방법으로 미국 Plasmaco사의 Weber 박사에 의하여 ramp형 리셋 전압 파형이 제안되었다. Ramp의 기울기를 적절하게 조절하여 전극간의 실효 인가 전압이 Townsend 방전 구역에 있도록 조절하여, 리셋 시의 방전이 글로우 방전이 아니라 암흑 방전(dark discharge)의 과정으로 발생하도록 하는 방법이다. 이 방법을 통해 PDP의 암실 대비비는 5,000:1 이상에 도달될 수 있다.

3.4 PDP의 재료 및 제조 공정

AC PDP의 일반적 구조를 그림 3.34에 나타내었다. 두께가 1.8~2.8mm정도인 투명 유리 기판이 전면 유리 기판 (front glass plate) 및 배면 유리 기판(rear glass plate)로 사용되고 있다. 전면 유리 기판 및 배면 유리 기판에는 유지 전극과 어드레스 전극이 각각 형성되어 있고, 이들 전극의 표면에는 유전체가 코팅되어 있어 유전 장벽 글로우 방전을 유도한다. 배면 유리 기판 상부에는 격벽과 형광막이 형성되어, 화소를 구성하고 있다. 전면 유리 기판 유전층의 표면에는 MgO 보호막이 형성되어 유전층을 글로우 방전의 양이온으로부터 스퍼터링되는 것을 방지할 뿐 아니라 2차 전자를 방출하여 방전 전압을 낮추고 PDP의 방전율을

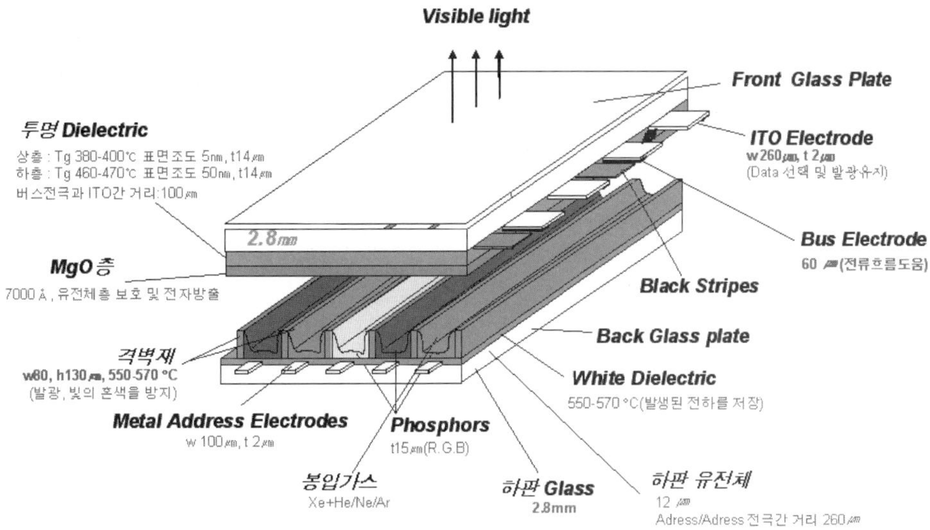

그림 3.34 AC PDP의 구조 및 주요 기능

높이는 역할을 한다. 이들 재료의 특성 및 제조 공정에 대하여 살펴보기로 하자

3.4.1 PDP의 주요 재료

1) 기판 유리

PDP에서 전면 기판 재료는 화소에서 발생하는 가시광선을 투과시켜 이미지를 표현하기 때문에 가시광에 대한 투과도가 높아야 한다. 또한 기판에 형성된 유지 전극들 간에 전기적으로 절연되어야 하기 때문에, 전기 절연체이어야 하고, 유전체 및 전극의 소성 공성에서와 고온 공정에서 변형되거나, 에칭, 현상등의 화학 공정에 대하여 화학적으로 안정하여야 한다. 유리 기판 재료는 이러한 요구조건을 잘 만족시키기 때문에, PDP에서는 개발 초기부터 유리가 기판 재료로서 사용되어 왔다. PDP의 유리 기판 재료는 순수한 Si−O로 이루어진 유리 보다는 다양한 원소들이 첨가된 alumino−silicate계열의 재료가 사용된다. Si−O로만 구성된 재료(SiO_2)의 경우에는 용융점이 1726℃로 높아서 용해가 곤란하며, 이를 유리 기판으로 제조가 곤란하다. 따라서 Si−O 사면체(tetrahedron) 네트워크를 절단하여 용융점을 낮추고, 국부 전기 중성도를 만족시켜줄 수 있는 Al_2O_3, MgO, Li_2O, BaO, CaO등 network modifier가 첨가된 alumino−silicate 계열의 유리 재료들이 PDP의 기판 유리 재료로서 사용되고 있다. 현재 PDP 공정의 경우, 대부분이 소성 온도가 560~590℃의 범위에 있기 때문에 연화(softening) 온도가 570℃인

alumino-silicate 유리 재료를 채용하고 있다.

2) 유전체용 glass frit 재료

AC PDP에서 유전체는 유전 장벽 방전에 적합한 캐패시턴스를 제공하여야 하며, 유전막에 인가되는 전압에 대하여 절연 파괴가 발생하지 않아야 하는 전기적인 특성을 가져야 한다. 또한 전면판에 형성되는 유전막은 가시광선에 투광성이 우수하여 하며, 유전막을 소성하여 형성시 기판 유리가 변형되지 않을 정도의 낮은 소성 온도를 가져야 한다. 마지막으로는 유전막이 유리 기판의 전면에 걸쳐서 형성되기 때문에, 유전체의 열팽창 계수가 유리 기판 재료의 열팽창 계수(~ 80×10^{-7}/K)와 거의 유사하여야 한다. 열팽창 계수가 차이가 클 경우에는 기판 재료의 휨이 발생하고, 그의 차이가 커지면, 막의 파단 또는 기판 유리의 파괴를 유발하게 된다. 이러한 전기적, 물리적 특성을 만족하는 유리 재료로서는 $PbO-SiO_2-B_2O_3$계를 주요 성분으로 하는 유연 유리 재료가 주로 사용되어 왔다. 표 3.4에 유연 유전체 재료의 주요 성분 범위를 나타내었다.

전면 유리 기판 표면에 형성된 투명 유전막은 표면 거칠기가 매우 작을 것이 요구된다. 소성된 유전막이 평활한 표면을 가지면, 유전체 표면에 형성되는 MgO 보호막도 표면이 균일하여지고, 가시 광선의 산란이 줄어들어 가시 광선의 투과도가 증가하게 된다. 이러한 특성을 만족시키기 위해서는 유전체 재료의 점도가 소성 온도에서 낮은 특성을 갖도록 설계하여, 표면 장력에 의하여 표면 거칠기를 낮추는 방법이 사용되고 있다.

한편 배면 유리 기판상에 형성되어 있는 배면 유전막의 경우에도 대부분의 요구되는 성질이 전면판상의 유전체와 요구되는 특성이 유사하나, 다른 점은 가시 광선을 투과하는 대신에 가시 광선을 반사해야 하는 점이다. 즉 형광막으로부터 발생한 가시광선이 배면 유리 기판을 통하여 손실되는 것을 방지하기 위해서 배면 유전체는 가시광선에 대한 반사도가 우수하여야 한다. 이와 같은 반사도를 부여하기

표 3.4 투명 유전체의 조성 범위

구 분	성 분(wt, %)					소성 온도(℃)
	PbO	SiO2	B2O3	Al2O3	ZnO	
투명유전체	65~70	25	3~5	0~5	소량	550~600

위해서는 투명 유전체 glass 기지내에 굴절률이 높은 재료인 TiO_2, Al_2O_3, ZnO 등을 세라믹 필러(filler)가 첨가된 복합 재료가 사용되는 것이 일반적이다.

기존에 사용되어 온 유전체 재료는 앞에서도 언급한 바와 같이 대부분이 PbO로 구성되어 있는 유연 재료이다. 이 재료는 폐기될 경우, 토양을 오염시킬 가능성이 있기 때문에, 최근에는 PbO를 포함하지 않은 $Bi_2O_3-SiO_2-B_2O_3-Al_2O_3$, $BaO-ZnO-SiO_2-B_2O_3$, $P_2O_5-ZnO-SiO_2-B_2O_3$등의 무연 유리 재료(lead-free glass frit)등이 개발되고 있다.

3) 격벽 재료

격벽은 배면 기판상에 형성되어, 서브 화소의 방전 공간을 제공한다. 그림 3.35는 현재 일반적으로 사용되고 있는 줄(stripe) 모양과 waffle 모양의 격벽을 나타내고 있다. 격벽은 높이가 120~150μm 정도이고, 상부 폭이 40~60μm 정도인데, 이들 외에도 honeycomb, meander, rectangular 타입등 다양한 형태의 격벽이 개발되어 사용되고 있다.

격벽은 인접된 화소간의 전기적, 광학적 cross-talk을 방지하고, 형광체의 도포 면적을 제공하여 PDP의 방전 효율을 향상시키는 역할을 한다. 격벽이 인접셀과의 광학적인 cross-talk을 방지하기 위해서는 가시광선에 대한 투과도가 낮아야 한다.

(a) (b)

▌그림 3.35 (a) 줄 형상 격벽 및 (b) waffle 형상 격벽

이러한 목적을 달성하기 위해서 배면 유전 재료와 유사하게 격벽 재료의 경우에도 가시광선의 반사도가 우수한 TiO_2, Al_2O_3, ZnO등의 세라믹 필러를 유리 재료에 첨가된 유리기지 세라믹 필러 복합 재료가 주로 사용된다. 또한 이 유리기지 복합재료는 열팽창 계수가 기판 유리 재료와 유사하여야 하며, 우수한 기계적 파단 특성을 가져야 한다. 격벽 재료의 기계적 특성, 특히 파괴 인성은 첨가된 세라믹 필러의 종류 및 분률에 의하여 좌우되고, 이러한 필러의 첨가는 유리 재료의 소성 밀도를 감소시키는 영향을 미친다. 즉 격벽 재료에서 세라믹 필러의 첨가는 기계적 특성, 격벽 형상, 유전 상수, 열팽창 계수등 물리적 특성을 조절할 수 있는 능력을 부여하는 반면 격벽의 소성 후 밀도를 저하시키는 영향을 미치게 되기 때문에 적절한 함량의 선정이 필요하다.

4) **전극 재료**

PDP에서 전극재료는 투명 전극 재료인 ITO(indium−tin oxide)와 금속 전극 재료인 Ag가 사용되고 있다. Ag는 전기 전도도가 높고, 소성 온도가 낮으며, 상온에서 산화되지 않는 특성을 가지고 있기 때문에 전면 기판의 BUS 전극과 배면 기판의 어드레스 전극으로 사용되고 있다. Ag 재료는 대부분 분말 형태로 제조된 후, 페이스트 형태로 가공되어 사용되기 때문에, 그 형상 및 전기 전도도등의 물리적 특성이 매우 중요하다. Ag 분말은 크게 액상 석출법과 기상 석출법으로 제조된다. 액상 석출법이란 은을 질산등과 같은 산 용액내로 용해시킨 후, 온도, 조성등의 변화를 통하여 은 분말 형태로 석출시키는 과정이다. 이에 비하여 기상 석출법이란 은을 고에너지 밀도 열원으로 가열하여 증기로 증발시킨 후, 이를 기체 상태에서 분말 형태로 형성시키는 방법이다. 액상 석출법은 제조된 분말의 입경 및 입도의 분포를 용이하게 조절할 수 있는 장점이 있으나 수질 오염 공해의 발생이 있는 문제점이 있다. 이에 비해 기상 석출법은 입도의 조절이 용이하지 않고, 분말간의 응집이 발생하는 문제점이 있다.

5) MgO

보호막으로 주로 사용되는 MgO는 Mg^{2+} 이온과 O^{2-} 이온이 정전기적으로 결합된 이온 결합형 세라믹 산화물이다. PDP의 보호막으로 사용되는 MgO는 크게 단결정(single crystal), 다결정(polycrystalline), 소결체(sintered products) 등 세가지 형태로 제조되고 있다. MgO는 제강 공정의 내화물로서 많이 사용되어 왔는데, 이때 MgO는 아크 전기로에서 용융점 이상으로 가열한 후, 이를 냉각, 분쇄하여 제조하는 전융(electric arc melting)의 방식을 이용하였다. 이때 제조되는 MgO가 다결정 형태이다. 이에 비하여 단결정 MgO는 용융된 MgO를 crystal pulling법 등을 이용하여 제조된다. PDP에서는 단결정 MgO가 선호되어 왔다. 그러나 최근 MgO 분말을 팰렛 형태로 제조한 후, 이를 소결하는 방법으로 제조된 소결 MgO 재료의 사용이 증가하고 있다.

3.4.2 PDP 제조 공정도

PDP는 다른 평판 디스플레이와 달리 화소의 주요 구성 요소들은 두께가 1μm 이상인 유전체(~30μm), 격벽(~120μm), 전극(~7μm)등 후막 코팅층으로 구성되어 있다. 코팅층의 형성공정은 크게 박막 형성 공정과 후막 형성 공정으로 나뉘는데, 일반적으로 1μm 이하 두께의 코팅층은 박막 형성 공정을 이용하고, 1μm 이상의 코팅층은 후막 형성공정으로 제조하는 것이 일반적이다. 박막 형성 공정은 physical vapor deposition과 같이 원재료를 원자 단위로 증발시켜 기판의 표면에 증착하는 방법인데 비하여, 후막 형성 공정은 코팅층을 구성하는 원료를 분말 형태로 제조한 후, 이를 인쇄등의 방법으로 막을 형성하고, 이들 분말을 소성하여 치밀한 막을 제조하는 것이다.

이 두 공정의 대표적인 예와 특징에 대하여 표 3.5에 간략히 나타내었다.

PDP는 첫째, 상압 공정이기 때문에 대형화에 대한 제약 요건이 상대적으로 적어서 대형 패널을 제조하는데 적합하다. 둘째, 후막 공정을 이용하기 때문에 제조비용이 저렴하다. 후막공정은 원재료를 분말을 인쇄하여 성막하기 때문에, 원자

표 3.5 박막 및 후막 형성 공정의 특징

구분	주요 공정	특징
박막형성공정	Physcial vapor deposition Electron beam evaporation Plasma sputtering Chemical vapor deposition Atomic layer deposition	1. 진공 공정 2. 고정세 패턴이 가능 3. 장치 투자비가 큼
후막형성공정	Printing nip coating Green tape lamination	1. 상압 공정 2. 높은 생산성 3. 소성/소결 공정이 필요 4. 낮은 장치 투자비

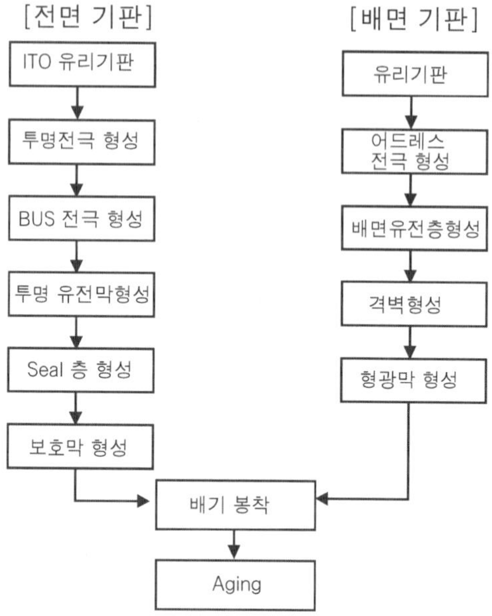

그림 3.36 PDP 제조 공정의 flow chart

또는 분자 단위로 기화한 후 증착하는 공정에 비해 원재료의 손실이 적고 공정의 생산성이 높다.

이러한 PDP의 제조 공정은 크게 전면판 제조 공정과 배면판 제조 공정으로 나누어 진행된다. 이들 제조 공정을 그림 3.36에 flow chart로 나타내었다.

전면 기판은 투명 전극, BUS 전극, 투명 유전막, 보호막 공정, 배면 기판은 어드레스 전극, 배면 유전층, 격벽 및 형광막 형성 공정으로 구성되어 있다. 상기 공정 중에서 PDP의 특징적인 공정인 격벽, 유전막, 형광막, MgO 보호막의 형성 공정에 관하여 다음에 간략히 살펴보기로 한다.

3.4.3 격벽 제조 공정

PDP 격벽 제조 공정으로 상업적으로 가장 먼저 적용된 공정은 powder blasting법이다. 이 방법은 격벽 분말 재료를 포함하는 후막을 유리 기판상에 성막하고, 건조된 green 상태의 후막층의 표면에 보호막 패턴을 DFR(dry film resist)로 형성한 후, 고압의 세라믹 분말을 후막층에 충돌시켜 식각하는 공법이다. 이 공정은 대형화가 용이한 장점이 있으나, 제조 공정에서 발생하는 원재료의 loss 및 폐기물 발생, 격벽 형상의 정밀성이 떨어지는 문제점이 지적되어 왔다. 따라서 이들

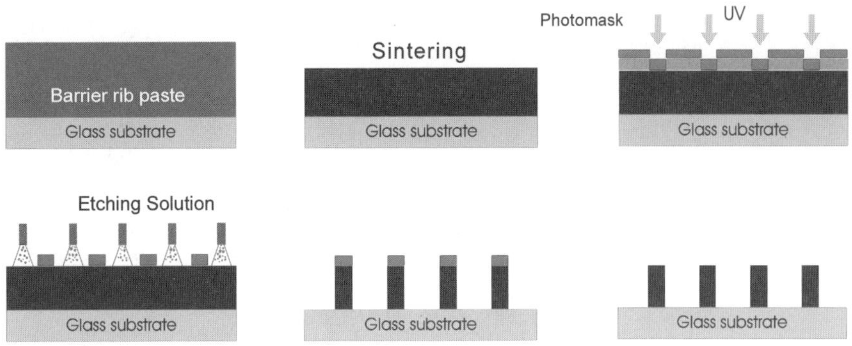

▌그림 3.37 수용액 에칭 공정에 의한 격벽 제조 공정의 모식도

대체할 수 있는 공법이 최근 개발되어 대부분의 PDP 격벽 제조 업체에서 사용되고 있는데, 국내 업체에서 가장 많이 사용되고 있는 방법은 수용액 에칭방법이다. 수용액 에칭법은 국내 (주)LG 마이크론에서 최초로 개발된 공법으로 그 공정을 모식적으로 나타내면 다음의 그림 3.37과 같다. 먼저 전극및 배면 유전층이 형성되어 있는 배면 유리 기판상에 격벽용 후막층을 형성한다. 후막층은 격벽 재료를 포함하는 페이스트를 인쇄하거나 green tape을 라미네이션하는 방법으로 형성한다. 형성된 후막층은 소결로를 통과하여 소성과정을 거쳐 페이스트 또는 green tape에 함유되었던 유기물 성분을 분해하여 배출시키고, 격벽 재료들을 소결하여 치밀화시킨다.

소결된 후막층 상부에 DFR를 라미네이션하여 코팅하고, photomask를 이용하여 노광 현상하여 수용액 에칭시 패턴을 형성하기에 적합한 보호막을 형성한다. 격벽 형상이 패터닝된 DFR이 코팅되어 있는 기판을 에칭 용액에 노출시켜 식각하고, 보호막을 제거하여 격벽 제조 공정을 완료하는 방법이다. 에칭 용액으로는 질산과 같이 유리 재료를 잘 용해시키는 수용액이 사용되고, 에칭 속도가 빠른 유리 조성이 채용되고 있다.

이 방법은 제조된 격벽은 두께 편차가 powder blasting에 비하여 적어 전체 패널의 균일성이 우수하며, 격벽 상부의 평탄도가 우수하여 인접 셀과의 cross-talk의 발생이 적은 장점이 있다. 그러나 에칭 속도가 비교적 느리고, 에칭 용액을 처리하기 위한 추가적인 제조 원가의 상승의 문제점 등이 있다.

한편 수용액 에칭 공정에서 유리 기지가 수용액에 용해되면, 다음의 그림 3.38 (a)와 같이 반구형으로 에칭된 미세 구조를 가지게 될 것이다. 유리 재료는 등방성 에칭 특성을 가진 재료이기 때문에, 모든 방향으로의 에칭 속도가 동일하고, 이에 따라 에칭된 단면도 반구형의 형상을 가질 것이다. 그러나 이렇게 제조된

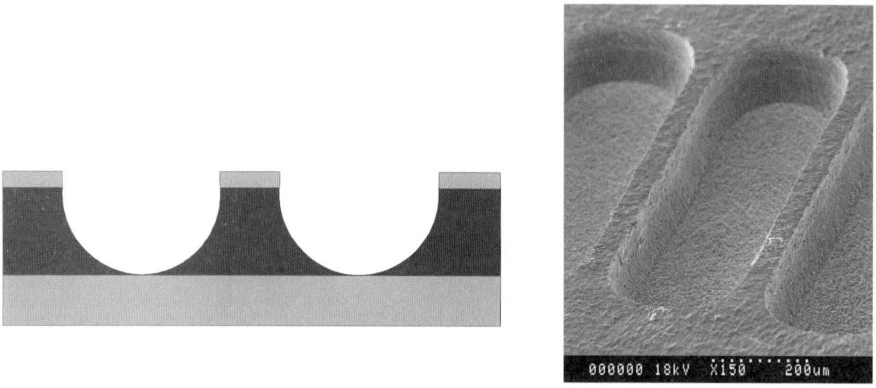

(a) (b)

▌그림 3.38 (a) 등방성 에칭의 모식도 및 (b) 이층을 green tape을 사용한 격벽의 단면도

격벽의 방전셀 하부에서 격벽이 차지하는 부피를 증가시켜, 방전 공간을 감소시키는 문제점을 일으킨다. 따라서 수용액 에칭 공법에서는 에칭된 격벽 형상을 조절하는 것이 가장 큰 기술적 어려움이다. 이러한 문제점은 에칭 속도가 다른 2층 구조의 후막 사용, 에칭 용액의 spray 압력 및 에칭속도 조절을 통하여 해결되었는데, 그림 3.38 (b)에서 보면 에칭된 격벽이 수직에 가까운 형상을 가지는 것을 볼 수 있다.

일본 PDP 제조 업체에서는 감광성 격벽 페이스트를 인쇄하여 후막을 형성하고, 이를 노광, 현상하여 후막을 격벽 형상으로 패터닝한 후, 이를 소성하여 격벽을 형성하는 공정을 사용하고 있다. 이 공정의 가장 큰 장점은 제조 공정이 단순하고, 생산성이 높다는 점이다. 감광성 격벽 페이스트내에는 감광성 유기물 vehicle과 유리 분말, 세라믹 필러들이 혼재되어 있기 때문에 UV 노광시 노광 두께가 얇고, 패턴된 형상이 정밀하게 얻어지지 않는 문제점이 있어왔다. 그러나 이들은 UV 광에 대하여 감광성 vehicle과 유리분말의 굴절률 차이를 최소화함으로써 이러한 문제점을 해결하여, 격벽의 제조 공정에 성공적으로 적용하고 있다.

3.4.4 유전막 형성 공정

전면 기판의 투명 유전체막은 그의 두께가 30μm 정도이고, 배면 기판의 반사 유전막은 약 17μm 정도이다. 이들 유전막의 두께는 방전 전압에 영향을 미치기 때문에, 균일한 두께의 유전막을 형성하기 위한 다양한 방법이 사용되고 있다. 유전막 형성에 있어서 가장 많이 사용되고 있는 공정은 인쇄공법이다. 즉 유전막 유리 분말을 포함한 페이스트를 유리 기판상에 전면 인쇄하여 후막을 형성하고, 이를 가열 소성하여 치밀화시키는 방법이다. 인쇄 과정을 그림 3.39에 나타내었다. 인쇄용 screen위로 squeeze를 이용시키면서 유전체용 페이스트를 망사이로 통과시켜 유리 기판상에 코팅하는 방법이다. 1회 인쇄시 형성되는 유전층의 두께는 5~10μm 정도이기 때문에, 30μm 두께의 유전층을 형성하기 위해서는 3~5회의 인쇄, 건조, 소성 과정을 반복해야 하는 번거로움이 있다.

인쇄법의 이러한 문제점을 극복하기 위해서 green tape을 라미네이션하여 유전체 막을 형성하는 방법이 최근 시도되고 있다. 그림 3.40는 라미네이션 공정에 의하여 유전막을 형성하는 방법을 모식적으로 보여주고 있는데, 이 공정은 단순하고, 생산성이 높으며, 두께의 균일성이 증가하는 장점이 있다. 그러나 green tape은 페이스트에 비하여 첨가되는 유기 첨가물의 양이 많기 때문에 유기물을 burn-out하는데 요구되는 시간이 길어 생산성이 떨어지는 문제점이 있다. 인쇄법

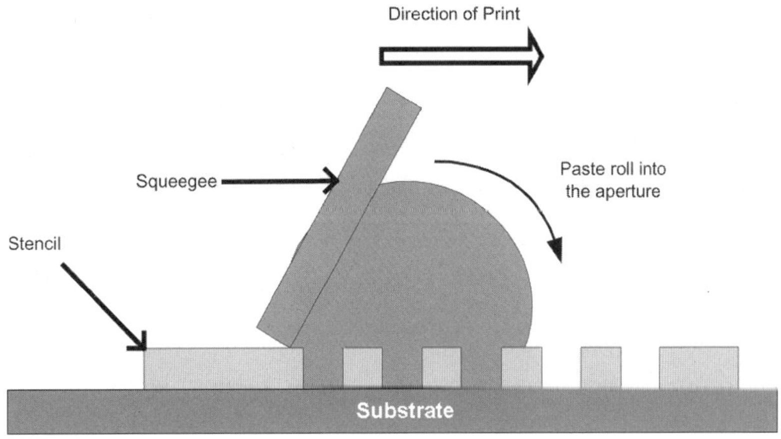

▌그림 3.39 인쇄 공정의 모식도

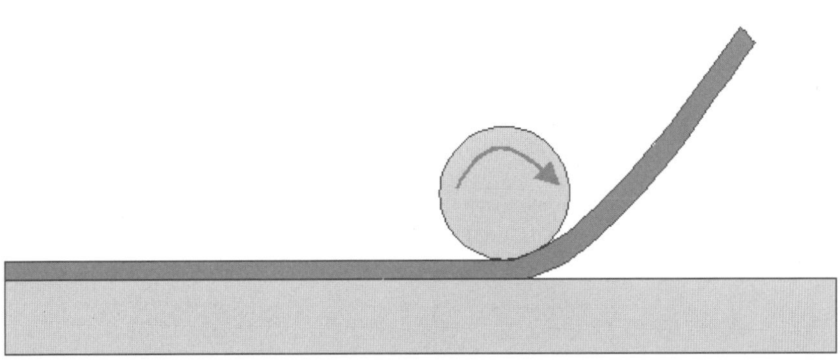

그림 3.40 라미네이션 공정에 의한 후막 형성 공정

또는 green tape 라미네이션법에 의하여 형성된 유전층은 소성 온도까지 가열하여 유전체 분말이 점성 유동을 통하여 치밀화되는 과정을 거치게 된다.

3.4.5 형광막 형성 공정

PDP에서 형광막 형성 공정은 가장 기술의 진보 속도가 느린 공정 분야중의 하나이다. PDP가 개발되었던 1990년대 초반부터 형광막은 인쇄 공법에 의하여 형성되어왔다. 형광막의 형성 공정을 그림 3.41 (a)에 모식적으로 나타내었다. 먼저 격벽의 패턴과 유사한 형상을 가지는 screen을 격벽 상부에 위치시키고, 페이스트를 인쇄하여, 격벽 공간에 형광체 페이스트를 인쇄한다. 건조 과정을 통하여 형광체 페이스트내에 첨가된 솔벤트가 증발되면, 형광체 페이스트는 격벽의 표면과 기저면에 잔류된다. 온도를 더욱 올리게 되면, 페이스트내에 존재하던 유기물이 burn-out되고 형광체 분말이 방전셀 내벽에 잔류하여 형광막이 형성되는 공정이다.

그림 3.41 (b)에 제조된 형광막의 단면 사진을 나타내었는데, 상부의 형광막 두께와 방전셀 기저면의 형광막 두께에 차이가 존재하는 것을 볼 수 있다. 이와 같은 형광막 두께의 차이는 waffle 모양과 같은 닫힌 방전셀에 있어서는 더욱 두드러지게 나타나고, 격벽간의 피치가 감소함에 따라서는 방전셀간 형광체의 혼합(혼색)이 발생하여 PDP 제조 공정에서 개선이 요구되고 있다.

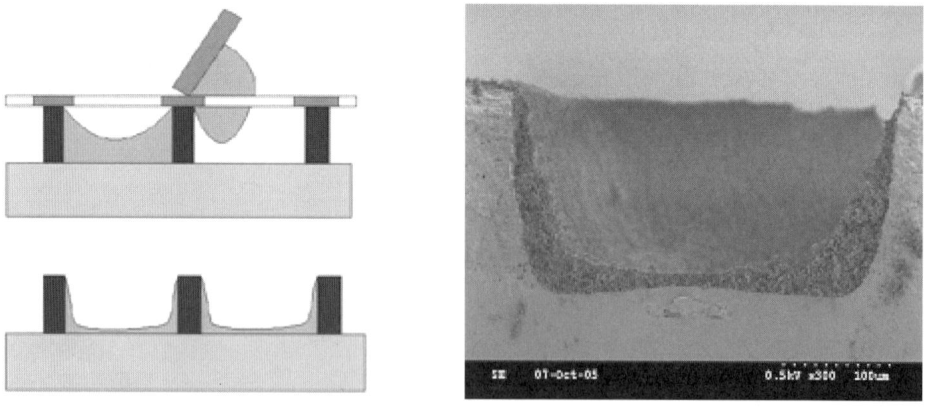

그림 3.41 (a) 형광막 인쇄 공정 모식도 및 (b) 격벽에 형성되어 있는 형광막의 단면 사진

3.4.6 MgO 보호막 형성 공정

대부분의 PDP 제조 공정에서 MgO 보호막은 e−beam evaporation법을 이용하여 성막하고 있다. E−beam evaporator에서는 수~수십 kV의 전기장을 통하여 가속된 전자빔이 MgO target과 충돌하면서 운동 에너지가 열 에너지로 변환되어 MgO를 가열하는 열원으로 사용된다. 가열된 MgO는 분자로 형태로 기화되거나, Mg^{2+}및 O^{2-} 이온으로 분해되어 기판에 박막을 형성하는 공정이다. MgO가 분자 또는 이온으로 기화되는지에 대해서는 확실한 실험적 증거가 보고되지 않다.

3.5 PDP의 에너지 효율

PDP는 패널에 공급된 전기 에너지가 글로우 방전 에너지, 진공 자외선, 기시광선의 에너지 변환 단계를 거치게 되는데, 각 단계별 에너지 효율을 그림 3.42에 나타내었다. 그림에서 보면, 글로우 방전시 에너지 효율이 10%정도로 매우 낮아 이 과정에서의 효율을 향상시키기 위한 다양한 연구가 진행되고 있다. 그중 가장 관심을 끄는 접근 방법이 글로우 방전에서 Xe 여기종을 생성하는데 가장 효율적인 부분인 양의 광주(positive column)를 PDP의 방전에서 구현하는 것이다.

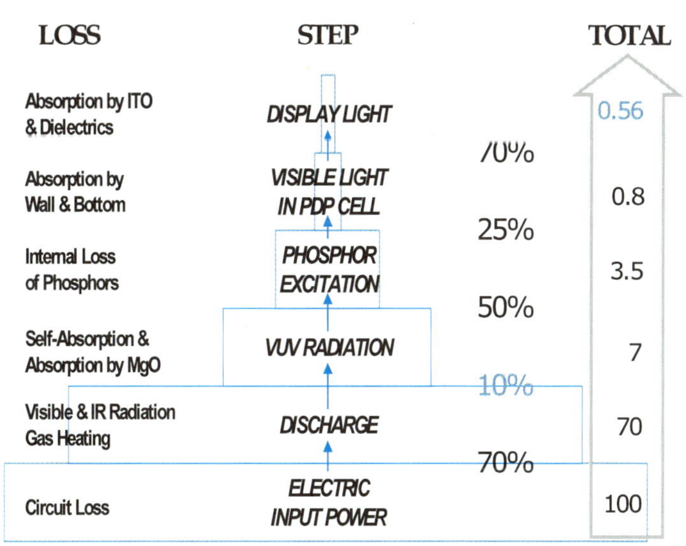

그림 3.42 PDP의 에너지 변환 단계별 에너지 효율

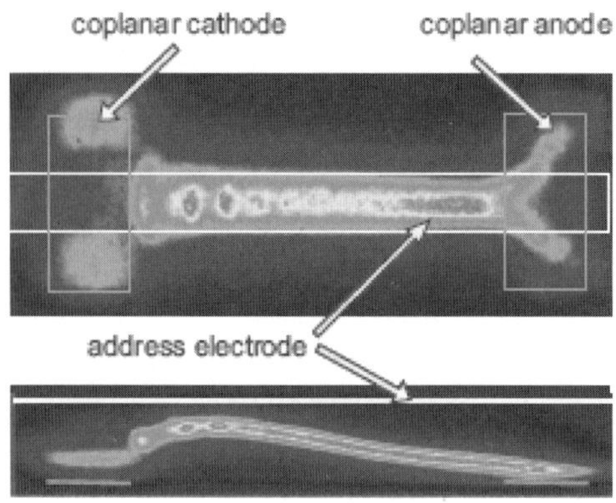

▌그림 3.43 Long-gap 방전 현상

그림 3.43은 방전 갭을 500μm으로 하여 방전을 유도시킨 경우의 방전 현상에 대한 이론적인 계산 결과를 보여주고 있는데 Xe의 여기 효율이 2배 이상 증가될 수 있음을 보여주고 있다. 이외에도 다양한 방전셀 구조의 적용, 고 Xe 방전 가스의 사용, 2차 전자 방출 계수가 향상된 보호막 재료의 개발등을 통하여 방전 효율을 향상시키기 위한 노력이 활발하게 진행되고 있다. 그림 3.44에는 PDP 발광 효율의 발전 추이를 나타낸 것으로서 이러한 발전을 보면 5 lm/watt 이상의 발광 효율이 예상되고 있다.

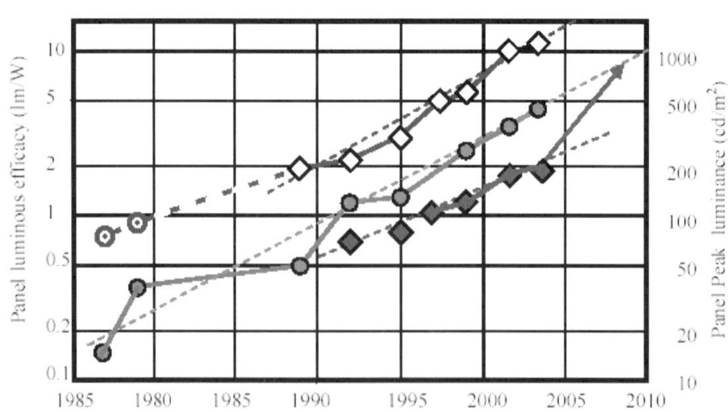

▌그림 3.44 PDP 발광 효율의 발전 추이

연습문제

01. 네온 싸인은 글로우 방전 시 발생하는 가스 방전을 이용하여 광고등으로 사용되고 있다. 네온 싸인의 작동 원리와 비교하여 PDP 작동원리를 설명하시오.

02. 형광등의 구조를 조사하여 보고, 발광 원리에 대하여 설명하여 보시오.

03. 방전 효율은 lm/watt로 표시된다. 1 watt의 전력이 가시광선의 전부 변환된다고 가정할 때, 얻어질 수 있는 최대 광속(lumens)은 얼마나 될 것인지 계산하여 보시오. 단 가시광선의 spectrum은 가시광 영역에서 Gaussian 분포를 한다고 가정하시오.

04. 휘도의 단위는 cd/m^2 인데 이것을 정의하시오.

05. 네온 원자(Ne)와 제논 원자(Xe)가 1기압의 상온에 존재할 때, 평균 운동 속도 및 운동 에너지를 구하고, 이들 원자들끼리 탄성 충돌을 일으킬 경우, 에너지 전달 효율을 계산하여 보시요. 이때 제논 원자는 정지하고 있고, 네온 원자는 계산된 평균 운동 속도로 이동하고 있다고 가정하시오.

06. 플라즈마는 이온화된 중성 가스로서 정의되는데, 이온화 과정은 열적 분해 반응에 의한 이온화 및 충돌 이온화 과정이 있다. 열적 분해 반응에 의한 이온화 과정을 조사하고, 온도에 따라서 이온화의 정도가 어떻게 변화하는지 수식으로 나타내시오.

07. PDP 방전 가스내에 Ne^+, Xe^+이온 및 전자가 혼재한다. 전극간의 간격이 100 μm 이고, 이들 사이에 200V의 전압이 인가되어 있다. 가스의 압력이 400torr인 조건에서 정지되어 있는 하전 입자가 전기장에 의하여 가속되어 다음 입자와 충돌하기까지 얻어진 운동에너지는 얼마나 될 것인지 각각의 하전 입자에 대하여 계산하고, 또한 이들의 속도를 계산하시오.

08. 식 (3.1)과 식 (3.9)를 증명하여 보시요.

09. 이차 전자는 이온, 여기종, 고에너지 광자 등에 의하여 재료의 표면으로부터 방출된다. 이들이 이차 전자를 발생시키는 기구를 각각 조사하여 설명하고, 그들의 상대적 크기에 대하여 설명하시오.

10. 양광주(positive column)는 형광등에서 가시광을 발생시키는 글로우 방전의 부분이다. 이 양광주의 특성및 생성 기구에 대하여 자료를 조사하여 설명하시오.

11. PDP에서 진공 자외선은 제논 원자(Xe)의 여기종에 의하여 발생한다. 이들 여기종의 quantum energy state를 조사하여 나타내시오.

12. 형광체의 활성제는 진공 자외선에 의하여 여기 상태로 활성화 된 후, 기저 상태로 천이하면서 가시광선을 발생시킨다. 활성제 원소의 여기 에너지 상태, intermediate 상태, 기저 상태의 에너지 준위를 구하고, 형광체의 가시광선 전환 효율을 향상시키기 위해서 어떠한 방안이 있는지를 제시하시오.

13. PDP의 암실 대비비는 5,000:1 정도로 매우 높은 특징을 지니지만 명실 대비비는 100:1～150:1 정도로 낮은 문제점이 있는데, 이에 대한 원인을 설명하고 개선할 수 있는 방안을 제시하시오.

14. 유리는 비정질 재료이다. 비정질 재료와 결정질 재료의 차이점에 대하여 설명하하시오.

참고문헌

01. M. A. Lieberman and A. J. Lichtenberg, Principles of Plasma Discharges and Materials Processing, John Wiley & Sons, INC, New York, 1994.
02. A. DInklarge, T. Klinger, G. Max, and L. Schweikhard(ed.), Plasma Physics, Springer-Verlarge, Berlin, 2005.
03. L. E. Tannas, Jr.(ed.), Flat-panel Displays and CRTs, Van Nostrand Reinhold Co., New York, 1985.
04. B. Chapman, Glow Discharge Processes, John Wiley & Sons, INC, New York, 1980.
05. J. P. Boeuf, Plasma Display Panels: physics, recent developments and key issues, J. Phys. D: Appl. Phys. 36, pp R53-R79, 2003.
06. H. D. Hagstrum, Auger Electron Ejection from Ge and Si by Noble Gas Ions, Phy. Rev. 119, pp 336-365, 1960.
07. H. Uchiike, K. Miura, N. Nakayama, T. Shinoda, and Y. Fukushima, Secondary Electron Emission Characteristics of Dielectric Materials in AC-operated Plasma Display Panel, IEEE Trans. on Electron Devices, 23, pp1211-1217, 1976.
08. S. Rauf and M. J. Kushner, Dynamics of a coplanar-electrode plasma display pe-nel cell. I. Basic Operation, J. of Appl. Phys., 85, pp3460-3469, 1999.
09. S. Rauf and M. J. Kushner, Dynamics of a coplanar-electrode plasma display pe-nel cell. II. Cell Optimization, J. of Appl. Phys., 85, pp3470-3476, 1999.
10. G. H. Rosenblatt, R. W. Rowe, G. P. Williams, Jr., R. T. Williams, and Y. Chen, Luminescence of F and F+ centers in MgO, Phys. Rev. B, 39, pp10309-10318, 1989.
11. C. K. Yoon, J. H. Seo and K.-W. Whang, Spatio-temporal Characteristics of Infrared and Vacuum Ultraviolet Emission from a Surface Discharge Type AC PDP cell with He-Xe and Ne-Xe Gas Mixture, IEEE Trans. on Plasma Science, 28, pp1029-1034,2000.
12. 서정현, AC PDP의 구동 방법과 개발 동향, 한국 정보디스플레이 학회지, 2(4), pp48-55, 2001.
13. 류재화, 김중균, AC PDP의 고화질화 기술 동향, 한국 정보디스플레이 학회지, 3(6), pp8-12, 2002.
14. 신상훈, 장동식, 디스플레이용 형광체의 연구 동향, 한국 정보디스플레이 학회지, 4(5), pp12-15, 2003.

15. 박희동, 강윤찬, PDP용 형광체 연구 동향, 한국 정보디스플레이 학회지, 2(6), pp63－71, 2002.

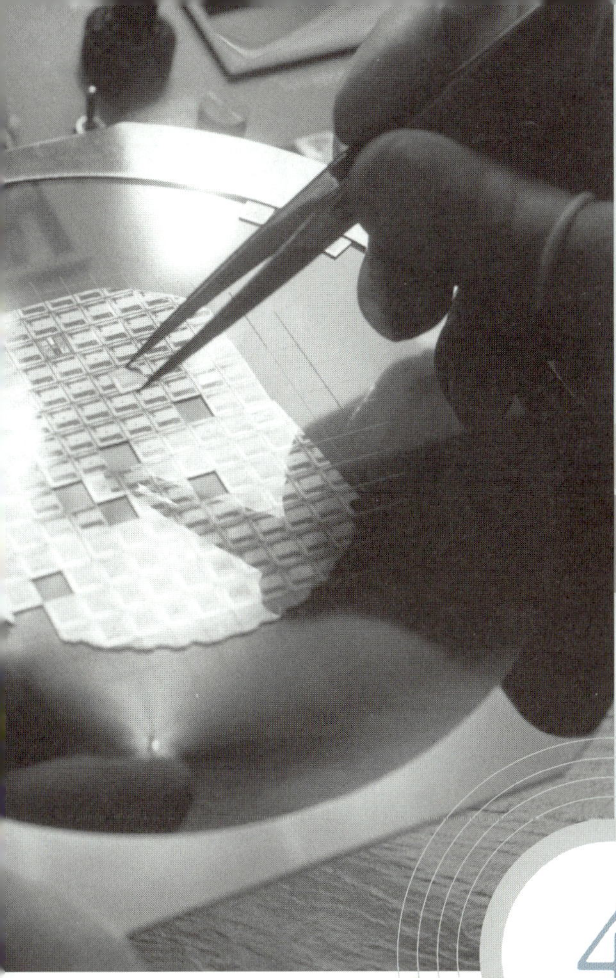

4 유기전기발광 디스플레이(OLED)

4.1 OLED 디스플레이 개요

4.1.1 OLED 기술의 역사

유기발광다이오드(organic light emitting diode, OLED)는 양극과 음극사이에 100~200 nm 두께의 유기박막이 적층되어 있는 구조이다(그림 4.1). 외부에서 전압을 걸었을 때, 양극에서 정공(hole)이 음극에서 전자(electron)가 각각 유기 발광층으로 이동하여 전자와 정공이 결합한 엑시톤(exiton)을 형성하고, 형성된 엑시톤이 여기상태에서 바닥상태로 떨어지면서 빛을 방출하는 것을 말한다. 전압을 인가했을 때 전류의 흐름이 다이오드의 특성을 나타내고, 빛을 방출하므로 유기발광다이오드라고 칭하였다. 연구초기에는 유기박막에 전압을 걸어주었을 때 빛을 방출하므로 유기전기발광(organic electroluminescence, 유기 EL) 이라고 하였으나, 국제표준화에 의하여 OLED 라고 명명하였다.* OLED 소자는 반도체 특성을 나타내는 유기박막에 있어서 전기적인 입력에 대하여 광학적인 발광특성을 나타내므로 소재의 화학적 특성, 소자의 전기적, 물리적인 특성, 그리고 광학적 특성에 대한 기초적인 이해가 필요로 한다.

유기물을 이용한 최초의 전기발광 소자는 1963년 Pope가 수십 μm 두께의 안트라센에 400 V 이상의 전압을 가하여 1% 이하의 효율을 얻은 것이다[1]. 박막이 얇으면 핀홀(pinhole)로 인하여 누설전류가 흐르기 때문에 박막은 수십 μm 이었으며, 두께가 두꺼움에 따라 구동전압이 수백 볼트가 필요하였다. 효율은 낮고 동작전압이 높아 당시에는 학문적인 관심을 갖는 정도로만 그치게 되었다.

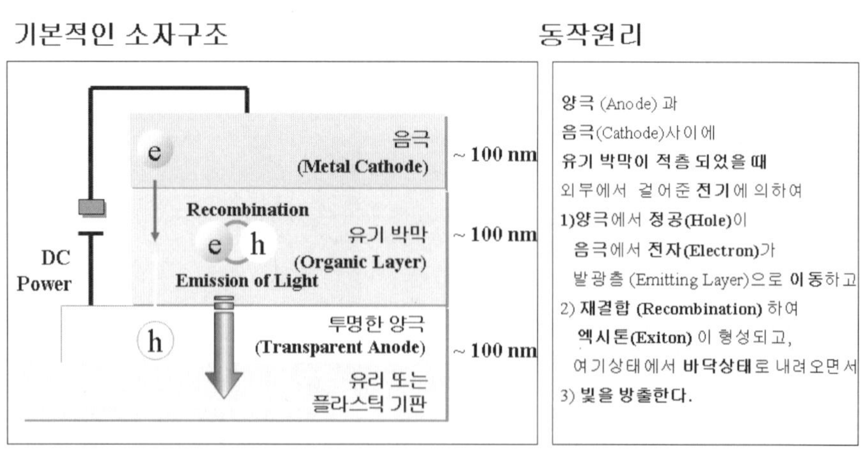

▌그림 4.1 OLED 소자의 기본구조

* 2003년 12월, IEC/TC110 OLED 분과 국제표준화 회의에서 제정

저전압 OLED에 대한 연구는 1987년 C. W. Tang이 그림 4.2와 같이 정공 수송층(hole transport layer, HTL)과 발광층(emitting layer, EML)을 수십 nm의 유기박막으로 만들고, 10 V 이하에서 휘도가 1000 cd/m², 외부양자효율 1%, 발광효율 1.5 lm/W의 결과를 발표하면서 시작되었다[2]. 방향족 아민과 Alq(aluminium quinolate)를 발광층으로 사용하였으며, 일함수(work function)가 낮은 Mg:Ag 전극을 사용한 소자구조로 OLED 연구 분야의 기초가 되었다.

또한 1989년 C. W. Tang은 발광층에 청색 또는 적색의 유기형광색소를 소량 도핑(doping)하여 호스트와 도판트 간의 에너지 전이에 의하여 발광효율이 증가하고 정공과 전자가 계면에서 재결합한다고 보고 하였다. 이는 형광색소의 도핑에 의한 효율향상 및 엑시톤의 형성에 대한 유기발광다이오드 원리를 이해하는데 기여 하였으며, 기능성 유기박막을 적층하여 소자의 성능을 향상시키는 시초가 되었다[3].

1990년 Friend 교수팀의 J. H. Burroughes는 그림 4.3과 같이 전도성 고분자인 PPV(poly p−phenylene vinylene)를 이용하여 고분자 OLED(polymer light emitting diode, PLED)가 가능함을 처음 발표하였다. 용해도가 낮은 PPV의 전구물질(precursor)을 스핀 코팅한 후, 약 200~300℃에서 열처리 하여 PPV 박막을 만들었다. 양자효율은 약 0.05% 수준이었으나, 간단한 스핀코팅 방법으로 저가격, 대면적 디스플레이의 제자 가능성과 유연한 기판을 이용한 플렉시블한 디스플레이의 가능성을 제시하였고, 이후 세계적으로 고분자 발광 물질 및 소자 개발 연구를 활성화시켰다[4].

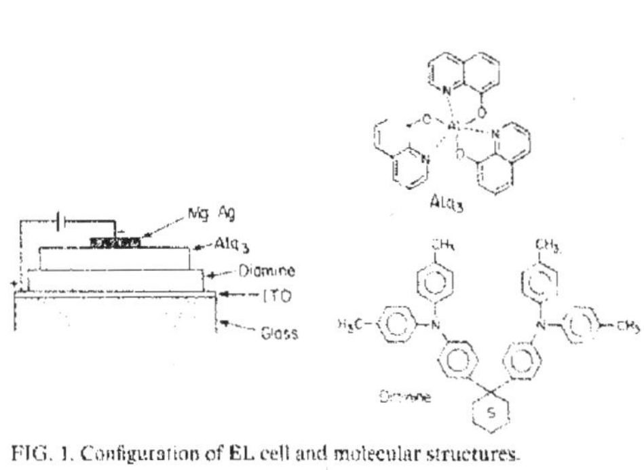

FIG. 1. Configuration of EL cell and molecular structures.

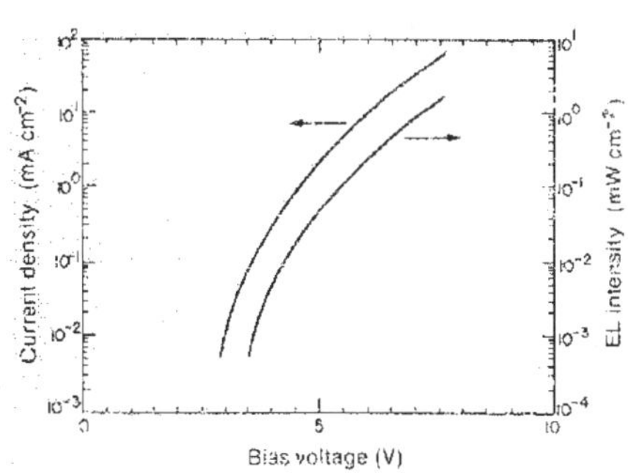

FIG. 2. Brightness-current-voltage characteristics of an ITO/diamine/Alq_3/Mg:Ag EL cell.

▌그림 4.2 Tang이 처음 발표한 OLED 소자의 구조 및 전류밀도-전압-휘도 특성

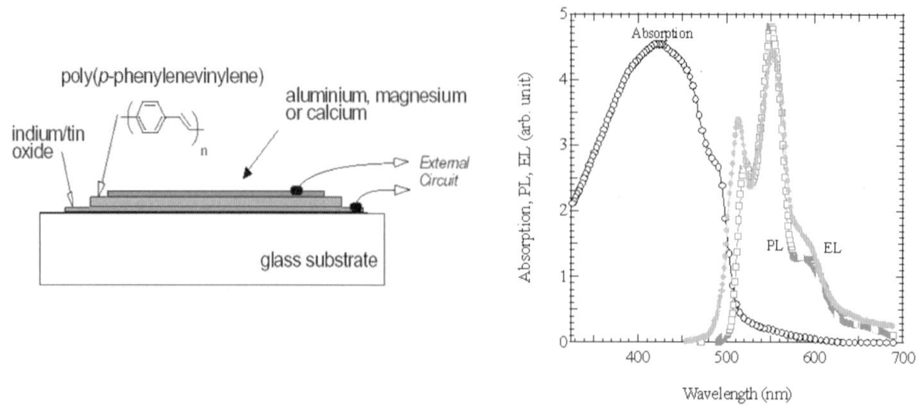

그림 4.3 PPV 고분자를 이용한 소자의 구조와 흡수(absoprtin), 광발광(photoluminescence, PL) 및 전기발광(Electroluminescence, EL) 스펙트럼

1998년 Baldo는 발광층에 인광 색소인 PtOEP(Pt(II) octaethylporphine) 중금속 화합물을 도핑하여 내부양자효율이 기존의 형광 25%에 인광 75%를 포함하여 이론적인 100%까지 응용할 수 있음을 보여주었다. 외부양자효율은 기존의 수 %에서 23%까지 향상된 우수한 적색 인광 OLED를 개발하였다[5]. 이후 OLED의 전기적 현상의 이해, 소재의 개발, 소자구조의 최적화 등을 통하여 소자 성능은 급진적으로 향상되었다.

2004년 Tang은 소자구조를 단층에서 다층으로 적층(tandem)하여 발광효율이 단층일 때 42 cd/A에서 삼층으로 적층 하였을 때 136 cd/A로 증가하였음을 보고하였다 이 같은 소자구조는 동작전압은 증가하나 효율 및 신뢰성에서 장점을 가지고 있다고 보고하였다[6].

유기박막과 전극사이의 접촉저항(contact resistance)이 크면 동작전압을 증가시켜 소자의 효율을 감소시킨다. Novaled 그룹은 2002년부터 전극과 유기박막의 저저항 접촉에 대한 연구를 시도하였다. 정공 수송층에 F4-TCNQ를 이용하여 p-도핑을 하였고, 전자 수송층에 n-도핑으로 세슘(Cs)을 도핑한 PIN(p-doping layer/insulator/n-doping layer) 구조의 녹색인광 OLED를 만들었다. 소자는 3.1 V의 낮은 전압에서 10,000 cd/m^2 밝기에 90 cd/A의 발광효율을 얻었으며 110 lm/W의 전력효율을 얻었다[7].

이제까지 연구된 OLED 소자의 특성을 외부양자효율 면에서 고찰하여 보면 그림 4.4와 같다[8]. 연구초기에는 안트라센과 같은 단일층의 저분자 유기물을 이용하여 1% 이하의 낮은 양자효율을 얻었으며, 1980년대 후반부터는 발광층의 독립적인 성막과 함께 우수한 정공 수송층과 전자 수송층을 사용하여 다층의 소자구조를

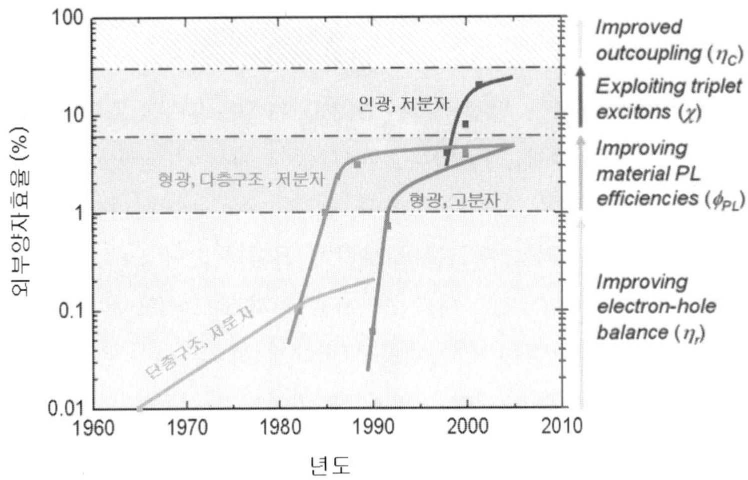

▌그림 4.4 연도에 따른 OLED 소자의 외부양자효율 변화

▌표 4.1 연도별 OLED 연구의 주요논문과 특허동향

년도	저자 또는 발명자	논문 또는 특허	비 고
1963	M. Pope 등	J. Chem. Phys., 38, 2042(1963)	– Anthracene을 이용하여 1% 이하의 효율 @100 ~200V
1982	Vincett 등	Thin Solid Films, 94,171(1982)	– 낮은 양자효율 (~ 0.05%)
1983	Partridge	Polymer, 24, 733(1983)	– 전도성 고분자인 PVK에 형광색소 도핑하여 백색발광
1985	S. A. VanSlyke, C. W. Tang	US Patent 4,359,507	– Power conversion efficiency 증가 – OLED 원천특허
1987	C. W. Tang, S. A. VanSlyke	Appl. Phys. Lett., 51, 913(1987)	– OLED 최초논문 – 휘도: >1000 cd/m2@<10V 1.5 lm/W
1989	C. W. Tang 등	J. Appl. Phys., 65, 3610(1989) US patent 4,769,292	– 도핑, 에너지 전이 등 이론화
1990	J. Burroughes 등	Nature, 347, 539(1990)	– 공액고분자 PPV를 이용한 최초의 PLED
	Friend 등	US patent 5,247,190	– PLED 특허
1998	M. A. Baldo 등	Nature, 395, 152(1998) US patent 6,303,238	– 인광 OLED
2002	J. Huang 등	Appl. Phys. Lett., 80, 139(2002)	– 저저항 접촉의 PIN 구조
2004	C. W. Tang 등	Appl. Phys. Lett., 84, 167(2004)	– 고효율 Tandem 구조

만들었다. 따라서 정공과 전자의 균형된 주입을 통하여 외부양자효율(external quantum efficiency)은 수 %까지 증가되었다. 지속적인 발광층 및 전하 수송층 소재 개발과 함께 발전되어온 OLED 기술은 발광소재의 형광효율의 증가, 인광소재의 개발과 함께 외부양자효율이 수 %에서 수십 %로의 고효율 OLED 소자가 되었다. 이 같은 효율의 향상은 2000년대에 들어서면서 패널의 크기를 소형에서 15인치급 이상의 대형화를 시도하게 하였다(그림 4.6). 따라서 OLED기술발전은 상용화를 위한 OLED 디스플레이로서 저전력 소모, 수명, 고색순도의 방향으로 연구하며, 발광하는 빛의 활용을 극대화 하기위하여 소자에 외광효율(out−coupling) 증가를 시도하고 있다. 표 4.1에 이제까지 연구 진행되어온 OLED 기술의 주요논문 및 특허 동향을 나타내었다.

4.1.2 OLED 기술 동향

이동통신의 발달과 함께 생활환경의 변화(anytime, anywhere, anyone)에 따라 멀티미디어기기는 보다 경량화된 저전력, 초박형의 디스플레이를 요구하게 된다. 따라서 향후 디스플레이의 시장은 저소비 전력, 슬림화를 기초한 대형화와 이동성이 간편한 박형화, 경량화로 추진될 것으로 예상된다. 또한 가격에 대비하여 고해상도, 휘도, 응답속도 및 계조비 등이 우수하고 시야각이 우수한 초박형 디스플레이로 진행될 것이다.

OLED 디스플레이의 기술은 응답속도, 시야각, 휘도, 대조비, 두께 측면에서 우수하여 빠른 속도로 기술발전이 이루어지고 있으나 소자의 장수명화, 내구성 향상 등의 분야는 다소 미흡한 부분이다. 따라서 기존의 디스플레이 시장에 진입하고 또 새로운 시장을 형성하기 위하여 ① 저가격으로 어떤 장점으로 단점을 극복하고 시장에 진입을 할 수 있는가 하는 점. ② 소비자들의 요구에 OLED 만의 장점을 이용한 기술의 방향은 무엇인가라는 점을 고찰해야 할 것이다. 그림 4.5와 그림 4.6을 기초하여 이제까지 연구되고 있는 OLED 기술의 발전과 상용화된 OLED 디스플레이 및 시작품의 발전 동향은 다음과 같이 나타낼 수 있다.

첫째, 패널크기가 휴대용인 2 "급의 소형에서 대형 TV를 겨냥하여 40" 급까지 개발하고 있으며, 패널구동방법이 수동구동(passive matrix, PM)과 능동구동(active matrix, AM)이 용도에 따라 연구되고 있는 점. 둘째, 구동스위칭 측면에서 이동도가 우수한 저온폴리실리콘(low temperature polysilicon, LTPS) TFT(thin film transistor)의 개발 뿐 만이 아니라, 대면적 크기의 공정이 우수한

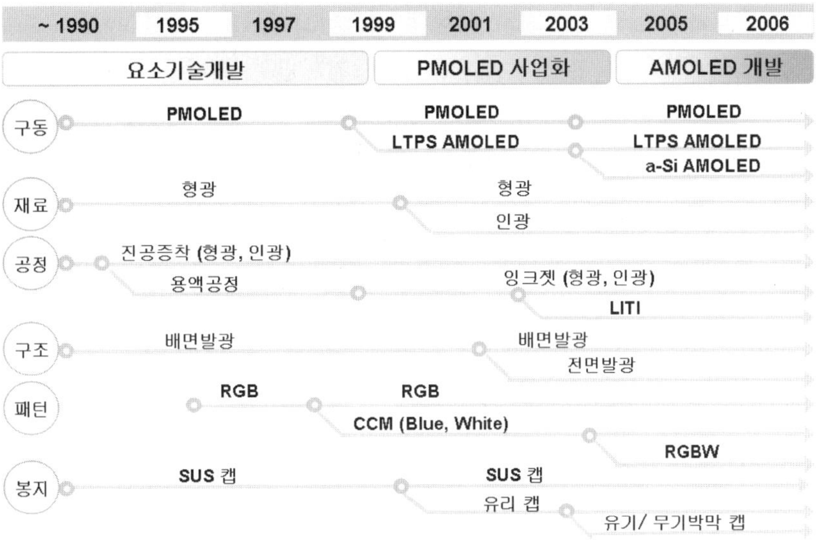

▌그림 4.5 OLED 디스플레이의 요소기술의 발전 동향

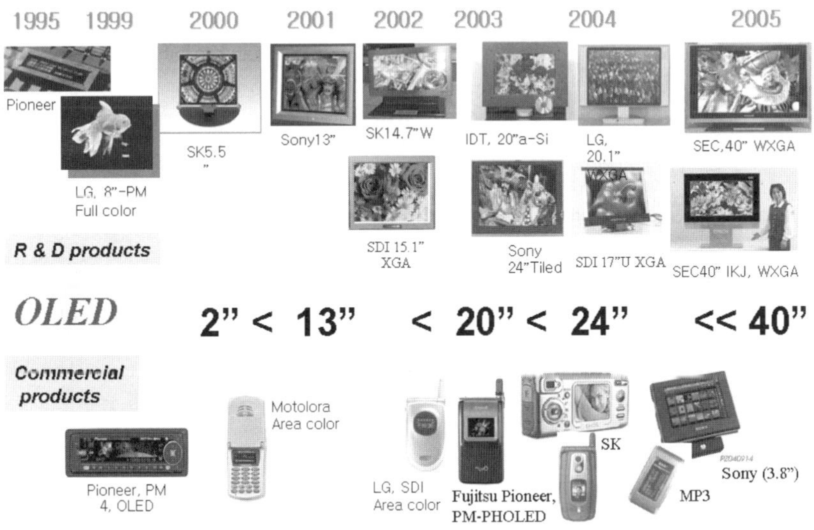

▌그림 4.6 OLED 시작품 디스플레이의 발전 및 상용화 제품의 변화

비점질 실리콘(amorphous silicon, a−Si) TFT 구동개발도 병행하고 있는 점. 셋째, 형광 또는 인광, 도판트 및 밴드갭(bandgap)이 넓은 호스트의 개발로 인하여 매년 소자의 성능이 15~20% 수준으로 향상 하고 있는 점. 넷째, 대형 풀칼라 공정으로 유기소재의 특성에 따라 미세 금속 마스크법(fine metal mask 또는 shadow mask), 레이저 열전사법(laser induced thermal imaging, LITI) 또는

inkjet 방법 등으로 다양하게 시도하고 있는 점. 다섯째, 고효율의 고해상도를 위하여 배면발광에서 개구율이 큰 전면발광을 개발 하고 있는 점. 여섯째, 소자의 장수명화를 위하여 유리, 하이브리드 박막을 이용한 봉지(encapsulation) 기술이 끈임 없이 연구 진행되고 있는 점이다.

4.2 발광원리와 OLED 소자

본 절에서는 OLED 소자에서 전기의 흐름에 따른 발광의 특성에 대하여 이해하고자 유기물의 전도성, RGB 발광의 원리, 전하의 주입 및 수송 그리고 형광과 인광의 관계에 대하여 간략히 논의하겠다.

4.2.1 유기물의 전도성

전기전도도 : 전기 전도도는 물질 내에 전류가 흐르는 정도를 말하는 것으로 전기저항의 역수이다. 전자가 가전자대(valance bond, E_v)에서 전도대(conduction band, E_c)로 얼마나 쉽게 이동하는가 하는 것은 에너지 밴드갭 (energy band gap, E_g)의 크기에 따라 결정된다. 대략 3 eV 이하인 물질은 반도체라 하며, 3 eV 이상의 경우에는 절연체로 구분한다. 도체는 그림 4.7과 같이 페르미 준위(fermi level, E_f)가 전도대 안에 있으므로 에너지 밴드갭이 없고, 전자가 다른 비어있는 상태로 쉽게 이동하여 전류가 잘 흐른다. 이에 비하여 반도체는 전류가 흐를 때 전자와 정공이 모두 이동하는 것으로 밴드갭이 도체와 부도체의 중간이다. 특히 실온에서는 밴드갭이 작아 전자가 쉽게 전도대로 올라가므로 전도성을 가지나, 낮은 온도에서는 밴드갭이 커서 부도체처럼 작용한다.

고분자는 대부분 절연체이나 금속과의 결합 또는 이온의 도핑에 따라 전기전도도가 그림 4.7과 같이 도체(conductor), 반도체(semiconductor), 절연체(insulator)로 구분된다. 폴리페닐렌(polyparaphenylene,PPP), 폴리페닐렌비닐렌(polyphenylenevinylene, PPV)과 같은 공액고분자들은 $1 \sim 10^{-12}$ S/cm 정도의 전도도로 반도체의 특성을 나타내며, 폴리아세틸렌(polyacetylene, PA)은 도핑에 따라 $10^{-5} \sim 10^{5}$ S/cm 정도로 도체와 반도체적인 특성을 나타낸다. 유기물은 전기전도도에 따라 투명한 유기전극, 유기전기 발광소자, 태양전지, 메모리 소자 등의 유기전자소자에 많이 이용되고 있다[10, 11].

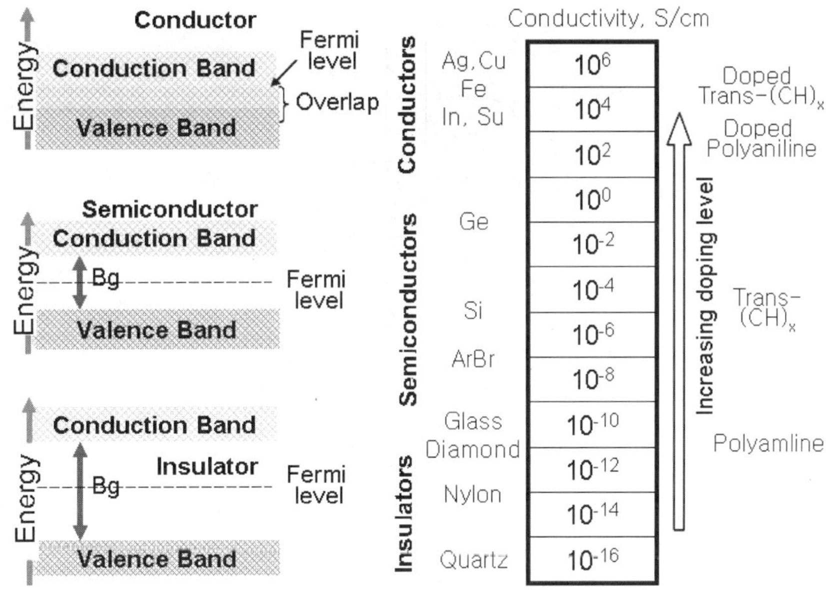

▌그림 4.7 도체, 반도체, 절연체의 밴드 다이아그램과 전도성 고분자의 전기전도도-

전하이동도 : 전류의 흐름은 전하의 이동 갯수 및 이동속도에 비례하는 것으로 분자간의 결합력과 결정구조에 따라 다르다. 대표적인 무기반도체인 실리콘 결정은 원자 간에 강한 공유결합(covalent bond)으로 다이아몬드 구조를 가진다. 전자의 이동도는 10~1,000 cm^2/Vs의 값으로 전하의 수송은 밴드 상태에서의 전도이다[12, 13]. 이에 비하여 유기반도체인 펜타센은 분자들이 약한 반데르발스(van der Waals) 상호작용으로 결합되어, 청어뼈(herring bone) 모양의 구조를 나타낸다. 전하의 이동도는 10^{-2}~38 cm^2/Vs 로 전하의 수송은 분자 에너지준위 사이를 호핑(hopping)을 한다. 고분자와 같은 비결정은 전자-포논 상호작용(electron-phonon coupling)이 커서 전하가 이동할 때 분자 또는 격자(lattice)의 변형을 일으키며(폴라론이라 함), 전하의 이동도는 10^{-1}~10^{-6} cm^2/Vs 수준으로 아주 작다 그림 4.8은 이동 메카니즘에 따른 전하의 이동도를 나타내었다. 박막의 결정성과 이동도는 밀접한 관계를 나타내며, 실리콘과 같이 박막의 결정성이 우수할수록 밴드 상태의 전도 메카니즘으로 높은 이동도를 나타내며, 고분자와 같은 무정형은 호핑에 의한 전도로 이동도가 매우 낮음을 알 수 있다.

OLED에서 발광층으로 사용되는 PPV와 Alq 박막의 전하이동은 그림 4.9와 같이 호핑에 의하여 전하가 이동되며, 이동도는 2.0×10^{-8}~10^{-3} cm^2/Vs 수준으로

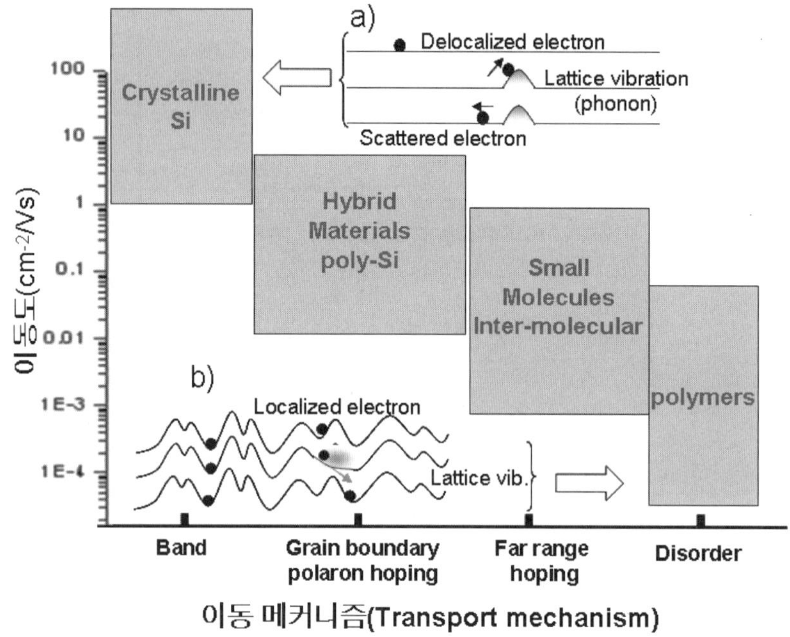

▌그림 4.8 전하이동 메카니즘에 따른 이동도 변화. a) 밴드에 의한 전하수송, b) 호핑에 의한 전하수송

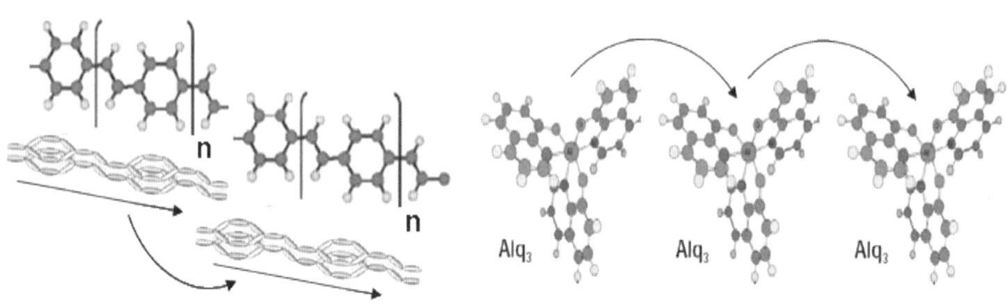

▌그림 4.9 PPV 고분자와 Alq 저분자에서 호핑에 의한 전하이동 (Alq_3의 이동도: μ_e : 1.4 × 10^{-6} cm^2/Vs, μ_h : 2.0 × 10^{-8} cm^2/Vs)

매우 낮다. 따라서 유기물의 전기적인 특성을 기초로 한 유기전자소자는 저온공정으로 인한 저가격 및 다양한 기능성 신소재를 합성할 수 있다는 장점이 있으나, 무기물에 비하여 전하의 밀도와 이동속도가 낮아서 전기적인 소자로 이용하기 위해서는 극복해야 할 점이 많다.

유기물의 밴드갭과 RGB 발광스펙트럼 : 에텐에서 탄소는 그림 4.10 (a) 와 같이 sp2 혼성궤도함수로 3개의 시그마 결합(σ-bond)을 하고 남아있는 pz 함수의 1개의 전자는 분자축의 위와 아래를 통하여 파이 결합(π-bond)을 이룬다. 이 때 탄소와 탄소는 1개의 $\sigma(sp^2-sp^2)$결합과 1개의 π(2pz −2pz) 결합으로 이중결합을 나타내며, 결합의 길이는 단일 결합보다는 짧고 삼중 결합보다는 길다. π 결합에서 비편재화(delocalized) 되어있는 π 전자는 전자구름(electron cloud)을 형성하며, 호핑에 의하여 자유롭게 인접한 탄소로 움직이므로 전기가 통하는 통로가 된다. π 전자의 에너지 준위는 헥켈의 분자궤도함수이론(Huckel's molecular orbital theory)에 의하여 구한다.

같은 상(in phase)에서 궤도함수간의 중첩으로 인하여 핵 간의 전자 밀도가 높고 안정화 되었을 때를 결합 궤도함수(bonding orbital)라고 하며, 서로 다른 상(out of phase)에서 핵 간의 전자를 발견할 확률이 적고 높은 에너지를 나타낸 경우를 반결합 궤도함수(antibonding orbital)라고 말한다. 결합 궤도함수는 핵 간의 인력에 의하여 낮은 에너지를 가지며 σ결합과 π결합으로 나타낸다. 이에 대하여

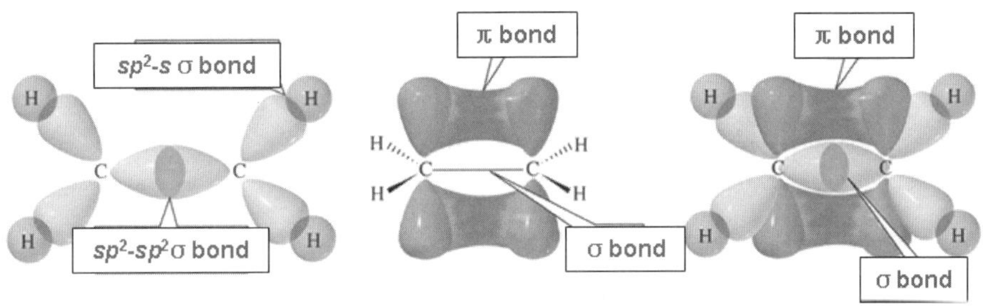

(a)

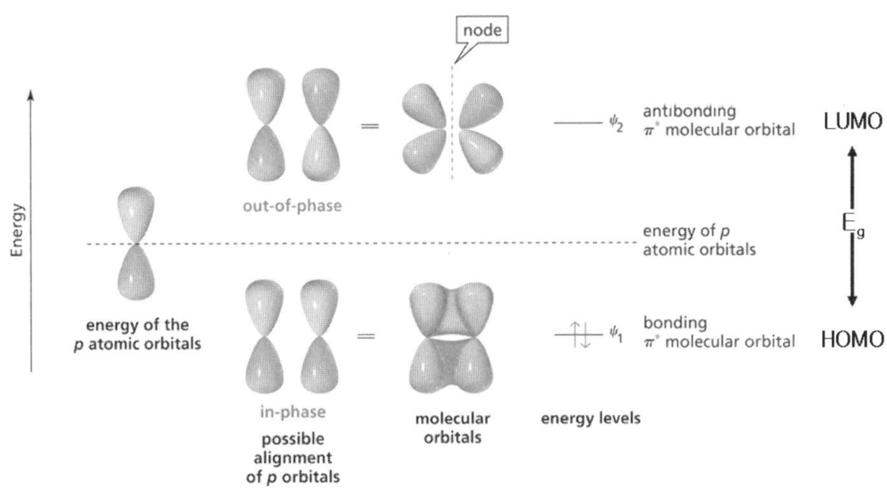

(b)

▌그림 4.10 (a) 에텐에서 시그마 결합과 π 결합의 궤도함수 모형과 (b) p궤도 함수의 결합(HOMO)과 반결합(LUMO)의 에너지 준위

반결합 궤도함수는 핵 간의 반발력에 기인하는 것으로 δ^*결합과 π^* 결합으로 나타낸다. 이때 결합 궤도함수는 HOMO(highest occupied molecular orbital)와 일치하며, 반결합 궤도함수는 LUMO(lowest unoccupied molecular orbital)와 일치하고 LUMO와 HOMO의 에너지 차를 밴드갭(E_g)이라 한다.

E_g는 HOMO 준위로부터 1개의 전자를 떼어내는데 필요한 에너지인 이온화 포텐셜(ionization potential, I_p)과 상대적으로 LUMO 준위에 전자 하나를 첨가하는데 필요한 에너지인 전자친화도(electron affinity, E_a)의 차이를 나타낸다. 여기상태인 LUMO에 있는 전자는 보다 낮은 에너지 준위로 이동을 하고자 $E = h\nu$에 해당하는 만큼 광자방출(photon emission)하게 되며, 이때 방출되는 에너지 밴드갭의 크기로부터 발광 스펙트럼의 파장을 알 수 있다. 방출되는 에너지, 스펙트럼, 발광 색과의 상관관계는 식 (4−1)~(4−3)과 같으며, 여기서 h는 플랑크 상수(6.626×10^{-34} J/s), C는 빛의 속도(3×10^8 m/s), 에너지 1 eV는 1.6×10^{-19} J 에 해당 한다. 따라서 발광층 소재의 밴드갭의 크기에 따라 발광색이 결정되므로 유기박막 소재의 설계와 합성을 통하여 밴드갭을 조절할 수 있으며, 또한 여러가지의 RGB 발광색을 자유로이 얻을 수 있다.

$$E_g = h\nu = h\frac{c}{\lambda} \tag{4.1}$$

$$E_g[eV] = \frac{1.24}{\lambda[\mu m]} \tag{4.2}$$

고분자의 밴드갭과 발광 스펙트럼 : 전도성 고분자는 단일결합과 이중결합이 교대로 이루어진 공액고분자(conjugated polymer)로 pz 궤도함수의 π 전자는 전자

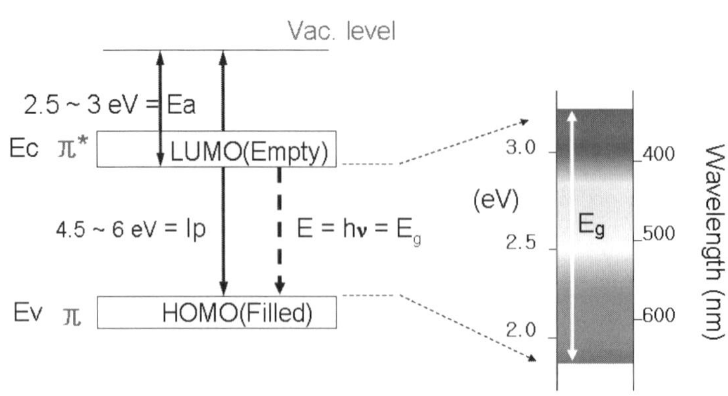

▌그림 4.11 π 전자의 에너지 밴드갭과 RGB 발광파장과의 관계

구름을 형성하며, 호핑에 의하여 인접한 분자로 이동하여 전기 전도성을 띈다. 또한 고분자에 화학적 도핑이나 광 여기, 또는 전하가 주입되면 결합의 길이, 결합각, 핵의 위치 등에 변화가 일어나며, π 전자는 에너지가 낮은 쪽으로 재배치가 일어난다. 이 같은 분자 격자배열의 변화를 폴라론 이라고 한다.

폴리아세틸렌은 그림 4.12 (a)와 같이 단일결합과 이중결합이 교대로 이루어진 공액 고분자이다. 탄소원자 하나 당 한 개의 π−전자가 있으며, 고분자 사슬의 뒤틀림 없이 모든 C−C 간의 결합거리가 같고 가전자대가 반만 차므로 일차원 금속이라 할 수 있다. 그러나 아주 긴 고분자 사슬에서는 결합길이가 균일한 상태보다 길고 짧은 것이 교대로 반복되는 결합교대(bond alternation) 상태가 더 안정한 구조임이 밝혀졌다(그림 4.12 (b))[14]. 긴 고분자 사슬에서 결합길이가 교대가 되면 균일한 결합 길이를 갖는 경우의 2배가 되는 격자상수를 갖게 된다. 따라서 결합 길이가 균일한 상태의 페르미 에너지 면에서 그림 4.12 (c)와 같이 밴드갭이 생기고, 도체에서 반도체로의 상전이 현상(metal− insulator transition)이 일어나게 된다. 이를 Peierls 불안정성(peierls instability)이라 하며, 이때 형성된 Peierls 밴드갭(peierls band gap)에 의하여 반도체 특성을 나타나게 된다[15, 38].

폴리아세틸렌에서 전하의 주입에 따른 솔리톤 및 폴라론의 형성과 에너지 준위는 그림 4.13에 나타내었다. 폴리아세틸렌은 그림 4.13 (a)의 구조와 같이 두 개의 공명구조(resonance structure)로 π−전자 구름이 주사슬에 균등하게 중첩(overlap)되어 있다. 바닥상태에서 축퇴(degenerate)되어 있는 에너지 밴드갭 중앙에 솔리톤(soliton)을 형성하고, 축퇴가 깨진 구조를 갖는 전도성 고분자는 두 솔리톤이 결합된 바이폴라론(bipolaron)을 형성한다[16−17]. 이 때 솔리톤의 에너지 준위는 $\pi - \pi^*$ 에 너지 갭의 중앙에 위치한 상태로 결합에 참여하지 않으므로 비결합성(non−bonding) 에너지 준위라고 한다. 스핀상태가 1/2인 1개의 비공유성 전자를 중성 솔리톤 또는 라디칼이라 부른다. 비공유 전자가 추가로 있을 때 음성 솔리톤(negative soliton) 또는 음이온이라 하며, 없을 때를 양성 솔리톤(positive soliton) 또는 양이온이라 한다. π 공액고분자에 p 또는 n형 도핑을 하거나 빛 등으로 여기된 전하는 강한 전자−포논 상호작용에 의해 엑시톤(exiton)을 형성한다. 폴라론은 외부의 전하 또는 광자에 의하여 분자수준에서 결합각, 결합길이, 격자 등이 변형된 상태를 말한다. $\pi - \pi^*$ 에너지 밴드갭 사이, 다시 말해 HOMO와 LUMO 사이에서 스핀의 상태에 따라 음성 폴라론(negative polaron, P^-) 또는 음이온 라디칼(cation radical)이라 하며, 양성 폴라론(positive polaron, P^+)또는 양이온 라디칼(anion radical)의 2 개의 에너지 준위를 갖는다. 이 때 에너지 준위는 정공과

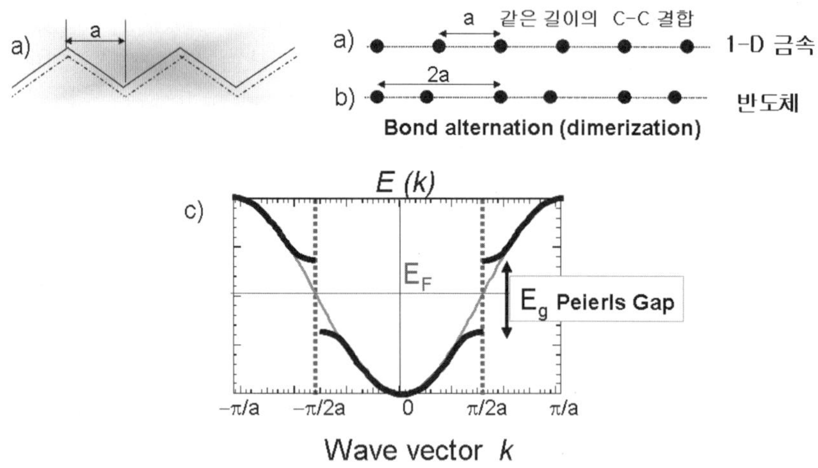

▌그림 4.12 (a) 폴리아세틸렌에서 탄소-탄소간의 균일한 결합길이, (b) 결합 교대로 인한 탄소-탄소 결합길이의 차이, (c) Peierls 밴드갭

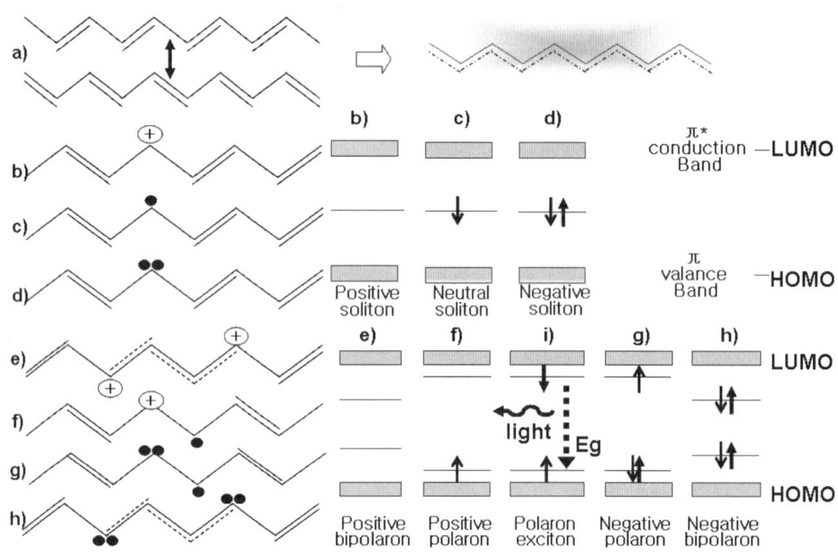

▌그림 4.13 폴리아세틸렌에서 솔리톤과 폴라론의 구조 및 에너지 준위. (a) 폴리아세틸렌의 공명구조와 π 전자구름, (b) 양성 솔리톤(양이온), (c) 중성 솔리톤(라디칼), (d) 음성 솔리톤(음이온), (e) 양성 바이폴라론, (f) 양성 폴라론(양이온 라디칼), (g) 음성 폴라론(음이온 라디칼), (h) 음성 바이폴라론, (i) 폴라론 엑시톤(혹은 엑시톤).

전자의 개념인 두 개의 솔리톤 사이에 상호작용에 기인하는 것으로 두개의 폴라론의 결합에 의하여 전하가 없는 엑시톤(chargeless excitone)이 형성된다. 형성된 엑시톤은 그림 4.13 (i)에서와 같이 밴드갭의 크기에 따라 RGB에 해당하는 발광을

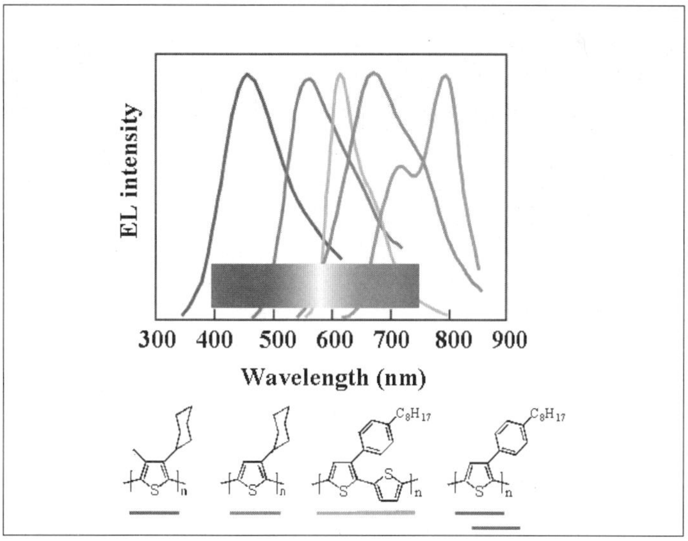

▌그림 4.14 싸이오펜 고분사의 곁사슬의 치환기효과에 따른 발광스펙트럼의 변화

하며, 파장이 결정된다. 그림 4.14는 폴리싸이오펜 주사슬(main chain)에 여러 종류의 곁사슬(side chain)의 치환된 고분자를 블랜딩(blending) 하였을 때 전압의 변화에 따른 발광색의 변화를 나타내었다 이는 밴드갭을 좌우하는 공액고분자의 길이, 곁사슬의 치환체 효과 등의 제어를 통하여 다양한 RGB 발광스펙트럼을 얻은 것이다[18].

이제까지 이중결합이 교대로 이루어진 폴리아세틸렌 고분자를 기초하여 왜 전기를 통하는가 하는 점과 밴드갭은 어떻게 정의하며, 이에 따른 발광 파장의 변화에 대하여 살펴보았다. 소재의 종류에 따른 OLED 소자의 특성과의 관계는 4.3절을 참조하길 바란다.

4.2.2 발광원리

발광 원리 : OLED 소자는 그림 4.15 (a)와 같이 양극과 음극사이에 발광층을 적층한 구조로 전하의 이동도가 높은 정공수송층과 전자수송층을 포함하여 다층구조를 이룬다. 발광 메카니즘을 순차적으로 살펴보면 그림 4.15 (b)와 같다. ① 소자에 전기를 걸어줌에 따라 양극에서 정공수송층으로 정공이 주입되고, 음극에서 전자수송층으로 전자가 주입된다. 이때 화학용어로는 음극에서는 유기분자가 전자를 받아들여 "환원(reduction)"되고 양극계면에서 유기분자는 전자를 빼앗기어 정공이 생기므로 "산화(oxidation)된다" 라고 한다. ② 주입된 전자는 그림 4.15(c)와

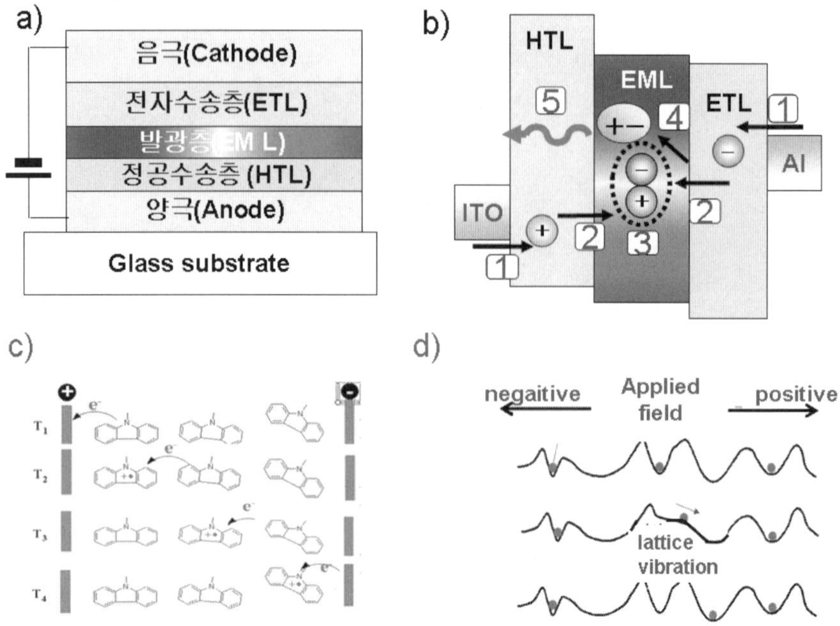

▌그림 4.15 (a) OLED 소자의 기본구조, (b) 에너지 밴드 다이아그램 및 발광 메카니즘, (c) 단일층에서 호핑에 의한 전자의 이동 모식도, (d) 결함, 분자간의 격자 진동에 의한 전자 또는 전공의 트랩

같이 음극에서 양극으로 이동하고, 정공은 양극에서 음극으로 호핑을 하면서 이동을 한다. ③ 발광층으로 수송된 정공과 전자는 결합하여 여기상태의 엑시톤을 형성하고 엑시톤을 형성하지 않은 정공과 전자는 반대편의 전극으로 이동하므로 누설전류(leakage current)가 된다. ④ 엑시톤은 확산에 의하여 이동하며 이때에 호스트와 도판트 간의 에너지 전이가 이루어진다. ⑤ 마지막으로 엑시톤이 바닥상태로 떨어지면서 빛을 방출하거나 또는 비발광 현상으로 열을 방출하게 된다. 전하의 이동 메카니즘은 그림 4.15 (c)에서와 같이 호핑에 의하여 전도되며, 그림 4.15 (d)에서와 같이 전자가 결함(defect) 또는 무질서한 배열에 의하여 전하를 담고 있는 상태로 트랩(trap) 되면 발광효율이 낮아진다. 또한 분자 간에 주위분자들과의 격자 분극(lattice polarization)에 의한 진동에 의하여 이동속도는 낮아진다.

발광효율 : OLED 소자에서 방출되는 빛의 세기(luminance intensity)는 외부에서 걸어준 전류에 비례하는 것으로 주입된 전하당 방출되는 광자의 비율을 발광효율(Luminance efficiency)로 나타낸다. 발광원리를 기초하여 광학적인 특성을 고찰하여 보면 다음과 같이 설명할 수 있다. 첫째, 얼마나 많은 개수의 정공과 전자가 정공수송층과 전자수송층으로 균형된 주입(balanced injection; $N_e = N_h$) 을

하는가 하는 것이다 엑시톤을 형성하여 빛 또는 열로 방출하지 않은 남은 정공과 전자는 누설전류가 되므로 전류에 비하여 발광량이 적어 발광효율은 떨어지게 된다. 둘째, 정공과 전자의 이동도가 얼마만큼 균형되게 이동하는가 하는 점이다 (bipolar transport; $\mu_e = \mu_h$). 일반적으로 정공의 이동도가 전자의 이동도 보다 100배 정도 빠르므로 이를 방지하기위하여 정공 차단층(hole blocking layer, HBL)을 도입한다. 세째, 전자와 정공의 결합에 의한 엑시톤의 형성 비율이다. 주입된 정공과 전자가 음극이나 양극으로 빠져나가지 않고 많은 엑시톤이 형성될 수 있도록 정공 또는 전자 차단층을 도입한다. 네째, 형성된 엑시톤이 얼마만큼의 빛으로 발광하는 것이다.

내부 양자 효율(internal quantum efficiency, η_{int})은 외부전극으로부터 주입된 전하의 수에 대하여 내부에서 발생한 광자 수로 전하를 빛으로 변환 시키는 효율이다. 따라서 ① 양전극으로부터 주입된 정공과 전자의 균형된 주입(η_{rec}: charge balance factor), ② 발광층에서 단일항 및 삼중항 상태(25%:75%)의 엑시톤 형성으로 얻어지는 스핀의 상태(η_s: spin static factor), ③ 소재 자체의 광효율(η_{pl} : photoluminescence efficiency)의 곱으로 나타낸다.

$$\eta_{int} = \eta_{rec} \cdot \eta_s \cdot \eta_{pl} \tag{4.3}$$

이때 전하의 주입을 통하여 재결합한 η_{rec}는 소자의 다층구조를 이용하여 거의 1에 가까우며, 형광의 단일항 엑시톤과 인광의 삼중항 엑시톤을 모두 활용하면 η_s는 1 이다. 형광효율(η_{pl})은 엑시톤의 발광양자효율로 소재의 특성, 에너지전달과정 등에 영향을 받으나 분자의 수준에서는 거의 100%에 가깝다. 따라서 형광에서 내부양자효율은 최대 25% 수준이며, 인광을 이용하면 그림 4.22에서 보는 바와 같이 내부 양자효율의 이론적인 한계인 100% 까지 얻을 수 있다[19].

외부 양자효율(η_{ext})은 내부 발광층에서 발생한 빛이 얼마만큼 외부로 방출되는가를 나타내는 것으로 내부양자효율에 빛이 외부로 방출되는 효율 즉 외광효율(out coupling)의 곱으로 나타낸다. 일반적으로 외광효율은 $\eta_{out} = 1/2n^2$ 이며, 여기서 n는 굴절율이다. 대부분 유기재료의 굴절율이 약 1.5~1.8 정도이므로 형광 또는 인광에서 내부 양자효율은 약 5~25% 정도이다. 형광에서 외부양자효율을 이론적으로 계산하면 다음과 같다.

$$
\begin{aligned}
\eta_{ext} &= \eta_{int} \times \eta_{out} \\
&= \eta_{rec} \cdot \eta_{s} \cdot \eta_{pl} \cdot \eta_{out} \qquad (4.4) \\
&= 100\,\% \times 25\,\% \times 100\,\% \times 22\,\% = 5.5\,\%
\end{aligned}
$$

소자의 발광층에서 외부로 방출되는 빛은 외부로 나오는 과정에서 두께가 다른 다층의 유기박막과 매질이 다른 기판을 통과하게 된다. 유기박막의 빛은 레이저 광선처럼 직진성이 없기 때문에 180 도의 방향으로 분산되므로 빛이 옆으로 나오거나, 유기박막, 전극물질 계면, 기판소재와 같이 굴절율 차이에 의하여 소자내부에 갇히게 된다. 매질에 따른 외광효율은 그림 4.17와 같이 발광되는 외부, 유리기판, 유기박막내부가 각각 18.9 %, 34.2 %, 46.9 %에 해당한다. 따라서 이론적인 외부발광효율 25%를 제외한 내부 전반사 등에 의한 손실 75%를 보완하기 위하여 마이크로 렌즈, 굴절율이 낮은 물질, 광결정(photonic crystal) 또는 ITO 박막층과 유리기판 사이에 에어로겔층을 삽입하는 구조를 사용하여 외광효율을 증가시킨다[20].

그림 4. 18은 이제까지 설명한 내용을 그림으로 나타낸 것으로 발광과 함께 고려할 부분은 소자의 노화현상이다. 양쪽의 전극에서 주입되는 전하들에 의해 형성되는 라디칼 음이온 (radical cation) 및 라디칼 양이온(radical anion)에 의한 노화(degradation 1)현상과 높은 에너지 준위에서 형성된 엑시톤의 노화(degradation 2)현상은 소자의 수명에 직접적인 영향을 주므로 새로운 소재 및 소자의 최적화를 고려해야 한다. 한 예로 엑시톤이 음극 부근에 있으면 표면 플라즈몬을 여기시켜 에너지를 잃어서 발광 효율이 낮아진다. 그리고 이와 같은 엑시톤과 금속 전극과의 상호작용은 발광층과 금속전극 사이의 거리에 따라 주기적으로 변하는 간섭 현상이 일어난다. 따라서 발광층이 금속 전극으로부터 적당한 거리에 떨어져 있도록

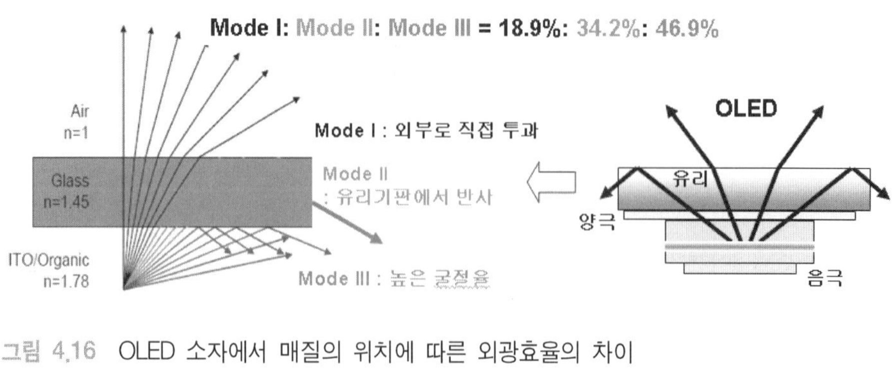

▌그림 4.16 OLED 소자에서 매질의 위치에 따른 외광효율의 차이

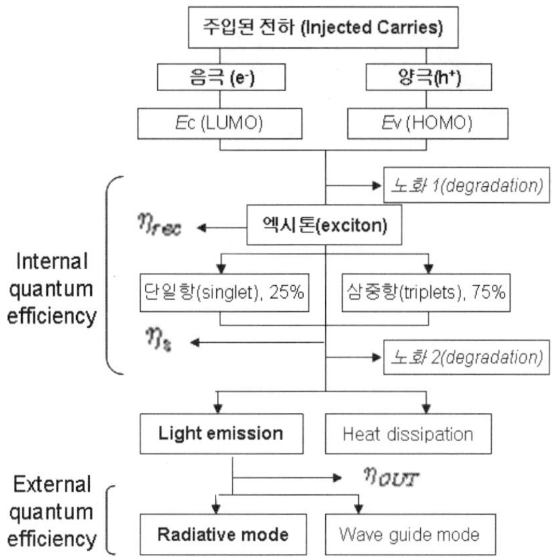

그림 4.17 OLED 소자에서 내부양지 효율 및 외부양지효율 지배요인

소자 구조를 설계해야 한다. 또한 정공과 전자의 재결합에 의하여 형성된 엑시톤은 발광 이외에도 내부적 또는 외부적인 요인에 의한 열, 또는 소광과 같은 비발광 형태로 진행되어지므로 발광효율의 극대화를 위하여 검토할 부분이다.

4.2.3 다층구조의 OLED 소자

저 소비전력으로 발광효율을 극대화하기 위하여 이제까지 연구된 소자구조와 에너지 밴드다이아 그램을 그림 4.18에 나타내었다. 연구초기에는 단일 발광층을 사용하였으나 정공 및 전자의 두 가지 기능을 가진 발광수재의 한계성과 양전극에서 전하의 소광현상 때문에 다층구조를 이용한 효율적인 OLED 소자구조로 변화하고 있다. 그림 4.18 (a)는 발광층이 독립된 형태로 정공수송 능력이 우수한 정공수송층에 발광층의 두께 조절을 통하여 유기박막계면에서 고효율을 얻은 구조이다. 그림 4.18 (b)는 형광효율이 우수한 도판트를 이용하여 에너지 전이를 이용한 고효율의 소자를 제작하였으며, 전자수송층을 도입하여 균형된 전하주입을 시도하였다. 그림 4.18 (c)는 정공주입 및 전자주입을 향상시키고 발광층에서 엑시톤 형성을 극대화하기 위하여 전자수송층에 정공차단(hole blocking) 기능을 도입하여 발광효율을 극대화 하였다. 최근에는 전하주입에 있어서 전극과 유기박막에서 계면간의 저항을 최소화 하고자 Ohmic contact을 시도한 저전력 소모의 소자구조가 연구되고 있다[그림 4.18 (d)]. 양극에서는 F4-TCNQ와 같은 n-type의 도판트를

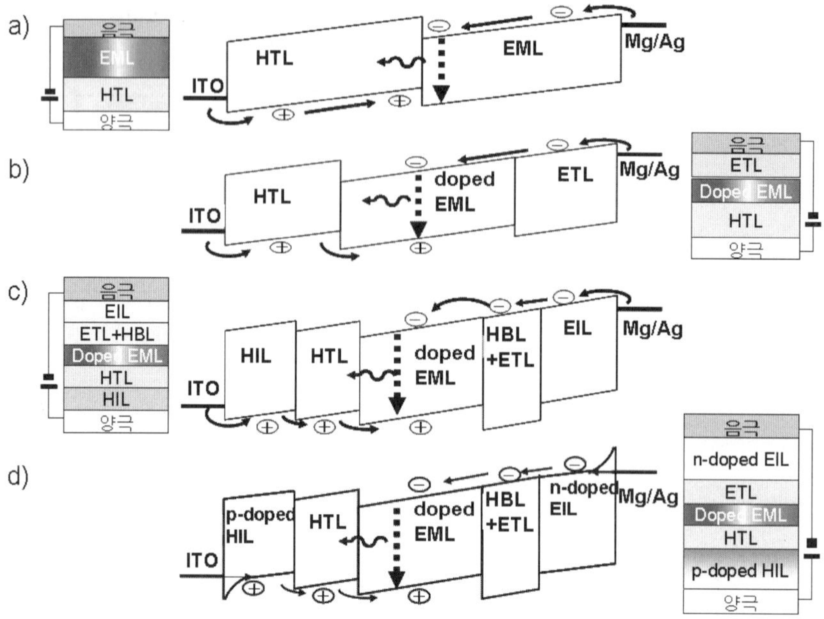

그림 4.18 OLED 소자구조와 에너지 밴드 다이아그램. (a) HTL을 도입한 구조, (b) HTL, ETL을 도입한 구조, (c) HIL과 HBL 개념을 도입한 구조, (d) 저저항 OLED소자의 구조

정공주입층에 도핑하고, 음극에서는 Cs, Li 과 같은 p-type 특성을 나타내는 도판트를 전자주입층에 도핑 하여 2.55 V 이하의 저전압에서 발광효율을 95 cd/A 수준까지 향상시키게 되었다[21]. 이상에서 본 것같이 전하주입 또는 이동도가 향상된 기능성 소재의 개발과 함께 물리적인 현상를 기초한 소자구조의 다양화는 장수명기술, 발광효율의 향상 등으로 기여하고 있다.

배면발광과 전면발광 : OLED 소자구조는 스위칭 TFT를 기준으로 발광방향이 위인 경우 전면발광(top emission, TE), 아래인 경우 배면발광(bottom emission, BE)이라 칭한다. 그림 4.19는 대표적인 배면발광과 전면발광의 소자구조를 나타내었다. 그림 4.19 (a)에 나타난바와 같이 배면발광은 TFT를 제외한 투명한 ITO 양극이 발광하는 것으로 흡수제(desiccant) 부착이 쉽고 공정은 쉬우나 개구율이 한정되어 고해상도를 위한 접근방법은 어렵다. 이에 반하여 그림 4.19 (b)의 전면발광 기술은 TFT 기판과 OLED 소자부분을 구분하여 공정할 수 있는 것으로 다양한 TFT 화소구조에 대응 가능성이 장점이다. 배면발광과 전면발광에서 해상도와 개구율과의 관계를 그림 4.19 (c)에 나타내었다. 배면발광의 경우 한정된 개구율로 인하여 고해 상도가 어려우나 전면발광의 경우 고개구율로 인하여 고휘도의

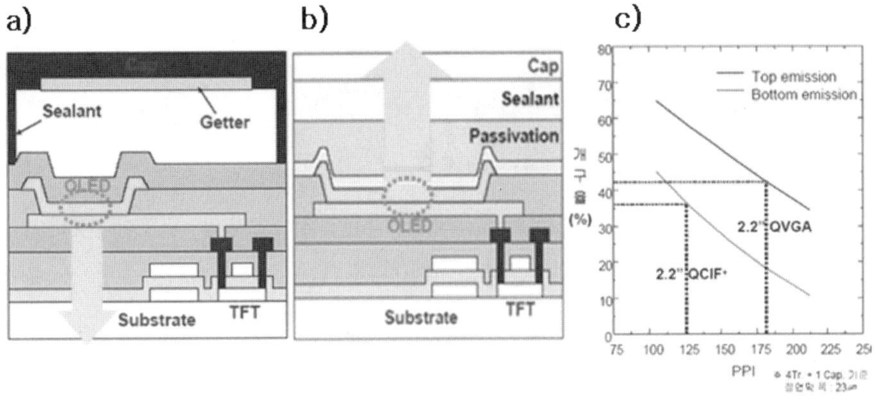

▌그림 4.19 대표적인 OLED 소자의 (a) 배면발광, (b) 전면발광 구조와 (c) 해상도와 개구율과의 관계

▌표 4.2 배면발광과 전면발광의 차이점

구조	배면발광(BE)	전면발광(TE)
양극	투명도 일함수	반사율 일함수 공정의 안정성 및 양극의 내구성
음극	반사율 전자주입층과의 에너지 장벽	투과율 고려한 음극구조 전자주입층과의 에너지 장벽 저저항 (30 ~ 40Ω) 박막에 손상이 적은 투명음극 공정개발
색좌표	< 100 %	넓은 색좌표 (NTSC 기준 85 ~ 105%)
개구율	20−50% (a−Si)	60−70%
봉지기술	흡수제 사용이 쉬움.	투명한 봉지기술 및 흡수제 개발 접착제에 의한 out−gassing 영향 수분, 산소 등에 의한 음극의 변성
기타	TFT에 의한 발광 면적 축소	Microcavity effect 적용 각도에 따른 색좌표의 차이

고해상도의 디스플레이가 가능함을 알 수 있다, 소자에서는 기판의 투명도와 관계없이 반사율이 우수한 양극이 요구되며, 투명 또는 반투과성의 음극제조 기술이 필요하다. 투명한 양극을 기판으로 사용하면 TFT 기판 위, 아래로 빛이 나오는 양면 발광구조까지 가능하다. 요소기술로는 투명한 흡수제 사용이 어려움에 따라 흡수제가 필요 없는 봉지공정 또는 투명 봉지기술이 필요하다. Mg, Ag, ITO 또는 산화물을 주로 사용한 투명 음극 제조기술, 반사가 우수한 양극제조기술, 색

좌표 개선기술, 고 효율기술 등이 필요하다. 소자의 최적화를 위한 기술들은 표 4.2와 같이 서로 다르게 접근하고 있다[22].

4.2.4 전하의 주입 및 수송

이제까지는 OLED 소자의 발광원리와 소자의 구조에 대하여 간략히 살펴보았다. 본 소절에서는 발광하기까지 흐르는 외부전하의 주입 및 수송에 관한 전기적인 이해를 돕고자 간략히 설명 하겠다.

OLED 소자에서 사용되는 유기박막의 에너지 밴드갭은 2~4 eV 정도로 크기 때문에 실온에서 LUMO 준위의 전자갯수는 적으며, 열평형 상태로 존재하는 전하밀도 역시 아주 적다. 따라서 OLED 소자의 발광 특성은 대부분 외부전극으로부터 주입되는 전하에 의하여 좌우되며, 발광효율과 동작전압(turn−on voltage)에 영향을 준다. 일예로 PPV 단일 발광층을 가진 소자에서 전압을 걸기 전과 후의 에너지 밴드다이아그램으로 살펴보면 그림 4.20과 같다. 금속전극과 유기박막이 전기적인 접촉 전에는 그림 4.20 (a)에서와 같이 금속과 유기박막은 각각 고유의 에너지 준위를 나타낸다. 여기에 전극과 유기박막이 접촉 시에는 양전극과 유기박막의 페르미 전위차(ΔE_F)와 전압은 각각 0으로 그림 4.20 (b)와 같다. 걸어준 전압이 점차적으로 증가하여 전하주입을 하기위한 최소의 전압에 이르면 유기박막은 등전위 대(flat band)를 형성한다. 이때 걸어준 전압을 built in potential(V_{bi} ,)이라 하며, 양극과 음극의 전압차를 말한다. 걸어준 전압이 V_{bi} 보다 클 경우, 다시

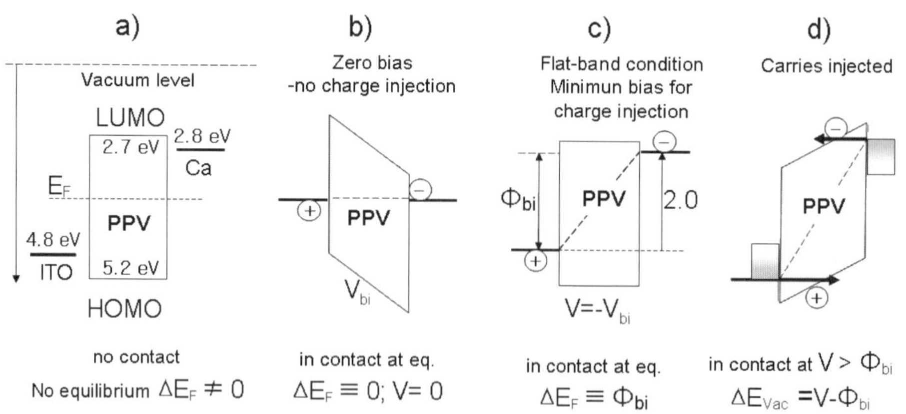

그림 4.20 PPV OLED 소자의 에너지 밴드다이아그램. (a) 전압을 걸기 전의 전극과 유기박막의 에너지 준위, (b) 전기적인 접촉에 의하여 페르미 준위가 같을 때, V= 0, (c) V = V_{bi}, d) V > V_{bi}.

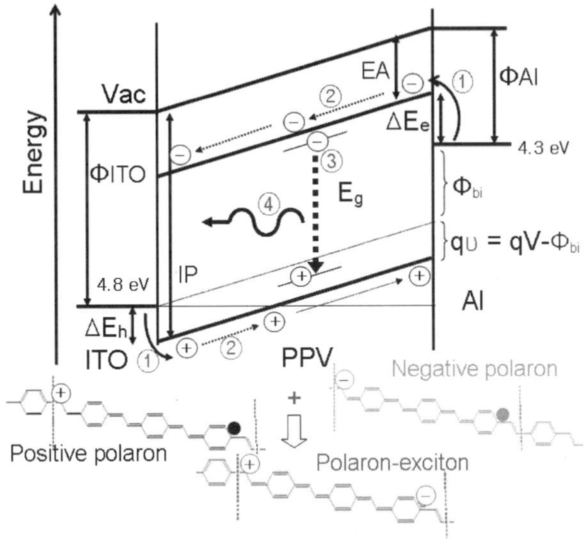

▮그림 4.21 PPV 소자의 발광 메카니즘. ① 전하의 주입, ② 전하의 수송, ③ 엑시톤 형성, ④ 발광, ϕ_{Al}: Al 전극의 일함수, ϕ_O: ITO의 일함수, $\Delta E_h(=I_p-\phi_O)$: 정공주입장벽, $\Delta E_e(=E_A-\phi_{Al})$: 전자주입장벽, ϕ_{bi}: built in potential($=\phi_{Al}-\phi_O$), V: 전압, v : 유기박막을 통과하는 유효전압, q : 원소의 전하량 , HOMO; 5.2 eV, LUMO; 2.7 eV

말해 음극의 Ca 전극과 양극의 ITO 전극간의 전압차인 2.0 V 이상에서 전하를 주입하기 위해 금속/유기박막간의 계면장벽이 생기며, 계면장벽을 넘어선 전하에 의하여 LUMO−HOMO 차이에 해당하는 에너지 갭(E_g) 만큼의 빛을 방출한다.

그림 4.21는 PPV 소자에서 에너지 준위와 전하주입과정에 대하여 좀더 자세하게 나타내었다. 양극은 정공을 주입하기 위하여 일함수가 크고 투명한 ITO 전극을 사용하였으며, 음극은 Al을 사용하였다. 여기서 일함수는 금속에 어떤 에너지를 부여하여 전자가 튀어 나오는 정도를 말하는 것으로 일함수가 작다고 하는 것은 금속에서 전자를 떼어내기 쉬운 것을 말한다. 즉, 전자친화도(electron affinity, E_a)이 우수한 것으로 유기물이 쉽게 환원하는 것이다. 역으로 ITO와 같이 일함수가 큰 것은 전자를 빼내기 어려운 것으로 이온화 전위(ionization potential, Ip)가 큰 것을 말한다. 따라서 OLED 소자에서는 일함수가 작은 금속을 음극으로 사용하며, 일함수가 큰 금속을 양극으로 사용한다.

소자의 동작원리는 양극에서는 양이온 라디칼(P^+, 양이온 폴라론)이 주입되고, 음극에서는 음이온 라디칼(P^-, 음이온 폴라론)이 주입되며, 발광층에서 엑시톤이 형성되어 에너지 갭 2.5 eV에 해당하는 녹색의 빛을 낸다. 그림 4.21에서 소자의 V_{bi}는 0.5 eV, ΔE_h는 0.4 eV, ΔE_e는 1.6 eV 이므로 2.5 eV 밴드갭에 해당하는 녹색 빛을 나타내기 위하여 외부전압은 이론적으로 4.5 eV(V = 0.4 eV + 1.6 eV + 2,5 eV)이상이 요구되나 소자의 최적화에 따라 구동전압은 다소 다르다[23].

전하의 주입: 소자에 외부에서 전하가 주입되면 금속의 Fermi 에너지와 유기박막의 전자 친화도(electron affinity E_a) 사이에 에너지장벽이 형성되며, 전하가 주입되기 위하여는 금속과 유기박막간의 해당하는 에너지장벽을 넘거나 관통(tunneling)해야 한다[23]. 이 같은 특성은 전류밀도가 소자에 가해지는 전기장에 비선형적으로 좌우되는 것으로부터 알 수 있다.

고체(금속전극에 해당함)의 전도대에 자유전자가 충분하여 전하주입장벽(charge injection barrier, Φ_b)이 0.2 eV 보다 낮은 경우를 오믹 접촉(ohmic contact) 이라 하며, 전하의 이동속도는 유기물의 전도성에 좌우된다. 이에 반하여 전하주입장벽이 0.2 eV 이상일 때는 blocking contact이라 하며, 전하이동속도는 주입된 전류(injected current)에 의존한다. OLED 소자에서 전하가 주입되는 과정은 그림 4.22처럼 열전자 방출(thermoionic emission, TE)과 터널링 이론에 의한 Fowler Nordheim(FN) 모델이 많이 적용되고 있다[24-26]. 최근에는 수정 보완된 Backward flowing recombination current와 호핑 주입 이론이 보고되고 있다[27-28]. 실제 전하들의 주입과정이 어떤 주입과정이 지배 하는가 하는 것은 실험적으로 얻어진 전류전압 곡선에 대하여 온도변화에 대한 특성 변화로부터 알 수 있다.

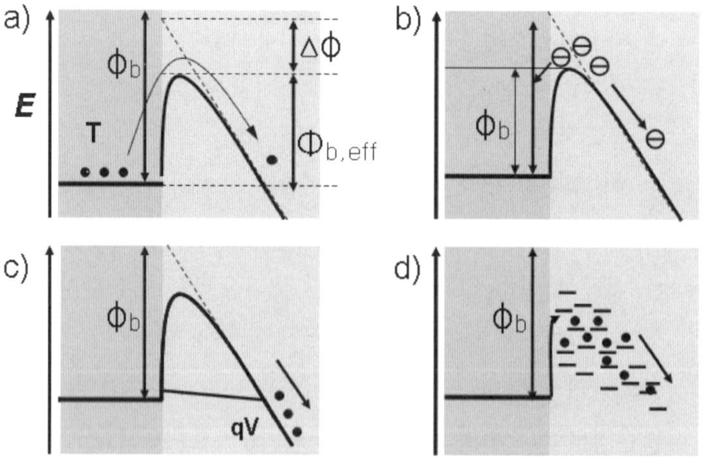

그림 4.22 금속과 유기박막 사이에서 전하가 주입되는 모델. (a) 열전자 방출, (b) Backward flowing 열전자방출, (c) Fowler Nordheim 주입, (d) Hopping에 의한 주입

열전자 방출모델(일명 Richardson−Schottky(RS) TE라고 함)은 낮은 전기장에서 그림 4.22 (a)와 같이 충분한 열에너지를 가진 전하들이 열 여기(thermal ex−citation)를 통해 장벽을 넘어 유기박막의 전도대로 주입되는 과정이다[29]. 전하가 주입될 때, 에너지 장벽 높이 Φ_b를 갖는 삼각형 모양으로 가정하면 이때의 전류밀도는 다음과 같은 식으로 나타난다.

$$J_s = A^* T^2 \exp(-e\Phi_{b,eff}/kT)$$
$$A^* = \frac{4\pi e m^* k}{h^3} = 120\left(\frac{m^*}{m}\right) A/cm^2/K^2 \tag{4.5}$$

$$\Delta\Phi = \sqrt{\frac{e^3 F}{4\pi\varepsilon\varepsilon_0}}$$
$$\Phi_{b,eff} = \Phi_b - \Delta\Phi \tag{4.6}$$

여기서 J_s는 포화전류밀도(saturation current density), A^*는 유효 Richardson 상수, m^*는 전자의 유효질량, K는 Boltzmann 상수, T는 온도, h는 plank 상수, Φ_b는 포텐셜 장벽의 높이이다. 실제 유효 장벽 $\Phi_{b,eff}$는 영상전하(image force, Δ_Φ)에 해당하는 만큼 전압이 낮아지는데 이는 전하가 금속표면과 가까워 질 때에 생기는 Coulombic force의 인력으로 식 (2)와 같이 나타낸다. 식 (1)에서 전류밀도 J는 온도 T의 제곱에 비례하므로 열전자방출의 경우에는 온도의 영향이 크다.

유기물은 호핑에 의한 전하이동으로 이동도가 약 10^{-2}~10^{-5} cm^2/Vs 정도로 낮으며, 고분자는 호핑하는 길이가 길고, 분자의 무질서, 트랩 등의 영향이 커서 이동도는 10^{-4}~10^{-8} cm^2/Vs 이하이다. 특히 전자의 이동도는 불순물에 의한 결함위치(dcfcct oitc)에서 잘 트랩 되므로 정공이동도에 비해 약 100 배 정도 낮다. 전하의 이동도가 낮으면 주입장벽이 동일하여도 주입효율은 감소한다. 다시 말해 주입된 전하가 전극계면에 축적되어 공간전하(space charge)를 일으키므로 축적된 전하에 의하여 생기는 전기장 때문에 다음에 주입되는 전하는 거꾸로 전극 쪽으로 되돌아가는 Backflow 현상이 그림 4.22 (b)와 같이 생긴다. 따라서 전체 주입되는 전류는 식 (3)과 같으며, 여기서 f는 전하의 backflow에 의해서 감소된 전기장으로 1보다 작을 때에는 전하주입 전류와 잘 일치 한다 [30]

$$J = 4\Psi^2 N_0 e\mu F \exp\left(\frac{\sqrt{f} - \Phi_b/kT}{kT}\right)$$
$$\Psi(f) = 1/f + f^{-1/2} - f^{-1}(1 + 2f^{1/2})^{1/2} \tag{4.7}$$

$$f(F) = \frac{e^3}{4\pi\epsilon\epsilon_0 (kT)^2} F \tag{4.8}$$

한편 낮은 온도의 높은 전기장에서 전하주입이 큰 장벽을 갖는 경우 그림 4.22 (b)와 같이 전하는 에너지 장벽을 관통(tunneling)하여 직접 폴라론 갭 상태로 주입된다. 이를 Fowler Nordheim Turneling (FNT) 이라하며, 유기박막의 HOMO 또는 LUMO 준위와 금속전극의 페르미 준위 사이의 장벽 높이는 식 (5)와 같다. FNT의 개념은 계면에서 삼각형 형태의 장벽 모양을 가정한 것으로 전류는 온도에 영향을 받지 않고 가해진 전압에 크게 영향을 받는다. 여기서 F는 전기장(field, V/d), V는 인가전압, d는 고체 막 두께이다. 여기서 변수 B는 식 (6)과 같이 표현 된다. 여기서 Φ_b는 장벽 높이, m^*는 고분자 내에서의 정공의 효율질량이다. 여기서 터널링 전류는 log (J/F^2)를 1/F에 대해 plot 하면 직선을 나타내게 되고 이것으로부터 에너지 장벽을 구할 수 있다.

$$J \propto F^2 \exp\left(\frac{-B}{F}\right) B \tag{4.9}$$

$$B = \frac{8\pi\sqrt{2m^*}(q\phi)^{3/2}}{3hq} \tag{4.10}$$

또한 전하 주입에 있어서 Conwell와 Bassler는 [31-34] 실험결과에 대하여 Monte Carlo 시뮬레이션을 통하여 분석한 결과, 무질서한 분자 절연체에 Field-depend Thermal Injection 메카니즘을 도입하였을 때 실제 주입된 전류는 분자들의 무질서도(disorder)에 기인하여 크게 벗어남을 보고하였다. 특히 MgAg 전극으로부터 Alq 계면에서 전기장과 온도 의존성에 대한 전자주입을 실험한 결과 이제까지 알려진 고전적인 FNT 또는 RS 이론이 적합하지 않고 그 차이점은 RS coefficient(A^*)와 관련되어있음을 보고하였다. 따라서 금속으로부터 유기절연체에 전하의 주입은 그림 4.22 (d)에서와 같이 전극으로부터 호핑 주입에 의하여 무질서한 국소적인 전자 상태(localized electronic states)로 이루어진다고 보고하였으며, DOS(density of states)가 중요함을 나타냈다. 최근에는 전하주입층에 도핑을 하여 거의 ohmic contact에 가까운 수준으로 계면의 장벽을 낮추었다(4.5절 참조) 따라서 전류-전압특성은 계면에서의 전하주입과정보다는 유기 반도체 내부의 공간전하에 의해 제한되는 공간전하제한전류(space charge limitted current, SCLC)의 특성을 나타낸다.

공간전하 제한전류 : 전극과 유기박막간의 계면에서 에너지 장벽이 낮은 Ohmic 접촉의 경우, OLED 소자의 전류–전압곡선은 전하의 주입과정보다 유기박막에서 전하수송에 의해 제한을 받는다. 일정한 두께의 유기박막에서 흐르는 전류 J는 이동도와 인가한 전압에 의존한다. 유전상수 ε, 단면적 A, 두께 d인 유기박막에서 캐패시터(capacitor) C는 식 (7)과 같으며, 단위면적당 전하량 Q는 캐패시터와 전압의 곱으로 흐르는 시간 t를 고려하면 흐르는 전하량 J는 이동도에 비례하고, 전압의 곱에 비례하며, 두께의 3승에 반비례한다. 따라서 외부 전극에서 주입된 전하가 증가하면 소자의 I–V 곡선은 SCLC의 전류–전압 특성을 나타낸다. 특히 만약 트랩이 없다면 소자의 전류–전압 특성은 식(10)과 같은 Mott Gurney equation 또는 Child law)으로 잘 알려진 SCLC로나타낼 수 있다[35].

$$C = \frac{\varepsilon_0 \varepsilon_r A}{d} \tag{4.11}$$

$$Q = CV = \frac{\varepsilon_0 \varepsilon_r V}{d} \tag{4.12}$$

$$t = \frac{d}{\mu E} = \frac{d^2}{\mu V} \tag{4.13}$$

$$J = \frac{Q}{t} \approx \frac{\varepsilon_0 \varepsilon_r \mu V^2}{d^3} = \frac{9}{8} \frac{\varepsilon_0 \varepsilon_r \mu V^2}{d^3} \tag{4.14}$$

OLED 소자의 전류밀도–전압곡선 (J–V) 을 기초하여 그림 4.24에서 각 구간별 전류의 흐름을 설명하면 다음과 같다. (1)의 영역은 소자의 유기박막이 고유저항을 가지고, 전하가 전도대로 전하주입이 안된 상태이므로 전류는 전압의 1승에 비례 한다($J \propto V$). (2)의 영역에서는 트랩 때문에 전류는 전압의 제곱에 비례하여 이동도가 낮은 공간제한전류이다 ($J \propto V^2$). (3)의 영역은 트랩이 다 채워진 후 SCLC는 급격히 증가한다. (4)는 모든 트랩이 다 채워진 후로 높은 이동도를 가진 SCLC를 나타낸다 ($J \propto V_{m+1}$ m >1).

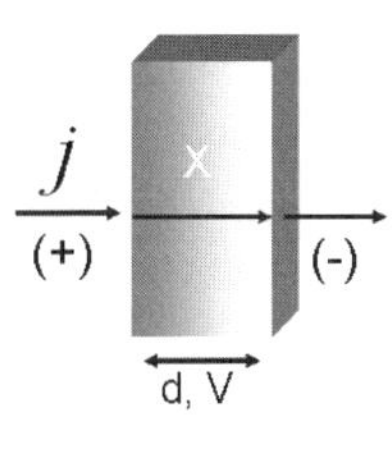

▌그림 4. 23 임의의 두께 d, 단면적 A인 유기박막에서 외부로부터 전압을 걸어주었을 때 전류의 흐름.

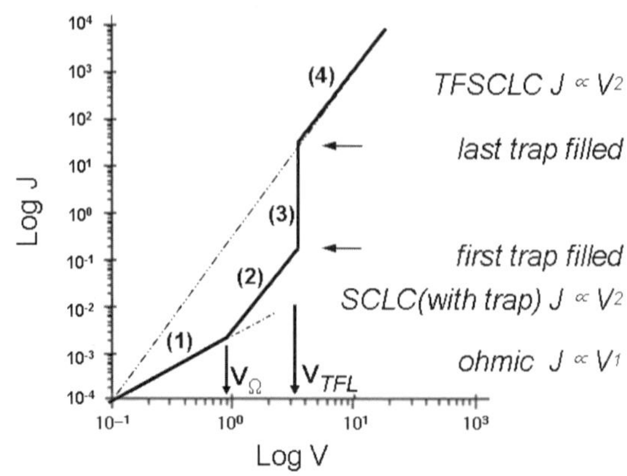

▌그림 4.24 유기반도체의 공간전하 제한전류 영역에서 전류-전압 특성

한편, 전류가 Ohm의 법칙에서 벗어나서 SCLC 전류의 형태로 바뀌는 전압 V_Ω는 다음과 같이 나타낼 수 있다[35]

$$V_\Omega = \frac{8}{9}\frac{qp_o d^2}{\varepsilon\varepsilon_o}$$

따라서 V_Ω는 박막의 두께의 제곱에 비례해서 증가하며, 온도가 증가하면 열적으로 생성된 자유전하가 증가하므로 Ohm의 법칙을 만족하는 영역이 커지므로 V_Ω는 커진다. 만약 트랩이 지수함수적인 분포를 한다고 가정하면, SCLC 전류는 다음과 같은 식으로 표현 된다.

$$J \propto \frac{V^{m+1}}{d^{2m+1}} \tag{4.16}$$

$$m = \frac{E_t}{kT} \tag{4.17}$$

여기서 E_t는 유기층의 HOMO와 LUMO 사이에 지수적으로 분포되어 있는 트랩 에너지를 나타낸다. 이 경우 I−V 특성 곡선은 시료의 두께와 전압에 대해 멱함수(power law)의 의존성을 나타내며, 멱함수의 지수는 온도에 반비례한다.

전압이 증가하면 전극에서 주입되는 전하가 충분히 많아져서 대부분의 트랩은 채워지게 된다. 따라서 전압이 더욱 증가하면 주입되는 전하는 마치 트랩이 없는 경우처럼 자유롭게 움직일 수 있으므로 전류는 식 (12)로 표현된다. 이와 같은 경우를 trap−filled−limit(TFL)이라고 하며, 전류는 작은 trap−limited SCLC 전류에서 큰 trap−free SCLC 전류로 급격히 전이하게 된다. 이 전압을 V_{TFL}라고 하며 식 (10)과 (12)가 같아지는 조건에서 구할 수 있다. 특히 얕은 트랩(shallow trap)에 대해서는 다음과 같다 여기서 N_t는 trap의 밀도이다.

$$V_{TFL} = \frac{qN_t d^2}{2\varepsilon\varepsilon_0} \tag{4.18}$$

이상에서 OLED 소자에 전하가 주입될 때 금속과 유기박막간의 에너지 장벽과 유기박막에서 전하의 흐름에 대하여 간략히 살펴보았다. 좀 더 자세한 내용은 참고문헌을 살펴보기를 바란다[36-38].

4.2.5 형광과 인광

발광(lminescence)은 빛의 흡수(absorption) 또는 전하주입(charge injection)에 의해 형성된 엑시톤이 바낙상내로 내려오면서 빛을 내는 깃으로 OLED는 전히주입에 의한 발광현상 이다(그림 4.25). 특히 정공과 전자가 인접분자로부터 호핑에 의해 형성된 엑시톤이 바닥상태로 내려가면서 발광하는 것으로 본 소절에서는 빛의 흡수에 의하여 발광하는 광발광(photoluminescence, PL) 현상을 기초하여 OLED의 형광과 인광에 대하여 설명하겠다.

흡수 스팩트럼과 발광 스펙트럼 : 분자 안에서 전자전이(electron transition)가 일어나면 핵 사이에 작용하는 정전기적 힘이 변하게 되어 분자의 진동 상태가 다르게 된다. 이때 흡수와 발광 스펙트럼을 통하여 전자의 진동상태에 대한 정보는 얻을 수 있으며, 이는 프랭크 콘돈 원리(Frank-Condon principle)에 기초한 것이다[39]. 분자의 바닥상태에서 전자가 빠른 속도의 빛을 흡수 하면 여기상태로

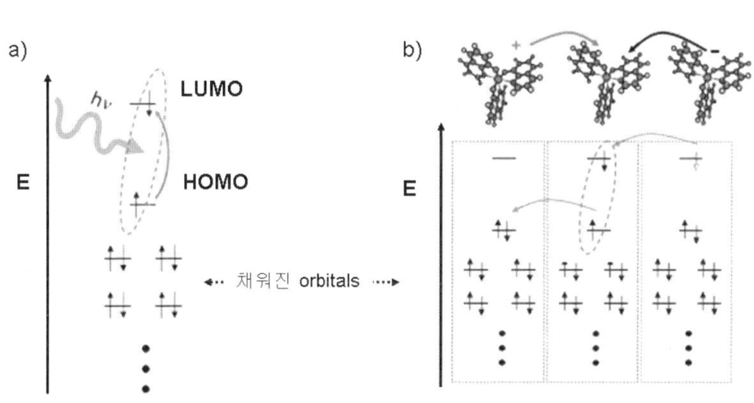

▌그림 4.25 (a) 광의 흡수에 의한 엑시톤 형성, (b)정공과 전자의 호핑에 의한 엑시톤 형성[8]

들뜨게 된다. 이때 핵의 골격구조는 변하지 않으므로 수직전이가 이루어지며, 들뜬 분자는 에너지 이완과정(relaxation process)인 내부전이(internal conversion, IC)과 내부계간 전이(inter system crossing, ISC)을 거쳐서 더 낮은 에너지로 내려가면서 형광과 인광의 빛을 방출한다. 이때 내부전이는 같은 스핀간의 전이를 나타내며, 내부계간 전이는 서로 다른 스핀간의 전이를 나타낸다.

그림 4.26 (a)는 빛을 흡수한 여기상태의 분자들이 주위의 분자와 충돌하여 에너지를 소모하여 들뜬 전자 상태의 가장 낮은 진동에너지 준위로 내려가는 비복사감쇠(radiationless decay)와 같은 내부 변환을 한다. 내부전이과정은 표 4.3과 같이 통하여 전자분극(electronic polarization), 진동분극(vibrational polarization), 격자 분극(lattice polarization) 등에 의해 낮은 에너지 준위로 내려오는 현상으로 화학에서는 형광을 방출하며 바닥상태에 이르는 것을 나타낸다. 그림 4.26 (b)는 빛의 흡수에 의하여 여기된 엑시톤이 비복사 감쇠를 통하여 내부 변환을 한 뒤에 단일항(singlet state)에서 내부계간 전이를 통하여 삼중항(triple state)에 이르며, 다시 내부전이을 통하여 인광을 방출하는 것을 나타낸다. 빛의 흡수로 여기된 분자는 인접한 주위 분자들과 상호작용이 크지 않은 경우 바닥상태로 내려가지 않으며, 한동안 머물러 있다가 과잉의 에너지를 복사선으로 방출한다.

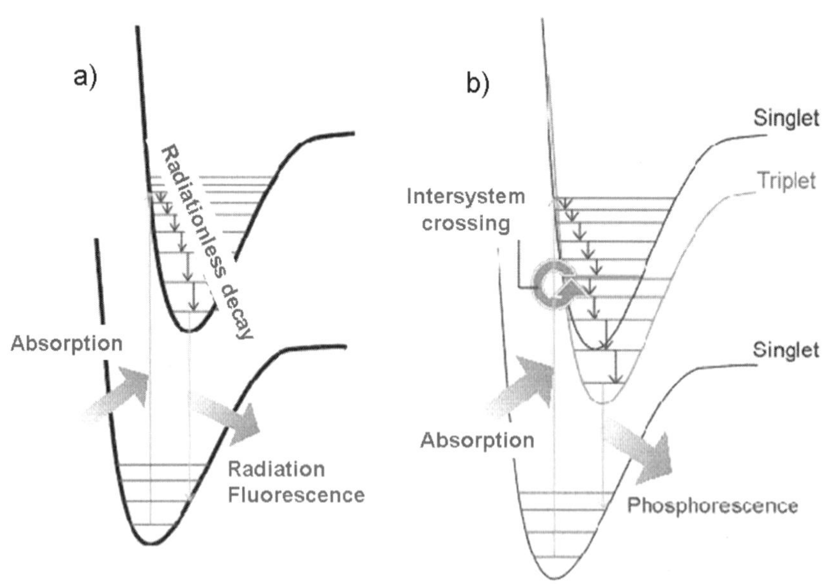

▌그림 4.26 (a), 빛의 흡수한 여기상태가 내부전이을 거쳐 형광을 방출하는 과정과 (b) 빛을 흡수한 여기상태가 내부전이 후에 내부계간전이를 거쳐 인광을 방출하는 과정

▌표 4.3 비복사감쇠 현상에서 일어나는 내부전이과정과 특성

	Internal conversion 과정	특성
전자분극 (electronic polarization)		−인접분자들의 분자궤도함수에 의하여 변형됨 −에너지 변화 : ~1 eV − 속도 : 10^{-16}~10^{-15}s − 공유결합과 반데르발스결합에 관여
진동분극 (vibronic polarization	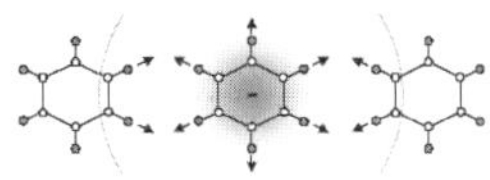	−분자 양이온과 음이온에 의하여 핵의 −배열(작은 폴라론 형성) −에너지 변화: ~0.1 eV −속도 : 10^{-15}~10^{-14}s
격자분극 (lattice polarization	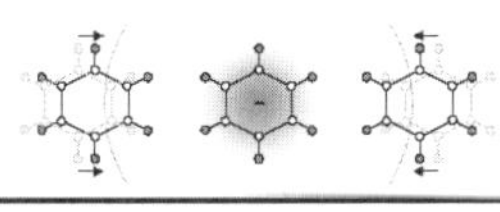	−주위분자들이 핵 배열을 조절함(큰 폴라론 형성) −에너지 변화 : < 0.1 eV −속도 : 10^{-13}~10^{-12}s

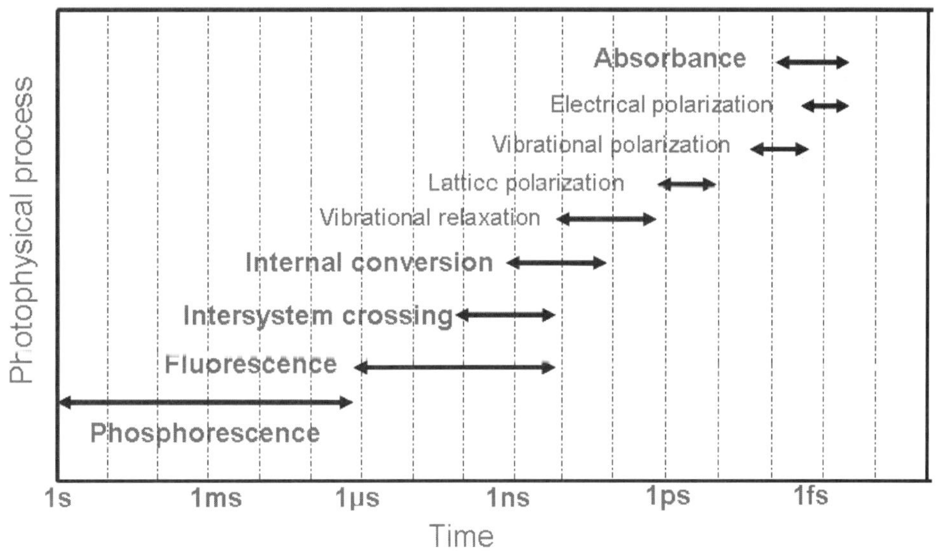

▌그림 4.27 광자에 의하여 여기된 엑시톤의 광물리학적 과정과 반응속도와의 관계

그림 4.27은 광자가 빛을 빠르게 흡수(10^{-15})하여 여기된 후에 시간변화에 따른 이완과정을 광물리학적인 개념으로 나타내었다. 여기된 분자는 시간변화에 따라 인접분자와의 전자분극, 진동분극, 격자 분극 등과 함께 에너지를 외부에 소모한다. 진동이완과정을 포함하는 내부전이 및 내부계간전이를 통하여 낮은 에너지 준위로 내려가며, 마지막으로 형광과 인광을 방출하게 된다.

좀 더 자세하게 살펴보면, 바닥상태에서 여기상태에 이르는 흡수에너지 스펙트럼과 다시 여기상태에서 바닥상태에 이르는 형광스펙트럼 변화로부터 전자의 에너지 상태를 살펴보면 그림 4.28과 같다. 흡수에너지 준위에 따라 스펙트럼은 ①~④로 나누어지며 분자의 고유한 진동구조를 나타낸다. 여기서 여기된 분자는 진동분극 또는 격자 분극과 같은 비발광형 내부전이 과정 (ΔE_1)을 통하여 주위에 에너지를 내어준 다음에 그림 4.28 (b)에 해당하는 형광스펙트럼을 나타낸다. 형광스펙트럼 ①~④는 바닥상태로 내려오는 에너지를 나타내는 것으로 진동분극의 정도 (ΔE_2)에 따라서 스펙트럼이 구분된다.

형광 스펙트럼이 흡수스펙트럼보다 장파장으로 이동하는 것으로 이를 Frank-Condon shift 또는 Stockes shift라고 하며 에너지는 ΔE_1 과 ΔE_2의 합에 해당한다. 이 같은 현상은 자외선이나 청색의 빛을 흡수하여도 에너지가 보다 낮은 가시 영역의 형광 스펙트럼을 나타내는 것이다

단일항과 삼중항 : 쿨롬 인력으로 짝을 이룬 2개의 전자는 궤도함수의 방향성에 따라 각각 상(up, s=1/2)과 하(down, s=−1/2)로 구분한다. 바닥상태에서 광자의 흡수 또는 전하의 주입에 의해 여기된 엑시톤은 스핀의 방향성의 차이에 따라 그림 4.29와 같이 다시 S=0인 단일항 상태(singlet state)와 S=1인 삼중항 상태(triplet state)로 구분한다

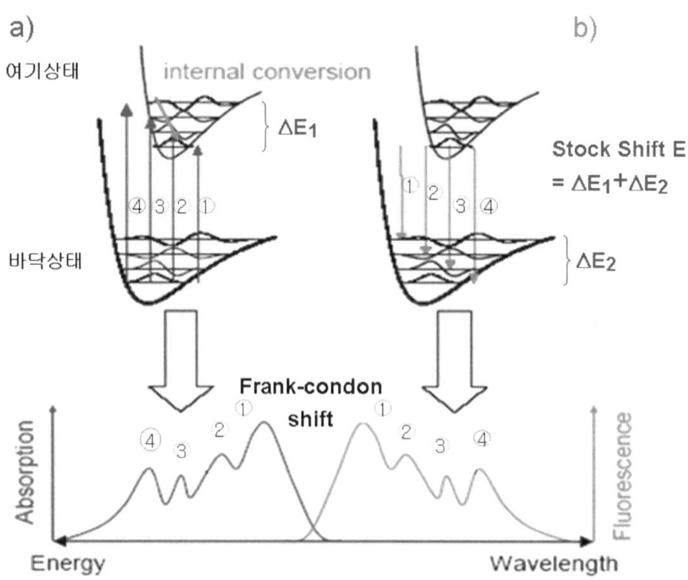

그림 4.28 (a) 흡수에너지 천이와 (b) 형광 스펙트럼의 에너지 천이준위 및 Stockes shift.

삼중항은 다시 스핀의 각운동량(angular momentum, Ms)의 차이에 따라서 그림 4.29 (a)와 같이 1, 0, −1로 나눈다. 따라서 2개의 전자가 방향성에 따라 생길 궤도함수는 4가지이며, 이때 단일항과 삼중항의 생성비율은 1 : 3이고 확률은 각각 25%와 75% 이다.

형광은 여기된 단일항 상태에서 바닥상태로 천이하면서 발광하는 것으로 스핀의 방향성(S=0, Ms=0)이 역방향이며, 불안정하여 바닥상태로 빠르게 내려오는 것을 말한다. 인광은 삼중항 상태에서 바닥상태로 내려오는 것을 말하며, 전자스핀의 방향(S=1, Ms= −1, 0, 1)은 같고, 에너지는 단일항 보다 낮다. 여기된 삼중항 상태는 불안정한 스핀의 상태를 벗어나 되돌아가려하는데, 원래의 궤도에서 이미 같은 방향으로 스핀 되어있는 전자가 있어서 파울리 배타원리(Pauli exclusion principle)에 의거하여 바닥상태에는 돌아갈 수 없다. 따라서 여기상태의 분자는 수 m sec 이상으로 회전, 신축 등으로 에너지를 열로서 방출하거나 사용되고 빛을 낸다.

그림 4.30는 OLED 소자에서 유기발광층에서 일어나는 형광과 전이금속 화합물(transition metal complex)에서 나타나는 인광현상에 대하여 자세히 나타내었다. 유기발광층에서 여기된 단일항은 빠른속도로 형광을 방출하거나 내부 계간전이를 통하여 비복사 감쇠를 하게 된다. 한편 발광층으로 사용되는 전이 금속화합물 또는 중금속 화합물은 빠른 내부계간전이를 통하여 에너지 준위가 삼중항으로 내려오며 인광을 방출함을 나타낸다. 이때 형광과 인광의 최대 내부 발광효율은 각각 25%, 75% 에 해당한다.

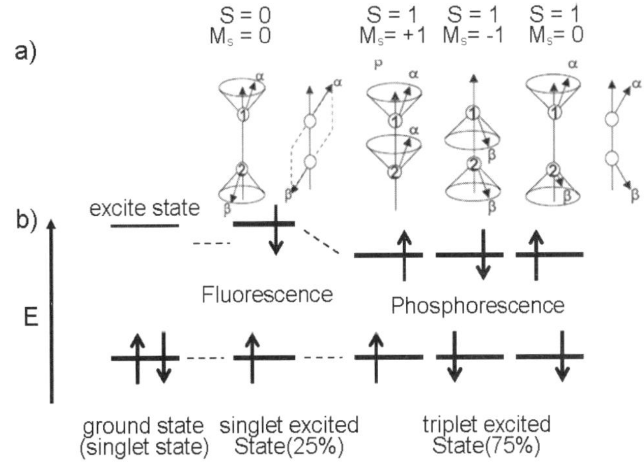

▌그림 4.29 단일항과 삼중항의 궤도함수 및 에너지 준위

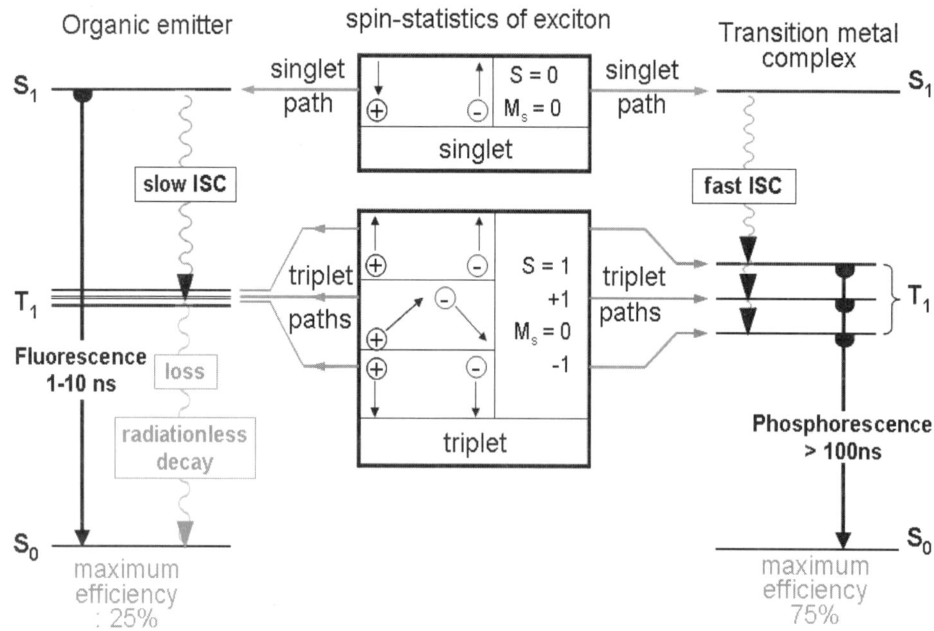

▌그림 4.30 유기물과 전이금속 화합물에서 엑시톤의 스핀상태와 형광과 인광과의 관계

에너지 전이 : 무질서한 고분자 사슬 또는 분자 내에서 형성된 엑시톤은 큰 에너지 갭을 가지고 있으나 10 ps 이하의 빠른 속도로 낮은 에너지 준위로 이동을 한다. 이를 엑시톤 확산이라 하며, 발광층의 호스트에서 도판트로 에너지 전이를 이용하여 발광효율을 증가시킨다. 에너지 전이(energy transfer) 과정은 크게 그림 4.31와 같이 Forster 에너지 전이와 Dexter 에너지 전이 로 설명할 수 있다[40−41].

Forster 에너지 전이는 쌍극자−쌍극자 상호작용(dipole−dipole coupling)에 의해 여기된 주게(donor, D*)분자에서 여기 되지 않은 받게(acceptor, A)분자로 에너지가 이동하는 것으로 형광이 이에 해당한다. 에너지 전이가 쉽게 일어날 수 있도록 그림 4.31과 같이 엑시톤 주게의 형광 스펙트럼과 엑시톤 받게의 흡수 스펙트럼이 겹칠수록 에너지 전이는 잘 일어나고, 약 30∼100Å의 거리까지에서 일어나는 장거리 에너지 전달 과정이다. 에너지 전이속도는 거리에 6승에 반비례하며, 전이거리는 엑시톤 주게에서 받게로 50%가 이동하였을 때를 나타낸다. 공액고분자에서는 사슬과 사슬사이 보다는 사슬 내에서 빠르게 움직이는 것으로 알려져 있다. Dexter 에너지 전이는 분자 간에 전자교환(electron exchange)에 의하여 이루어지는 엑시톤의 확산이다. 주게 분자에서 받게 분자로 호핑에 의하여 이동하므로

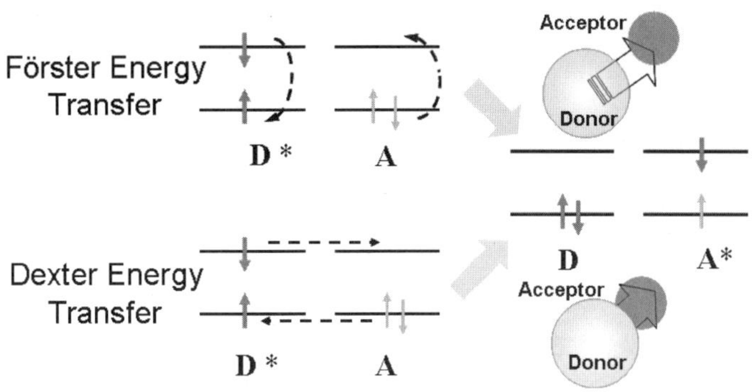

▌그림 4.31 Forster 에너지 전이 및 Dexter 에너지 전이

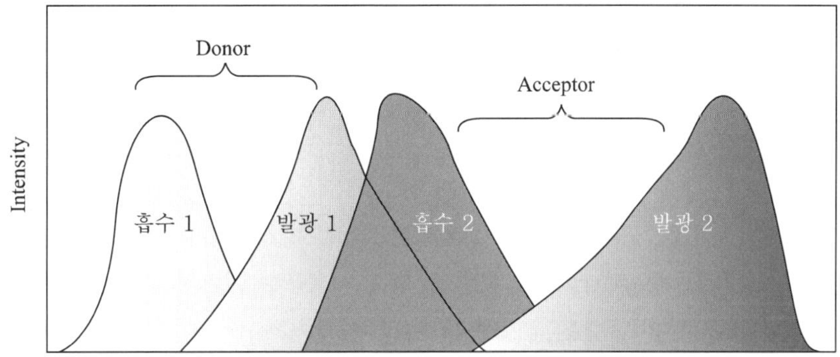

▌그림 4.32 Donor, acceptor 간에 에너지 전이에 의한 흡수 및 발광 스펙트럼

인접한 분자 사이의 분자 궤도 함수의 중첩정도에 따라서 전이속도가 결정되며, 약 10Å 이하의 단거리에서 일어난다. 이 경우에는 전체 스핀의 상태가 보존되면 단일항 또는 삼중항 엑시톤의 에너지 전달이 모두 가능하고 인광이 이에 해당 한다[42].

4.3 OLED 소재

이제까지는 OLED 소자에서 기초적인 전하의 주입 및 발광원리, 그리고 형광과 인광에 대하여 살펴보았다. 본 절에서는 고 효율의 발광을 얻기 위해 사용되고 있는 RGB 발광층 재료 및 전하주입 및 수송에 관여하는 기능성소재들의 특성에 대하여 설명하겠다.

유기물은 분자량에 따라 저분자와 고분자소재로 구분하며, 공정 및 응용성 측면에서 실용화하기 위한 접근방법이 다르다. 저분자소재는 색상, 발광 효율 및 공정의 다양성 등이 장점이나, 대면적 공정에서는 마스크의 처짐 등으로 인하여 어렵다. 한편 용액공정을 이용하는 고분자소재는 잉크젯, 프린팅 등으로 대면적 공정의 가능성, 효율적인 소재사용 등으로 저가격이 가능하나, 분자량의 제어와 정제의 어려움 등으로 실용화까지는 많은 연구가 필요하다.

OLED에서 유기박막 소재는 정공 또는 전자의 이동도에 따라서 전하주입층, 전하수송층 및 발광층으로 구분 한다. 발광 메카니즘에 따라서는 형광 및 인광재료로 구분 하고, 소재의 정공 및 전자수송능력에 따라서는 p형 및 n형 재료로 구분한다. 소재의 기본적인 요구사항은 전하의 주입에 의해 형성된 음이온 및 양이온의 안정성, 외부로부터 침투된 수분이나 산소에 의한 화학반응성, 고순도, 높은 유리전이 온도(glass transition temperature, T_g) 및 결정화 현상이 없는 균일한 박막 등이다. 또한 빛이 외부로 방출 시에 손실을 최소화 하기위하여 유기박막 자체의 빛의 흡수가 적어야 하며, 발광층은 형광효율이 우수하여야 한다[43].

4.3.1 저분자 재료

정공수송층과 정공주입층 재료: 정공수송층은 양극으로부터 주입된 정공을 발광층으로 전달하는 역할을 하는 것으로 10^{-3} cm^2/Vs 이상의 높은 정공의 이동도가 필요하다. 그림 4.33에서와 같이 triphenyl amine 계를 포함하는 방향족 아민이 대표적인 예로 높은 Tg 를 가진 재료가 열적인 안정성이 우수함이 보고되었다 [44-47]. 또한 음극에서 오는 전자가 발광층을 지나 양극으로 흘러가는 누설전류를 방지하는 전자차단층(electron blocking layer, EBL)의 역할을 한다. 엑시톤 가두기 효과(exciton confinement effect)를 통하여 발광효율을 증가시키기 위하여 LUMO의 준위는 2.5 eV 이하가 요구된다.

정공주입층(electron injection layer)은 양극과의 계면특성 향상을 통하여 정공의 주입을 향상시키는 역할을 한다. 얇은 박막형태의 플러렌(fullerene, C_{60}), 흑연, 금속산화물 등을 통하여 계면에서 에너지 밴드의 구부림(bending)이 일어나 효율적인 정공의 주입이 일어나게 한다[48]. 유기박막 자체의 빛의 흡수를 통한 발광손실을 최소화하기 위하여 3.0 eV 이상의 밴드갭을 가진 소재가 필요하다. 최근에는 적색, 청색 영역에서 빛의 흡수가 없고 유리전이온도가 약 100℃ 이상으로 박막특성이 우수한 스타버스트(starbust)형의 아민류가 많이 사용되고 있다

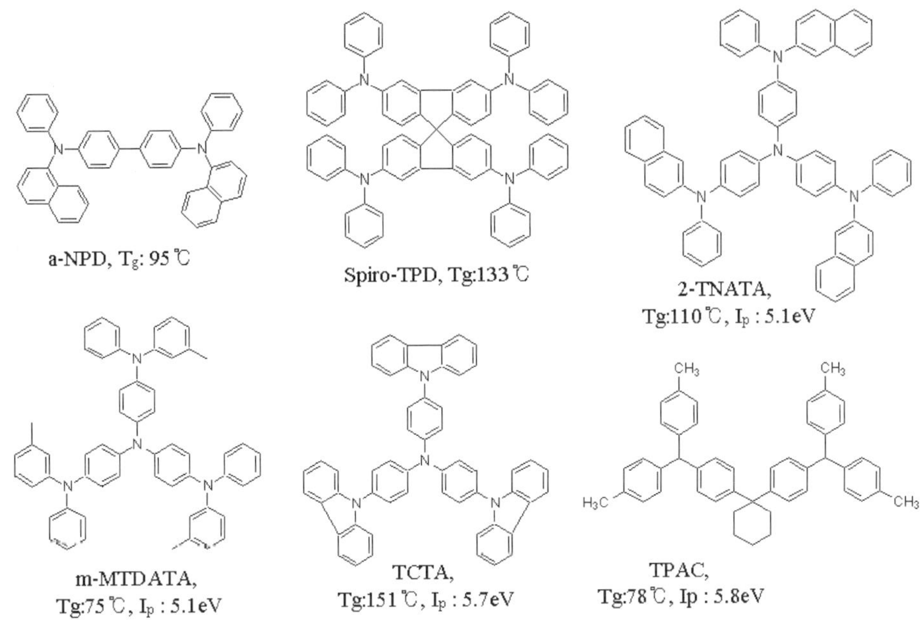

▮그림 4.33 대표적인 정공주입층과 정공수송층 재료의 화학구조

전자수송층과 전자주입층 재료 : 전자수송층은 그림 4.34와 같이 전자가 부족하여 잡아당기는 시아나이드(cyanide), 옥사디아졸(oxadiazole), 트리아졸(triazole), 피리딘(pyridine), 퀴녹살린(quinoxalinne)과 같은 전자 받게 성분이 포함된 재료이다. 양극에서 주입된 정공이 엑시톤을 형성하지 않고 흐르는 것을 방지하기 위하여 6.0 eV 이상의 낮은 HOMO 준위를 가진 정공차단층(hole blocking layer, HBL) 역할이 요구된다. 또한 유기박막 자체에 의한 빛의 흡수를 방지하기 위하여 3.0 eV 이상의 넓은 밴드갭 재료(wide band gap materials, WBGM)가 필요로 한다. 전자의 이동도는 10^{-3} cm^2/Vs 이상이 요구 되며, 대표적인 재료로 Bphen, BAlq, BCP가 사용되고 있다.

전자주입층(electron injection layer)은 음극으로부터 전자를 발광층으로 주입하는 층으로 계면형성에 따라 Vt와 소자의 수명에 많은 영향을 준다. 주로 리튬(Li), 세시움(Cs) 등과 같은 알칼리 할라이드 금속이온이 주로 이용되고 있다 [49−55].

발광층 재료 : 발광층은 엑시톤의 형성과 확산이 일어나는 곳으로 일부는 여기상태에서 바닥상태로 떨어져서 빛을 방출하고, 일부는 주울의 에너지 법칙에 의하여 열로 발생 한다. 많은 갯수의 엑시톤이 형성할 수 있도록 적합한 HOMO−LUMO

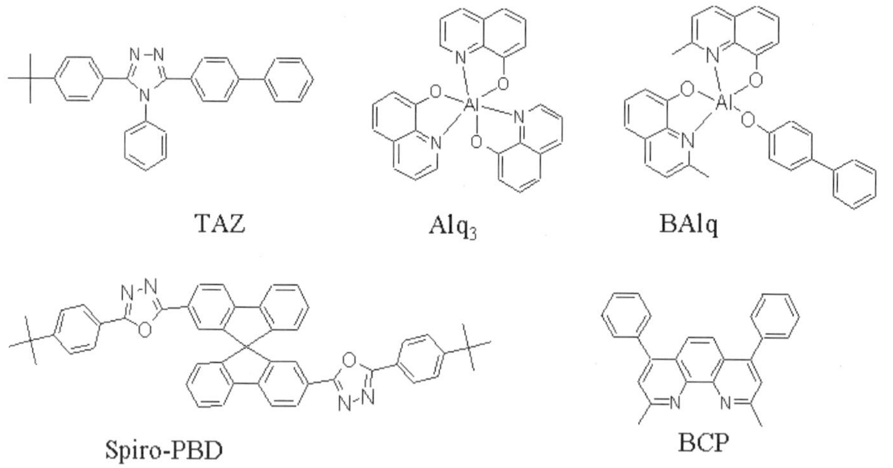

▌그림 4.34 대표적인 전자 수송층 및 전자 차단층

준위의 재료가 필요하며, 열적으로 안정한 발광재료의 선택이 필요하다. 또한 발광층에서는 레이저 염료와 같은 형광효율이 매우 높은 형광 또는 인광 색소를 도핑하여 OLED 소자의 색변환(color tuning)을 시키거나 호스트에서 도판트로 에너지 전이를 통하여 발광효율을 증가 시킨다.

일반적으로 도판트의 농도 증가에 따라서 에너지 전달은 잘 일어나지만 발광효율은 감소한다. 이는 도판트의 농도 소광(concentration quenching) 현상으로 농도가 증가 할수록 도판트 간의 상호작용에 의하여 이분자(dimmer)가 형성되기 때문이다. 이분자는 비복사감쇠(nonradiation decay)의 확률이 높아지고, 스펙트럼은 장파장으로 이동하고, 소자의 수명을 감소시킨다. 따라서 최대의 발광효율을 얻기 위하여 도판트의 농도 소광현상이 적은 재료의 개발이 이루어져야 한다. 이상적으로는 호스트의 발광스펙트럼과 도판트의 흡수스펙트럼이 일치하여 호스트에서 발광하는 에너지가 도판트로 전이되는 것이 좋으나 대략 1/3 정도 스펙트럼만 겹치게 되어도 에너지 전이가 잘 일어나는 것으로 알려져 있다(그림 4.32 참조). 고효율의 발광을 얻기 위해서는 충분한 에너지를 전달할 수 있는 호스트와 발광효율이 우수한 도판트와의 조합이 매우 중요하며, 경우에 따라서는 발광보조 도판트(emitting assist dopant)를 사용한다[56].

대표적인 RGB 발광재료의 호스트 및 도판트 계를 그림 4.35에 나타내었다. 녹색 형광재료는 Alq로 1987년 처음 발광층으로 사용한 이래, 발광재료 뿐만 아니라 전자수송층 및 발광층의 호스트 재료로서 많이 이용되는 재료이다. 녹색의 도판트는 퀴나크리돈(quinacridone) 유도체와 큐마린계(coumarine)의 도판트인

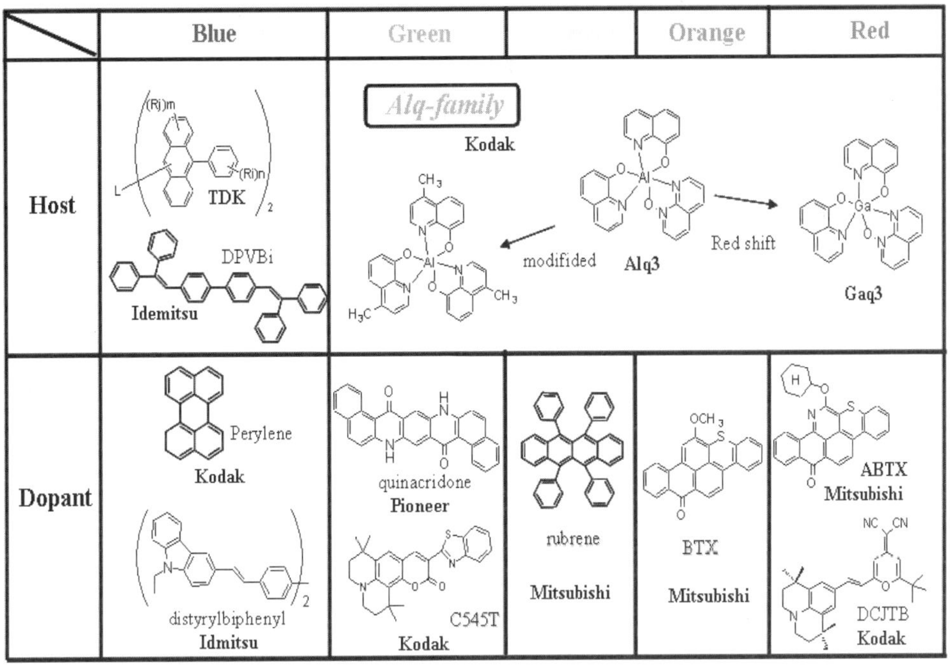

▮ 그림 4.35 형광재료를 이용한 RGB 발광층의 호스트 및 도판트

C545T(10−(2−Benzothiazolyl) −2,3,6,7−tetrahydro−1,1,7,7,−tetramethyl−1−1H,5H,11H−[1] benzopyrano [6,7,8−ij] quinolizin−11− one)를 많이 사용한다. 청색발광재료는 안트라센(anthracene), 디스틸아릴렌(distyryl arylene)이 대표적인 예로 방향족 비극성 구조를 포함하는 3.0 eV 이상의 넓은 밴드갭을 가진 재료이다. 대부분 Zn, Be, Li, Al을 이용한 유기금속화합물이 이에 속하며, 낮은 색순도에 기인하여 고휘도에서 넓은 발광 파장대로 변하여 백색으로 변하는 것이 문제점으로 남아있다. 최근에는 스피로올리고페릴렌(spiro−oligo(phenylene))이 고휘도 청색 발광재료로 개발되어 T_g가 200℃ 이상이다. 청색발광 재료는 색순도 및 효율, 소자의 안정성 등의 문제로 아직 충분한 수명을 확보하지 못하고 있으며, 상용 제품에 사용되는 재료들이 제한적이어서 RGB 발광재료 분야는 많은 연구개발을 필요로 한다.

저분자 인광재료 : 이제까지 잘 알려진 인광재료는 주로 이리디움(Ir), 백금(Pt)을 포함하는 중금속 착물로 강한 스핀−궤도 상호작용(spin orbital coupling)을 통하여 삼중항 상태와 단일항 상태가 혼합된 상태를 유지한다. 스핀−궤도 상호작용은 원자번호의 4제곱에 비례하므로 원자번호가 큰 중금속일수록 효율적인 인광을 얻을 수 있다. 인광에 사용되고 있는 대표적인 호스트와 도판트 재료는 그림 4.36

과 같으며, 호스트 재료는 3.0 eV 이상의 밴드갭과 내열성이 우수하여야 한다[57].

중금속 착물에 있어서 금속과 배위자(metal–ligand) 간에 엑시톤 국재화(localized exciton) 되는 방법은 그림 4.37과 같이 크게 두 가지이다. 하나는 엑시톤이 리간드에 중심(ligand–centered exiton, LC)이 된 구조이며, 다른 하나는 금속과 리간드 사이에 전하의 이동(metal–ligand charge transfer, MLCT)에 의한 엑시톤 형성이다[58–59]. MLCT 엑시톤은 커다란 스핀–궤도 상호작용을 하게 되며, 단일항과 삼중항 상태의 혼합이 커질수록 발광효율은 증가하게 된다. 따라서 강한 스핀–궤도 상호작용이 일어나기 위하여 내부전이(IC)와 내부계간전이(ISC)가 매우 빨라야 한다. 대표적인 인광재료로서 LC 엑시톤은 PtOEP 이며, MCLT의 경우에는 Ir(ppy)3가 해당된다.

특히 MLCT 엑시톤의 경우 중금속과 결합한 리간드는 전자 받게 및 전자 주게의 효과에 따라 HOMO, LUMO의 에너지 준위를 제어할 수 있다. 즉, 리간드에 전자가 풍부하거나 또는 전자가 부족한 특성에 따라 에너지 준위를 조절할 수 있으며, 이에 따른 HOMO와 LUMO의 밴드갭 차이로 RGB 발광스펙트럼을 조절할 수 있다.

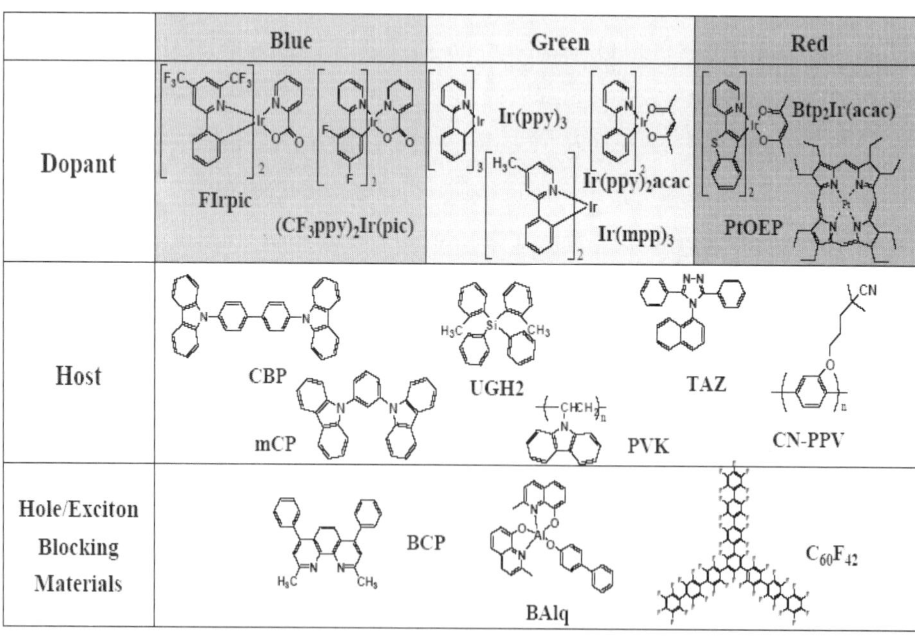

▌그림 4.36 인광소재에서 RGB 발광층의 호스트 및 도판트

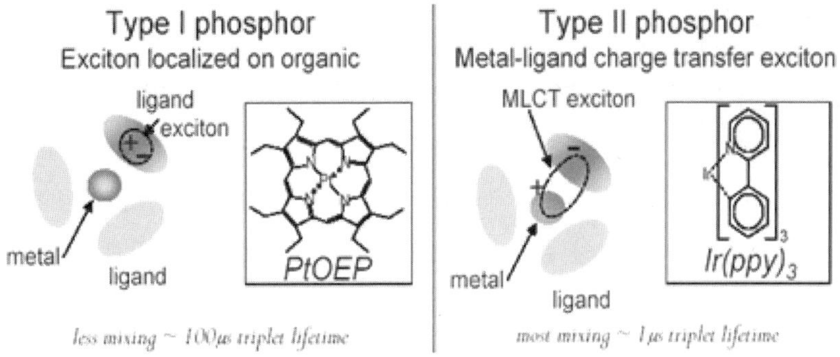

▌그림 4.37 중금속 화합물에서 엑시톤 형성

그림 4.38는 Ir(ppy)3에서 ppy 리간드의 종류에 따른 발광색의 변화이다. 주배위자(main ligand)로서 색을 결정하는 질소 원자를 포함한 리간드에서 산소가 황보다도 전자밀도가 증가하므로 스펙트럼은 청색이동을 하세 된다. 또힌 리간드에 결합된 페닐그룹의 위치(ortho－ 또는 para－)에 따라 스펙트럼은 변화하며, 페닐그룹의 벤젠보다는 나프탈렌이 전자가 풍부하기에 스펙트럼은 장파장으로 이동한다. 한편 보조배위자(ancillary ligand)는 미세한 색깔이동에 영향을 미치는 것으로 리간드의 공액성이 적을수록, 입체적으로 방해되는 구조(sterically hindered structure)가 적을수록 청색이동을 하게 된다[60].

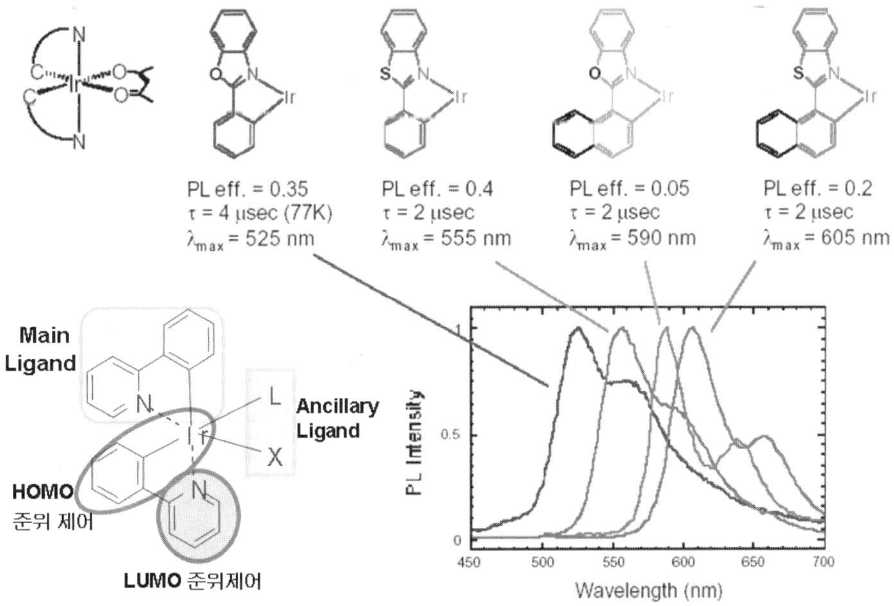

▌그림 4.38 리간드의 화학적 구조변화에 따른 Ir(ppy)3의 스펙트럼 변화

4.3.2 고분자 재료

실온에서 용액공정으로 잉크젯이나, 프린팅 공정 등을 이용하여 대면적을 만들 수 있는 고분자 소재는 고분자의 주사슬(main chain)에 달려 있는 측쇄(side chain)의 기능 또는 공중합체의 형성 등을 통하여 발광 파장이 결정된다. 발광 효율을 증가시키기 위하여 고분자 호스트 내에 저분자계 인광소재를 도핑하여 박막 특성을 개선하는 등의 기술이 연구되고 있다. 특히 고분자의 분자량, 순도 그리고 균일한 박막 등이 수명과 연관되므로 고분자의 구성(composition), 측쇄의 상호작용을 고려하여 소재개발과 함께 소자의 특성 향상, 신뢰성 및 내구성 향상, 고색순도 등이 해결하여야 할 과제이다.

정공수송층 소재와 전자수송층 소재의 역할은 저분자소재의 경우와 유사하다. 양극과 음극과의 접착력 향상, T_g 가 높은 박막, 박막의 투명성이 요구되며, 적층된 유기박막간의 서로 다른 용해도를 통하여 소자의 수명감소 또는 노화 현상의 방지가 필요하다.

▮표 4.4 대표적인 고분자 발광층 소재의 장단점

고분자 소재	장점	단점
PT 유도체 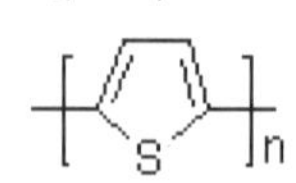	– 높은 열안정성 – 기계적 강도 우수 – 발광색 조절 용이	– 낮은 용해도로가공이 어려움. – 수명이 짧음 – 색순도가 낮음
PP 유도체 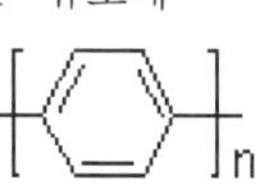	– violet or pure blue – 높은 형광특성 – 산화 및 열적 안정성	– 높은 Vt – 낮은 용해도로 분자량이 작음 – 박막제조의 어려움 – 양자수율이 낮음
PPV 유도체 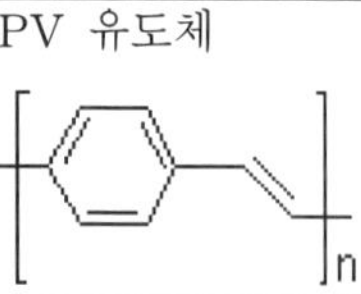	– 열적 안정성 – 우수한 박막형성 – 적절한 색변환	– 낮은 용해도 – 결정성 및 공정의 어려움 – 낮은 산화 안정성
PF 유도체 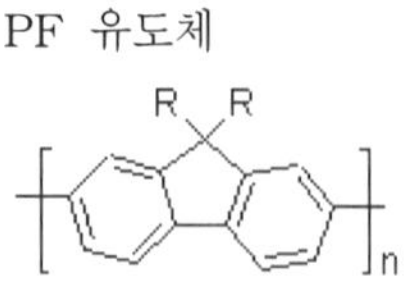	– 우수한 청색, 높은 양자 수율 – 색변환이 쉬움 – 박막공정의 가공성 우수 – C9 위치의 다양한 치환기 도입에 따른 용해도 우수	– 이웃사슬간의 상호작용 증가에 따른 엑사이머 형성

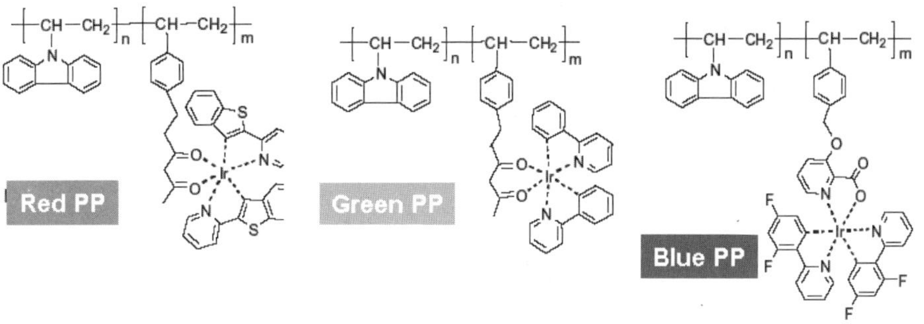

▌그림 4.39 대표적인 고분자 인광소재의 구조

전자수송층의 경우에는 시아나이드(cyanide), 옥사디아졸(oxadiazole), 트리아졸(triazole), 피리딘(pyridine), 퀴녹살린(quinoxalinne) 등이 치환되어 사용되고 있다. 발광층으로 사용되는 고분자 호스트 소재는 표 4.4와 같이 폴리싸이오펜(polythiophene, PT), 폴리페닐렌(polyphenylene, PP), 폴리페닐렌비닐렌(polyphenylenevinylene, PPV) 및 폴리플러렌(polyfluorene, PF) 등의 유도체가 중심을 이룬다. 최근에는 높은 열안정성, 색변환의 가능성, 박막의 우수성, 다양한 치환체 도입의 등에 기초하여 폴리 플러렌 유도체가 많이 사용되고 있다.

고분자 인광재료 : 저분자에서 발광층에 인광색소을 도입하여 발광효율이 급격히 증가함에 따라 그림 4.39에서와 같이 고분자에서도 폴리비닐카바졸(poly-vi-nyl carbazole, PVK)를 골격으로 고효율 인광 고분자 시스템이 연구되고 있다. 기본적으로 크게 고분자 호스트 재료에 인광 도판트 재료를 섞는 블렌딩 계(blending system), 주사슬에 인광 발광재료가 도입된 계(covalently linked sys-tem), 그리고 고분자 호스트에 인광발광재료가 곁사슬로 연결된 binding system으로 구분할 수 있다.

4.3.3 전극 재료

양극 소재 : 양극은 주로 정공을 주입하는 기능으로 배면발광에서는 ITO, IZO 등을 사용하고 전면발광에서는 Al, Ag, Ni, Pt 등과 같은 반사율이 우수한 금속을 사용하고 있다. 최근에는 반사율이 우수한 금속의 특성과 ITO 박막의 기능을 첨가한 Al/ITO(IZO), Ag/ITO(IZO), Ni/ITO(IZO)와 같은 이중층도 사용되고 있다. 정공주입층과의 계면장벽을 최소화하기 위하여 4.7~5.1 eV 정도의 일함수, 표면처리, 전극표면의 거칠기(Roughness) 등이 고려되며, 배면발광의 경우 투과도 90% 이상, 전면발광의 경우 반사율이 60% 이상이 요구된다.

음극 소재 : 배면발광에서 사용되는 음극소재는 주로 일함수가 작고 내구성이 있는 MgAg, LiF/Al 등이 사용된다. 음극 소재로 요구 되는 특성은 낮은 일함수, 수분 또는 공기 중에서 전극의 안정성이다. 가장 많이 사용되고 있는 LiF/Al 전극은 전자수송층과 음극사이에서 터널링 효과로 에너지 장벽이 낮아져 전자의 주입을 용이하게 하기 때문에 널리 이용되고 있다. 전면발광용 음극재료로는 LiF/Al, Mg:Ag, LiF/Mg:Ag 등이 있으며, 투과율은 최소한 70% 이상이어야 한다[61].

이상에서 현재까지 사용되고 있는 OLED 소재에 대하여 간략히 살펴보았으며, 대표적으로 사용되고 소재를 정리하면 표 4.5와 같다. OLED 소자개발에 있어서 소재 부분이 차지하는 비율은 비용 측면에서 보면 5~8% 정도에 해당되나, 소재의 발전과 함께 최근에는 15~20% 이상의 효율향상 및 장수명화가 진행되므로 상용화를 위한 중요기술 분야이다.

표 4.5 OLED 및 POLED에서 사용되는 소재

<table>
<tr><th>OLED</th><th colspan="3">박막의 기능성</th><th>POLED</th></tr>
<tr><td>CuPc, TNATA,TCTA
TDATA, m-MTDATA
MeO-TPD</td><td colspan="3">정공주입층(HIL)</td><td rowspan="2">PEDOT-PSSH,
PANI-PSSH</td></tr>
<tr><td>Spiro-TPD, a-NPD</td><td colspan="3">정공수송층(HTL)</td></tr>
<tr><td>DPVBi, Alq</td><td rowspan="4">발광층</td><td rowspan="2">형광</td><td>호스트(host)</td><td rowspan="2">PPP유도체, PPV유도체, PF 유도체</td></tr>
<tr><td>Perylene, C545T, Quinacridone, DCJTB</td><td>도판트(dopant)</td></tr>
<tr><td>CBP, TCTA, TAZ</td><td rowspan="2">인광</td><td>호스트(host)</td><td rowspan="2">고분자 host 와 인광 dopant 간에
블랜딩 및 binding system</td></tr>
<tr><td>Ir(Firpiq)3, Ir(PIQ)3, PtOEP, Ir(ppy)3</td><td>도판트(dopant)</td></tr>
<tr><td>BCP, Alq, BAlq, Bphen</td><td colspan="3">전자수송층(ETL)</td><td rowspan="2">LiF/Al, Mg/Ag</td></tr>
<tr><td>LiF, Li complex</td><td colspan="3">전자주입층(EIL)</td></tr>
<tr><td>배면발광(BE)</td><td colspan="3">전극</td><td>전면발광 (TE)</td></tr>
<tr><td>ITO, IZO</td><td colspan="3">양극(anode)</td><td>Ni, Cr, Al,
Ag,, Au, Pt, Pd</td></tr>
<tr><td>Al, Mg-Ag</td><td colspan="3">음극(Cathode)</td><td>LiF/Al, CaF/Al, Mg:Ag,
Ca:Ag, LiF/Mg:Ag,
LiF/Ca/Ag,</td></tr>
</table>

4.4 OLED 소자 제조공정

4.4.1 소자 제조 공정

본 절에서는 이제까지 살펴본 OLED 소자의 기본구조를 기초로 하여 제조공정을 간단히 살펴보겠다. 소자의 제조 공정은 전극형성, 유기박막 증착, 봉지 및 모듈 공정 등 크게 4 단계로 PMOLED(passive matrix OLED)와 AMOLED(active matrix OLED) 공정으로 구분한다. AMOLED의 경우 PMOLED 제조과정에 TFT의 제조과정이 추가된 것으로 성막공정인 박막증착, 봉지 및 모듈 공정의 기술은 일치한다[62].

PMOLED 제조공정 : 열증착 방법으로 만들어진 PMOLED 소자의 기본구조는 그림 4.40과 같다. 제조 공정 및 공정별 기능과 검토해야 할 점은 표 4.6과 같다.

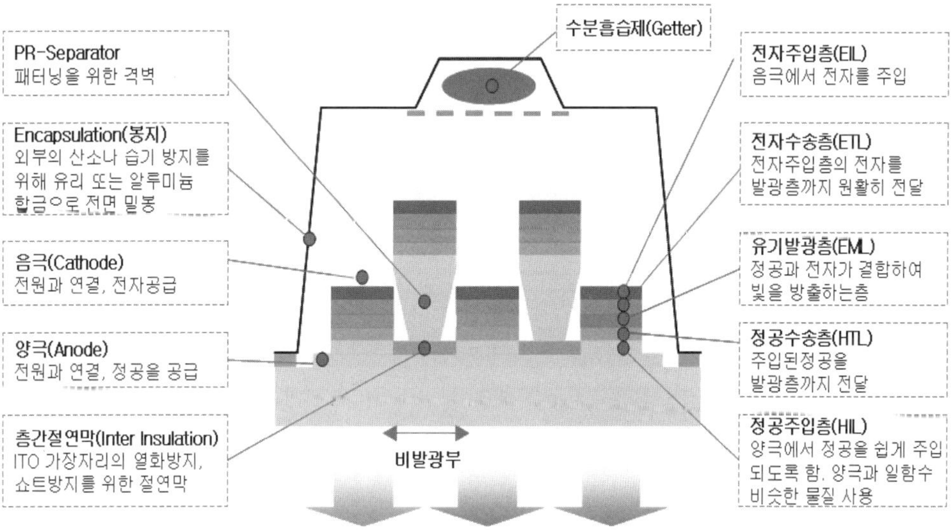

그림 4.40 PM OLED 소자의 구조 및 각층의 역할

▌표 4.6 PM OLED 제조공정 및 기능

A. 양극형성공정			
	세부공정	기능	비고
A-1	초기세정	기판투입 및 세정	기판검사
A-2	보조전극 형성 및 패터닝	ITO 전도성 보완을 위한 보조전극형성 및 패터닝	면저항
A-3	양극전극패터닝	ITO 박막형성 및 패터닝화	면저항, 패터닝 폭
A-4	가장자리 Passivation 형성	ITO edge 열화방지 및 상하 쇼트현상 방지를 위한 패터닝	선폭, 가장자리 각도
A-5	음극격벽 패터닝	음극분리 좌우, 단락현상방지	막두께, 선폭 가장자리 각도
B. 전극 및 유기 박막 증착 공정			
B-1.	기판세정 및 전처리	Particle 제거, 플라즈마 또는 UV 처리를 이용한 표면처리	PR 잔사여부 기판 접촉각
B-2	유기박막증착	HIL, HTL, RGB, ETL FMM를 이용하여 선택적 증착	두께, 균일성, 소자구조
B-3	EIL/음극 증착	EIL과 음극 증착	두께
C. 봉지(Encapsulation) 공정			
C-1.	상판세정	상판 (합금 또는 유리 캡) 준비 및 세정	오염제거
C-2	흡수제/접착제 도포	흡습제(투습지) 및 UV 접착제 도포	접착제 도포량, 도포 폭
C-3	UV 경화	불활성 조건에서 상하판을 조립 및 UV 경화	습도최소화 UV 세기
C-4	편광판부착	외광 반사를 줄이기 위한 Anti-Relection 필름 부착	반사율, 투과율
C-5	절단 및 세정	단위 cell로 절단 및 세정	
D. Module 공정			
D-1.	FPC 연결	콘넥터(connector)연결	Alignment 및 접착강도
D-4	모듈테스트	모듈상에서 패널특성 측정	휘도, 균일도, 소비전력

AMOLED 제조공정 : AMOLED 기본소자의 구성 및 특성을 그림 4.41에 간략히 설명하였다. 제조과정은 그림 4.42에서와 같이 TFT 제조, OLED 소자제조, 봉지 및 모듈을 포함한다. 각 공정별 세부공정의 역할 및 기능 그리고 검토해야 할 점은 표 4.7과 같으니 각자의 simulation을 통하여 그림 4.42를 이해할 수 있을 것이다.

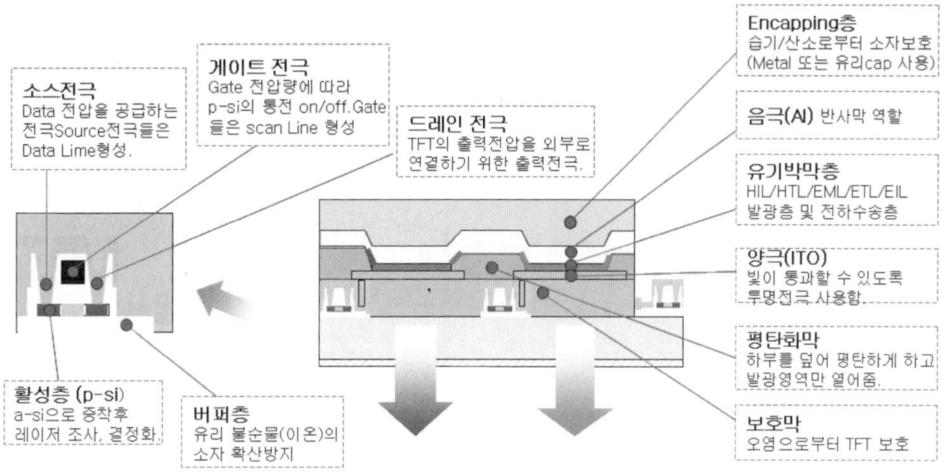

그림 4.41 AMOLED 소자의 기본구조 및 역할

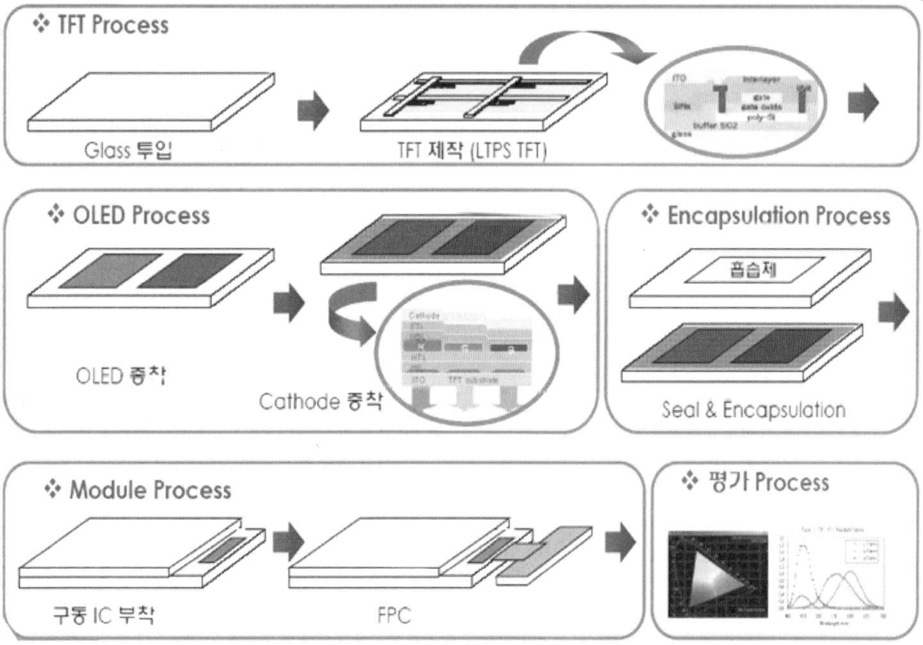

그림 4.42 AM OLED 소자의 제조공정

표 4.7 AM OLED 제조공정 및 기능

순서	세부공정	기능 및 역할	비고
A-1.	유리기판 세정	세정	
A-2	Buffer 절연막 및 a-Si 증착	활성층인 poly-Si 의 전구체로 a-Si 박막을 증착함	
A-3	a-Si을 p-Si화	Laser 결정화를 이용하여 a-Si을 p-Si화	결정성, 이동도, 문턱전압, 균일성,
A-4.	p-Si의 패터닝	포토리쏘그라피 공정을 이용하여 p-Si 막을 페턴닝	pattern의 정확성, 균일도
A-5	게이트 절연막 증착	p-Si과의 계면특성과 절연막 자체의 특성은 TFT 특성 및 신뢰성에 영향	막 두께, 균일성, 신뢰성 등
A-6	게이트 금속증착 및 패터닝	게이트 전극을 형성하기 위해 금속막을 증착하고 패터닝 함	막 두께, 식각의 균일성,
A-7.	이온주입 및 활성화	절연막을 뚫고 Boron ion 주입 및 전기적으로 활성화하기 위하여 열처리	접촉영역 판 저항, 균일성
A-8.	층간 절연막 및 패터닝	스캔 라인과 데이터 라인간을 절연하기 위해 층간 절연막 증착 및 전극 연결 위해 contact hole을 open 패터닝	막 두께, 균일성, 패터닝 상태
A-9.	S/D 금속 증착 및 패터닝	TFT의 S/D 전극형성을 위하여 금속막 증착 및 패터닝	막 두께, 균일성, Stress
A-10.	접촉(Contact) 열처리	p-Si과 S/D 전극이 서로 Ohmic 접촉이 되도록 열처리	접촉 저항 이동도, 누설전류
A-11.	보호층 증착 및 패터닝	오염에서 보호위해 보호층 증착 및 드레인 전극과 화소 전극 연결하는 Via hole 패터닝	막 두께, 균일성, 패터닝 상태
A-12.	화소전극증착 및 패터닝	양극역할의 투명전극 증착 및 패터닝	막 두께, 균일성
A-13	평탄화막 도포 및 패터닝	평탄화막을 도포하고 패터닝하여 발광영역 만듬	Taper 각도, 균일성

4.4.2 풀칼라화 기술

OLED 소자에서 수십 nm 두께에 해당하는 유기박막의 제조방법은 진공에서 유기박막을 증착하거나 용액공정을 이용한 ink-jet 프린팅, 스핀코팅 방법 등이 있다. 진공 증착법은 저항가열을 이용한 열증착(thermal evaporation)법과 전자빔증착(electron-beam evaporation)법이 있다. 열증착법은 유기물을 필라멘트에 통전하여 가열하는 방법으로 고체재료가 열에 의해 기체를 거처 고정해 둔 기판에 박막을 형성하는 단순한 방법이다. 전자빔 증착법은 타겟 소재에 전자빔을 쪼여서 그 강한 에너지로 가열 승화시켜 증착시키는 방법이다. 주로 알루미늄과 같은 무기금속이나 ITO와 같은 산화물의 제조에 이용되며, 대부분의 유기박막은 열 증착법을 이용하고 있다.

진공 증착법 : 저분자를 이용한 풀칼라 증착방법은 RGB 소자구조에 따라 그림 4.43과 같이 크게 4 가지로 구분한다.

RGB 발광층을 미세형상 금속마스크를 이용하여 증착하는 방법으로 고효율, 고색순도 측면에서는 우수하나, 대형제조 시에는 FMM 크기의 증가에 따른 처짐 현상 등으로 고정세화가 어렵다. 소재의 사용율이 5~8 % 수준으로 효율적인 소재의 이용방법이 요구되며 현재 상용화 제품에 가장 많이 적용되는 기술이다.

백색 발광에 칼라필터(C/F) 기술을 도입하여 고정세화된 RGB를 만드는 기술로 FMM을 사용하지 않으므로 공정이 단순하다. 백색소재 개발이 중요과제이며, 칼라필터의 흡수에 따라 발광효율이 서로 다르게 감소된다는 단점이 있다.

청색발광에 색변환층(color-change medium, CCM)을 사용하여 풀칼라를 구현하는 방법으로 역시 FMM을 사용하지 않는 장점이 있으나, 고효율의 청색소재 개발이 요구된다.

Microcavity 효과를 이용한 것으로 ITO 또는 HIL 두께변화를 이용한다. 종래의 RGB 3색 방법과 C/F 방법의 단점을 보완하여 대면적을 단순공정으로 고정세화가 가능한 방법으로 시도하고 있다.

잉크젯 방법 : 고분자의 용해도를 이용하여 풀칼라화 하는 방법으로 잉크젯 방법, 레이저 전사(laser induced thermal imaging, LITI)법, 프린팅 기법 등이 있다. 이 가운데 잉크젯 방법은 공정의 단순화, 발광소재의 절감, 대량생산에 따른 설비투자 절감이 장점이다. 최소량 소재를 이용하여 비접촉 프린팅 방법을 이용한 직접 패터닝 하는 기술이다.

핵심기술로는 발광층 또는 공통층(buffer layer, interlayer)을 만들기 위한 용매의 선정, 용액의 점도, 용해도 등을 고려한 잉크의 조성, 분산특성, 균일한 박막 두께의 제어, 잉크젯 헤드의 기계적인 정밀도 제어 등이 있다. 잉크젯 헤드 면에서는 다양한 잉크의 사용, 정확한 위치의 제어성, 잉크 방울의 흐름속도, 확산속도 등의 제어가 요구된다. 특히 노즐로부터의 방울의 위치 제어성, 친수성 및 소수성을 이용한 박막의 정밀도 향상, baking 조건 등은 균일한 박막 뿐 만이 아니라

구분	Blue, Green, Red	White EL + 칼라필터	Blue EL + 색변환층	Microcavity 효과
구조	RGB 발광층 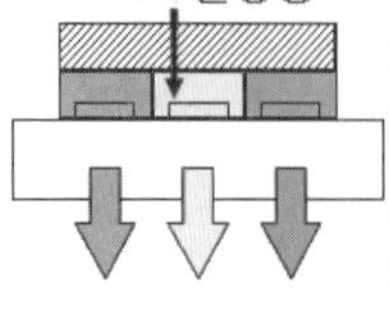 B G R	White 발광층 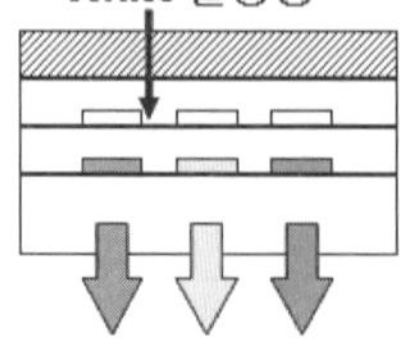 B G R	Blue 발광층 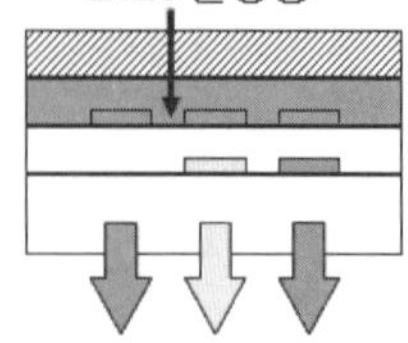 B G R	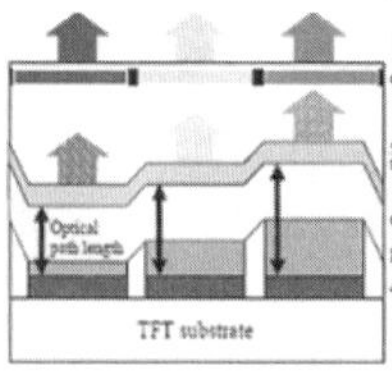
장점	높은 발광 효율 고해상도	고해상도 Color Filter 사용	유기층 패턴 불 필요	고 색순도
과제	청색 발광재료 미세 가공	백색 EL 효율 향상 White balance	높은 변환효율 CCM 개발	복잡한 공정

▌그림 4.43 열증착법을 이용한 OLED 풀칼라화 방법

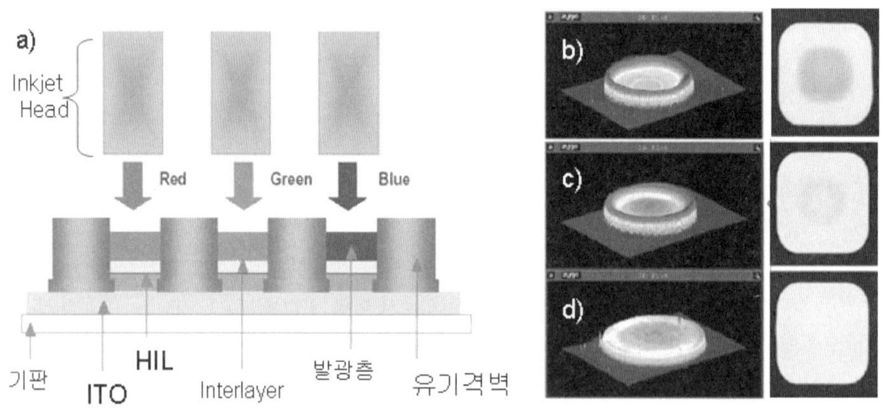

▌그림 4.44 (a) 잉크젯 방법을 이용한 풀칼라화 공정(a)과 박막두께에 따른 발광의 균일도(b~d)

외부에서 가해준 전기장에 의한 균일한 휘도를 얻기 위하여 필수 요소기술이다. 그림 4.44는 잉크젯 방법을 이용한 OLED 소자의 구조와 발광특성을 나타내었다. 그림 4.44 (b)~(d)에서 나타난바와 같이 박막이 불균일하면 (여기서는 coffee ring 효과라고 함) 발광현상도 불균일하am로 용매의 선정, 표면처리효과 등을 이용하여 두께변화를 최소화 한다.

LITI 방법 : LITI 기술은 레이저 빔을 도너(donor) 필름 위에서 선택적으로 조사할 경우 방출되는 열에 의해 박막이 선택적으로 전사(transfer)되어 유기박막을 제조하는 방법이다. 도너필름은 적층하고자 하는 유기박막을 필름 위에 증착 또는 용액공정으로 제조한 필름으로 도너필름의 제조기술과 레이저 전사기술이 중요기

술이다(그림 4.45 참조). 요소기술로는 도너필름의 형성 및 분자간의 인력을 이용한 필름의 탈착, 부착제어, 코팅필름 박막 두께의 균일도 제어, 다층박막의 적층제어 등이다. 고분자의 경우 필름강도가 크므로 가장자리 형성(edge formulation)에 어려움이 있다. 고분자나 단분자를 혼합 하거나 하이브리드로 만들어 전사특성을 조절한다. 대면적 크기의 패널제작이 우수하며, 고정세화된 패터닝의 가능성이 예상되나 박막의 균일도 향상, 소재의 안정성, 구동전압, 공정단가가 고려되어야한다. 이 밖에도 기본적인 스크린 인쇄, 그라비아 (gravia) 인쇄 등을 이용하여 풀칼라화 하는 방법이 있으며 차세대 개념으로 대면적 저가격을 위한 접근방법으로 검토되고 있다.

풀칼라화 방법에 따른 소자의 성능과 특성에 대하여 표 4.8에 요약하였다. 상용화 제품들은 대부분 고수율의 증착방법을 이용하여 풀칼라 구현을 하고 있다. 고해상도 측면에서는 백색을 이용한 칼라필터 기술과 LITI 방법이 우수하나 소자성능의 어려움이 있으며, LITI 방법의 경우 공정의 복잡성이 문제시 된다. 이에 비해 잉크젯 방법은 소재의 효율적인 활용, 저가격이 가능하나 소자성능이 상용화에 이르기에는 좀 더 시간이 필요하다[63].

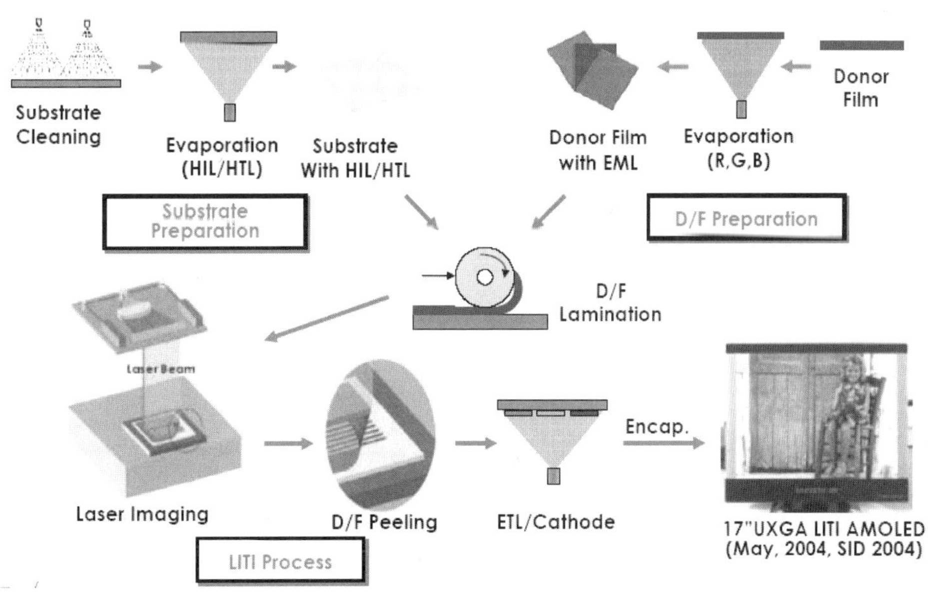

▌그림 4.45 LITI 방법에 의한 박막의 전사 기술 개요도 (출처: SDI 05)

▮표 4.8 Full color 방법에 따른 OLED 디스플레이 성능비교표

구분	증착(FMM)	Ink-Jet 프린팅	LITI	White+CF
구조	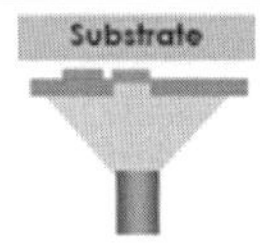			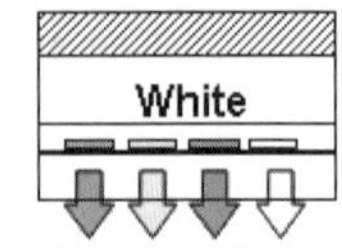
소재	저분자	고분자	저분자/고분자/혼성	저분자
패터닝	±15μm	±10μm	±3.5μm	±2.5μm
해상도	~200ppi	~200ppi	~400ppi	>200ppi
개구율(배면발광)	30~50%	40~50%	40~60%	~80%
설비가격	높음	낮음	중간	중간
소자성능	높음	낮음	높음	낮음
패널가격	높음	낮음	중간	중간
장점	· 고수율	· 대면적 가능 · FMM에 비해 고수율 · 재료손실 적음	· 고해상도 · 대면적 기판기능 · 다층적층 가능	· 고효율 · 고정세화
단점	· 대형 마스크제작에 따른 고해상도 · 유리크기	· 낮은 효율, 수명 짧음 · 박막의 불균일 · 내구성 및 Mura	· 공정의 복합성 · 장비의 개발 · 균일한 도너 필름	· 내구성 우수한 백색구현

4.4.3 백색광

RGB 발광 특성을 갖는 발광층을 적층하여 백색 발광을 처음 보고한 이래[64], 색순도가 우수한 백색 OLED에 대한 연구가 급진적으로 진행되었다. 특히 백색 OLED의 응용기술이 저소비 전력의 대면적화를 향한 디스플레이 분야와 조명 또는 광원으로서의 가능성이 예상됨에 따라 다양한 접근방법으로 백색광 기술에 대한 연구가 진행되고 있다. 표 4.9는 이제까지 연구 보고된 백색 OLED 기술을 요약하였다.

백색광을 이루는 가장 단순한 공정은 RGB 발광층을 단일층으로 제조하는 것으로 청색 호스트에 적색과 녹색의 도판트를 이용하거나 넓은 밴드갭을 가지는 호스트에 RGB의 도판트를 사용하여 만든다. 단점으로는 발광시에 RGB에 해당하는 스펙트럼의 제어가 어려우며 구동 시에 시간에 따른 백색의 색좌표가 변화되어 상용화에는 아직 적용되고 있지 않다. 다층의 발광층으로 2개의 파장을 이용한 백색은

■ 표 4.9 백색 OLED 구현을 위한 소자의 구조와 특성

발광층 구조	단일층	다층 발광층		
		2파장 이용	3파장 이용	RGBW
칼라화 방식	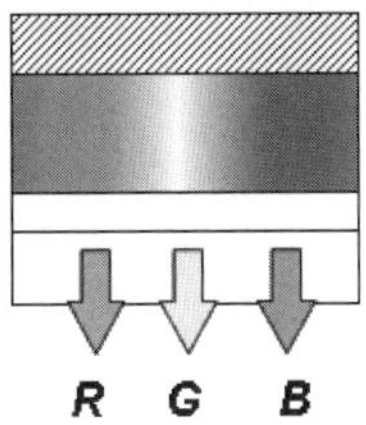	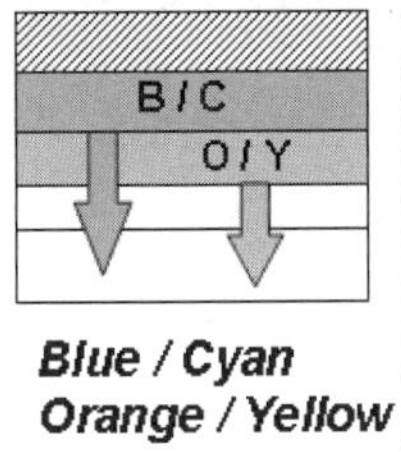	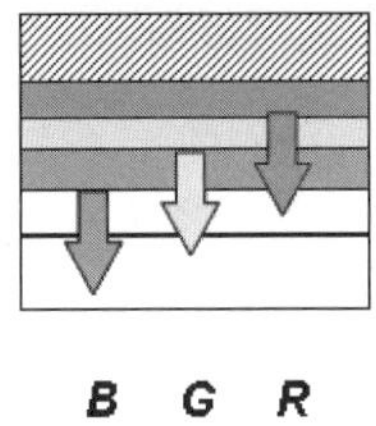	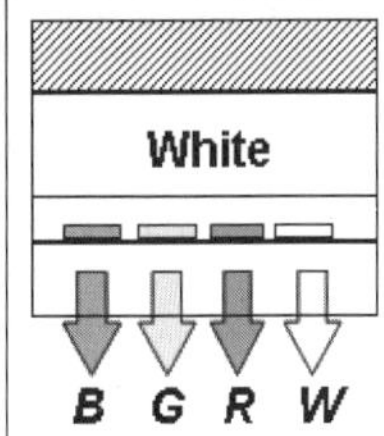
장점	· 다색 도핑을 이용 · 청색호스트+적색&녹색 도판트 · 밴드갭이 넓은 호스트+RGB 도판드	· 보색을 이용한 White · 2층의 EML · 제작간단 · 효율이 높음	· 3층의 발광층 · 3개의 발광층을 이용한 다중광장 발광	· White EL+CF · 효율증가 · 저전력 소모
과제	· 불완전한 에너지 전이로 색 조절 어려움 · White color balance /color shit조절	· 녹색 발광 효율 낮음 · 연색지수 낮음	· 엑시톤 확산에 따라 칼라 제어 어려움 · RGB 발광층 간의 서로다른 열화 현상 · 다층구조로 공정 어려움	· 고효율 White 발광층 제작 또는 재료 개발

서로 보색을 이루는 발광층을 적층하는 것으로 효율은 3 파장의 백색보다 우수하다. 녹색의 발광효율이 낮으며 연색지수(color rendering index)가 낮은 문제점이 있어 발광효율이 우수한 인광소재를 이용하여 백색을 연구하고 있다. RGB 3 개의 독립적인 발광층을 적층한 백색구현은 이제까지 잘 알려진 기술이다. 색순도는 우수하나 다층구조여서 제작이 어렵고 발광층간의 열화에 기인하여 구동시간이 지남에 따라 색 좌표가 바뀌는 문제점이 있다.

3 삼파장을 이용하는 또 다른 방법은 다중광자발광(multiple photon emission, MPE) 구조가 있다. 독립적인 RGB 3개의 OLED units를 직렬로 적층한 구조로, 구동전압도 3배로 증가 하나, 고효율의 백색을 얻을 수 있는 장점이 있다. 최근에는 대면적에서 저소비전력으로 OLED의 발광효율을 극대화시키기 위하여 RGBW의 구조로 시도하고 있다[65]. 발광효율은 White 로부터 RGB에 칼라필터(color filter, C/F)를 사용한 것보다도 50% 향상되었다고 보고 하였다[66].

고효율의 OLED 소자가 구현됨에 따라 WOLED 소자는 디스플레이용과 조명(solid state lighting) 용으로 연구 진행되고 있다. 수명 측면에서는 무기 LED 보다 부족하나 면광원 측면에서 조명용으로의 가능성이 있어 조명업체 (General Electrics, Novaled 등)와 정부주도하에 국가과제 (OLLA, NEDO, DOE 등)를 중심으로 연구되고 있다. 현재 수은을 사용하고 있는 형광등은 환경적으로 문제가 있어 점차 감소할 것으로 예상되므로 효율과 수명이 형광등 수준(현재 80 lm/W 정도)을 넘을 경우 값싼 면광원 조명으로서의 대체효과를 있으리라 기대한다.

4.5 성능 향상기술

OLED 디스플레이는 LCD 나 PDP 기술에 비하여 아직 시장점유율이 낮은 기술로 소자의 성능향상을 위하여 소재개발, 소자의 공정개발, 구동기술개발 등이 요구되고 있다. 특히 저가격의 고성능화를 얻기 위하여 소재개발을 통한 효율향상, 소자의 물리적인 이해, 공정개발, 봉지기술을 통한 수명향상 등이 요구되므로 간략히 설명한다.

4.5.1 장수명화 기술

고해상도, 저전력, 경량, 고휘도의 장점이 있음에도 불구하고 OLED 디스플레이의 상용화가 지연되는 가장 큰 요인은 소자의 수명이다. 짧은 수명의 원인으로는 산소 또는 수분 등의 외부적인 요인과 구동시에 유기박막의 노화 등의 내부적인 요인이 있으며, 이를 극복하고자 소재/소자 전 공정에 걸쳐서 연구되고 있다 [67-70].

외부적인 요인 : 유기물 또는 금속이 산소, 수분 또는 빛과 반응하는 것은 장점으로도 이용될 수 있으나 소자 성능 면에서 화학적, 전기적인 반응은 내구성에 커다란 영향을 준다. 예를 들면, 전극 소재로 일함수가 작은 리튬을 사용하면 소자 안에 들어온 습기 또는 수분과 반응하여 수산화리튬이 되거나 혹은 전극 계면에서 수분을 접한 부분이 다른 재료로 변화 또는 변성을 하게 된다. 리튬은 전자를 주입할 수 있지만 수산화리튬이 되면 전자주입이 어렵고 변화된 분자에는 전하를 수송하지 않게 되므로 빛이 나지 않게 된다. 따라서 수분이나 산소 침투 등에 의한 노화를 방지하기 위하여 유리 또는 금속 뚜껑으로 봉지(encapsulation)를 하고, 구

동 중에 발생되는 가스(out gas)에 의한 노화현상을 방지하기 위하여 수분흡수제(getter 제)를 사용한다. 공정과정에서 발생하는 미세 입자로 인한 전기적단락(electrical short)을 방지하기 위하여 청정시설이 요구된다. 외부적인 요인은 적합한 건습제, 불활성 조건에서의 소자 봉지 등에 의하여 많은 부분이 해결되고 있다.

내부적인 요인 : 소자의 구동 시에 발생되는 노화 특성은 전극의 단락, 계면에서의 노화, 유기박막 간의 상호 확산(inter-diffusion), 색좌표의 변화, RGB 발광소재의 서로 다른 내구성, 열적인 안정성, 전하의 불균형 주입(unbalanced injection)에 의한 누설전류 증가 등으로서 이를 방지 또는 해결할 수 있는 기술이 요구된다. 특히 소재에 있어서 부반응(side reaction)에 의한 유기 소재의 열화, 유기물에 전자를 주는 환원 반응(reduction reaction), 또는 전자를 빼내는 산화 반응(oxidation)을 통하여 빛을 내지 않는 물질로 변화되는 소광 현상, 전자나 정공의 트랩(trap)으로 전하이동도가 떨어지고 구동 전압은 증가는 전하이동의 불균형으로

표 4.10 OLED 소자의 열화 현상의 문제점 및 해결하기 위한 접근방법

구분		문제점	접근방법
소재		열안정성 불순물에 의한 누설전류증가	높은 Tg 소재개발 고순도 소재개발
소자	양극	표면거칠기, 일함수	균일한 표면, 표면처리 일함수 제어, 완충층 도입
		ITO 표면의 오염 계면접촉	
	유기박막	결정화, 박막 상호간의 확산, 전기적인 분해, 광에 의한 노화(Photo-degradation) 수분과의 반응, 전하의 축적(charge accu-mulation), 주울 열	높은 Tg 소재 적용 균형된 전하주입 다양한 적층방법 시도 새로운 고효율 소재 사용
	음극	음극의 산화, 벽리(delamination) 금속의 유기박막으로의 확산	계면접촉 향상, 새로운 EIL 도입
		Pin-hole 또는 결함 산소와 수분의 침투	새로운 음극형성기술
봉지		열안정성, 산소, 수분침투방지	봉지기술, 접착기술
구동방법		전압구동, 전류구동	보상회로
외부광		편광판의 투과도, 외광효율 (Outcoupling efficiency)	외부광손실 최소화 소자구조 시도

발광 효율이 감소한다. 주원인으로는 전하주입에 의한 소재의 산화환원 반응이므로 무기반도체 수준의 고순도 합성 및 정제가 필요하다. 이제까지 알려진 고순도화 방법은 승화 정제(train sublimation)나 칼럼정제(column purification)방법을 반복하는 수준으로, 향후 소재의 순도를 향상방법과 순도를 결정하는 법을 확립하는 것은 OLED 뿐만 아니라 유기 전자 디바이스의 개발에 있어 필수 불가결하다.

또한 고분자를 이용한 PLED에서 유기박막은 스핀 코팅(spin coating)하는 것이어서 용액 중에 포함된 수분이나 불순물이 박막 중에 극미량으로 잔존할 가능성이 있으며, 굽기(baking)나 고순도 용매의 사용이 필수불가결하다. OLED 소자의 장수명화 기술은 전극, 발광층, 전극과의 계면. 주입층, 수송층 등에 의한 소자 전체를 통하여 이루어지는 것으로 전기적, 광학적, 화학적 안정성이 우수한 소재개발이 궁극적인 목표로 표 4.10에 문제점과 해결점을 요약하였다.

4.5.2 봉지기술

외부로부터 수분, 산소에 의한 소자노화방지를 최소화 하기위한 봉지기술은 초기에는 금속 캡을 사용하였으나 유리기판과의 스트레스가 수명저하의 원인이 되어 같은 매질인 유리 캡을 주로 사용하고 있다. 표 4.11에 이제까지 진행된 봉지기술의 동향에 대하여 설명하였다. 소형제품에는 유리 또는 금속 캔(can)을 사용하여도 무방하나 전면발광형(TEOLED)에 불투명하므로 투명한 유리 캔을 사용하여 흡습제, 유리 캡의 microcavity 효과 등을 고려해야만 한다. 이에 비하여 2세대 봉지기술은 주로 OLED 소자의 상부의 투명음극 또는 음극에 손실이 적은 박막을 적층하고 필름형 또는 액상형 접착제를 사용하여 충진한 후에 마지막으로 얇은 유리로 봉지하는 기술이다. 유기/무기 혼합형으로 접착제와 봉지층 선정을 통하여 기능성이 우수하다. 3세대 기술은 광경화성 고분자을 이용하여 유연한 유기박막을 만든 후, 고밀도의 무기박막을 적층하여 차단성이 우수한 초박막으로 봉지하는 기술이다. 유기/무기박막간의 스트레스차이, 굴절율 차이 등의 문제점을 보완하여 최근에는 그림 4. 46 (c)와 같이 기울기(graded)를 가진 다층구조의 박막을 제작한다. 계면간에 굴절율, 또는 스트레스 등의 차이를 최소화하는 접근방법으로 아직 기술적인 수준은 미흡하나 성공 시에는 디스플레이 뿐 만이 아니라 박막코팅기술로서 경제적인 파급효과가 매우 크다.

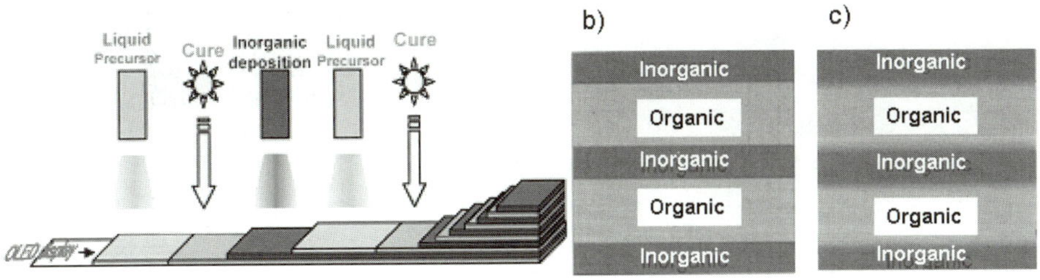

▌그림 4.46 (a) 다층의 유기/무기박막공정을 이용한 Passivation 개념도. (b) 유기/무기 다층박막층의 단면도. (c) 기울기를 가진 유기/무기박막 다층구조의 단면도[71-72].

▌표 4.11 봉지기술의 발전 동향

방식	1세대 공정 (Lid type)	2세대 공정 (Filling type~)	3세대 공정 (Thin film type)
구조	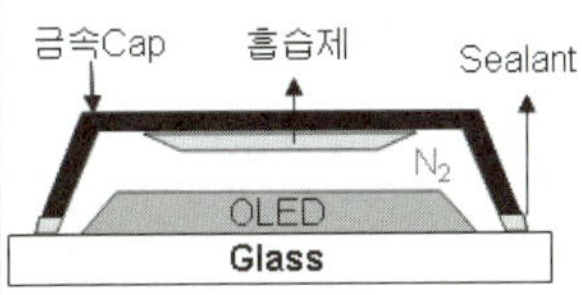 <Metal Cap Type> 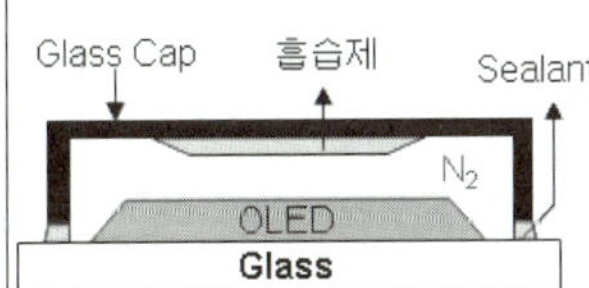 <Glass Cap Type>	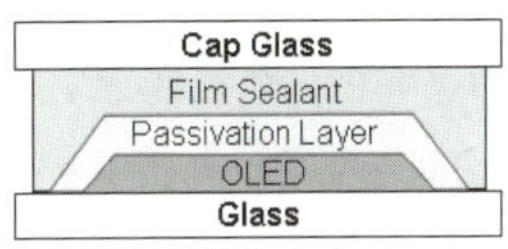 <고상 Sealant> 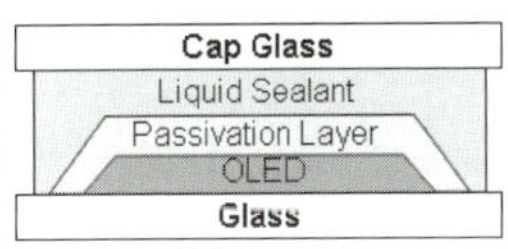 <액상 Sealant>	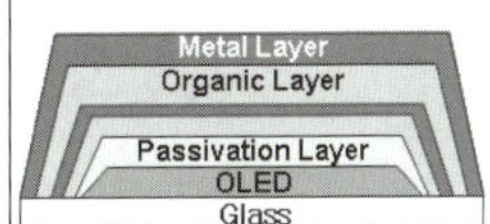 (Thin Film Type)
장점	충격에 강함 금속/유리간 박리현상 무게, 접합부 평활도 열안정성 우수	투명한 유기/무기층 전면발광 대응 가능 대면적 가능	전면발광 대응 Flexible 기판 가능 초경량화 유연한 봉지
단점	무게로 대면적화 어려움 흡습가능성	투명 흡습제 기술	충격에 약함 투산소도/투습도 미흡
비고	두께: 1.5~1.9 mm 소형에 적용	두께: < 1.0 mm Clie 제품에 적용한 기술	두께 : < 1.0 mm 유기/무기다층박막

4.5.3 고성능화 기술

인광을 이용한 고효율화 : 형광과 인광으로 내부 양자효율을 100%까지 얻기 위하여 엑시톤이 발광층을 지나 확산하거나 비발광 과정이 일어나는 것을 최소화 하여야 한다. 따라서 엑시톤 차단층을 도입하여 삼중항 엑시톤이 에너지 장벽에 의해

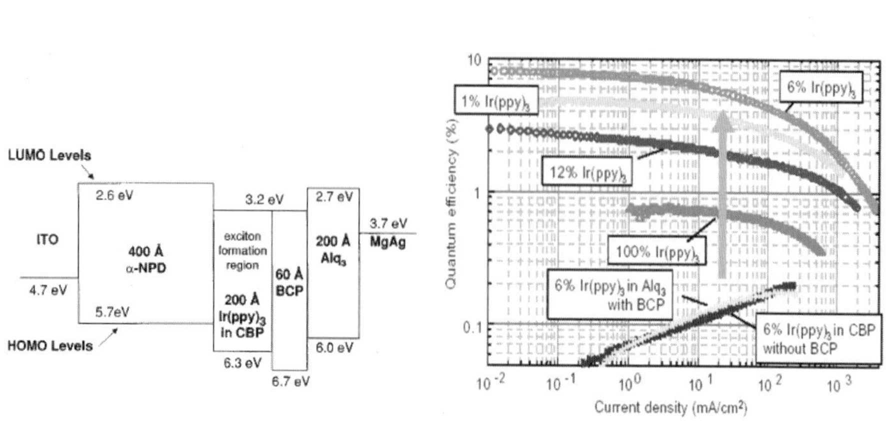

▌그림 4.47 HBL을 이용한 PHOLED 소자구조 및 소자구조에 따른 발광효율의 차이

넘어가지 못하도록 호스트의 삼중항 엑시톤 에너지가 도판트의 삼중항 엑시톤 에너지보다 커야 한다. 대표적인 엑시톤 차단층 물질은 Bphen, BCP, BAlq 등이 있다. BCP의 경우, 삼중항 엑시톤 에너지가 2.5 eV 이고, Ir(ppy)3의 삼중항 엑시톤 에너지 2.4 eV 보다 0.1 eV가 크므로 삼중항 엑시톤을 발광층에 효과적으로 가두어 발광 효율을 높일 수 있다. 그림 4.47은 CBP에 Ir(ppy)3를 6% 도핑하여 만든 소자에서 BCP를 정공과 엑시톤 차단층으로 사용하였을 때 차단층을 사용하기 전과 후의 발광효율이 0.1% 수준에서 약 8%로 크게 높아지는 것을 보여준다. 따라서 BCP와 같은 엑시톤 차단층을 도입함에 따라 고효율을 얻을 수 있다[73].

Tandem 구조를 이용한 고효율화 : 정공수송층과 전자수송층을 포함하는 EL 단위(units)를 수직으로 적층한 Tandem 구조는 적층한 수에 비례하여 전류발광효율이 증가한다. 이때 CGL(charge generation layer)은 투명한 p-n 접합의 개념이며, 적층소자구조의 단위가 증가할수록 동작전압은 증가하나 같은 휘도를 낮은 전류에서 얻을 수 있다. 따라서 전자흐름에 대한 내구성이 증가되므로 효율 및 신뢰성에서 장점을 가지고 있다. 최근 들어 Kodak 사는 그림 4.48과 같이 형광 및 인광 소재를 3층 적층구조로 제작하여 32 cd/A 및 136 cd/A의 효율을 각각 얻었다. CGL 재료로서 MgAg/IZO 또는 V_2O_5와 같은 전기전도도가 높은 무기산화물을 사용하나 투명도가 낮고 전기전도도가 높아 인접화소와의 상호간섭(cross talk) 현상이 일어남에 따라 단점이 있었다. 최근에는 n-type 도핑으로 Alq에 Li을 도핑을 하고, p-type으로 NPB에 $FeCl_3$를 도핑하여 CGL 재료로 사용여 고효율의 OLED 소자를 구현하였다[6].

PIN 기술 : 전극과 유기박막의 계면에서 전하의 주입장벽이 0.2 eV 이하이면

Ohmic 접촉 특성이 나타나며 OLED 소자의 구동전압은 낮아지고 효율은 향상 된다. 따라서 계면간의 전하주입장벽이 큰 경우 터널링 현상을 이용하여 저저항 접촉을 유도하며, 전하주입효율을 향상시키기 위하여 정공주입층에 n형 재료를 도핑하고 전자주입층에 p형 반도체 재료를 도핑 한다. 그림 4.49은 ITO 양극과 ZnPc 계면에서 n−type F4−TCNQ를 도핑하기전과 후의 계면에너지 변화를 UPS(UV photoemission spectroscopy) 와 XPS(X−ray photoemission spectro−scopy)로 실험한 결과를 나타낸다. ZnPc에 F4−TCNQ를 도핑함에 따라 bend bending이 일어났으며, ITO 양극의 Fermi 준위와 ZnPc−F4−TCNQ의 HOMO 준위가 0.8 eV에서 0.21 eV로 0.6 eV 정도 에너지 장벽이 낮아졌다. 도핑된 ZnPc 박막에서 공간전하층(space charging layer)의 두께는 15 nm에서 5 nm 이하로 감소하였다. 또한 계면 dipole(eD)이 도핑 전과 후에 모두 − 0.3 eV 수준으로 유사한 것으로 보아 계면에서의 dipole 은 ZnPc와 ITO 간에 전하 이동에 기인함을 알 수 있고, 이온화 에너지는 도핑과 관계가 없음을 나타낸다. 따라서 ZnPc에 F4−TCNQ를 도핑하여 터널링 현상에 의한 전하주입효율 증가를 얻을 수 있다. 이 밖에도 양극층 위에 버퍼(buffer)층을 도입하여 에너지 bending에 의한 저전압 구현, 전하이동도가 높은 소재를 이용한 저전압 구동기술 등이 알려져 있다[74].

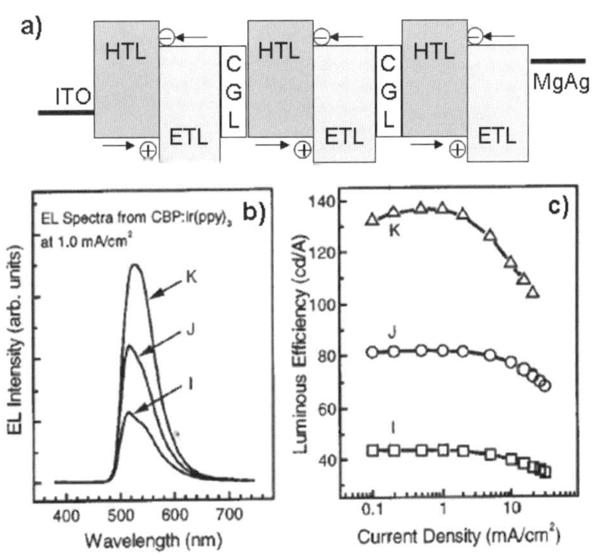

▌그림 4.48 (a) 3개의 EL 층을 적층한 Tandem 구조, (b) EL 스펙트럼 변화, (c) 전류 밀도에 대한 발광효율 변화

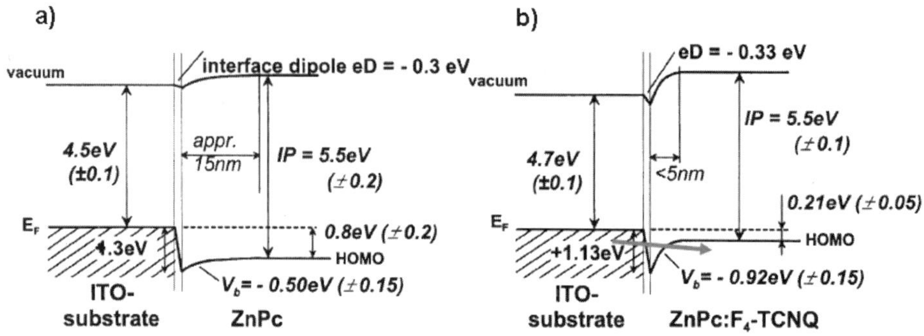

▌그림 4.49 ITO/ZnPc 계면에 대하여 UPS 및 XPS 실험결과로 부터 얻은 에너지 준위 (a) ITO/ZnPc, (b) ITO/ZnPc-F4TCNQ

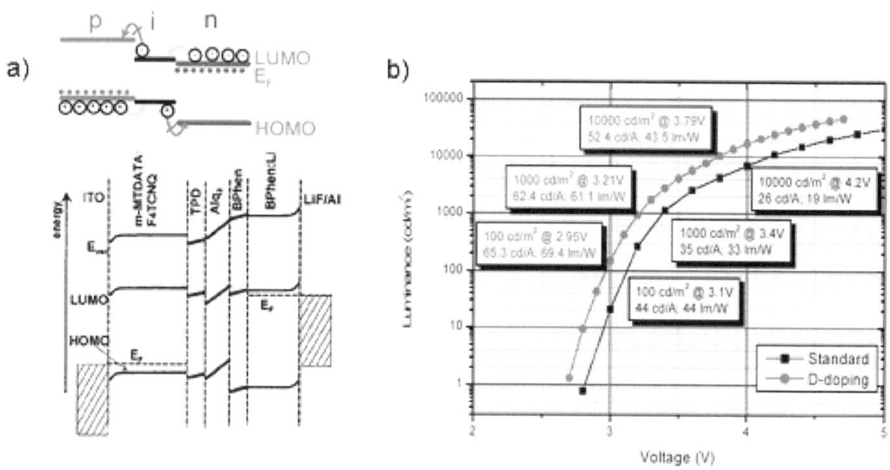

▌그림 4.50 (a) PIN OLED 소자구조 및 (b) IV 특성

그림 4.50는 PIN 소자의 에너지밴드 다이아그램과 이에 따른 전류-전압 특성을 나타내었다. 정공주입층인 m-MTDATA에 F4-TCNQ를 도핑 하였으며, n-형으로 BPhen에 Li를 도핑 하여 저저항의 OLED 소자를 제조하였다. 도핑한 후의 구동전압은 0.2~0.4 V 정도 낮아졌으며, 전력효율은 1.5배 이상 증가 하였다. 최근 녹색인광의 경우에 1,000 cd/m^2 @2.55 V, 95 cd/A를 발표하였다[74-75]. PIN 구조는 소비 전력면에서 매우 우수 하므로 향후 대형 크기의 OLED 시장진입에 기여 할 것으로 사료되며 또한 고효율에 따른 조명시장으로의 발전에 기여할 것이다.

대형 풀칼라 AMOLED TV 기술 : 빠른 응답속도, 높은 계조비, 초박막, 고색순도, 넓은 시야각 등의 장점을 가지고 있는 OLED 기술은 아직 수명, 가격 면에서는 LCD에 비하여 부족하다. 따라서 향후 기존의 시장에 OLED의 장점인 고색순도를 기초한 TV 시장까지 진입하기 위해서는 대형화 기술이 필요시 된다. 대형화에서 가장 우선시 되는 기술은 수명과 저소비 전력으로 이를 극복하기 위하여 TFT 기판기술, 소재기술, 풀칼라화 기술 및 봉지기술이 무엇보다도 중요시 된다. TFT 기판 측면에서는 TFT array의 균일도, 저가격형 구조 및 공정, 신규장비의 투자 최소화, 소형 또는 대형 크기의 디스플레이에 가능성이 요구된다. 문제해결을 위한 접근방법으로 a−Si TFT 측면에서는 Vth shift 최소화 등을 포함하는 TFT의 안정성과 이동도를 증가 시키는 방향으로 공정 및 보상회로 개발이 필요하다. 다른 한편인 poly−TFT 분야에서는 대형크기의 결정화 방법, 레이저를 사용하지 않고 TFT 수율을 증가시키는 방법, TFT 균일도 증가 등이 연구 진행되고 있다.

대형크기의 풀칼라화 방법은 저가격형 소자구조 및 공정, 고수율 및 고생산성, 소형에서 대형크기까지의 대응가능성, 고정세화 기술 및 설비 투자비가 중점적으로 고려되고 있다. 가장 보편화되어 사용되고 있는 FMM 방법은 크기가 증가할수록 마스크의 제작한계로 고해상도가 어렵다. 최근에는 풀칼라 구현 방법으로 기존의 RGB에서 RGBW 구조를 이용하여 소비전력을 낮추고사 연구 진행되고 있으나, 백색광의 낮은 효율이 문제되고 있다

그림 4.51은 40" 급 a−Si TFT 기판위에 3파장을 이용한 백색발광에 칼라필터 사용하여 RGBW 4개의 칼라 픽셀구조를 이용하여 풀칼라를 구현한 것으로 이는 RGB에 칼라필터를 이용한 구조보다 50%의 효율 증가를 얻었다[66}. 2006년 Kodak은 P−N contact를 이용한 백색 3층의 Tandem 구조를 이용하여 CRI 80% 이상, 1,000 cd/m^{2}에서 110,000 시간의 수명을 발표하였다[65]. 이 같은 연구결과의 발전은 소자의 구조 및 공정개발을 통하여 TV 와 같은 대면적화 가능성과 향후 조명으로의 응용 가능성을 제시하여 준다.

OLED 디스플레이는 타 디스플레이와 비교하여 소재의 의존성이 매우 높으며, 수명과 가장 직접적으로 연관되어 있다. 현재 매년 15~20%의 효율 증가를 통하여 녹색과 적색은 상용화 수준에 이르렀으나 청색은 아직 미진한 상태로, 고효율, 고색순도의 청색발광소재의 개발을 통한 저전력 소모, 소자의 수명연장이 최우선적으로 필요하다.

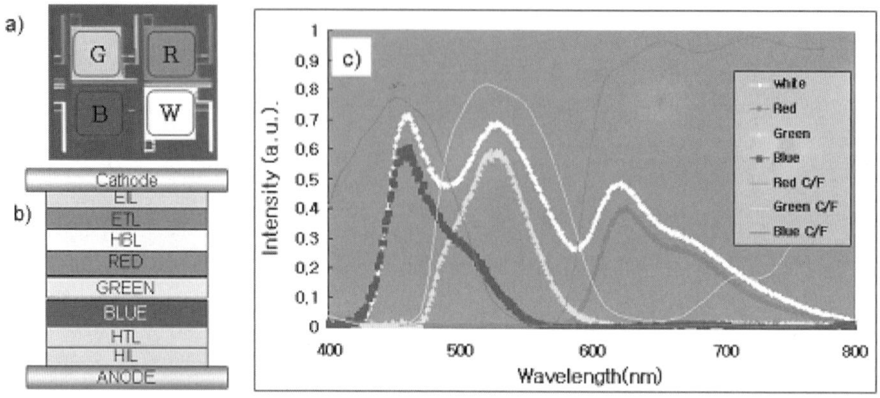

그림 4.51 a-Si TFT를 이용하여 40" 급 AMOLED 패널구현에 적용된 (a) RGBW 픽셀 구조 (b) 소자의 구조 및 (c) RGBW 스펙트럼

맺음말 : 1999년 Pioneer로부터 처음 PMOLED 제품이 나온 이래, 끊임없는 연구와 기술의 발전을 통하여 3.8" 급 PDA가 상용화 되고 있으며, 40 "급 AMOLED 패널이 구현된 수준이다. OLED 기술을 이제까지 잘 알려진 LCD 및 PDP의 기술발전 추이와 비교하면 아직 개발단계이나 저가격, 고성능화를 동시에 요구하는 시장 경쟁력 측면에서 보면 정상에 오르는것이 쉬운 일은 아니다.

Mobile AMOLED의 초기시장에 진입하고 제품이 경쟁력을 갖기 위해서는 무엇보다도 먼저 장수명화, 고해상도의 AMOLED 제품의 개발이 필수적이라 하겠다. 이를 실현하기 위해서는 소재 개발 뿐만이 아니라 소자의 전반적인 공정에서 독창적인 새로운 개념의 접근방법이 요구되며, 패널의 신뢰성 확보, 수명증가, 저소비전력화 등 돌파해야 할 기술적 과제들이 많이 있다. 따라서 기존의 디스플레이와 차별화 할 수 있는 초박형, 벽걸이형 TV나 Flexible 디스플레이와 같은 미래형 디스플레이를 향한 연구개발과 함께 초저가, 저전력의 기술을 선점할 수 있는 기술의 개발이 이루어진다면, 향후 OLED 디스플레이는 LCD, PDP와 함께 정상의 디스플레이로 자리매김을 할 것으로 기대한다.

연습문제

01. 유기물의 반도체적인 특성을 기초하여 ①전기전도도, ②전기발광, ③고분자전지, ④유기스위칭소자(Organic thin film transistor) 등으로 활용되고 있다. 각 분야별 하나의 예를 들어 응용원리에 대하여 설명하시오.

02. Solid-state physics 에서 분자(일예 polyacetylene, butadien, metal complex 등) 들에 대하여 분자궤도함수이론에 기초하여 결합과 반결합, Band gap, DOS (density of state) 등에 대하여 설명하시오.(ref: R. Hoffmann, Angew.Chem. Int. Ed. Engl. 26, 846(1987))

03. 엑시톤의 형성과정은 크게 3종류 (Frenkel exciton, Charge transfer exciton, Wannier -Mott exciton 로 나눌 수 있다. 각각의 예를 들어 엑시톤의 형성과정에 대하여 설명하시오.

04. Frank condon 원리를 기초하여 흡수스펙트럼, 형광 및 인광 스펙트럼의 에너지 준위와 의 관계에 대하여 설명하시오.

05. 소자의 발광현상을 나타내는 단위로 여러 가지 표현이 있다. 다음에 대한 정의와 단위를 나타내시오.

① Current efficiency
② Power efficiency
③ Internal and External quantum efficiency
④ Nits

06. OLED 소자의 공간전하 제한전류 영역에서 전류-전압 특성(그림 4. 24 참조)은 실제실험적인 OLED 소자의 전류-전압 곡선(그림 4.50 참조)과 차이가 있다. 이에 대하여 설명하시오-(필요에 따라 LED의 이론을 도입하여도 됨)

07. OLED 소자 구조의 각층에 대하여 화학적, 광학적, 전기적인 특성과 requirement 에 대하여 설명하시오.

08. 전하의 이동도($\mu = 10^{-5} \sim 10^{3}$) 를 기준으로 하여 대표적인 소자와 응용범위에 대하여 설명하시오

09. OLED 디스플레이에서 대면적 Full color를 위한 접근방법으로 Back−plane 기술, 소재기술, Full color 화 기술, 대면적 봉지기술이 우선적으로 필요시된다. 60 "급 OLED 대형 TV 구현을 위한 각자의 시나리오를 준비하여 설명하시오.

10. 향후 10 년 뒤에 예상되는 디스플레이의 종류와 기술에 대하여 논의 하시오

참고문헌

1. M. Pope et al., J. Chem. Phys. 38, 2042(1963).
2. C. W. Tang and S. A. VanSlyke, Appl. Phys. Lett. 51, 913(1987).
3. C. W. Tang and S. A. VanSlyke, and C. H. Chen, J. Appl. Phsy. 65, 3610-3616(1989).
4. H. Burroughes, D. D. C. Bradley, A. R. Brown, R. N. Marks, K. Mackay, R. H. Friend, P. L. Burn, and B. Holmes, Nature 347, 539(1990).
5. M. A. Baldo, D. F. O'Brien, Y. Yiu, A. Shoustikov, S. Sibley, M. Thompson, S. R. Forrest , Nature, 395, 151(1998).
6. L. S. Liao, K. P .Klub다 and C. W. Tang, Appl .Phys. Lett. 84, 167(2004).
7. www.novaled.com
8. M. A. Baldo, IMID/IDMC 2006, OLED Workshop, August 22-25, Daegu, 658(2006).
9. www.kisti.re.kr vol 11(2005).
10. T. A. Skotheim, R. L. Elsenbaumer, J. R. Reynolds Eds., Handbook of Conducting Polymers 2nd ed. (Marcel Dekker, New York, 1998).
11. Noble Symposium in Chemistry: Conjugated Polymers and Related Materials: The Interconection of Chemical and Electronic Structure, W. R. Salaneck, I. Lunstrom, and B, Randy, Ed's(Oxford Sci., Oxford, 1993).
12. E. A. Silinsh and V. Capek, Organic Molecular Crystals (AIP, New York, 1994).
13. A. J Epstein, J. S. Miller, Sci. Am. 241, 52(1979).
14. R. Hoffmann, Angew. Chem. Int. Ed. Engl. 26, 846(1987).
15. R. E. Peierls, Quantum Theory of Solids. University Press, Oxford 1972.
16. L. J. Bredas, G. B. Street, Acc. Chem. Res. 18, 309(1985).
17. K. Fesser, A. R. Bishop, D. K. Campbell, Phys. Rev. B. 27, 4804(1983).
18. M. Berggren, O. Inganäs, G. Gustafsson, J. Rasmusson, M. R. Andersson, T. Hjertberg & O. Wennerström, Nature, 372, 444(1994).
19. K. Goushi, Y. Kawamura, H. Sasabe and C. Adachi, Jpn. J. Appl. phys. 43, L937(2004)
20. T. Tsutsui, M. Yahiro, H. Yokogawa, K. Kawano and M. Yokoyama, Adv. Mater. 13, 1149(2001).
21. J. Birnstock, A. Lux, P. Wellmann, M. Hofmann, and T. Stuebinger, SID Digest, 150(2006).

22. 양중환, 제 1회 OLED Winter School Proceeding, Jan. 24–25, 경희대학교, (2006).
23. Wolfgang Brutting, Stefan Berleb, Anton G. Muckl, Org. Elec. 2, 1(2001).
24. K. C. Kao, W.Hwang, Electrical transport in solids. Oxford, Pergamon Press 1981.
25. M. Lenzlinger, E. H. Snow, J. Appl. Phys. 40, 278(1969).
26. A. J. .Heeger, I. D. Parker, Y. Yang, Synth. Met. 67, 23(1994).
27. J. C. Scott, G. G. Malliaras, Chem. Phys. Lett. 299, 115(1999).
28. Shen et al., Phys. Rev. Lett. 86 3867(2001).
29. A. Campbell et al., J. Appl. Phys. 86, 5004(1999).
30. E. W. Forsythe, M. A. Abkowitz, and Yongli Gao, J. Phys. Chem. B, 104, 3948 (2000).
31. C.R. Crowell, S.M. Sze, Solid State Electron. 9, 1035(1966)..
32. S. Barth, U. Wolf, H. Bässler, P. Müller, H. Riel, H. Vestweber, P. F. Seidler, and W. Rieß, Phys. Rev. B 60, 8791(1999).
33. U. Wolf, V. I. Arkhipov, and H. Bässler, ibid, 59, 7507(1999).
34. V. I. Arkhipov, U. Wolf, and H. Bässler, ibid, 59, 7514(1999).
35. M. A. Lambert, P. Mark, Current Injection in Solids, Academic Press, New York, 1970.
36. Y. Shen, A. R. Hosseni, M. H. Wong, and G. G. Malliaras. ChemPhysChem. 5, 16(2004).
37. M. Pfeiffer, and S. R. Forrest, Nanoelectronics and Information Technology, Wiley–VCH GmbH & Co, 38(2003).
38. 이창희, 한국정보디스플레이 학회지 2, 14(2001). OLED Asia 2005, April 18, Seoul 2005.
39. Atkins, P. W. & Friedman, R. S. Molecular Quantum Mechanics (Oxford University Press, New York, 1997).
40. T. Foster, Discussions of the Faraday Society 27, 7–17(1959).
41. D. L. Dexter, J. Chem. Phys. 21, 836–850(1953).
42. G. Sakamoto, C. Adachi, T. Koyama, Y. Taniguchi, C. D. Merritt, H. Murata and Z. H. Kafafi, Appl. phys. Lett. 75, 766(1999).
43. L. S. Hung, C. H. Chen, Materials Science and Engineering R 39, 143(2002).
44. Y. Shirota, T. Noda and H. Ogawa, Proc. of SPIE, 3797, 158(1999).
45 J. Salbeck, N. Yu, J. Bauer, F. Weissortel and H. Bestgen, Synth. Met., 91, 209(1997).
46. H. Tanaka, S. Tokito, Y.Taga and A. Okada, Chem.Commun., 2175(1996).

47. S. Tokito, H. Tanaka, K. Noda, A. Okada and Y. Taga, IEEE Trans.Electron Dev. 44, 1239(1997).
48. S. Han, Y. Yuan and Z. H. Lu, J. Appl. Phys. 100, 74504(2006).
49. C. Adachi, T. Tsutsui and S. Saito, Appl. Phys. Lett. 56, 799(1990).
50. Y. Hamadem, C. Adachi, T. Tsutsui and S. Saito, Jpn. J. Appl. Phys. 31, 1812(1992).
51. J. Kido, C. Ohtaki, K. Hongawa, K. Okuyama and K. Nagai, Jpn. J. Appl. Phys. 32, L917(1993).
52. H. Murata, G. GMalloaras, M. Uchida, Y. Shen and Z. H. Kafafi, Chem. Phys. 339, 161 (2001).
53. C. Adachi, M. A. Baldo, R. Kwong and S. R. Forrest, Org.Electr. 2, 37(2001).
54. Q. Huang, K. Walzer, M. Pfeiffer, V. Lyssenko, G. He and K. Leo, Appl. Phys. Lett. 88, 113515(2006).
55. H. H. Fong, W.C. H. Choy, K. N. Hui, and Y. J. Liang, Appl. Phys. Lett. 88, 113510(2006).
56. Y. Hamada, T. Sano, K. Shibata and K. Kuroki, Jpn. J. Appl. Phys. 34, L824(1995).
57. 조현남, unpublished data(2005).
58. D. F. O. Brien, M. A. Baldo, M. E. Thompson, & S. R. Forrest, App. Phys. Lett. 74, 442(1999).
59 C. Adachi, M. A. Baldo, S. R. Forrest and M. E. Thompson Appl. Phys. Lett.77, 904(2000).
60. M E. Thompson, International Summer School, Krutyn, Mazurian Lake District, Poland, (2006).
61. 권장혁, 제 1회 OLED Summer School, July 12, 부산대학교, 183(2006)
62. 이기용, IMID/IDMC 2006, OLED Workshop, August 22-25, Daegu, 616(2006).
63. 이성택, 제 1회 OLED Winter School, Jan. 24-25, 경희대학교, (2006).
64. Kido, M. Kimura, K. Nagai, Science 267, 1332 (1995).
65. T. K. Hatwar, J. Spinder, and S. Van Slyke, IMID/IDMC 2006, OLED Workshop, August 22-25, Daegu, 675(2006).
66. K. H. Chung, SID 2005 Digest, Boston, 959(2005).
67. M. Fujihira, L. M. Do et al, App. Phys. Lett. 68, 1787(1996).
68. L. M. Do, T. Zyung, K. Kim, J. J. Kim, App. Phys. Lett. 70, 3470(1997).
69. L. M. Do, E. M. Han, Y. Niidome, M. Fujihira, T. Kanno, S. Yoshida, S. Maeda, A. Ikushima, J. Appl. Phys. 76, 1118(1995).

70. H. Aziz, Z. D. Popovic, N. Hu, A. Hor, G. Xu, Science 283, 1900(1999).

71. www.vitexsys.com

72. www.ge.com

73. M. A. Baldo, S. Lamansky, P. E. Burrows, M. E. Thompson, S. R. Forrest, App. Phys. Lett. 75, 4(1999).

74 J. Blochwitz, T. Fritz, M. Pfeiffer, K. Leo, D. M. Alloway, P. A. Lee and N. R. Armstrong, Org. Elec. 97(2001).

75. J. Huang, M. Pfeiffer, A.Werner, J. Blochwitz, K. Leo, L. Shiyong App. Phys. Lett. 80, 139(2002).

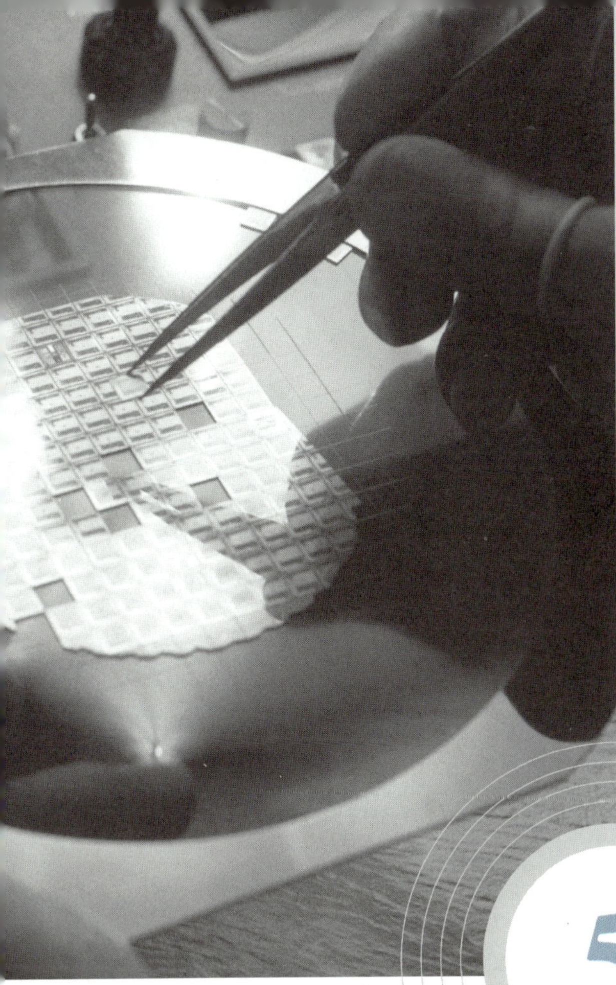

Display Engineering

5

플렉시블(Flexible) 디스플레이

5.1 플렉시블(Flexible) 디스플레이 기술 개요

5.1.1 플렉시블(Flexible) 디스플레이의 정의 및 특징

플렉시블(Flexible) 디스플레이는 평판디스플레이의 차원을 한 단계 넘어서는 차세대 디스플레이 기술로서, 종이처럼 얇고 유연한 (thin and flexible) 기판을 통해 특별한 손상 없이 수 센티미터 이내로 휘거나, 구부리거나, 말 수 있는 새로운 개념의 디스플레이를 말한다. 이러한 특징으로 인해 'paper-like display' 라고 불리기도 한다.

그림 5.1에서 보는 것처럼 CRT를 1세대 디스플레이로, 유리 기판을 사용하는 평판디스플레이를 2세대 디스플레이, flexible 디스플레이를 3세대 디스플레이로 구분할 수 있다.

기존의 평판디스플레이는 유리 기판을 이용하여 제작되기 때문에 무겁고, 깨지기 쉬우며, 변형이 불가능하여 모바일 기술 환경에 궁극적으로 적합하지 않은 반면, flexible 디스플레이는 플라스틱 기판과 같은 얇고 가벼우며 유연한 기판을 이용하여 디스플레이가 제작되기 때문에 평판디스플레이에 비해 훨씬 더 가벼우며, 얇고, 깨지지 않는 특성을 지니고 있으며, 휘거나, 접거나, 말거나, 곡면으로 제작이 가능하여 모바일 기술 환경에 적합하다. 또한 flexible 디스플레이는 임의의 모양으로 제작이 가능하며, 의류나 섬유를 이용하여 제작이 가능하여 기존 평판디스플레이의 응용범위를 넘어서서 새로운 응용분야를 창출할 것으로 기대되고 있다. Flexible 디스플레이는 전자 디스플레이의 특징 (정보의 입출력, 동화상, 정보의 시각화)과 종이와 같은 특징 (편리성, 휴대성, 저가격 등)을 동시에 가지고 있어서 디스플레이 산업에 있어서 그 역할이 점점 증대될 것으로 기대된다.

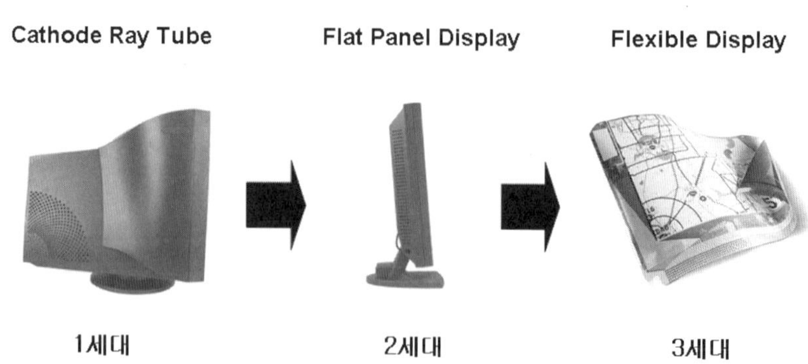

▌그림 5.1 디스플레이 기술의 진화

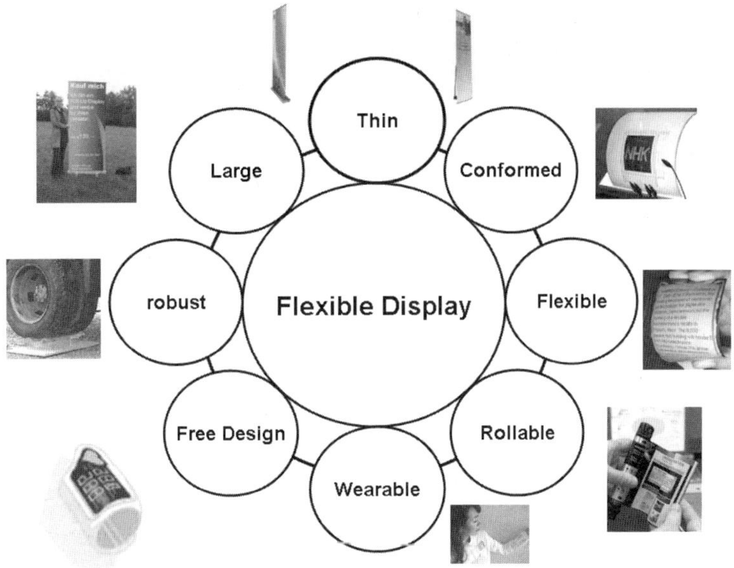

▌그림 5.2 Flexible display의 특성

Flexible 디스플레이가 가진 장점으로 인하여 새로운 응용 분야가 창출될 것으로 예상된다. 예를 들어, 매시간 뉴스가 갱신되는 전자신문, 화면을 계속하여 갱신할 수 있는 전자종이를 이용한 전자책, flexible 디스플레이를 이용한 TV, 컴퓨터, 접거나 돌돌 말 수 있는 PDA, 자동차에 사용되는 불규칙한 모양의 니스플레이, 손목에 찰 수 있는 디스플레이 등 수많은 응용 분야가 있을 수 있다.

5.1.2 Organic Electronics와 Flexible 디스플레이

유리 기판을 이용하는 평판디스플레이는 휘거나 말 수 없기 때문에, 실리콘 및 실리콘 산화막 혹은 질화막 등의 무기물을 사용하여도 문제가 없으나, flexible 디스플레이는 이러한 무기물을 사용하면 휘거나 말 때, 무기물에 결함이 생기거나 무기물이 깨지기 때문에 실제적으로 적용상의 제약이 많다. 따라서 무기물을 유기물로 대체하려는 연구가 활발히 진행되고 있으며, 유기물이 전자소자의 핵심 역할을 할 때 이를 organic electronics라 한다[1, 2]. 최근 들어 유기물이 전자 소자 분야에 많이 응용되고 있으며, 그 일례로 OLED, 유기 TFT (organic thin-film-ransistor) 등을 들 수 있다. OLED, OTFT 등은 유기물이 소자의 동작에 가장 중요한 역할을 하고 있다. OLED는 유기물을 통해 전자와 정공이 흐르며 이의 재결합에 의해 발광이 일어나며, 유기 TFT는 유기물을 통해 전류가 흐름에

표 5.1 Organic electronics의 응용 분야

응용분야	세부 응용
Conductor	• 전기를 통하는 전자 소자 재료로 사용 • Condenser, electrolyte, organic battery
Electro–Optics	• 전기를 광으로 변환하는 소자 • OLED, solid state lighting, organic laser
Opto–Electrics	• 광을 전기로 변환하는 소자 • Sensor, solar cell, input device
Organic Circuits	• 유기 스위칭 소자를 이용한 회로 • Organic transistor, memory device, circuits
Non–linear Optics	• 비선형 광학 시스템용 소자 • Organic optic switch

의해 트랜지스터의 기능을 수행한다. 유기물을 flexible 디스플레이의 핵심 소재로 이용하면 보다 완벽한 flexible 디스플레이를 구현할 수 있다. 디스플레이 패널의 모든 소재를 유기물로 사용하려는 노력 또한 진행되고 있으며 이러한 디스플레이를 전유기 디스플레이 (all organic display)라고 한다. 전유기 디스플레이는 유연성이 좋고, 구부리거나 휘어도 디스플레이의 특성이 변하지 않아 flexible 디스플레이의 궁극적인 목표라고 할 수 있다.

5.1.3 Flexible 디스플레이의 기술 분류

Flexible 디스플레이는 기능별로 flexible 디스플레이 기판 기술, 픽셀 스위칭 소자 기술, 어레이 및 패널 기술, 공정 기술 등으로 나눌 수 있다. Flexible 디스플레이용 기판은 주로 PET (polyethylene terephthalate), PC (polycarbonate), PES (polyethersulphone) 등의 고분자 필름 기판이 많이 사용되고 있으며, 얇은 금속 포일, 종이 등의 기판도 사용된다. 고분자 필름 기판은 열안정성, 가스투과 특성 등이 중요하여 이에 대한 연구가 활발히 이루어지고 있다. Flexible 디스플레이용 픽셀 스위칭 소자로는 고분자 및 저분자 (small molecule 혹은 단분자라고도 함) 유기 반도체를 이용한 유기 TFT가 가장 많이 사용되며, 비정질 Si TFT, poly–Si TFT 등도 연구되고 있으며 유리 기판으로부터 flexible 기판으로 TFT 어레이를 전이하는 기술 또한 연구되고 있다. Flexible 기판 및 유기 TFT를 사용하고 액정, OLED, 전자잉크 등을 이용하여 flexible 디스플레이 패널을 구현하고 있다. Flexible 디스플레이를 위해선 주로 유연한 필름 기판을 사용하기 때문에

▌표 5.2 Flexible 디스플레이 핵심 기술

핵심 기술	세부 기술
Flexible Substrate	• PET, PES 등의 기판 재료 기술 • Barrier layer coating 기술 • 열적 안정성 향상 기술
Pixel Switching Device	• 유기 TFT, a-Si TFT, poly-Si TFT, 전이 기술
Display Mode	• 전자잉크를 이용한 전자종이 기술 • 액정 디스플레이 기술 • OLED 디스플레이 기술
Processing	• 접촉식 및 비접촉식 프린팅 기술 • Roll to Roll, Inkjet 등의 패턴 형성 기술

flexible 디스플레이의 제조 공정은 기존의 유리 기판을 이용한 제조 공정과는 차이가 있다. Flexible 디스플레이의 제조를 위하여 잉크젯 프린팅과 같은 비접촉식 프린팅 및 마이크로컨택 프린팅 (μCP), 나노트랜스퍼 프린팅 (nTP) 등 다양한 방법이 검토되고 있으며 이를 roll-to-roll 설비에 직접 적용시키려는 연구가 진행되고 있다.

5.2 Flexible 디스플레이 기판

5.2.1 Flexible 기판

Flcxible 디스플레이 기판은 디스플레이의 제조에 있어서 가장 근본적인 재료이므로, 기판이 유연성이 있어야 하며 기판위에 적층되는 각종 기능막의 제조 시 무리가 없도록 충분한 호환성을 가지고 있어야 한다. 현재 가장 일반적으로 사용되는 기판은 고분자 필름 기판이며, 아주 얇은 유리 기판, 금속 포일, 종이 등이 사용되기도 한다.

주로 사용되는 고분자 필름 기판(polymer film substrate)의 종류에는 PET (polyethylene terephthalate), PEN (polyethylene naphthalate), PC (polycarbonate), PES (polyethersulphone), PAR (polyarylate), PCO (polycyclic olefin), PI (polyimide) 등이 있으며, PET, PEN, PC 등은 반결정질(semicrystalline)의 형태로 제조되는 반면, PES, PAR, PCO, PI 등은 비정질(amorphous)의 형태로 제조된다.

고분자 필름 기판을 디스플레이의 용도로 사용하기 위해선 유리전이온도 (Tg : glass transition temperature), 열팽창계수 (CTE : coefficient of thermal ex-pansion) 등의 열안정성 및 광투과도, 고분자 필름의 색의 유무, 복굴절 등의 광학적 성질, 투습률 (WVTR : water vapor transmission rate), 투산소율(OTR : oxygen transmission rate) 등의 가스안정성, 디스플레이의 제조 시 각종 화합물에 견딜 수 있는 내화학성 등이 중요하다[3, 4].

각 고분자 필름 기판의 유리전이온도(glass transistion temperature)를 그림 5.3에 표시하였다. LCD용으로 사용되는 유리 기판의 유리전이온도는 약 600℃ 근처인 반면, 고분자 필름 기판의 전이온도는 유리 기판 보다 낮다. 유리전이온도가 낮으면 저온에서 디스플레이를 제조해야 하기 때문에 공정상의 제약이 많으며, 유리 기판을 이용하여 제작한 소자만큼 소자 특성을 얻기가 쉽지 않다. PET 등의 반결정질 고분자 필름 기판은 유리전이온도가 낮은 반면, PES 등의 비정질 고분자 필름 기판은 유리전이온도가 상대적으로 높다. PET의 유리전이온도는 약 78℃, PEN은 약 120℃, 열가소성이며 비정질의 형태로 제조되는 PC의 유리전이온도는 약 150℃, PES는 약 220℃이다. PAR 및 PCO 등의 필름 기판은 약 300℃ 이상으로 전이온도가 높다. PI 또한 유리전이온도가 300℃ 이상으로 높으나 색을 띄고 있어 고분자 기판 쪽으로 빛을 투과시키는 디스플레이에는 적용하기 힘들다. 일반적으로 유리 기판을 이용하여 TFT-LCD를 제작할 경우 최대 공정온도는 약 300~600℃ 이기 때문에 고분자 필름 기판을 사용할 경우 공정 온도를 낮춰야 하지만, 공정 온도를 낮출 경우 TFT를 구성하는 박막의 스트레스가 증가하여 기판이 휘거나 잘못된 소자 특성을 나타내기도 한다.

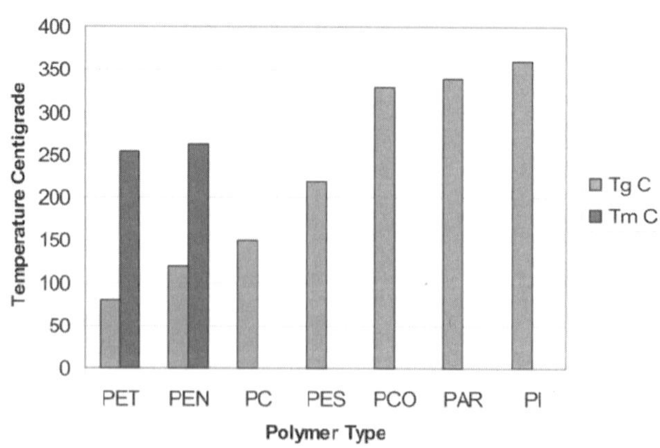

그림 5.3 고분자 필름 기판의 유리전이온도

디스플레이의 제작 공정은 기능성 막의 코팅, 패턴 형성, 불필요한 부분의 식각 등의 공정으로 이루어져 있으며 기능성 박막의 코팅을 위해선 기판 온도를 상승시키는 승온 과정과 막의 코팅 후 기판 온도를 낮추는 냉각 과정을 반복하게 되며, 이러한 온도 사이클의 반복은 패턴 형성 공정에 영향을 미친다. 고분자 필름을 가열한 후 원래의 출발 온도로 냉각하면 필름은 수축하게 되며, 필름의 수축은 그림 5.4에서처럼 패턴 형성을 위한 정렬 (alignment) 공정 시 각각의 패턴이 틀어져 잘못된 크기 및 잘못된 위치로 패턴이 형성된다[5]. 또한 온도 사이클이 반복됨에 따라 고분자 필름은 자연스럽게 팽창하게 되며 이러한 팽창은 코팅된 기능성 막의 스트레스를 증가시켜 그림 5.5에서처럼 크랙(crack) 등의 결함을 유발시키기도 한다[5, 6]. 따라서 고분자 필름 기판의 열팽창계수가 중요하며 표 5.3에 열팽창계수를 다른 특성과 함께 표시하였다. 열팽창계수가 적고, 온도 사이클에 의해 수축이 작은 고분자 필름 기판이 바람직하다.

고분자 필름 기판의 패턴 위치 정확도와 관련된 치수안정성 (dimensional stability)은 고분자 필름 기판을 유리전이온도 근처의 온도에서 어닐링 (annealing)함에 의해 고분자 필름 내의 내부 스트레인을 감소시키는 열안정화공정 (thermal stabilization process)에 의해 향상 시킬 수 있다. 그림 5.6에서처럼 디스플레이 제작 공정을 수행하기 전에 열안정화공정을 진행하면 기판의 수축률이 감소하여 치수안정성이 증가한다[6]. PES 및 PAR 필름의 경우 초기 수축률은 약 200 ppm/K 및 40 ppm/K 였으나, 180℃ 및 250℃에서 약 50시간 어닐링하면 5 ppm/K 이하로 수축률이 감소한다.

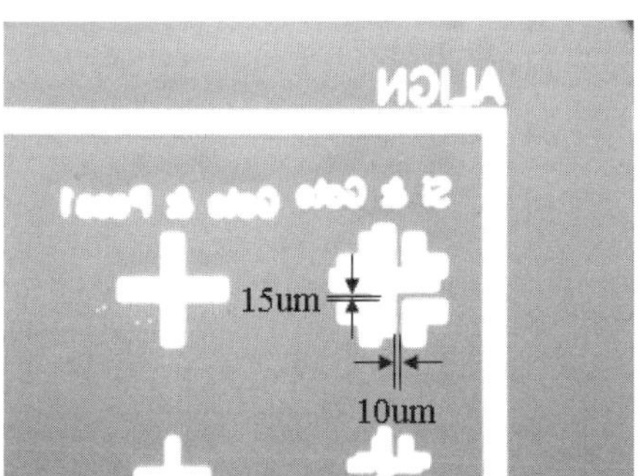

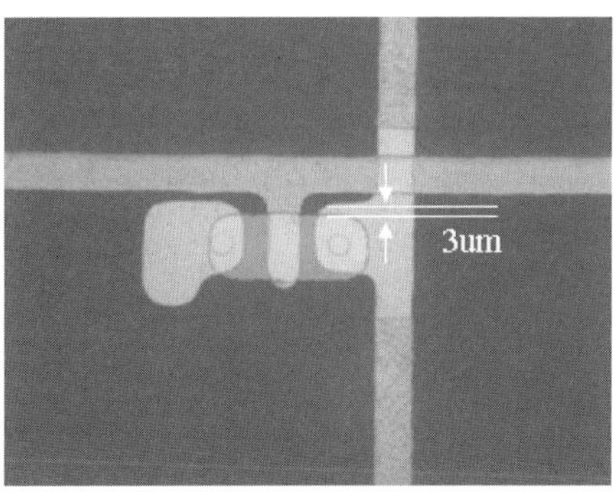

그림 5.4 온도 사이클에 의한 잘못된 패턴 정렬 (Misalignment)의 예. 왼쪽의 그림은 정렬키가 좌우로 10μm, 위아래로 15μm 틀어져 있으며, 오른쪽은 TFT의 채널 영역과 소스/드레인 영역과 3μm 틀어져 있다. 패턴 불량은 기판의 크기가 커질수록 커진다.

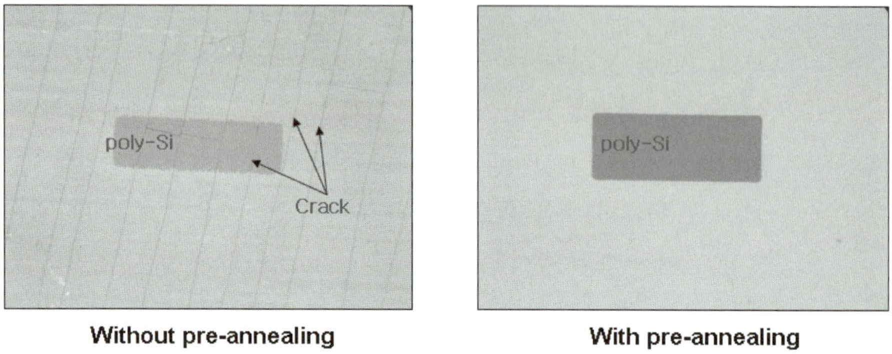

그림 5.5 PES 필름을 이용하여 poly-Si TFT의 제작 시 온도 사이클에 의한 PES 기판의 갈라짐 (crack) 현상 (왼쪽 그림). PES 필름을 TFT 공정 전에 열처리를 하면 이러한 현상을 줄일 수 있다 (오른쪽 그림).

표 5.3 고분자 필름 기판의 기본 특성

	PET	PEN	PC	PES	PAR	PCO	PI
CTE (ppm/oC)	15	13	60−70	54	53	74	17
Transmission (%)	>85	>85	>90	90	90	91.6	color
Water absorption (%)	0.14	0.14	0.2−0.4	1.4	0.4	0.03	1.8
Young's modulus (GPa)	5.3	6.1	1.7	2.2	2.9	1.9	2.5
Tensile strength (GPa)	225	275	NA	83	100	50	231

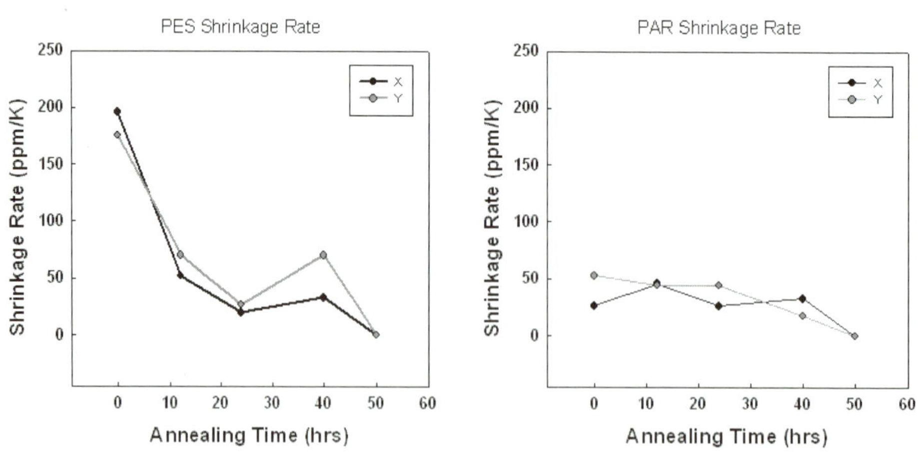

그림 5.6 열처리 시간에 따른 고분자 필름 기판의 수축률 변화. PES 필름의 경우 열처리하기 전 수축률은 약 200 ppm/K 였으나 180℃에서 열처리 후 5 ppm/K 이하로 수축률이 감소하며, PAR 필름의 경우 초기 수축률은 약 40 ppm/K 였으나 250℃에서 열처리 후 5 ppm/K 이하로 감소한다.

표 5.4 열안정화된 PEN 필름의 온도에 따른 열팽창계수

	-50~0℃	0~50℃	50~100℃	100~150℃
Machine direction	13	16	18	25
Transverse direction	8	11	18	29

고분자 필름 기판이 온도 사이클에 의해 치수 변화 (dimensional change)가 생기는 현상은 유리전이온도 근처에서 고분자 체인의 이동도의 증가 및 잔류 응력의 이완과 관련이 있다. 이러한 이유로 인하여 열팽창계수는 표 5.4에서처럼 온도가 증가함에 따라 일반적으로 증가한다.

PET 및 PEN 고분가 필름의 경우 이방성이 있어서 필름을 뽑아내는 방향과 이에 수직한 방향과의 열팽창계수가 다르지만 온도가 증가할수록 열팽창계수가 증가한다.

치수안정성과 더불어 열적안정성에 중요한 영향을 미치는 요인은 고분자필름기판-최대공정온도 (Tmax : Maximum Processing Temperature)이다. 최대 공정온도는 PES, PI와 같은 비정질 고분자 필름의 경우 유리전이온도와 유사하지만, PET와 PEN과 같은 반결정질 고분자 필름의 경우 일반적으로 유리전이온도보다 약간 높다. PET의 경우 약 100℃근처에서 공정이 가능하며, PEN의 경우 약 150℃ 근처까지 공정이 가능하다.

디스플레이의 용도로 고분자 필름 기판을 사용하기 위해선 400~800 nm의 가시광선 영역에서 고분자 필름 기판의 고분자필름기판-투과도(transmittance)가 또한 중요하다. 필름을 통하여 빛을 투과함에 의해 디스플레이를 구현하는 투과형 LCD 또는 bottom emission 디스플레이에 응용하기위해선 고분자 필름 기판이 가시광선 영역에서 투명해야 하며 색을 띄지 않아야 한다. 일반적으로 투과도가 85% 이상이며, 기판의 헤이즈 (haze)가 0.7% 이하이어야 디스플레이용 기판으로 사용할 수 있다. 폴리이미드 기판의 경우 열안정성이 우수하지만 노란색을 띄고 있으며, PC의 경우 특히 광학적 특성이 우수하다. 고품질의 PEN 필름인 Teonex Q65 필름의 광투과도는 400 nm 이상의 파장에서 투과도가 85% 이상을 나타낸다.

반결정질의 형태로 제조되는 고분자 필름 기판은 일반적으로 복굴절 특성을 나타내기 때문에 LCD와 같이 빛의 편광을 이용하는 디스플레이에는 적용하기 힘든 반면, 비정질의 형태로 제조되는 필름 기판은 복굴절을 보이지 않아 LCD 등의 디스플레이에 적용해도 무리가 없다. OLED, 전기영동 디스플레이 등은 편광을 이용하지 않기 때문에 복굴절을 보이는 필름 기판도 사용할 수 있다.

디스플레이의 제조를 위해선 반도체층, 절연층, 배선층 등 다양한 기능층을 형성해야하고, 이러한 기능층은 때로는 패턴의 형태로 형성되기 때문에, 기능층 및 패턴을 형성하기 위해 다양한 종류의 화학물질을 사용한다. 따라서 고분자 필름 기판은 이러한 화학물질에 견뎌야한다. 표 5.5에서처럼 일반적으로 비정질 고분자 필름 기판은 반결정질 고분자 필름 기판에 비해 화학 저항성 (chemical resistance)이 약하다.

비정질 고분자 필름 기판의 화학저항성은 기판에 비정질 레진 등으로 하드코팅(hard coating)을 함에 의해 크게 향상된다. 하드코팅된 고분자 필름 기판은 NMP, IPA, 아세톤, 메탄올, THT, 에틸 아세테이트, 98% 황산, 30% 과산화수소수 등의 화학물질에 대한 저항성이 크게 증가한다.

고분자는 물을 흡수하기 때문에 수분이 흡수된 고분자 필름 기판은 부피가 변화하면서 치수안정성에 영향을 미친다. PET 및 PEN 등의 반결정질 필름은 평형상태에서 약 1400 ppm의 수분을 흡수하는 반면 PES 및 PI 등의 비정질 필름은 평형상태에서 약 1% 이상의 수분을 흡수하여, 수분 흡수가 상대적으로 많다. 하지만 PCO 필름은 300 ppm 정도로 수분 흡수가 극히 적다[7, 8].

표 5.5 고분자 필름 기판의 화학저항성

	Unit	PEN(Q65)	PET	PC	PES
Ketone	Acetone	Good	Good	Fair	NG
	MEK	Good	Good	Fair	–
Alcohol	Methanol	Good	Good	Good	–
	Ethanol	Good	Good	Good	Good
	Isopropanol	Good	Good	Good	–
	Butanol	Good	Good	Good	–
Ester	Ethyl acetate	Good	Good	Fair	Good
Hydrocarbon	Formalin	Good	Good	NG	–
	Tetrachroloethane	Good	Good	–	Good
Acid	10% HCl	Good	Good	–	Good
	10% HNO3	Good	Good	–	Good
	10% H2SO4	Good	Good	–	Good
	Acetic acid	Good	Good	–	–
Alkali	10% NaOH	Good	Fair	–	Good

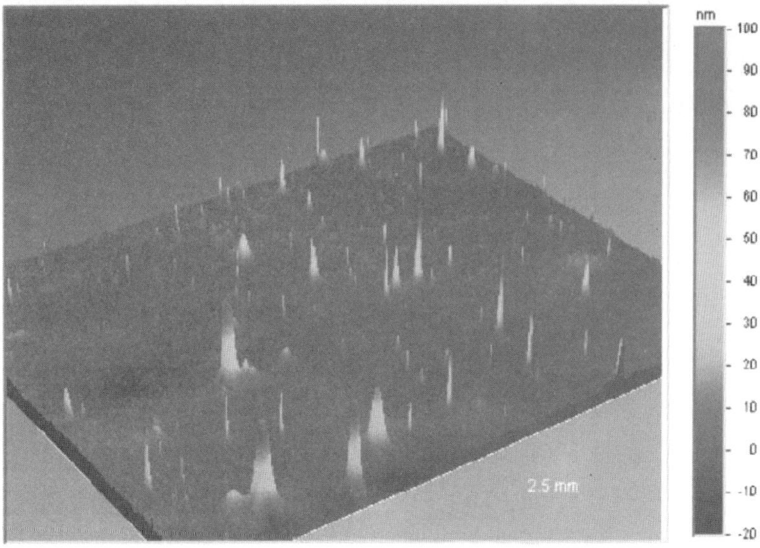

▌그림 5.7 일반적인 산업용 PEN 필름의 표면거칠기

고분자 필름의 표면 거칠기 등의 표면 특성은 또한 flexible 디스플레이의 제조에 있어서 아주 중요하다. 고분자 필름 기판의 표면이 거칠면 그 위에 코팅되는 하드코팅막 혹은 가스투과 차단막, 트랜지스터 및 각종 디스플레이를 위한 기능층의 표면 및 계면 특성에 영향을 미쳐, 디스플레이의 성능을 저하시킨다. 고분자 필름의 제조 공정을 변화시키면 표면특성이 변화한다. 그림 5.7은 일반적인 산업용 PEN 필름의 표면 거칠기를 나타낸 것인데[3, 4], 50 ~ 100 nm 이상으로 거친 부뷴이 아주 많은 반면 제조 공정을 최적화하면 이러한 거친 부분이 줄어들게 된다. 하지만 완전히 없어지지는 않아 다음의 박막 코팅 공정에 좋지 않은 영향을 미치기 때문에, 필름에 기능성 코팅을 하여 표면특성을 개선시킨다. 필름에 코팅하는 기능성 층은 일반적으로 스크래치에 대한 저항성을 향상시켜 기판의 핸들링(handling)시 스크래치를 방지시킨다.

5.2.2 기능성 막 및 가스차단막 (Gas Barrier Layer) 형성

평판디스플레이용으로 사용되는 유리 기판은 평평하고 깨지기 쉬운 반면 기판의 팽창과 수축이 적고, 열적 안정성이 우수하며 각종 화학 물질에 대한 저항성이 우수하고 표면이 균일하다. 반면에 flexible 디스플레이용으로 사용되는 고분자 필름 기판은 유리 기판에 비해 열팽창 계수가 크고, 열적 안정성이 떨어지며, 화학

물질 저항성, 가스 투과 저항성 등의 열악하기 때문에 이러한 단점을 보완하기 위하여 필름 기판에 기능성 코팅을 수행한다.

기능성 코팅은 그림 5.8에서 보는 것처럼 기판의 양면에 하드코팅을 하며, 하드코팅의 두께는 약 1~3μm 정도이며, 때로 1~3μm 정도의 반사방지 (anti-reflection) 코팅을 하기도 한다.

고분자 필름 기판을 디스플레이용으로 사용하기 위해서 또 하나 중요한 요소는 수분이나 산소에 대한 투과방지막 (gas barrier layer)의 코팅이다. OLED, LCD 등의 디스플레이는 수분 혹은 산소에 민감하다. 수분은 액정에 기포를 만들거나 OLED의 흑점 (dark spot)을 야기 시켜 디스플레이의 신뢰성을 감소시킨다.

예를 들어, PET 기판을 이용하여 OLED를 제작하면 기판을 통하여 수분이나 산소가 침투하여 OLED의 수명을 단축시킨다. 따라서 고분자 필름의 경우 필름을 통한 수분이나 산소의 투과를 방지하기 위한 가스투과방지막의 코팅이 필요하다. 일반적으로 LCD 혹은 전기영동 디스플레이 등으로 사용되기 위해선 고분자 기판의 투습률 (WVTR : Water Vapor Transmission Rate)이 10^{-2}~10^{-3} g/m^2 · day 정도가 되어야 하며, OLED용으로 사용되기 위해선 10^{-5}~10^{-6} g/m^2 · day 정도의 투습률이 되어야 한다[9].

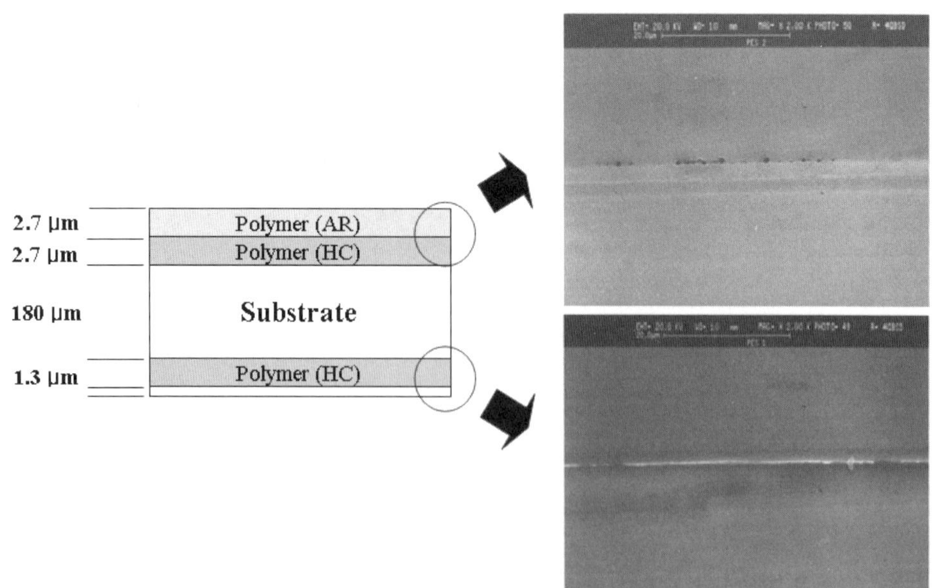

▌그림 5.8 기능성 막을 코팅한 PES 필름기판의 단면 구조

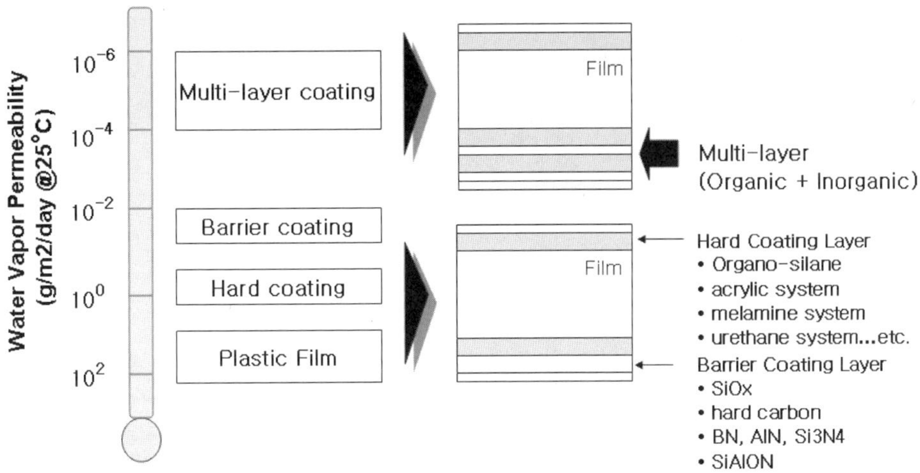

▌그림 5.9 고분자 필름 기판의 기능성 코팅에 따른 투습률

고분자 필름기판은 그림 5.9에서 나타낸 것처럼 10~100 $g/m^2 \cdot day$ 정도의 투습률을 보이기 때문에 그 자체로 디스플레이에 적용하여 사용되긴 힘들다. 아크릴, 멜라민, 우레탄 등의 고분자 물질을 이용하여 하드코팅을 할 경우 투습 특성이 약 1 $g/m^2 \cdot day$ 근처로 향상되기는 하지만 디스플레이용으로 사용되기에는 여전히 부족하다.

고분자 필름 기판에 무기박막을 CVD (Chemical Vapor Deposition) 혹은 PVD (Physical Vapor Deposition) 방법을 이용하여 진공 중에서 형성시키면 수분차단 특성이 크게 향상된다. 고분자 필름 기판의 두께는 100~200μm인 반면, 무기물 층의 두께는 100 nm 내외로 극히 얇지만 무기물 층을 이용할 때 수분 혹은 산소 차단 효과는 탁월하다. 고분자 필름 기판에 단일 층의 무기물을 코팅하면 10^{-2} $g/m^2 \cdot day$ 정도까지 투습률을 감소시킬 수 있다.

표 5.6은 PET 및 나일론 기판에 단일 층의 무기 박막을 증착할 경우의 투습률 및 투산소율 (OTR : Oxygen Transmission Rate)을 표시한 경우인데, 표에서 보는 것처럼 무기 박막이 있으면 수분 및 산소 차단 특성은 크게 향상된다[7].

무기 박막의 코팅에 의해 산소 및 수분의 투과 차단이 크게 향상되는 효과는 무기물 내에서 산소 및 수분의 확산계수 (D : Diffusivity)가 아주 낮고, 용해도 (solubility)가 아주 낮아, 이로 인한 투과도 (P : Permeability, P=DS)가 고분자 필름 기판에 비해 아주 낮기 때문이다. 예를 들어, PET 혹은 아크릴 내에서 산소의 확산계수는 20℃에서 약 10^{-9} cm^2/s 이지만 벌크 (bulk) SiO_2 내에서 산소의 확산계수는 1500℃에서 약 10^{-15} cm^2/s 로 극히 작다. 다결정 벌크 Al_2O_3의 확산계수는 2000℃에서 10^{-13} cm^2/s로 극히 작다. 이러한 무기 물질의 확산계수로부터 무기 물질에 대한 상온에서의 투습률 또한 극히 작다는 것을 또한 예상할 수 있다.

진공 증착 등에 의해 박막의 형태로 무기물 층을 코팅하면 미세 결함 등에 의해 벌크 물질에 비해 산소 및 수분의 확산계수가 크게 되지만 여전히 고분자 필름 기판에 비해 극히 작기 때문에 무기 박막의 두께가 100 nm 정도로 약 100~200 μm인 고분자 기판에 비해 극히 얇지만 여전히 가스 차단 효과는 탁월하다.

표 5.6 PET 및 나일론 기판에 무기 박막을 코팅할 경우 OTR 및 WVTR
(OTR의 측정조건 : STP, WVTR의 측정조건 : 90-100% RH)

재료	OTR (cm^3/m^2 per day)	WVTR (g/m2 per day)	증착방법
PET/SiOx a	2.0	1.1	진공증착
PET/SiOx c	0.08	0.5	PECVD
PET/AlOx	1.5	5.0	진공증착
PET/AlOxNy	2.8	4.3	스퍼터링
PET/DLC	2	1.5	PECVD
PET/ITO	1.56	0.2	스퍼터링
PET/Al	0.31-1.55	0.31-1.55	진공증착
Nylon/Al	0.8	3.1	진공증착
Nylon/7mm Al foil	0.001	–	Lamination
PET	79	10.7	–

그림 5.10 유/무기 층으로 다층 가스 차단막을 형성한 고분자 필름의 SEM 사진

단일 층의 무기물을 코팅하면 가스 차단 효과가 크게 향상되지만, OLED 등의 디스플레이에 사용하기 위해선 여전히 부족하기 때문에 그림 5.10에서 보는 것처럼 무기물 및 유기물을 다층으로 코팅한다. 반도체 산업에서는 유기물과 무기물을 번갈아 다층으로 코팅함에 의해 소자를 보호하는 기술을 오래전부터 적용하여 왔으며 OLED 소자의 보호를 위해서도 또한 시도되고 있다[9, 10, 11].

다층 박막은 그림에서처럼 고분자와 무기 박막을 진공 중에서 번갈아 코팅한다. 코팅의 전체 두께는 층수에 따라 다르지만 약 3 μm 정도 된다. 진공 중에서 액체 아크릴을 필름에 표면에 코팅한 후 자외선으로 경화한다. 아크릴 코팅된 막은 필름 기판의 결함을 덮어주며 필름 기판의 표면 거칠기를 향상시킨다. 아크릴 코팅 막을 형성한 후 약 50 nm 두께의 세라믹 박막을 아크릴 막 위에 형성한다. 아크릴 코팅 막의 표면이 매끄럽기 때문에 세라믹 박막을 코팅할 때 결함이 적으며 이에 의해 수분 차단 능력이 크게 향상된다. 이러한 과정을 여러 번 반복하여 고분자 막과 세라믹 박막을 교차하여 막을 형성하면 세라믹 박막의 가스 차단 능력은 탁월하게 된다. 전체 두께가 약 3μm 정도 되면 투습률이 10^{-6} g/m^2 · day 이하가 되어 OLED 등의 수분 및 산소에 민감한 디스플레이에 사용될 수 있는 고분자 필름 기판의 제작이 가능하다. 하지만 유기물과 무기물을 다층으로 코팅하면 투습률 및 투산소율이 급격히 감소하지만 층의 수가 증가하기 때문에 공정수가 많아져 필름 기판의 가격이 증가하는 단점이 있다.

고분자 필름 기판의 가스 차단막을 연구 개발 하는데 있어서 중요한 문제 중의 하나는 투습률 및 투산소율의 측정이다. 현재 투습률 및 투산소율을 측정하기 위해 MOCON 측정 방법을 가장 일반적으로 이용하고 있다. 하지만 모콘 측정 방법에 의해 투습률 및 투산소율을 측정할 수 있는 한계는 10^{-3} g/m^2 · day 및 10^{-3} cc/m^2 · day로, 그 이하의 투습률 및 투산소율을 측정하기 위해서는 다른 방법이 필요하다.

10^{-3} g/m^2 · day 이하의 투습률을 측정하는 표준은 현재 없지만 Ca을 이용한 측정 방법을 일반적으로 이용하고 있다[12, 13]. 그림 5.11에서 보는 것처럼 산소 및 수분이 없는 진공 중에서 고분자 필름 기판 위에 Ca을 증착한 후, 진공을 깨지 않고 연속으로 금속 보호 층을 증착한다. 다음으로 자외선에 의해 경화되는 레진으로 봉지 층을 형성한 후 상면의 유리 기판과 접착한다. 유리 기판의 투습률은 10^{-6} g/m^2 · day 이하이기 때문에 그림의 구조에서 고분자 기판을 통한 수분의 침투가 가장 쉽기 때문에 고분자 기판의 투습률을 측정할 수 있다. Ca 층은 초기에는 금속이지만 고분자 필름 기판을 통하여 수분 및 산소가 침투함에 따라 CaO

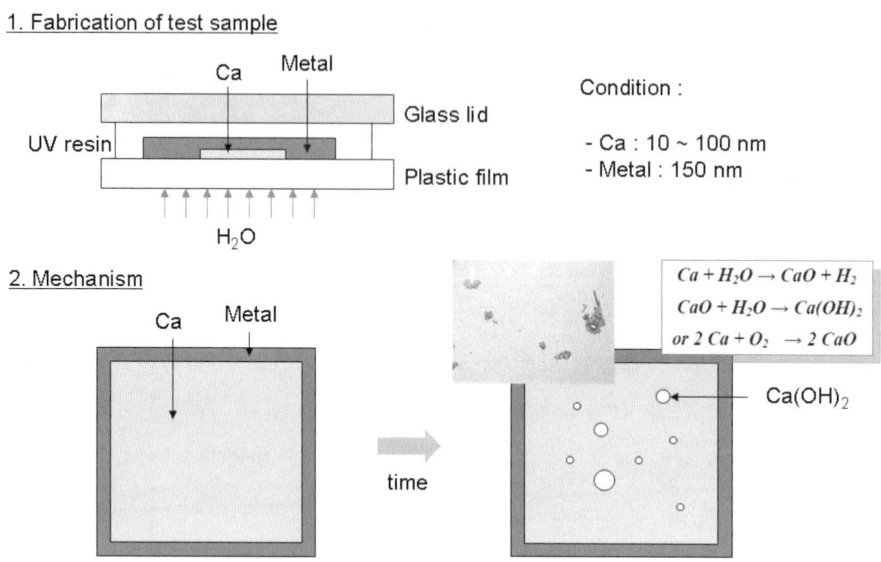

▌그림 5.11 Ca을 이용한 투습률 측정 시편 구조 및 측정 메커니즘

혹은 $Ca(OH)_2$ 등의 Ca 염 (salt)이 생성되며 이 부분이 투명하게 되며, 시간에 따라 Ca 염이 생성되는 면적이 증가하기 때문에 이를 이용하면 투습률을 구할 수 있다.

이때의 투습률은 산소와 수분에 의한 효과가 겹쳐서 나타나기 때문에 유효투습률 (effective water vapor transmission rate)가 된다. Ca 테스트 방법으로 10^{-6} $g/m^2 \cdot day$ 이하까지 유효투습률의 측정이 가능하며 이 방법을 사용하면 고분자 필름 기판에서 결함이 있는 부분에서 먼저 Ca의 산화가 진행되기 때문에 고분자 필름 기판의 결함도 동시에 조사할 수 있는 장점이 있다.

5.2.3 투명전도성 막의 형성 및 구부림 특성

고분자 필름 기판을 디스플레이에 이용하기 위해선 가시광선 영역에서 투명하며 전기전도성이 있는 물질을 코팅해야 한다. 투명전도성 막은 디스플레이 소자의 전극 혹은 전기적인 신호를 전달하는 버스 라인 등으로 사용된다. 가시광선 영역에서 투명하며 적당한 전기전도도를 나타내는 물질은, 매우 얇은 금속 박막, 도핑을 한 전도성 고분자, 도핑을 한 투명전도성 산화 혹은 질화 막의 세 가지로 분류된다. 현재 디스플레이의 투명전도성 막으로는 ITO가 가장 일반적으로 이용되고 있다. ITO는 안정성이 뛰어나며, 전기비저항 ($1 \sim 3 \times 10^{-4}$ Ωcm)이 낮고, 가시광선 영역에서의 투과도 (100 nm의 두께에서 > 90%)가 좋다.

고분자 필름 기판을 이용하여 ITO를 코팅하기 위하여 일반적으로 대면적의 플라스틱 필름 코팅 시 생산성이 좋은 roll-to-roll 코팅을 이용하고 있다. 증착 방법으로는 스퍼터링 방법이 일반적으로 이용되고 있다.

고분자 필름 기판은 앞에서 설명한 것처럼 유리전이온도가 낮고, 치수안정성이 작기 때문에 250~300℃ 정도의 온도에서 비저항이 낮은 결정성 ITO를 코팅하기 어렵고, 100~150℃ 정도의 온도에서 ITO를 코팅해도 치수안정성이 좋지 않고 필름의 스트레스가 증가하여 ITO 막에 크랙이 생기거나 ITO 막이 분리되기도 한다. 고분자 필름 기판을 이용하여 ITO 박막을 증착하면 일반적으로 비정질의 ITO 막이 형성되기 때문에 결정성 ITO 막에 비해 전기전도도 특성 및 가시광선 투과 특성 등이 좋지 않다. LCD나 전기영동 디스플레이 등의 전압구동 디스플레이는 OLED 등의 전류구동 디스플레이에 비해 ITO의 비저항이 상대적으로 문제가 되지 않는다. 유리 기판을 이용하여 OLED를 제작할 경우 ITO의 면저항(sheet resistance)은 일반적으로 10 Ωcm 이하인 반면, 고분자 필름 기판을 이용하여 ITO를 코팅할 경우 광투과도를 90% 이상 유지하면서 10 Ωcm의 면저항을 얻기가 쉽지 않다.

고분자 필름 기판 위에 코팅된 ITO 박막은 비교적 낮은 스트레인 (〈 2%)에서도 막의 갈라짐이 생기기 때문에 ITO 박막을 PEDOT:PSS 막으로 대체하려는 시도가 되고 있다. PEDOT:PSS 막은 수십 %의 스트레인에 견딜 수 있는 장점이 있는 반면, 비저항이 커서 적당한 두께에서 면저항이 2 kΩ/□ 이상으로 크고, 적당한 면저항을 얻기 위해선 두께가 너무 두꺼워져서 광투과도가 90% 이하로 감소하는 문제가 있어 OLED 등을 디스플레이의 전극으로 적용하기에는 아직까지 무리가 있다.

현재 까지 가장 일반적인 투명전극재료인 ITO 박막은 경도가 높고, 깨지기가 쉽기 때문에 유연한 고분자 필름 기판 상에 형성될 경우 인장스트레스 (tensile stress)에 의해 스트레스를 가하는 방향에 수직으로 많은 크랙이 생긴다. 크랙의 수와 스트레인의 정도는 ITO 막의 특성 및 기판의 특성 및 박막의 두께 등에 좌우된다.

고분자 필름 기판 위에서 ITO 박막의 혹은 얇고 깨지기 쉬운 박막의 기계적인 안정성을 고려할 때는, 막의 손상이 일어나기 전에 막의 변형이 허용되는 최대 스트레인 및 반복 사이클을 적용할 경우에 막의 손상이 일어나지 않고 막이 여러 번 변형될 수 있는 최대 스트레인의 두 가지를 고려한다.

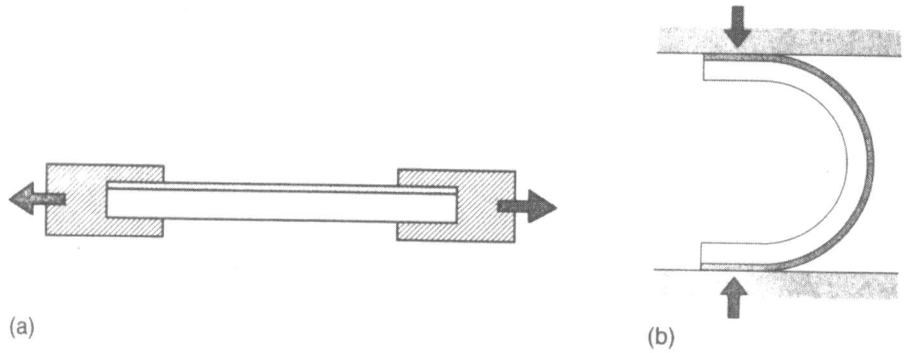

■그림 5.12 고분자 필름 기판에 코팅된 박막의 (a) 인장테스트 및 (b) 벤딩테스트

■표 5.7 인장테스트 및 벤딩테스트의 비교

Test	Purpose	Advantage	Drawbacks
Bending test	Determination of critical strain and failure statistics	Fast and automated	Only conductive coatings
Tensile test	Determination of critical strain and adhesion	Direct observation of failure processes	Time-consuming, no automation

ITO 혹은 기타 박막이 코팅된 고분자 필름 기판의 스트레스 테스트는 표 5.7 및 그림 5.12에서처럼 인장(tensile) 테스트와 벤딩 테스트를 수행한다[14, 15]. 인장테스트는 필름 기판을 양쪽에서 당겨서 인장 상태에 놓이게 하여 저항의 변화를 감지하며 이와 동시에 현미경으로 크랙을 관찰하여, 크랙의 밀도와 저항을 스트레인의 함수로 표시한다. 인장테스트는 시간이 걸리지만, 필름의 상태를 상세히 관찰할 수 있는 장점이 있다.

벤딩테스트는 고분자 필름을 두 평행한 면을 가진 바이트에 그림 5.12의 (b) 및 그림 5.13과 같이 설치한 후 바이트 면간의 거리의 함수로서 저항의 변화 및 크랙의 상태를 관찰하는 방법이다[16, 17]. 벤딩테스트 시 필름의 바깥 면은 인장(tension)이 걸리며, 필름의 안쪽 면은 압축 (compression)이 걸리게 된다. 바이트 면간의 거리(L)가 가깝게 되면 스트레인이 증가되며, 임계 스트레인 값보다 크게 되면 ITO 층에서 크랙이 생기며 저항이 급격히 증가한다. 또한 벤딩테스트 방법을 이용하면 필름의 가운데에서 스트레인이 가장 크기 때문에 그림 5.16에서처럼 필름의 가운데에서 크랙이 가장 많이 생성된다. 그림 5.13에서처럼 ITO 테스트 패턴을 만들고, 테스트 패턴이 형성된 고분자 필름 기판을 바이트에 물려 거리를

14 mm에서 10 mm로 감소시키면, 거리가 14 mm 일 때 중심부의 크랙 밀도가 작은 반면 거리가 10 mm 일 때 중심부 크랙 밀도가 증가한다. 또한 필름의 중심부(테스트 패턴에서 e 부분)에 있는 패턴은 스트레인이 가장 크기 때문에 크랙이 많이 생기며, 필름의 가장자리 부분 (테스트 패턴에서 a 부분)은 스트레인이 적어 크랙이 적게 생긴다.

스트레인에 의한 ITO의 저항 변화는 그림 5.14에서처럼 인장테스트와 벤딩테스트에 따라 크랙시작스트레인 (COS : Crack Onset Strain, 저항이 10% 증가되는 스트레인 값) 및 저항 증가 특성이 차이가 난다.

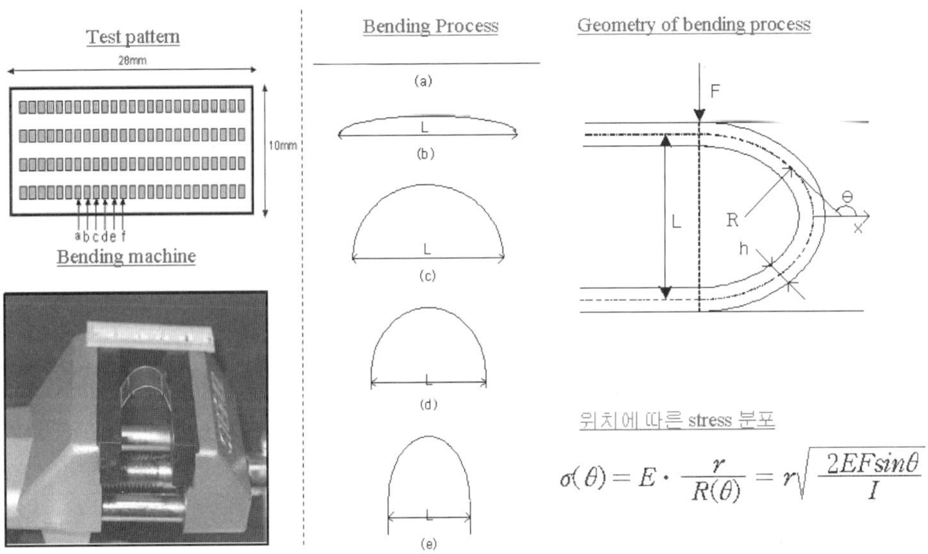

▌그림 5.13 벤딩테스트를 위한 테스트 패턴의 구조 및 테스트 방법

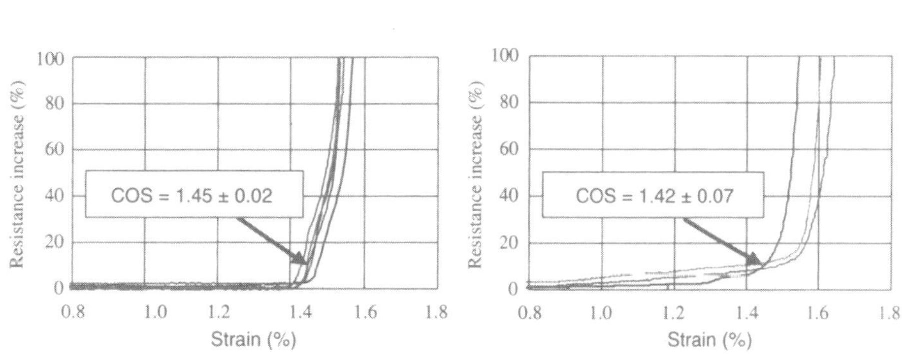

▌그림 5.14 고분자 필름 기판에 코팅된 100 nm ITO의 인장테스트 및 벤딩테스트에 의한 저항의 변화

고분자 필름 기판에 코팅된 ITO 박막 등의 투명전도성 산화막은 스트레인을 증가시키면 크랙이 생성되며 저항이 급격히 증가하는 반면, PEDOT:PSS 등의 그림 5.15에서처럼 고분자 막은 스트레인의 증가에 따른 저항의 변화가 급격하지 않다[18].

그림 5.15은 PET 필름 기판에 PEDOT:PSS 막을 코팅한 후 온도에 따른 저항의 변화를 관찰한 것으로, 스트레인이 증가함에 따라 저항이 증가하지만 60%의 스트레인에서도 저항의 변화가 크지 않은 반면, ITO 막에서는 3% 이상의 스트레인을 부가하면 저항이 급격히 증가한다[19]. PEDOT:PSS 막은 온도에 따른 저항 증가의 효과가 상당히 크다. 온도가 증가하면 저항의 증가폭이 훨씬 크다.

스트레인의 증가에 따른 저항의 변화에 부가하여 스트레인을 반복적으로 부가할 경우의 저항 변화 또한 필름 기판의 신뢰성에 중요한 요인이다. 그림 5.16에 PET 필름 기판에 ITO 박막 및 PEDOT:PSS 막을 코팅하고 스트레인을 반복적으로 부가하며 저항의 변화를 동시에 측정하여 반복횟수에 따른 저항의 변화를 나타내었다. ITO 박막이 코팅된 고분자 필름 기판은 반복횟수에 따라 세 영역으로 구분된다. 첫 번째 영역은 약 50에서 100회 정도 반복을 하였을 경우 나타나는 현상으로 시편의 치수 변화에 의해 저항이 급격히 증가한다. 그 후 약 50,000 반복횟수까지 나타나는 현상으로 ITO의 크랙이 증가하면서 저항이 서서히 선형적으로 증가한다.

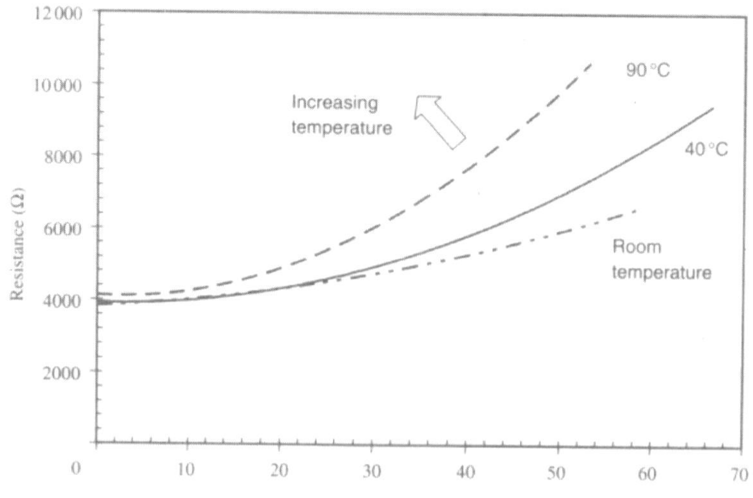

그림 5.15 PET 필름 기판에 코팅된 PEDOT:PSS 막에 스트레인을 부가함에 따른 여러 온도에서의 저항 변화

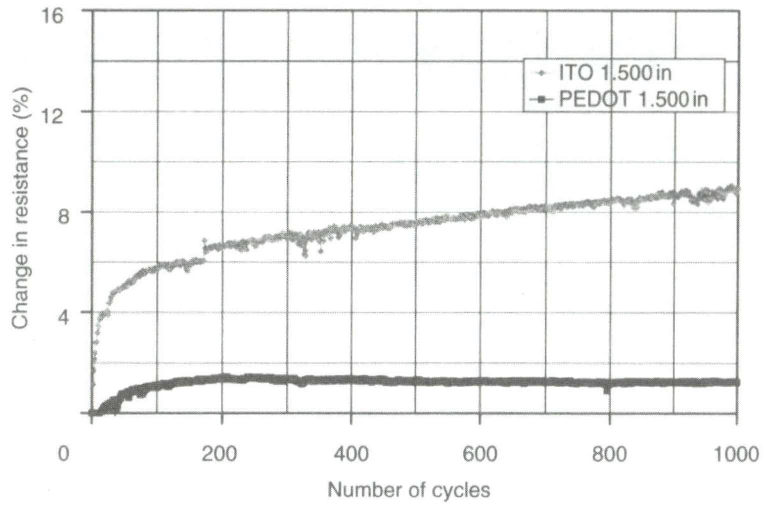

▌그림 5.16 PET 필름 기판에 ITO 박막 및 PEDOT:PSS 막을 형성한 후 스트레인의 반복에 따른 저항 변화

약 50,000 횟수가 넘어가면 ITO의 크랙이 심해짐에 따라 저항이 급격히 증가하여 ITO 막이 완전히 손상된다. ITO 박막의 저항 변화와는 달리 PEDOT:PSS 막은 초기의 치수 변화에 의해 저항변화가 크지만 이후 저항의 변화는 아주 작으며 PEDOT:PSS 막의 손상은 관찰되지 않는다. PEDOT:PSS 막은 벤딩 및 인장스트레인에 대한 안정성이 커서 flexible 디스플레이에 적용 시 장점이 된다.

투명전도성 고분자 필름 기판의 전기전도도 특성저하 원인을 이해하는 것은 flexible 디스플레이를 고려할 때 아주 중요하다. 신뢰성이 있는 투명전도성 고분자 필름 기판의 제조를 위해선 기판의 실패 원인 분석, 실패를 분석하기 위한 분석 방법의 개발 및 실패를 방지하기 위한 재료의 개발 등 많은 연구 개발이 필요하다.

5.3 Flexible 디스플레이용 화소 스위칭 소자

5.3.1 화소 스위칭 소자

Flexible 디스플레이를 위한 픽셀 구동 소자를 제작하는 방법에는 고분자 필름 기판 위에 직접 픽셀 구동 소자를 제작하는 방식 (direct approach)과 유리 기판 위에 픽셀 구동 소자를 제작하고 이를 고분자 필름 기판에 전이하는 방식 (transfer

표 5.8 Flexible 디스플레이를 위한 픽셀스위칭 소자 제작 방법

제작방법	구동방법	비 고
직접제작	수동구동	제조공정이 간단
	a-Si TFT	유리기판을 이용한 TFT-LCD 제작 시 가장 널리 응용
	Poly-Si TFT	이동도가 커서 주변 구동 회로 내장이 가능
	Organic TFT	유기물을 사용하기 때문에 벤딩 특성이 우수
전이방법	Poly-Si TFT	성능이 좋은 TFT의 제작이 가능

approach)으로 구분된다. 픽셀스위칭 소자는 구동 방법에 따라 수동구동 (passive matrix)방식 및 능동구동 (active matrix)방식으로 구분되며, 수동구동방식은 배선이 교차하는 부분에 픽셀이 있는 경우를 말하며 능동구동방식은 픽셀이 TFT 등의 능동 소자와 연결되어 있어, 능동소자를 통하여 픽셀을 조절하는 방식을 말한다. Flexible 고분자 필름 기판에 TFT를 이용하여 능동구동방식을 구현할 경우 TFT는 비정질 Si TFT, 다결정 Si TFT, 유기 TFT 등이 사용된다.

수동구동방식은 디스플레이 화질이 중요하지 않은 저해상도의 저화질의 디스플레이에 주로 응용되며 제조공정이 간단하여 가격이 싸다. 비정질 Si TFT는 유리기판을 이용한 TFT-LCD의 제작 시 가장 일반적으로 이용되며 제조 공정이 비교적 간단하기 때문에 유리 기판이 고분자 필름 기판으로 대체될 경우 파급 효과가 클 수 있는 가능성이 있으나, 비정질 Si, SiNx 등의 물질은 깨지기 쉽기 때문에 벤딩 시 크랙이 생성되기 쉬워, 소자가 오동작할 가능성이 있다. 다결정 Si TFT는 전하 이동도가 크며 CMOS의 제작이 가능하여, 주변구동회로를 내장할 수 있고 고성능의 픽셀 TFT를 제작할 수 있으나, 공정온도가 높고 공정이 복잡하여 flexible 디스플레이의 제작에 어려움이 있으며, 벤딩 시 크랙이 생성되기 쉬워, 소자가 오동작할 가능성이 있다. 유기 TFT는 전하가 흐르는 채널 층에 유기반도체를 사용하기 때문에, 다른 Si 계열의 TFT에 비해 벤딩 특성이 우수하여 최근 연구 개발이 활발히 진행되고 있다. 전이방식을 위한 TFT로는 소자 성능이 가장 우수한 다결정 Si TFT가 가장 널리 이용되고 있다.

5.3.2 Flexible 기판을 이용한 비정질 Si TFT

수소화된 비정질 Si TFT는 TFT-LCD, 이미지, X-ray 센서 등의 대면적 일렉트로닉스에 널리 사용되고 있으며, 고분자 필름 기판을 이용하여 비정질 Si

TFT를 제작하면 flexible 디스플레이의 제작이 가능하기 때문에 많은 연구가 진행되고 있다.

고분자 필름 기판은 유리전이온도가 낮고, 열팽창 계수가 커서 열안정성이 낮기 때문에 유리 기판에서 비정질 Si TFT를 제작할 경우의 온도보다 낮은 온도에서 비정질 Si TFT를 제작해야한다. 일반적으로 유리 기판에서 비정질 Si 및 SiNx의 증착 온도는 250~300℃ 인 반면 고분자 필름 기판을 이용할 경우 증착 온도는 기판의 종류에 따라 다르지만 최대 250℃ 이하이기 때문에, 고분자 필름 기판에서 증착된 막의 특성이 유리 기판에서 증착된 막의 특성에 비해 좋지 못하다. 따라서 막의 특성을 향상시키기 위해 막의 증착 시 He 혹은 수소 등으로 희석한다. 또한 비정질 Si 혹은 SiNx와 고분자 필름 기판간의 열팽창 계수 차이로 인하여 증착된 막이 휘기도 하며, 때로는 박막이 기판에서 박리되어 떨어져 나가기도 하기 때문에, TFT 어레이의 제작을 위한 노광 공정에 있어서 패턴의 정확도를 유지시키는 것이 중요한 관건 중의 하나이다.

표 5.9는 고분자 필름 기판을 이용하여 제작한 비정질 Si TFT의 특성을 나타낸다[20, 21, 22, 23]. Sazonov 등은 120℃의 공정에서 ES (etch stopper) 구조의 양호한 특성을 갖는 비정질 Si TFT를 제작하였다. Gleskova 등은 PI 기판을 이용하여 150℃의 제조 공정에서 0.45 cm^2/Vs의 이동도를 갖는 BCE (back channel etch) 구조의 비정질 Si TFT를 제작하였다. BCE 구조의 비정질 Si TFT는 제조 공정이 ES 구조의 비정질 Si TFT에 비해 간단하기 때문에 TFT-LCD의 제작에 일반적으로 이용된다. Okada 등은 PI를 이용하여 220℃의 최대 공정 온도에서 0.3 cm^2/Vs의 이동도를 갖는 BCE 구조의 비정질 Si TFT를 제작하여 보고하였다.

Flexible 기판을 이용하여 공정을 진행할 수 있는 온도가 낮기 때문에 저온에서 고성능의 TFT를 제작하기 위해선 비정질 Si TFT를 구성하고 있는 SiNx, a-Si:H, n+ a-Si:H의 증착 조건이 중요하다. 저온에서 전기적 특성이 우수한 SiNx를 증착시키기 위해서는 He 혹은 H_2 희석을 주로 이용하고 있다. 그림 5.17은 150℃의 기판 온도에서 He 50~200 sccm의 유량으로 증착된 SiNx 막의 전류-전압 특성을 나타낸 것인데, 3 MV/cm 이상의 유전파괴강도(dielectric break-down strength) 및 10^{-9} A/cm^2 이하의 누설전류를 보여 TFT의 게이트 절연막으로 사용할 수 있을 정도가 된다. 그림 5.18은 200 sccm의 He 희석을 이용하여 증착된 SiNx 절연막을 사용하여 제작한 a-Si:H TFT의 전기적 특성으로 이동도는 약 0.4 cm^2/Vs, 문턱전압은 3.0 V, on/off 비는 10^7 이상이며, 누설전류는 1 pA 이하를 보인다.

표 5.9 고분자 필름 기판을 이용하여 제작한 비정질 Si TFT의 특성

기판재료	공정온도(oC)	TFT 구조	성능	저자
PI	120	ES	μ= 0.7~0.8 cm^2/Vs V_{th} = 4~5 V SS = 0.5 V/dec.	Sazonov
PI	150	BCE	μ= 0.45 cm^2/Vs V_{th} = 3 V SS = 0.5 V/dec.	Gleskova
PES	150	BCE	μ= 0.4 cm^2/Vs V_{th} = 0.7 V SS = 0.82 V/dec.	Won
PI	220	BCE	μ= 0.7~0.8 cm^2/Vs V_{th} = 4~5 V	Okada

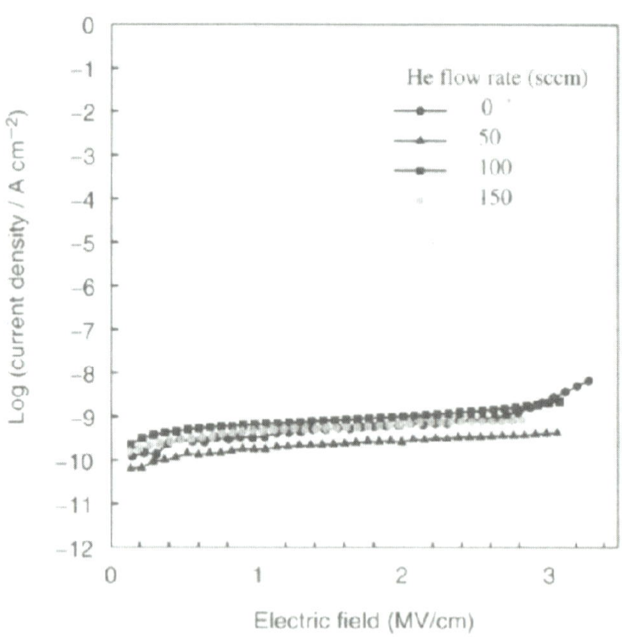

그림 5.17 150℃에서 증착된 SiNx 막의 He 유량에 따른 I-V 특성

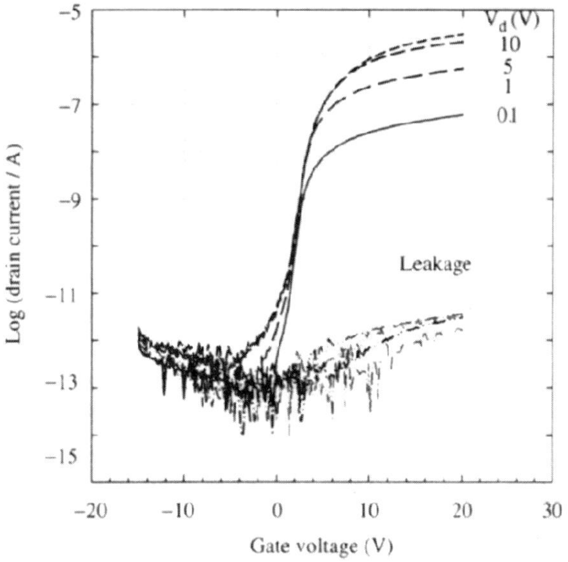

▌그림 5.18 150℃, 200 sccm의 He 유량에서 제조된 a-Si:H TFT의 특성

고분자 필름 기판을 이용하여 비정질 Si TFT의 제조 시 기판과 무기 박막과의 열팽창 계수 차이로 인하여 기판이 휘는 현상이 발생할 수 있으며 이는 고분자 필름 기판의 양면에 무기 박막을 증착하는 방법, 유기물과 무기물을 이용하여 게이트 절연막을 형성하는 방법 및 비정질 Si TFT의 제조 공정을 변경하는 방법을 이용하여 어느 정도 방지할 수 있다. 일반적으로 고분자 필름 기판에 SiNx를 증착하면 고분자 기판과 무기물과의 열팽창계수 차이에 의한 스트레스로 인하여 기판이 휘게 된다. 따라서 열팽창 계수를 줄이기 위해선 SiNx를 패턴닝하여 스트레스를 줄여주며, 그림 5.19에서처럼 SiNx의 증착 전에 절연성이 좋은 유기물을 게이트 절연막으로 이용하는 이중층을 형성하여 스트레스를 더욱 감소시킬 수 있다. 이를 이용한 비정질 Si TFT 어레이의 제작 공정을 그림 5.20에 나타내었다[24, 25]. SiNx 만을 사용하면 그림 5.21에서처럼 고분자 기판과 SiNx 간의 스트레스로 인해 게이트 누설전류가 커지는 반면, BCB 절연막을 이중층으로 형성하면 그림 5.22에서처럼 누설전류가 감소하며, on/off 비는 10^7 이상으로 증가하며, SiNx 만을 단독으로 사용한 TFT의 이동도는 0.3 cm^2/Vs로 작은 반면 BCB와의 이중층을 사용하면 TFT의 이동도가 0.4 cm^2/Vs로 커서 flexible 디스플레이를 위한 비정질 TFT 어레이로 사용할 수 있다.

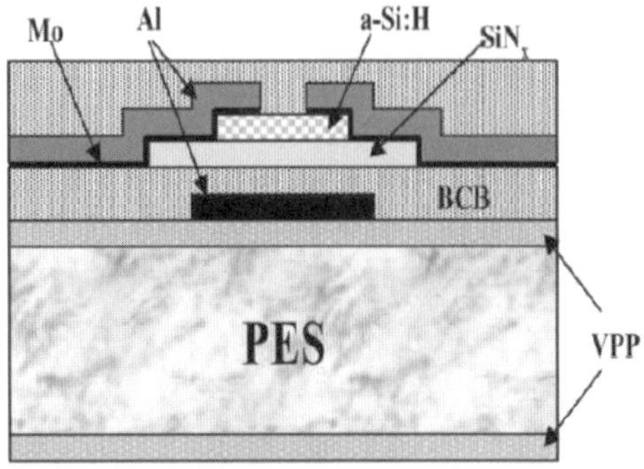

▌그림 5.19 기판과 무기물과의 스트레스를 감소시키기 위한 TFT의 구조

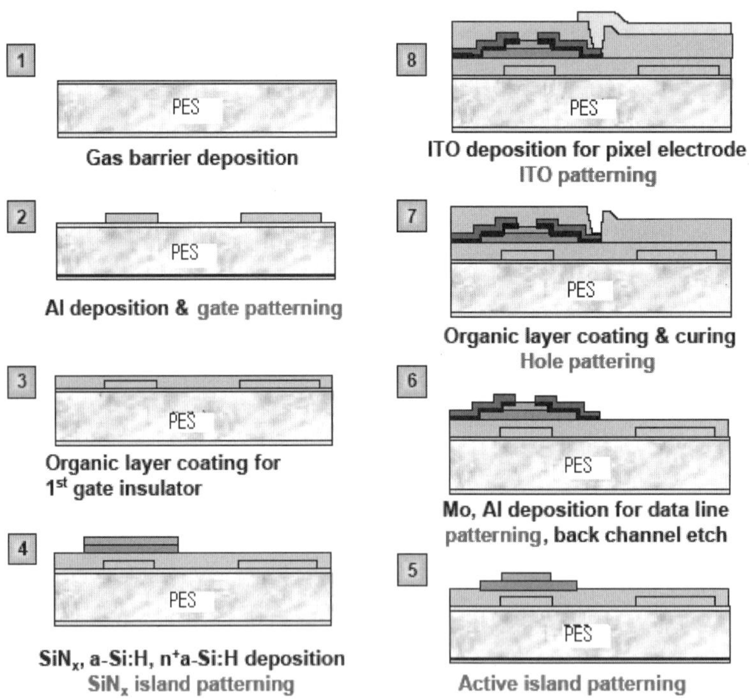

▌그림 5.20 고분자필름기판을 이용한 BCE 비정질 Si TFT 어레이 제작 공정

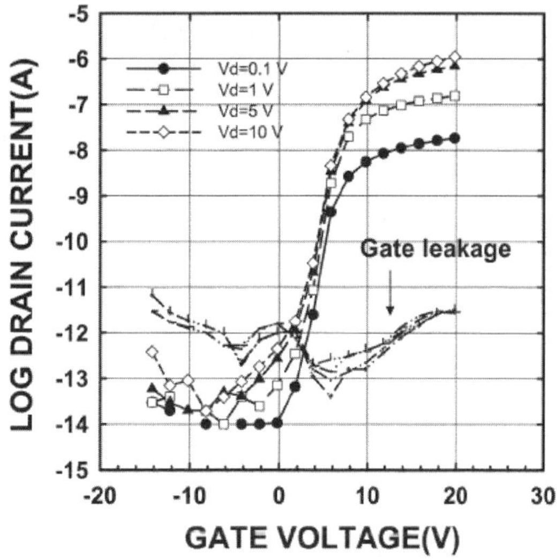

▌그림 5.21 SiNx 단일층을 이용한 비정질 Si TFT의 특성

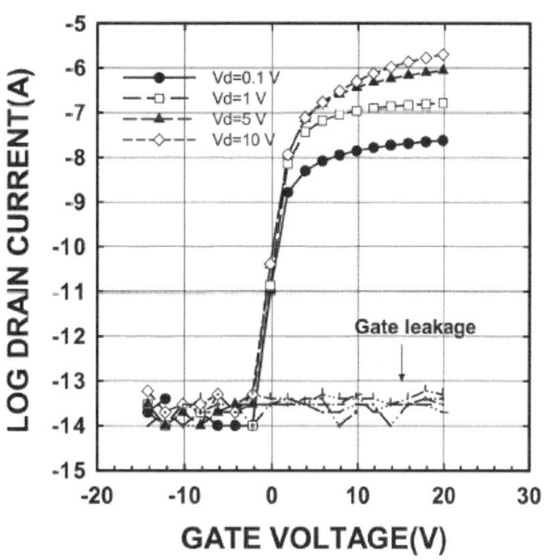

▌그림 5.22 SiNx/BCB 이중층을 이용한 비정질 Si TFT의 특성

5.3.3 Flexible 기판을 이용한 저온다결정 Si TFT

저온다결정 Si TFT는 비정질 Si TFT에 비해 이동도가 크기 때문에 게이트 및 데이터 구동 IC 등의 회로를 내장할 수 있으며, TFT의 크기를 줄일 수 있어 개구율을 향상시킬 수 있는 장점이 있어 모바일 기기용 디스플레이로 사용될 때 고해상도, 고휘도, 저소비전력 등의 장점이 많다. 또한 고분자 기판을 사용하면 가볍고 두께가 얇고 깨지기가 어렵기 때문에 모바일 디스플레이로 사용될 때 유리하다. 따라서 고분자 기판을 사용하여 저온다결정 Si TFT를 제작하면 얇고 가벼우며, 고성능을 지닌 디스플레이의 제작이 가능하다.

고분자 필름 기판을 이용하여 공정을 진행할 수 있는 온도가 낮은 반면 유리기판위에서 저온다결정 Si TFT시 공정 온도는 일반적으로 400℃ 이상이기 때문에, 고분자 필름 기판을 이용하여 저온다결정 Si TFT의 제작을 위해선 전체적인 공정 온도를 낮출 필요가 있다.

저온다결정 Si TFT의 제작을 위해선 저온다결정 Si TFT의 제작을 위해선 저온다결정 Si 박막의 형성, 절연막의 형성 및 이온 도핑 및 활성화 공정 등이 중요하다.

저온다결정 Si 박막을 형성하는 방법으로는 표 5-10에 나타낸 것처럼 기판위에 다결정 Si 박막을 직접 증착하는 방법과 비정질 Si 박막을 증착 후 이를 결정화시키는 방법이 있다.

다결정 박막을 직접 증착하는 방법은 공정이 간단한 장점이 있으나, 300℃ 이하의

▌표 5.10 저온다결정 Si 박막 형성 방법

기술		세부기술
Direct Deposition		As deposited Poly-Si
Crystallization	Thermal Annealing	SPC (Solid Phase Crystallization)
		RTA (Rapid Thermal Annealing)
		CGS (Continuous Grain Si)
		MIC (Metal Induced Crystallization)
		MILC (Metal Induced Lateral Crystallization)
	Laser Annealing	ELA (Excimer Laser Annealing)
		SLS (Sequential Lateral Solidification)
		Continuous Laser Annealing

저온에서는 성능이 좋은 다결정 Si 박막을 증착하기가 어려워 유리전이온도가 낮은 고분자 필름 기판에 적용하기는 어렵기 때문에, 일반적으로 비정질 Si 박막을 증착한 후 이를 결정화하는 방법에 의해 다결정 Si 박막을 형성한다.

비정질 Si 박막을 결정화하는 방법으로는 열에 의해 결정화하는 방법과 레이저에 의해 결정화하는 방법이 있다.

열에 의해 결정화하는 방법으로는 600℃ 근처의 온도에서 열처리에 의해 결정화하는 SPC (solid phase crystallization) 및 600℃ 이상의 고온에서 급속 열처리에 의해 다결정을 형성하는 RTA (rapid thermal annealing), 레이저와 열에 의해 500~600℃의 공정 온도에서 성능이 좋은 다결정을 형성하는 CGS (continuous grain Si), Ni 등의 금속 촉매를 사용하여 450~600℃의 공정 온도에서 다결정을 형성하는 MIC (metal induced crystallization) 혹은 MILC (metal induced lateral crystallization) 등이 있다. 열처리에 의해 비정질 Si을 결정화하는 방법은 공정 온도가 높기 때문에 고분자 필름 기판을 적용하기가 어렵다.

레이저에 의해 비정질 Si을 결정화하는 방법으로는 엑시머 레이저 (excimer laser)를 이용하는 방법이 일반적으로 이용된다. 엑시머 레이저는 파장이 308 nm 이하로 짧으며, 펄스폭이 약 35 ns 정도로 짧아 고분자 필름 기판을 손상시키지 않으며 고성능의 다결정 Si을 형성할 수 있다. 연속 파장 레이저 (continuous wave laser)를 이용하는 방법은 고분자 필름 기판을 손상시킬 수 있다.

엑시머 레이저 결정화를 위한 비정질 Si 박막으로는 그림 5.23에서처럼 PECVD에 의한 비정질 Si 박막과 스퍼터링에 의한 비정질 Si 박막이 주로 사용된다.

유리 기판에서 비정질 Si을 증착시키기 위해 일반적으로 사용하는 방법인 PECVD에 의해 증착된 비정질 Si 박막은 10% 정도의 다량의 수소를 함유하고 있어, 엑시머 레이저에 의해 결정화를 수행하기 전에 탈수소 (dehydrogenation)를 수행해야한다. 탈수소는 열에 의한 방법과 엑시머 레이저에 의한 방법이 있으나 열에 의한 방법은 300~400℃의 온도에서 탈수소를 해야 하기 때문에 고분자 필름 기판에는 적당하지 않아 엑시머 레이저에 의한 탈수소 방법이 주로 이용된다. 이를 위해 엑시머 레이저 결정화 에너지보다 낮은 온도에서 레이저를 조사하여 막의 수소를 제거한 후 레이저 에너지를 증가시켜 탈수소화 된 비정질 Si을 결정화시킨다.

스퍼터링에 의해 증착된 비정질 Si 박막은 수소를 포함하고 있지 않으며 탈수소화 공정이 필요 없으며 100℃ 이하의 저온에서 증착이 가능하여 고분자 기판의 사용이 가능한 반면 Ar 등을 포함하고 있어 Ar 함량이 적은 비정질 Si 박막의 증착이 필요하다 (그림 5.24)[5].

PECVD a-Si	Sputtered a-Si
• High Hydrogen Contents - deteriorated effect on crystallization - dehydrogenation is required	**• No hydrogen and low impurity content** - Additional steps are not required before ELA
• Thermal Dehydrogenation - High temperature (~ 400 °C)	**• Low temperature deposition** - compatible to flexible substrates
• Laser Dehydrogenation - Not easy to control	**• Roll to Roll Process Compatible** - compatible to the next gen. processes

▌그림 5.23 고분자 기판 상에서 레이저 결정화를 위한 비정질 Si 박막의 형성 방법 및 특징

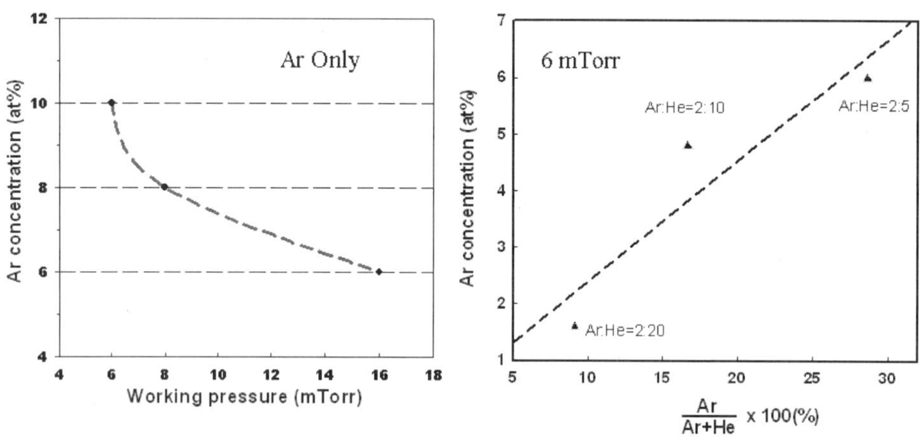

▌그림 5.24 스퍼터링 조건에 따른 비정질 Si 박막의 Ar 함량

스퍼터링에 의해 증착된 비정질 Si 박막은 스퍼터링 조건에 따라 Ar 함량이 달라진다. 스퍼터링 압력을 증가시키면 Ar 함량이 감소한다. 그림에서처럼 6 mTorr에서 비정질 Si 박막을 증착시키면 Ar 함량이 10%인 반면, 16 mTorr로 압력을 증가시키면 Ar 함량이 6%로 감소된다. 하지만 6%의 Ar 함량은 여전히 레이저 결정화에 적합하지 않다. 그림 5.24의 오른쪽 그림에서처럼 He을 희석하여 스퍼터링하여 비정질 Si을 증착하면 Ar 함량을 대폭 감소시킬 수 있다. Ar과 He의 비를 2:20으로 He을 다량으로 희석시키면 Ar 함량이 2% 이하로 급격히 감소한다.

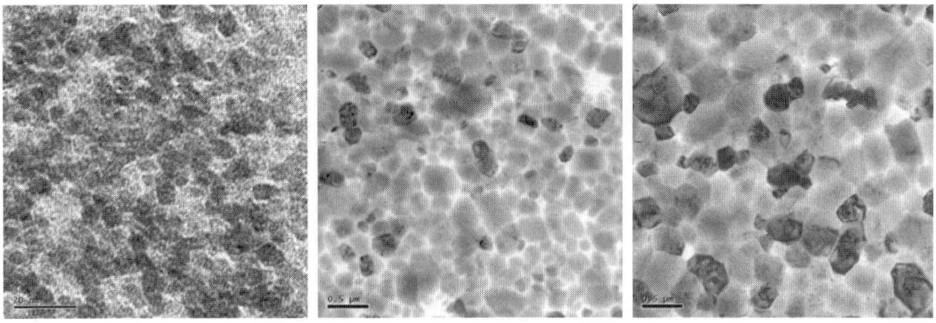

20nm	500nm	500nm
200mJ/cm²	267mJ/cm²	289mJ/cm²
Average grain size : 15 nm	**Average grain size : 200 nm**	**Average grain size : 400 nm**

▌그림 5.25 스퍼터링된 비정질 Si 박막을 레이저 에너지를 변화시켜 결정화한 후의 입자 크기

스퍼터링된 비정질 Si 박막을 레이저 에너지를 변화시켜가며 결정화시키면 그림 5.25에서처럼 레이저 에너지가 증가함에 따라 입자크기가 증가한다[6]. 200 mJ/cm^2일 때의 입자크기는 평균 15 nm로 작은 반면, 레이저 에너지를 증가시키면 입자크기가 증가하여 289 mJ/cm^2가 되면 입자크기는 약 400 nm가 되어 성능이 좋은 다결정 Si TFT의 제조에 적합한 크기가 된다. 다결정 Si TFT는 일반적으로 입자크기가 증가할수록 입자 경계 (grain boundary)에서의 산란이 감소하여 이동도가 증가하며 다른 특성도 향상된다.

레이저 에너지는 비정질 Si 박막의 결정화 기구에 중요한 역할을 한다. 레이저 에너지가 낮으면 박막은 주로 표면만 녹으며 기판과 박막과의 계면으로부터 결정 성장이 이루어져 입자크기가 작게 되며, 레이저 에너지를 증가시키면 박막은 계면 부근의 일부 영역만을 제외하고 전체 박막을 녹여, 녹지 않은 일부 영역에서부터 결정 성장이 이루어지며, 결정립의 크기가 박막의 두께보다 커진다.

고분자 필름 기판을 이용하여 다결정 Si TFT를 제작할 경우 공정이 저온에서 이루어지기 때문에 기판과 다결정 Si과의 열팽창계수 차이에 의한 스트레스에 의해 다결정 Si 박막에 크랙이 생성되기도 한다. 이러한 크랙은 공정을 수행하기 전에 고분자 필름 기판을 유리전이온도 부근에서 열처리하여 기판을 우선 수축시킴에 의해 개선시킬 수 있다.

다결정 Si TFT의 제작을 위해선 비정질 Si 박막의 결정화뿐 아니라 도핑층의 활성화 또한 중요하다. 다결정 Si TFT의 소스 드레인 층의 형성을 위해 B (p-type Si TFT) 혹은 P (n-type TFT) 불순물을 도핑하며, 도핑층의 저항을

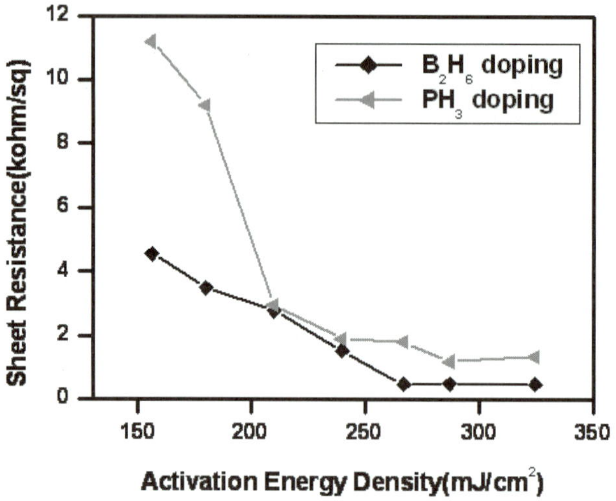

▌그림 5.26 레이저 에너지에 따른 도핑층의 면저항의 변화

위해선 활성화과정이 필요하다. 도핑층의 활성화를 위해선 열처리에 의한 방법과 엑시머 레이저를 이용한 방법을 주로 사용하고 있다. 고분자 필름 기판을 사용할 경우 저온에서 활성화할 수 있는 레이저 활성화 방법이 주로 사용되고 있다.

그림 5.26에서처럼 레이저 에너지를 증가시키면 저항이 감소하여 약 300 mJ/cm^2 이상의 레이저 에너지에서는 면저항이 2 kΩ/□ 이하로 되어 다결정 Si TFT의 소스 및 드레인층에 적당한 면저항을 얻을 수 있다.

그림 5.27에 고분자 필름 기판에 다결정 Si TFT를 제작한 사진 (왼쪽) 및 특성 (오른쪽)을 나타내었다. 다결정 Si TFT의 어레이는 2.1인치의 QCIF+로 제작하였으며, 모바일 기기에 적합한 반투과형의 디스플레이에 응용할 수 있도록 제작하였다. CMOS 구조를 사용하였으며 고분자 필름 기판은 유리전이온도가 높은 PAR 기판을 사용하였다. n-type TFT의 이동도는 100 cm^2/Vs, p-type TFT의 이동도는 52 cm^2/Vs로 디스플레이의 픽셀 스위칭 소자 및 구동회로 내장을 위한 회로 TFT로 충분히 사용될 수 있다[26].

고분자 필름 기판은 유리전이온도가 낮아 공정상의 제약이 많기 때문에, flexible 다결정 Si TFT의 제작을 위해서 고분자 필름 기판 대신 금속 필름 기판을 사용하기도 한다. Steel 이나 Ni 금속 필름은 융점이 높기 때문에 높은 온도에서도 사용될 수 있는 장점이 있는 반면 불투명하기 때문에 반사형 디스플레이 혹은 top emitting 디스플레이에 응용된다.

그림 5.28에서처럼 steel 기판은 표면이 거칠기 때문에 공정을 수행하기 전에 유리

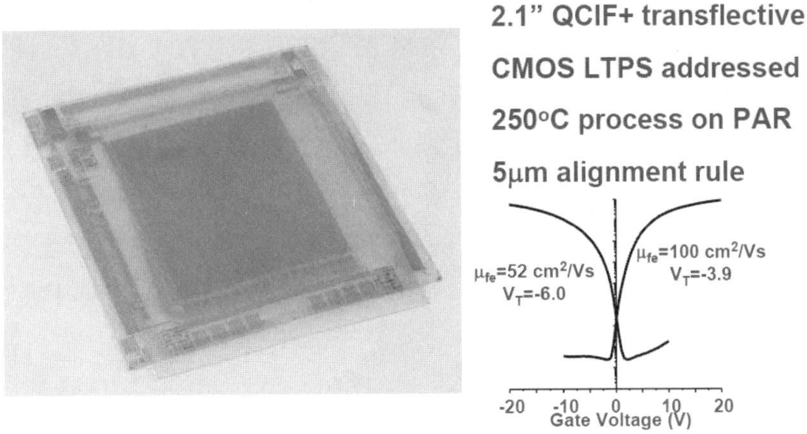

▌그림 5.27 고분자 필름 기판을 이용하여 제작한 flexible 다결정 Si TFT 어레이 및 TFT의 전기적 특성

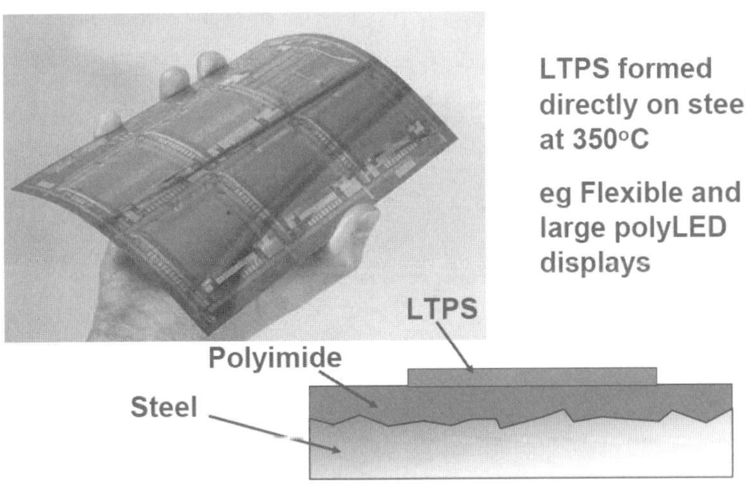

▌그림 5.28 steel 기판을 이용하여 350℃에서 다결정 Si TFT를 제작한 예

전이온도가 높은 polyimide 등의 고분자 버퍼 층을 이용하여 표면을 평탄화한다. 그림은 steel을 이용하여 다결정 Si TFT 어레이를 350℃에서 제작한 예이다. steel 기판은 불투명하기 때문에 이를 이용하여 top emission의 poly-Si TFT AMPLED (active matrix polymer LED) 디스플레이를 제작할 수 있다.

고분자 필름 기판을 이용하여 다결정 Si TFT 기반의 디스플레이를 제작하면 모바일 응용기기에 적합하지만, 고분자 필름 기판의 열적안정성이 좋지 않아 TFT 어레이의 실현에 문제가 된다. 또한 steel 등의 금속 필름 기판은 열적안정성이 고분자 필름 기판에 비하여 우수하지만 기판이 불투명하기 때문에 제조할 수 있는 디스플레이의 종류에 한계가 있다. 이러한 문제를 극복하기 위한 방법으로 열적안정성이 우수하며, 표면 특성이 우수한 유리 기판을 이용하여 300~600℃에서 다결정 Si TFT 어레이를 제작하고 이를 플라스틱 기판에 전이시키는 전이방법 (transfer approach)이 개발되고 있다[27, 28, 29, 30] 전이방법은 TFT의 제조를 위하여 공정 온도를 낮출 필요가 없기 때문에 성능이 우수한 TFT의 제작이 가능하고, 제조 공정이 아닌 사용 용도에 따라 고분자 필름 기판을 선택할 수 있으며, 현재 유리 기판을 이용하여 제조하는 공정을 변경시킬 필요가 없는 장점이 있는 반면, TFT에 내부 스트레스 등이 있을 경우 전이 후 기판의 휨 혹은 크랙이 발생할 수 있다.

전이는 그림 5.29와 같은 방법이 일반적으로 이용된다. 유리 기판이 HF에 노출될 때 TFT 어레이를 보호하기 위하여 유리 기판위에 식각방지막 (etch stopper)을 형성한다. 식각방지막을 제거할 때 TFT 어레이를 보호하며 TFT 소자내로 불순물이 침투하는 것을 방지하기 위해 저항막 (barrier layer)을 증착한다. 식각방지막 및 저항막이 코팅된 유리 기판을 이용하여 다결정 Si TFT 어레이를 제작한다. 다결정 Si TFT 어레이를 지지하기 위해 임시 기판을 어레이의 위쪽에 접착제를 이용하여 붙인다. 그 후 유리 기판을 HF를 이용하여 상온에서 제거한 후 식각방지막을 제거한다. 고분자 필름 기판을 제거된 쪽의 저항막에 접착제를 이용하여 붙인다. 임시 기판에 붙은 접착제를 제거하여 임시 기판을 제거한다. 전이과정에서 가장 어려운 단계중의 하나는 고분자 필름 기판을 붙이는 과정이다. 고분자 필름 기판이 떨어지지 않아야 하며 전면이 고르게 접착되어야 한다.

그림 5.30는 전이과정에 의한 고분자 필름 기판에 형성된 다결정 Si TFT의 특성을 나타낸 것인데, 유리 기판과 비교하여 큰 차이를 보이지 않는다. 다결정 Si TFT 어레이는 300 mm x 350 mm의 유리 기판을 사용하여 제작하였으며, 고분자 필름 기판의 두께는 0.2 mm 였다. 소니는 그림 5.31에서처럼 이를 이용하여 3.8 인치의 flexible 저온다결정 Si TFT LCD의 제작에 성공한 바 있다. 이러한 전이과정은 다결정 Si TFT 어레이의 제조 뿐 아니라, 비정질 Si TFT 어레이, 컬러 필터 어레이 등 유리기판위에서 제조할 수 있는 어레이를 제작할 수 있는 장점이 있다. 또한 제조 공정 중 고분자 필름 기판의 휨이나 스트레스 등을 고려하지 않아도 되기 때문에 고분자 기판의 두께를 0.1 mm 이하로 얇게 할 수 있는 장점이 있다. Seiko Epson 등에서는 전이 과정을 위해, 유리 기판 위에 식각저항막을 형성하는 대신 비정질 Si 희생층 (sacrificial layer)을 형성한 후, 유리 기판을 이용하여 다결정 Si TFT 어레이를 제작하고 엑시머 레이저를 유리 기판 쪽에서 조사하

여 비정질 Si 희생층이 녹아 용융 Si이 되면 유리 기판이 쉽게 떨어지는 방법을 이용하였다. 이러한 전이 방식을 이용한 다결정 Si TFT의 특성 또한 유리 기판 위에서 제작한 TFT의 특성과 큰 차이를 보이지 않았다.

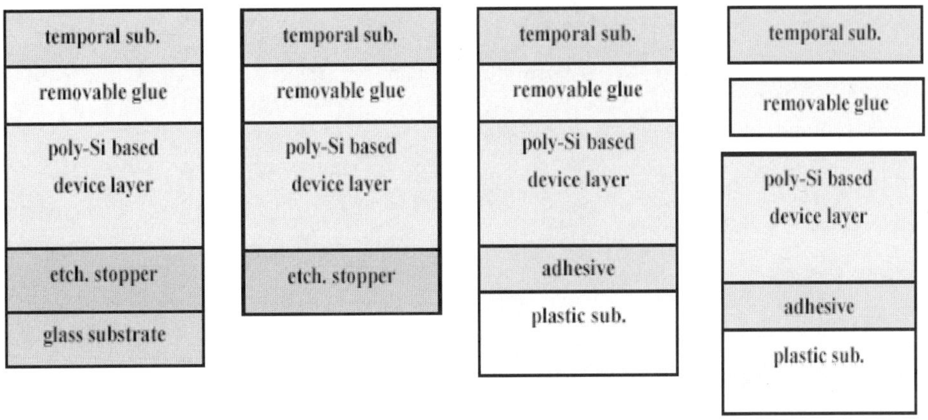

▌그림 5.29 유리 기판으로부터 고분자 필름 기판으로 전이를 위한 전이 과정

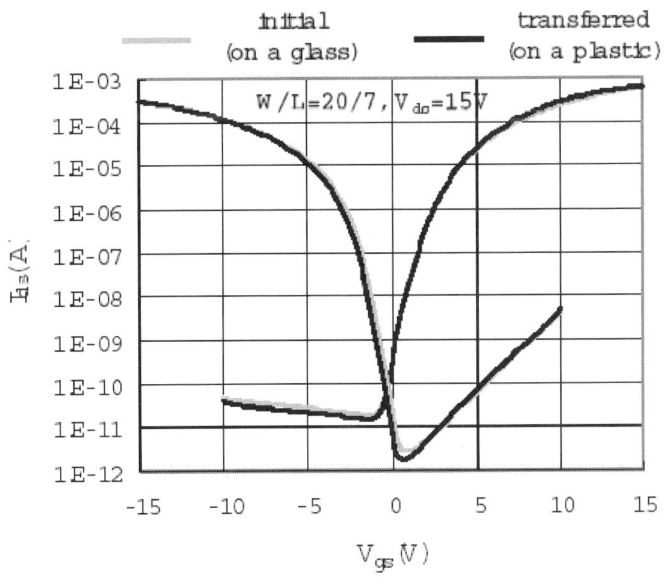

▌그림 5.30 전이 과정을 이용하여 제작한 다결정 Si

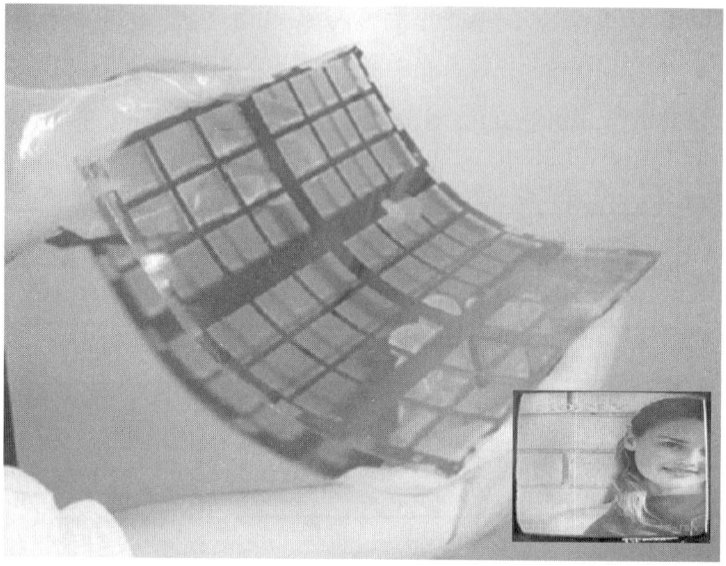

▌그림 5.31 전이 과정을 이용하여 제작한 다결정 Si TFT 어레이 및 디스플레이

5.3.4 Flexible 기판을 이용한 유기 TFT

TFT의 채널층이 유기반도체로 구성되어 있는 유기 TFT는 flexible 디스플레이의 스위칭 소자로 최근 가장 각광을 받고 있다. 비정질 Si TFT 혹은 다결정 Si TFT는 채널층이 무기물이기 때문에 기판의 구부리면 채널층에 크랙이 생겨 손상될 수 있지만 유기 TFT는 기판을 구부려도 크랙 등이 생기기 쉽지 않아 flexible 디스플레이용 스위칭 소자로 적합하며, 대면적으로 값싸게 제조할 수 있어 저가격의 TFT 어레이 제작이 가능하다. 최근 유기 TFT는 RFID 태그와 같은 고속의 스위칭 속도를 필요로 하지 않는 저가격 전자회로에 채용될 가능성이 증가하고 있다. 또한 유기 TFT는 단결정 Si의 성장, 노광 (photolithography), 진공 증착 등의 무기물을 기초로 한 제조 패러다임으로부터 롤투롤 (roll to roll) 공정, 프린팅에 의한 패턴 형성, 용액 증착 등의 새로운 패러다임으로 제조기술의 개념을 바꾸고 있다.

그림 5.32에서 보는 것처럼 TFT의 성능을 대표하는 이동도는 해마다 개선되고 있다. 1986년 유기 TFT의 이동도는 10^{-5} cm^2/Vs 정도로 극히 작아 디스플레이 픽셀 스위칭 소자로 사용하기에 부적합하였으나 최근에는 이동도가 크게 개선되어 5 cm^2/Vs 이상이 보고되고 있다.

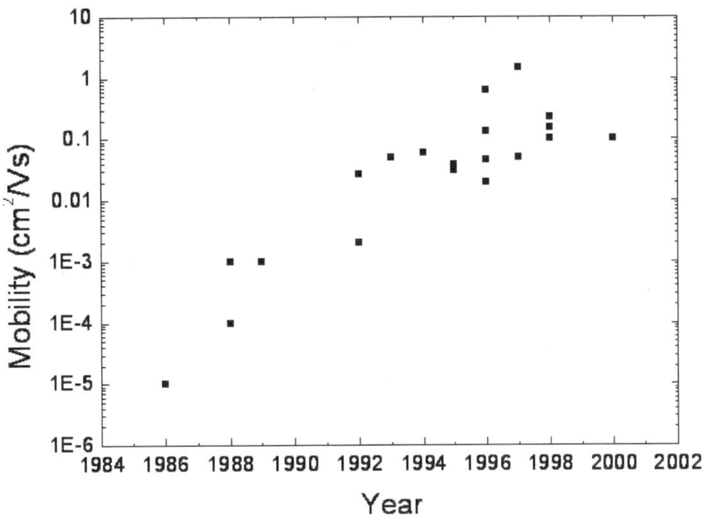

그림 5.32 유기 TFT의 성능(이동도) 개선 추이

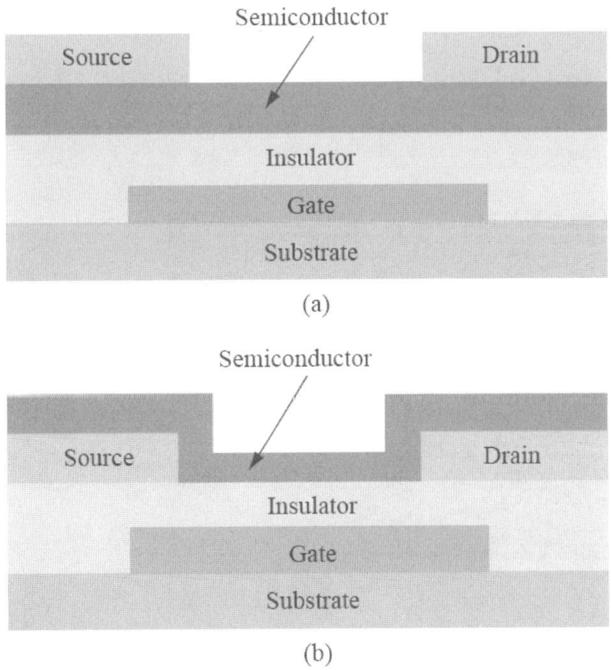

그림 5.33 유기 TFT의 구조 (a) top contact 구조 (b) bottom contact 구조

유기 TFT는 그림 5.33에서처럼 게이트가 유기 반도체의 밑에 있는 bottom gate 구조를 일반적으로 사용한다. 유기 반도체는 일반적으로 photolithgraphy 공정을 이용하여 패턴을 형성하기 어렵기 때문에 게이트 전극 및 절연막 등을 유기

반도체를 코팅하기 전에 먼저 형성하는 구조를 이용하고 있다. 또한 유기 TFT는 구조에 따라 top contact 구조 (그림 5.33 a) 및 bottom contact (그림 5.33 b) 구조로 분류할 수 있다. Top contact 구조는 소스 및 드레인 전극이 유기 반도체의 윗부분에 형성이 되는 구조를 말하며, bottom contact 구조는 소스 및 드레인이 유기 반도체의 밑에 형성이 되는 구조를 말한다.

Top contact 구조의 TFT는 일반적으로 bottom contact 구조의 TFT에 비해 이동도 등의 성능이 우수하다. top contact 구조의 경우 소스와 드레인이 채널층의 위쪽에 있기 때문에 채널층의 굴곡이 없어 소스 및 드레인 부분에서 전하의 흐름에 대한 방해가 적은 반면 bottom contact 구조의 경우 소스와 드레인이 채널층의 아래쪽에 있기 때문에 채널층이 굴곡이 지게 된다. 또한 소스 및 드레인 부분의 유기 반도체의 특성이 소스 드레인 부분에서 떨어진 유기 반도체 부분에 비하여 좋지 않아 이동도가 top contact 구조에 비하여 좋지 않다. 그림 5.37은 Au 전극 위에 유기 반도체인 펜타센을 코팅한 사진으로, Au 전극 위의 유기 반도체는 입자 크기가 작지만, Au 전극에서 멀어지면 입자 크기가 증가한다. 유기 반도체는 현상액이나 에칭 용액 등에 손상을 받기 쉽기 때문에 소스 드레인 패턴의 형성을 위하여 photolithography 공정을 이용하기 어려워, 유기 반도체 위에 소스 드레인

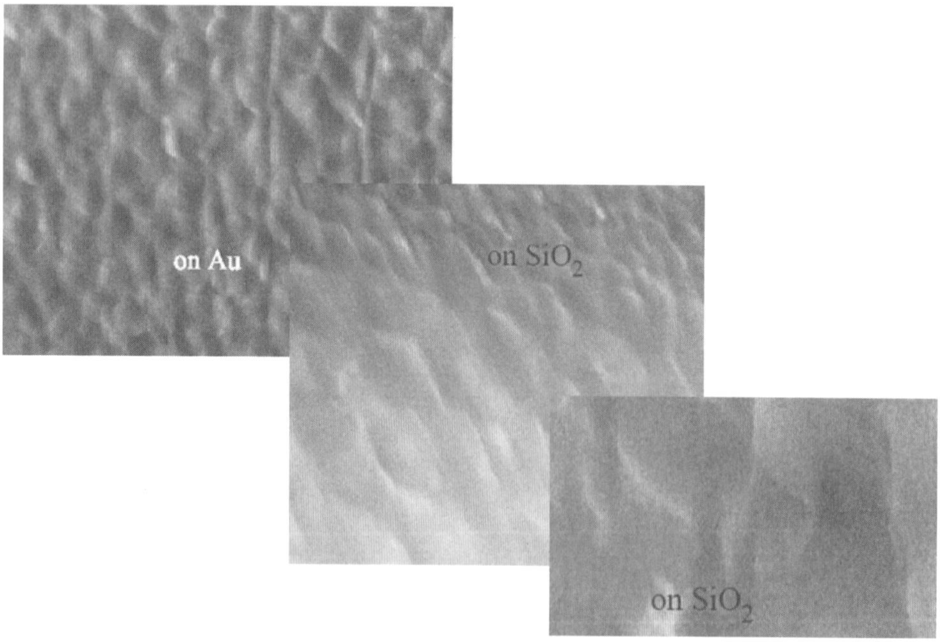

그림 5.34 Au 전극위에 코팅된 유기 반도체의 입자 크기. Au 전극에서 멀어질수록 입자크기가 증가한다.

패턴 형성을 위해선 섀도우 마스크를 이용한 진공 증착을 이용한다. 하지만 섀도우 마스크를 이용한 소스 드레인 패턴의 형성은 TFT 어레이의 제조에 적합하지 않다. Bottom contact 구조의 경우 유기 반도체 층을 형성하기 전에 소스 드레인을 형성하기 때문에 photolithography에 의해 소스 드레인 패턴 형성이 가능하여 TFT 어레이의 제조에 유리하다.

표 5.11은 대표적인 p type의 유기 TFT 용 유기 반도체의 종류 및 그 특성을 나타내었다[33-40]. 유기 TFT는 제조 방법에 따라 진공 증착법에 의한 방법과 용액 공정에 의한 방법으로 나눌 수 있다. 진공 증착에 의한 유기 TFT는 일반적으로 용액 공정에 의한 TFT보다 이동도가 크다.

진공 증착에 의한 유기 반도체의 대표적인 물질인 펜타센은 이동도가 가장 큰 물질 중의 하나로 알려져 있다. 펜타센은 각 분자의 규칙적인 배열이 강할수록 전기적 특성이 우수하다 (그림 5.35)[41]. 그림에 나타낸 것처럼 펜타센을 −196℃의 극저온에서 증착하면 막은 왼쪽의 X-ray 회절 패턴에서처럼 비정질의 형태로 성장하며 절연막이 된다. 반면 상온에서 펜타센을 증착하면 그림에서처럼 규칙성이 우수한 결정질의 형태로 막이 성장하며 상온에서의 이동도는 매우 높게 된다. 또한 펜타센 박막의 구조는 단결정 펜타센의 구조와 다르기 때문에, 단결정과 박막 구조가 섞여 있으면, 둘 간의 계면에서의 결함 농도가 아주 높아 이동도가 작게 된다. 펜타센 박막은 상온에서 결정질의 형태로 증착되기 때문에 펜타센 TFT의 성능 향상을 위해선 입자의 크기가 중요하다. 특히 bottom contact 구조의 경우 소스 드레인 부근에서 입자 크기가 작기 때문에 TFT의 성능을 제한하는 요소로

표 5.11 유기 TFT를 위한 p type의 유기 반도체

구분	유기 반도체	이동도	Ion/Ioff
진공증착	Pentacene	>3.3	10^6
	Copper phthalocyanine, CuPC	0.02	10^5
	α-Sexithiophene	0.03	10^6
	α,ω-Dialkylsexithiophene	1.1	10^4
용액공정	α,ω-Dialkylsexithiophene	0.01	10^4
	Poly(3-hexylthiophene), P3HT	0.1	10^5
	Poly(3,3"-dialkylquaterthiophene), PQT	0.14	10^7
	Pentacene, from soluble precusor	0.42	10^6
	Poly(9,9'-dioctylfluorene-co-bithiophene), F8T2	0.02	10^6

작용한다. Bottom contact 구조의 펜타센 TFT의 성능을 향상시키기 위해 펜타센 증착 전에 금속 전극위에 SAM (self assembled monolayer) 처리를 하여 펜타센의 입자 크기를 향상시키기도 한다[42].

진공 증착에 의해 유기 TFT를 제조하면 이동도 등의 특성이 우수하지만, 펜타센 패턴의 형성을 위해 셰도우 마스크를 사용하기 때문에 대면적의 flexible 기판을 이용하여 제조하기가 어려우며, 저가격으로 TFT 어레이를 제조하기가 어렵다. 용액 공정에 의한 유기 TFT는 이동도 등의 성능이 진공 증착에 의한 유기 TFT 보다 좋지 않지만, 대면적에서 저가격으로 제조가 쉬우며 flexible 기판에의 호환성이 좋고 프린팅 방식으로 유기 TFT의 제조가 가능하여 flexible 디스플레이용 스위칭 소자로 사용될 가능성이 높다[43].

용액 공정에 의한 TFT의 채널층으로 가장 처음 사용된 물질 중의 하나는 P3HT (poly(3-hexylthiophene))이다. P3HT 박막은 chloroform 등에 녹기 때문에 용액의 형태로 제조가 가능하다. P3HT는 그림 5.36에서처럼 HT (head to tail) 연결 방식이 많을수록 이동도가 증가한다. P3HT 박막의 HT 연결 방식이 91% 이상이 되면 이를 BHT-순도 (regio-regularity)가 높다고 한다. P3HT 박막은 박막이 형성되는 형태에 따라 그림 5.37에서 보는 것처럼 edge on 구조 및 face on 구조가 있다. P3HT-Edge on 구조는 사이드 체인이 절연막의 표면에 붙게 되며

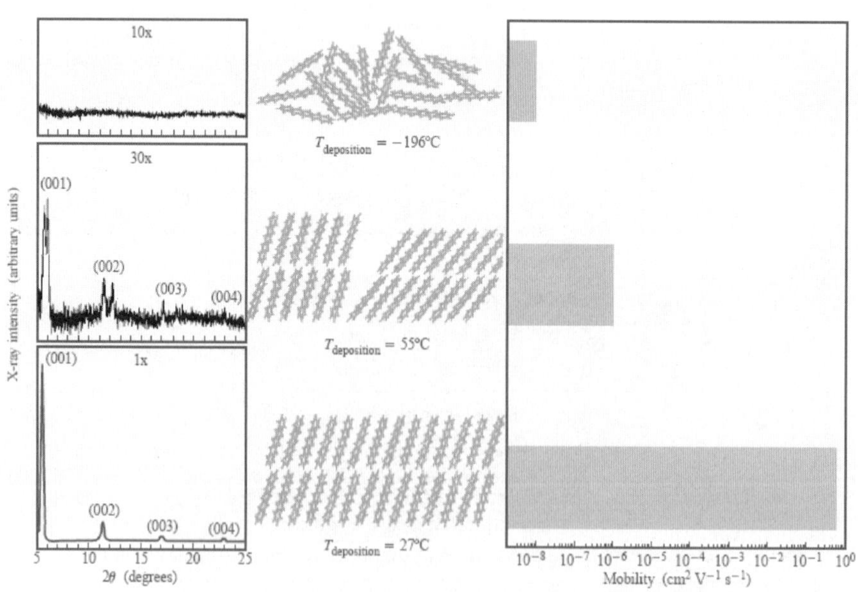

▌그림 5.35 펜타센 박막의 증착 온도에 따른 X-ray 회절 패턴, 분자의 배열 및 이동도 특성

(100) 축이 표면에 수직하게 되며, (010) 축방향으로 전하의 이동이 쉽게 되어 이동도가 큰 반면 P3HT-face on 구조는 이동도가 작게 된다.

P3HT TFT는 순도 및 $\pi-\pi$ 상호작용의 방향이 이동도에 영향을 미친다. 순도가 81%로 낮은 P3HT 박막을 채널층으로 사용한 TFT는 face on 구조의 막이 형성되어 이동도가 2×10^{-4} cm^2/Vs 정도로 극히 작은 반면 순도를 96% 이상으로 증가시키면 edge on 구조의 박막이 형성되어 결과적인 TFT의 이동도는 0.05~1 cm^2/vs 이상으로 급격히 증가한다[44, 45].

P3HT TFT의 경우 용매의 종류에 따라 규칙성과 균일도가 다르며, 이에 의해 TFT의 이동도가 크게 차이가 난다. P3HT의 용매로는 chloroform, 1,1,2,2-tetrachloroethane, tetrachloroethylene, chlorobenzene, toluene, p-xylene, THF 등이 사용되며 chloroform을 사용할 때 이동도가 가장 좋다. 또한

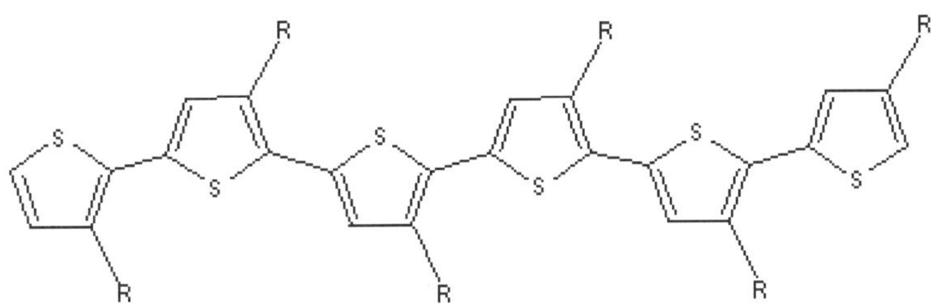

▌그림 5.36 P3HT의 HT (head to tail) 연결 구조

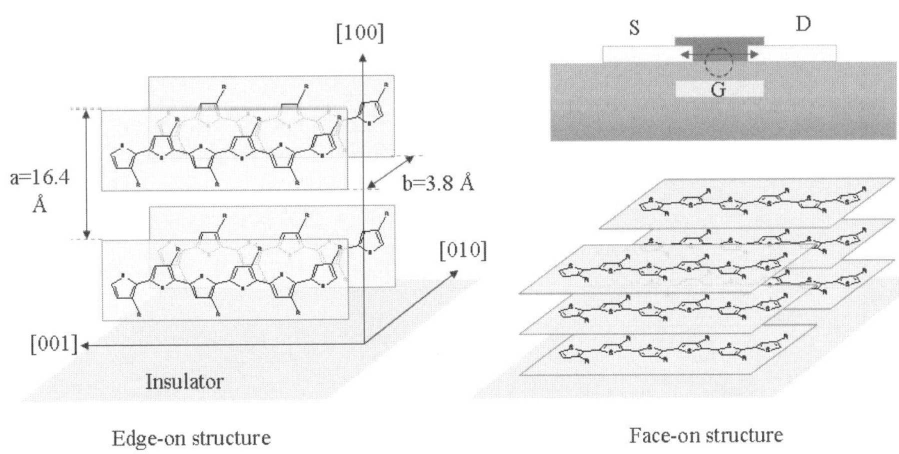

▌그림 5.37 P3HT 박막의 edge on 구조 및 face on 구조

P3HT의 코팅 전에 표면을 HMDS 등으로 처리하면 표면의 구조가 변경되며 이후 P3HT 막의 구조가 달라져 TFT의 이동도에 영향을 미친다.

유기 TFT의 게이트 절연막으로는 무기물 및 유기물이 사용된다. 무기물로는 주로 SiO_2와 같은 박막이 사용된다. 또한 유기 TFT는 일반적으로 구동전압이 높기 때문에 구동전압을 낮추기 위해 TiO_2, BZT (barium zirconate titanate) 등의 유전상수가 큰 산화막을 사용하여 구동전압을 낮추기도 한다 (그림 5.38).

무기물을 사용하여 게이트 절연막을 형성하면 기판의 벤딩시 절연막에 크랙이 생기거나 절연막의 형성 온도가 높고, 절연막 형성시 스트레스에 의해 기판이 휘게 되는 문제 혹은 크랙이 생길 수 있어 fleixble 디스플레이에 사용 시 단점이 될 수 있다. 반면 유기물을 게이트 절연막으로 사용하면 기판의 벤딩에 잘 견디며 상온 혹은 상온 부근에서 절연막을 형성할 수 있기 때문에 fleixble 디스플레이에 적합하다. 반면 유기물을 절연막으로 사용하면 유기 반도체 혹은 소스 드레인 패턴의 형성 시 절연막이 손상될 수 있으므로, 유기 절연막은 절연막의 형성 후, 소스 드레인 패턴 형성 공정 및 유기 반도체 형성 공정에 견딜 수 있어야 한다. 그림 5.39는 유기절연막을 이용한 top contact 구조 및 bottom contact 구조의 펜타센 TFT의 특성을 나타낸다.

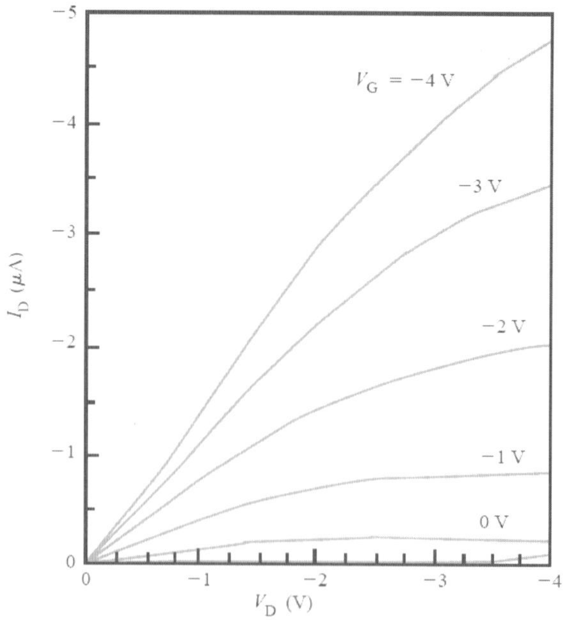

그림 5.38 유전상수가 큰 BZT 절연막을 이용하여 제작한 펜타센 TFT의 전기적 특성

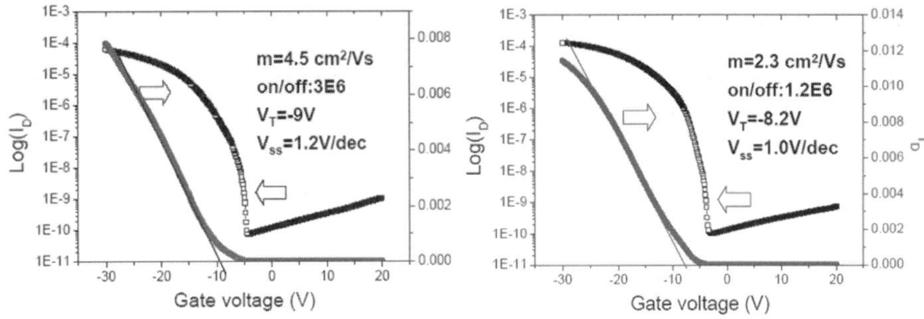

▮그림 5.39 유기절연막을 이용한 top contact (왼쪽) 구조 및 bottom contact (오른쪽) 구조의 펜타센 TFT의 전기적 특성

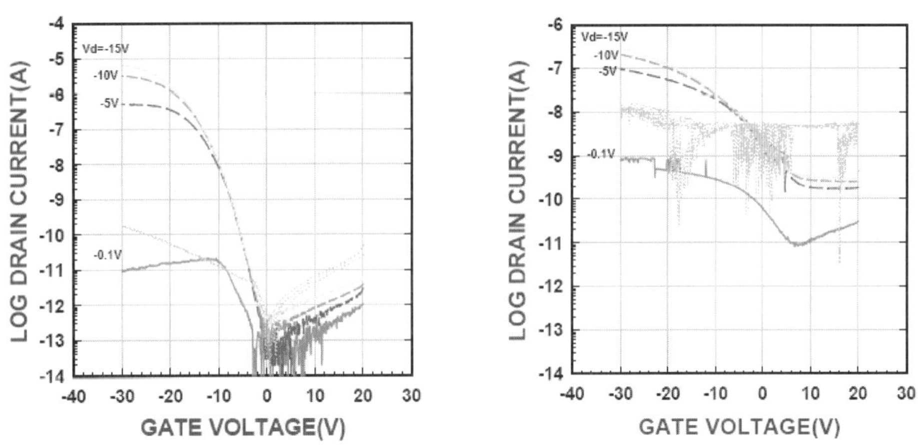

▮그림 5.40 유기 TFT의 보호층 형성 과정에서 유기 반도체의 손상에 의한 TFT 특성 저하

유기반도체를 이용하여 유기 TFT 어레이의 제작 및 이를 이용해 디스플레이를 제작하기 위해선 유기 TFT가 열, 플라즈마, 각종 화학물질 등에 견딜 수 있도록 보호층 (passivation layer)의 형성이 필요하다. 유기 TFT의 보호층 형성 시 그림 5.40에서처럼 유기 TFT의 특성이 저하될 수 있기 때문에 유기 TFT를 손상시키지 않고 보호층을 형성하는 기술이 절대적으로 중요하다.

5.4 Flexible 디스플레이

Flexible 디스플레이의 구현을 위해선 flexible 기판을 이용하여 TFT를 이용하는 능동구동 혹은 단순한 배선으로 이루어진 수동구동 방식의 flexible backplane을 제작하고 이를 이용하여 실제로 디스플레이를 표시하는 디스플레이 모드를 제작해야한다.

전자디스플레이는 크게 발광 방식 및 비발광 방식으로 나뉘며 발광 방식으로는 FED, PDP, OLED 등이 주로 사용되며 비발광 방식으로는 LCD, DMD 등의 다양한 방식이 응용되고 있다. 유리 기판을 이용할 경우 LCD, PDP, OLED, FED 등 다양한 방식의 디스플레이 구현이 가능하지만, 고분자 필름 기판 등의 flexible 기판을 이용할 경우 제조 공정 온도, 제조 방식 등의 한계로 인하여 사용될 수 있는 디스플레이 모드에 제한이 있다. PDP의 경우 제조 공정 온도가 높기 때문에 고분자 필름 기판을 이용하기 어려우며, FED 또한 제조 공정 온도 및 제조 방식으로 인하여 고분자 필름 기판을 이용하기 어렵다.

Flexible 디스플레이의 구현에 가장 많이 이용되는 방식은 표 5-12에 표시한 것처럼 액정을 이용한 flexible LCD, OLED 소자를 이용한 flexible OLED 및 종이 방식을 이용한 디스플레이가 있다. Flexible LCD용 액정으로는 네마틱 액정, 고분자 분산액정, 콜레스테릭 액정 등이 사용되며 제조 공정 등이 잘 갖추어져 있으며 신뢰성이 우수하다. Flexible OLED는 유기물을 이용하여 발광을 일으키기 때문에 유연성이 우수하며 얇은 두께로 제작이 가능하다. 또한 OLED는 응답속도가 우수하여 동영상의 구현에 유리하다. 전자종이 방식은 기존 인쇄물과 같이 직경이 작은 잉크나 캡슐을 이용하고 있으며 전원을 꺼도 화면이 사라지지 않는다.

표 5.12 Flexible 디스플레이 방식 및 특징

디스플레이	특 징
LCD 방식	• 네마틱 액정, 폴리머분산액정, 콜레스테릭 액정 등 • 제조 공정이 잘 갖추어져 있으며 신뢰성이 우수
OLED 방식	• 유연성이 좋으며 얇은 두께로 제작이 가능함 • 응답속도가 우수하여 동영상의 구현에 유리
전자종이 방식	• 전기영동, 트위스트볼 등 • 전원을 꺼도 화면 정보가 유지되어 종이와 같은 특성

5.4.1 Flexible LCD

액정을 이용한 flexible 디스플레이는 다른 디스플레이에 비해 신뢰성, 안정성, 상용성 등이 우수한 장점을 가지고 있다. 액정을 이용한 flexible 디스플레이 방식은 액정과 고분자의 혼합계를 이용한 다이너믹 (dynamic) 모드 방식과 전원이 차단된 상태에서도 화면을 유지하는 쌍안정 특성을 이용하는 메모리 모드 방식이 있다.

동영상을 표시할 수 있는 다이너믹 모드는 고분자와 액정의 복합계를 이용한 안정화 구조가 이용되고 있으며 특히 액정과 고분자의 복합체인 PDLC (Polymer Dispersed Liquid Crystal) 방식이 많이 연구되고 있다. PDLC는 수~수십 μm의 액정 방울들이 고분자에 분산된 필름 형태를 가지고 있으며, 액정과 고분자의 굴절률 차를 이용한 산란형 디스플레이로 편광판 없이 광투과를 조절할 수 있고, 다양한 액정상과 여러 가지 조합에 의해 다양한 동작 특성을 얻을 수 있는 장점을 가지고 있다. 또한 PDLC에서 고분자 매트릭스는 단단한 substrate 역할을 하고 있어 내충격성이 크고, 대면적 flexible 디스플레이에도 응용가능성이 큰 특징이 있다. 반면 PDLC는 높은 구동전압, 느린 응답속도, 낮은 대비비 등의 단점이 있다.

PDLC의 문제점들을 해결하기 위해 그림 5.41에서처럼 화소고립화액정 (Pixel-Isolated LC) 등 다양한 방식의 액정 모드의 개발이 이루어지고 있다[47].

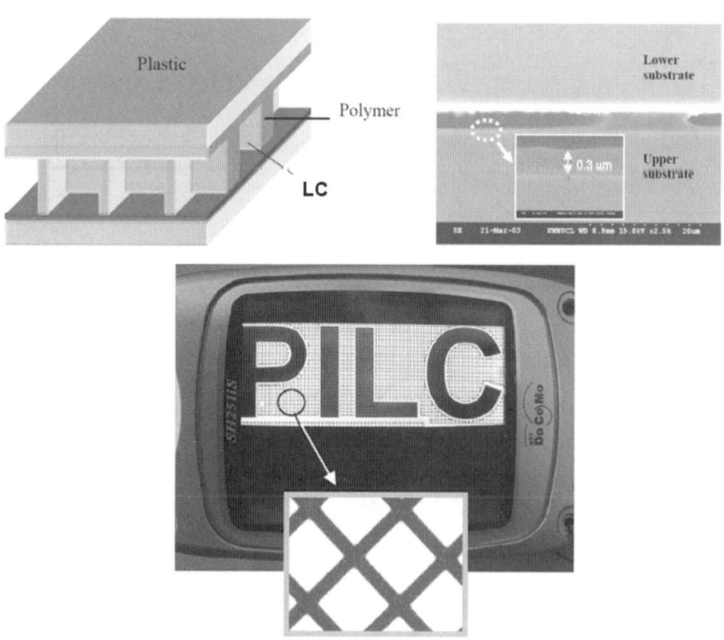

■ 그림 5.41 PILC의 구조 및 이를 이용한 디스플레이

PILC 모드는 UV 및 표면조건을 이용한 완전 비등상 상분리 방법을 개발하여 각 화소의 주변을 고분자 층으로 둘러쌈으로서 화소 내부에 액정이 위치할 수 있도록 고안한 것으로 고분자 층이 두 개의 고분자 필름 기판을 지지함으로써 외부 충격이 가해지거나 기판이 휘더라도 화소 안의 액정에는 영향을 미치지 않아 고분자 필름 기판을 이용한 flexible LCD의 제작에 유리하다. 또한 PILC 모드는 한쪽면의 기판을 제거하는 것이 가능하여 프린팅에 의한 디스플레이 제작이 가능하다.

쌍안정 특성을 이용한 메모리 모드는 콜레스테릭 액정을 이용한 고분자 안정화 콜레스테릭 액정 (polymer−stabilized cholesteric texture, PSCT) 모드가 널리 이용되고 있다[48].

PSCT 모드는 광학특성은 물론 양산성도 우수한 특징을 가지고 있어 전자책으로 유망하며, 전력소모를 줄일 수 있고, 별도의 편광판이 필요 없으며, 컬러필터 없이도 색구현이 가능한 특성으로 인하여 휴대용 flexible 디스플레이에 응용될 가능성이 크다. 하지만 고해상도의 실현이 어렵고, 풀컬러 구현이 어려우며, 구동전압이 높은 단점이 있고, planar texture와 focal conic texture 간의 전이를 위해 reset pulse를 인가해 수직 배향 상태를 거침으로 복잡한 구동 파형이 요구된다.

Flexible 디스플레이를 위한 액정 모드는 위에서 언급한 PDLC나 PSCT 이외에도 TN 액정이나 강유전성 액정 등 다양한 액정 모드를 이용하여 구현할 수 있다.

액정을 이용한 flexible 디스플레이의 구현 시 일반적으로 두 장의 고분자 필름 기판을 이용하며 기판을 sealant를 이용하여 접합하기 때문에 디스플레이를 구부리면 sealing 부위가 파괴되며 디스플레이가 손상될 수 있어 구부림 등에 견딜 수 있는 유연한 sealant 등의 개발도 중요한 요소 중의 하나이다.

5.4.2 Flexible OLED

OLED는 유기물에서 전자와 정공의 재결합에 의해 발광이 일어나기 때문에 액정이나 전자종이와 달리 한 장의 flexible 기판 위에서 디스플레이의 제작이 가능하여, flexible 디스플레이로서의 가능성이 크다. 또한 OLED는 빠른 응답속도, 넓은 시야각, 높은 휘도의 구현이 가능하며, 내구성과 내환경성이 좋으며, 얇고 가볍다. 또한 OLED는 공정이 간단하며 향후 대면적으로 코팅도 가능하여 폭넓게 활용될 가능성이 높다.

Flexible OLED의 발광층 및 전하 수송층으로 저분자 (small molecule) 및 고분자가 이용되지만, 저분자의 경우 진공 증착을 이용하여 일반적으로 유기물 층을 형성하기 때문에 flexible 기판의 이용이 어렵고 대면적으로 제조가 어렵다. 고분자를 OLED의 기능층으로 이용할 경우 프린팅 방법 등의 대면적으로 값싸게 이용하여 flexible 기판을 상용할 수 있기 때문에 flexible 디스플레이의 제조 방법으로 각광받고 있다.

Flexible OLED의 개발에 있어서, 유리 기판을 이용한 OLED에 비해 차이가 나며 중요한 요소는 고분자 필름 기판의 표면 거칠기, barrier 막, thin film encap-sulation 등이다.

OLED는 양극 및 음극사이에 전하주입층, 전하수송층, 발광층 등의 유기물로 구성되어 있으며 유기물 층의 두께는 약 100~200 nm 정도로 극히 얇기 때문에, 기판의 표면이 거칠면 OLED 소자에 결함이 생기기 쉽다. 따라서 고분자 필름 기판은 유리 기판에 비해 표면이 거칠기 때문에, 안정적이고 성능이 좋은 flexible OLED의 제작을 위해선 고분자 필름 기판 위에 평탄화 코팅 등을 통하여 표면 거칠기를 감소시키는 것이 중요하다.

OLED는 수분 및 산소에 극히 민감하다. 유기 발광 재료가 수분이나 산소에 노출되면 발광 특성이 나빠지며, OLED의 음극으로 주로 사용되는 일함수가 낮은 금속은 수분이나 산소에 반응성이 좋기 때문에, OLED 소자가 수분이나 산소에 노출되지 않아야 한다. 따라서 안정적이고 신뢰성이 우수한 flexible OLED 디스플레이를 위해선 OLED 소자를 위한 기판 및 OLED 소자의 패키징이 중요하다.

유리 기판은 수분이나 산소가 투과하지 않지만 고분자 필름 기판은 앞장에서 설명한 것처럼 기판을 통하여 수분이나 산소의 투과가 쉽기 때문에 barrier 막의 코팅이 중요하다. 10,000시간 이상 OLED를 동작시키기 위해선 10^{-6} g/m^2 · day 보다 작은 투습률 및 10^{-3}~10^{-5} cc/m^2 · day 정도의 투산소율이 필요하다고 알려져 있다. 이러한 투습률 및 투산소율을 만족하기 위해선 단일 층의 barrier 만으로는 부족하고 그림 5.42에서처럼 다층의 barrier 막이 필요하다. 그림에서처럼 단일층의 barrier를 사용하면 투습률 및 투산소율이 커서 고분자 필름 기판을 통한 수분 혹은 산소의 침투가 잘되어 OLED 소자에 흑점이 생긴다. 반면 다층의 barrier를 사용하면 투습률 및 투산소율이 향상되어 흑점의 형성을 줄일 수 있다.

OLED 소자를 외부의 수분이나 산소로부터 차단하기 위해 일반적으로 봉지 기술을 이용한다. OLED 소자의 봉지는 유리 혹은 금속 캔을 사용하여 봉지하는 것이 일반적이나 유리 혹은 금속 캔은 유연성이 없으므로 flexible OLED 디스플레이에 적용하기 어렵다. 박막 봉지 방법은 flexible OLED 디스플레이 적용 시 가장 좋은 유연성을 부여하기 때문에 가장 적합하다. OLED 기판의 barrier와 마찬가지로

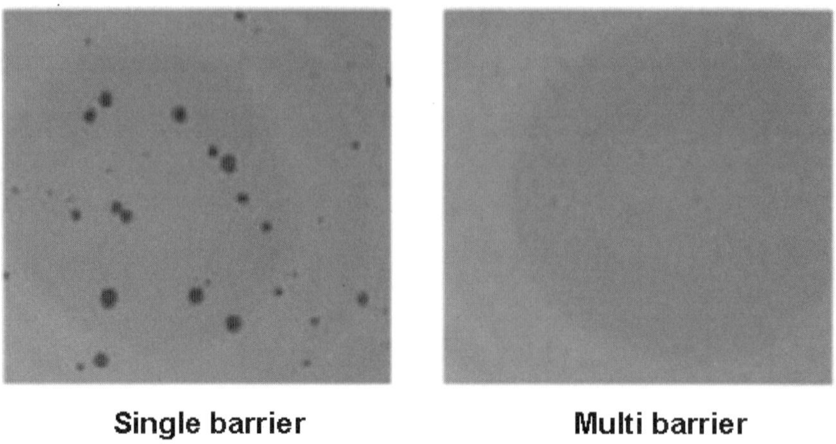

그림 5.42 고분자 필름 기판에 barrier 코팅에 따른 OLED의 흑점 형성

다층의 유기막 및 무기막을 교차하여 형성함에 의해 습기 및 산소에 대한 차단 능력이 우수한 봉지를 실현하고 있다.

그림 5.43는 금속 혹은 유리 캔을 이용한 OLED (아래 왼쪽)및 박막 봉지를

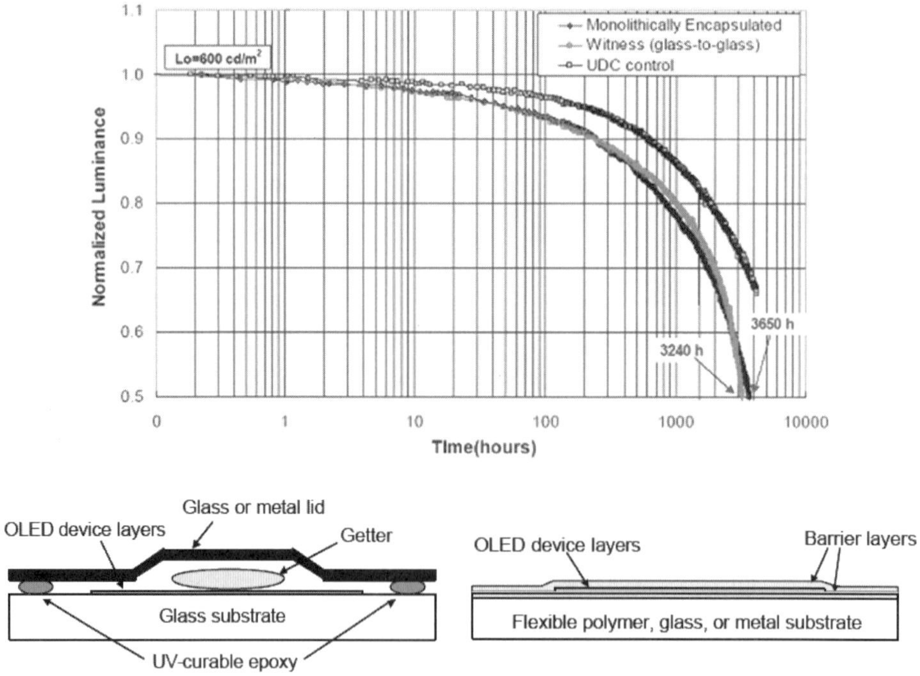

그림 5.43 유리 혹은 금속 캔을 이용하여 봉지한 OLED (아래 왼쪽) 및 박막 봉지를 이용한 OLED (아래 오른쪽). 박막 봉지를 이용하여 제작한 OLED의 수명 (위)

이용한 OLED의 구조 (아래 오른쪽) 및 박막 봉지를 이용한 OLED의 수명 특성 (위)을 나타낸 것이다[49]. OLED의 초기 휘도는 600 cd/m^2 이었으며 유리를 이용하여 봉지한 OLED는 반감 수명이 약 3240 시간인 반면 박막 봉지를 이용한 OLED는 수명이 약 3650 시간으로 큰 차이를 보이지 않고 있다. 박막 봉지를 위한 봉지막의 투습율은 10^{-6} g/m^2 · day 이하였다.

5.4.3 전자종이(electronic paper)

전자종이 (electronic paper)는 일종의 반사형 디스플레이로서 기존의 종이와 잉크처럼 높은 해상도, 넓은 시야각, 밝은 흰색 배경 등의 우수한 시각적 특성을 가지고 있으며, 플라스틱이나 금속 및 종이 등 어떤 기판 상에서도 구현할 수 있어, 기판 선택이 자유로운 특징이 있다. 또한 낮은 전력 소모와 넓은 면적에서 구현이 가능하며 다른 디스플레이 모드 보다도 낮은 전력 소모로 대면적 구현이 가능하고, 눈에 피로를 적게 가져온다.

전자종이를 구현하는 방법으로는 정전하가 충전된 반구형(회전볼) (rotating ball 혹은 twist ball, gyricon display)을 이용한 방법 및 전기영동 (electrophoretic display)을 이용한 방법이 있다.

회전볼 형태의 전자종이는 1975년 미국의 Xerox Palo Alto Research Center (PARC)에 의해 개발되었으며 제록스사가 설립한 Gyricon Media에 의해 연구가 진행되고 있어 gyricon 디스플레이라고도 한다[50]. Gyricon 디스플레이는 그림 5.44에서처럼 두 개의 기판 사이에 오일과 함께 반은 백색, 반은 흑색으로 칠해져 있는 지름이 약 100 ㎛인 수백만 개의 작은 볼로 이루어져 있다. 볼과 오일은 비중이 거의 비슷하여 인가전압에 의해 볼이 회전한 후 위치가 정해지면 전압을 제거한 후에도 수일이상 이미지가 유지되는 특징이 있다.

볼의 재료와 흑/백 영역의 극성 및 전하량을 조절함으로써 볼의 회전속도와 이동을 제어할 수 있다. 구동전압과 스위칭 시간은 사용되는 재료의 전기적 특성, 볼의 크기, 오일에 의해 생성된 댐핑 크기 등에 영향을 받으며, 대략 50~150 V와 80~100 ms의 영역에서 각각 존재하여 비교적 높은 전압과 긴 스위칭 시간이 요구되고 있다. 백색광에 대한 광반사 효율은 약 20%로 신문의 절반 정도이며, 회색의 이미지는 중간 레벨의 구동 전압에서 볼의 부분적인 회전에 의해 관찰될 수 있고, 얇은 gyricon display 층은 안정하여 큰 감소 없이 3백만 회 이상 구동이 가능하다. Gyricon 디스플레이의 가장 큰 단점으로는 볼의 위상 변화에 있어서

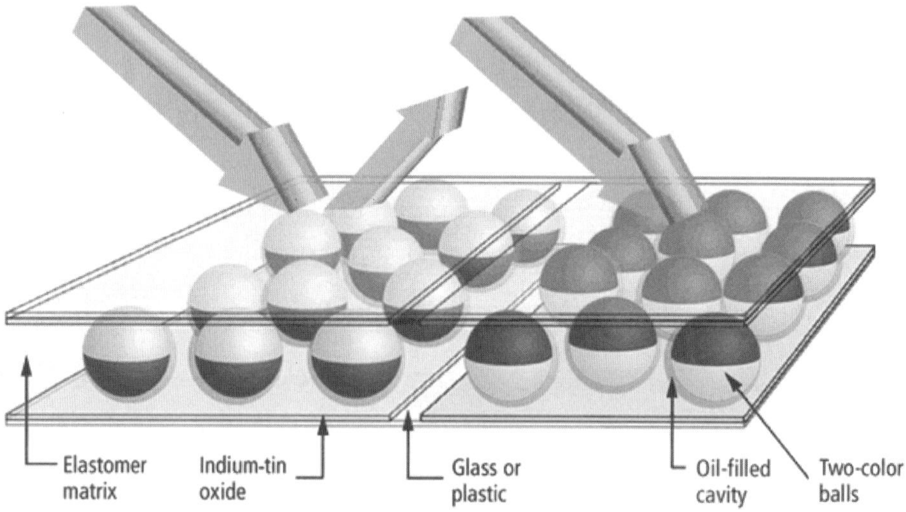

▌그림 5.44 Gyricon rotating ball을 이용한 디스플레이 작동 원리

전압의 임계치가 없어 해상도의 한계가 있고, 픽셀수가 증가할수록 디스플레이의 전계 조절이 매우 복잡하게 된다.

전기영동 디스플레이는 입자형과 캡슐형으로 구분되며, 입자형은 색을 띤 유체(dyed colloidal suspension)속에 하전을 갖는 입자를 분산시켜 이들의 전기영동현상을 이용한 기술로 1970년대 초에 제안되었으나 시간에 따른 분산 불안정성 등의 문제가 발생하여 실제 상용화에는 이르지 못하였다[51]. 캡슐형은 1996년 미국 MIT Media Lab.에서 분리되어 설립된 E-ink가 마이크로캡슐을 사용하여 입자형의 문제점을 해결하면서 개발되었다[52].

캡슐형은 잉크 미립자와 색을 띤 유전유체를 함유한 지름 200~300 μm의 투명한 마이크로캡슐을 제조한 후 바인더와 혼합하여 상, 하부 투명한 전극 사이에 위치시키고 양의 전압을 인가하면 음으로 대전된 잉크 미립자들이 표면으로 이동하여 미립자의 색을 표시하게 된다. 반대로 음의 전압을 인가하면 잉크 미립자들이 아래쪽으로 이동하여 유체의 색을 볼 수 있게 되며, 이러한 원리로 캡슐형은 문자나 이미지를 표시하게 된다.

마이크로캡슐 전기영동 디스플레이의 특징으로는 종이 질감에 가까운 특성과 10:1의 대비비, 광반사효율이 40%로 신문과 비슷하거나 오히려 약간 높은 수치를 나타내는 특징을 가지고 있다. 구동전압은 약 90V 이며, 구동전압의 조절에 의해서 입자의 이동을 제어함으로 회색의 구현이 가능하고 약 1,000만 번의 사이클에서도 안정적인 동작을 보이는 것으로 알려져 있다. E-ink 캡슐은 직경이 최소 30 μm까지 작게 만들 수 있고, 매우 가까이 밀착시켜 패킹할 수 있어 볼의 크기와 공동의 공간에 의해 해상도가 제한을 받는 gyricon 디스플레이보다 높은 해상도를 구현할 수 있다. 하지만 마이크로캡슐 전기영동 디스플레이는 응답속도가 약 100 ms로 느려 동영상의 구현을 위해서는 많은 개선이 필요하다.

전기영동 디스플레이는 빛의 반사를 이용하는 반사형 디스플레이이며, 수분이나 산소에 민감하지 않아 기판 선택이 자유롭고 구동 전압이 높아 능동구동을 위한 화소 스위칭 TFT를 선택하는데 자유도가 높다. 전기영동 디스플레이를 steel 등의 불투명한 flexible 기판을 이용하고 비정질 Si TFT 등을 픽셀 스위칭 TFT로 사용할 수 있으며 구동전압이 비교적 높은 유기 TFT를 화소 스위칭 소자로 사용할 수 있다. 또한 전기영동 디스플레이는 전압 구동형 디스플레이 소사이기 때문에 TFT 소자의 이동도 등 특성이 아주 우수하지 않아도 사용할 수 있다. E-ink에서는 그림 5.45에서처럼 top gate 구조의 유기 TFT를 사용하여 능동구동

전자종이 디스플레이를 개발하였다. Flexible 전자종이용 고분자 기판으로 유리전이온도가 낮은 PET 기판을 이용하였으며, 유기 TFT의 채널 재료로 polyfluorene 기반의 고분자 반도체를 이용하였다. 또한 유기 TFT의 게이트 절연막으로 고분자를 사용하여 유연성이 아주 좋은 유기 TFT 어레이를 제작하였다. 게이트 전극으로는 Ag를 잉크젯 프린팅하여, photolithography 공정으로 인한 공정 및 소자 구조의 제한을 극복하였다. 또한 유연성을 위해 PEDOT:PSS 전도성 고분자를 픽셀 전극으로 사용하였다. 이러한 방식으로 제작한 TFT의 이동도는 0.01 cm^2/Vs로 작았으며, Vth = −5V, on/off 비는 10^4으로 TFT의 특성은 좋지 않았으나 전자종이의 구동에는 충분하였다.

그림 5.45은 또한 고분자 유기 TFT를 이용하여 제작한 80 × 60 해상도의 flexible 능동구동 전기영동 디스플레이를 보이고 있다[53].이 디스플레이는 다층 구조로 인하여 개구율이 아주 높으며 100 ppi의 해상도를 구현할 수 있다. 이러한 방식으로 제작한 전기영동 디스플레이는 고분자 필름 기판의 사용 및 고분자 반도체 층 및 고분자 유전체를 이용한 고분자 TFT의 사용, 고분자 픽셀 전극의 사용으로 인하여 디스플레이의 벤딩 특성이 극히 우수하다. 그림은 UTS (universal tensile test)

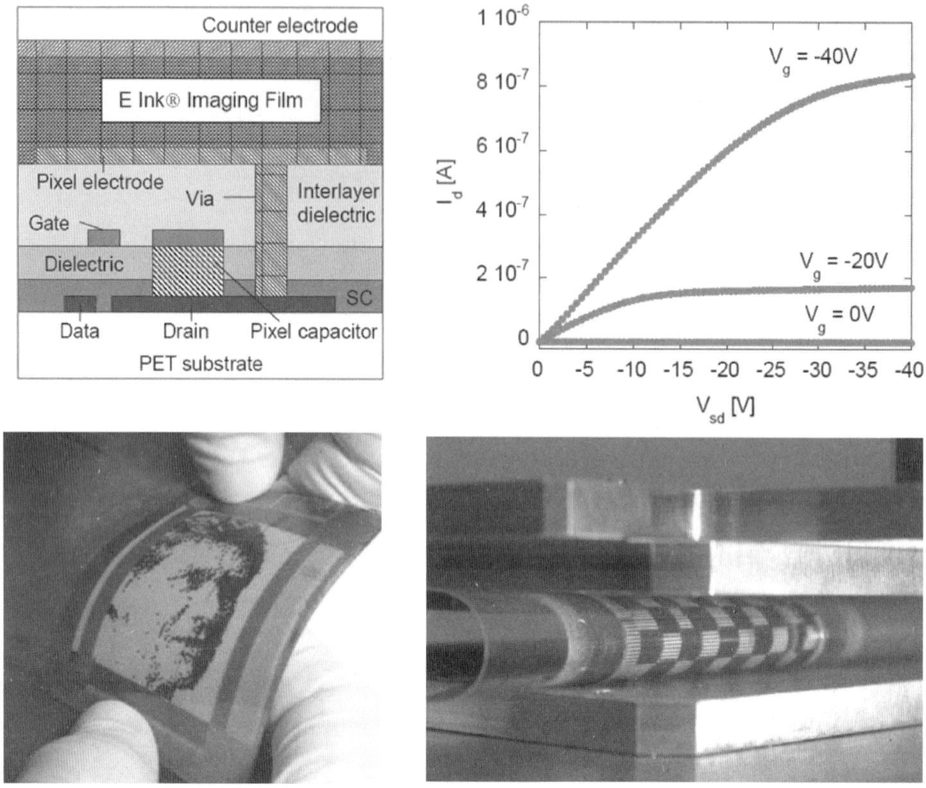

▌그림 5.45 E-ink에서 개발한 능동구동 전자종이의 구조 (왼쪽 위), 픽셀 스위칭 TFT의 구동 특성 (오른쪽 위), 전자종이의 디스플레이 특성 (왼쪽 아래), 5 mm 곡률 반경으로 벤딩시의 디스플레이 특성 (오른쪽 아래)

설비를 이용하여 5 mm의 곡률 반경으로 전자종이를 반복적으로 벤딩하며 구동 특성을 살펴본 것인데 그림에서 보는 것처럼 동작 특성이 우수하다. 또한 이러한 방식으로 제작한 전자종이는 환경안정성이 우수하여 공기 중에서 6개월 이상을 보관하여도 디스플레이 특성의 저하가 없는 것으로 알려져 있다.

전기영동 디스플레이는 유체와 미립자의 적절한 선택에 의해 색을 조절할 수 있다. 예를 들어 노란색의 유체를 사용하고 파란색의 미립자를 사용하면 노란색 배경에 청색 이미지를 구현할 수 있다.

풀 컬러의 전기영동 디스플레이를 구현하기 위한 여러 방법이 제안되고 있으며 그중의 한 방법으로는 red, green, blue의 전기영동 서브픽셀을 이용하는 것으로 투명한 유체에 red, green, blue의 미립자를 이용하는 방식이다. 이러한 방식은 분명한 컬러를 위하여 픽셀의 패터닝을 필요로 하는 단점이 있다. 다른 방법으로는 그림 5.46에서처럼 흑/백 표시의 전기영동 픽셀과 컬러필터를 이용하는 방식이다.

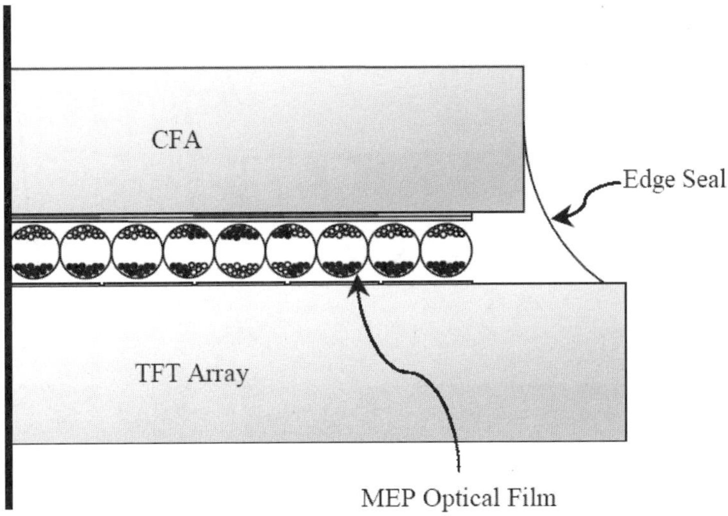

▌그림 5.46 컬러필터를 이용한 풀 컬러 마이크로캡슐(MEP) 디스플레이의 구현 원리.

Gyricon 디스플레이 및 마이크로캡슐 전기영동 디스플레이는 응답속도가 느려 동영상의 구현에 어려움이 있다. 전기영동을 이용하는 방식의 디스플레이를 위한 유체를 공기를 이용하면 응답속도를 크게 개선시킬 수 있다. 전기영동 디스플레이의 응답속도는 미립자의 이동도에 비례하며 입자의 이동도는 유체의 점도에 반비례한다. 공기의 점도는 약 0.02 cP 이며 유체의 전도는 약 1 cP 정도이기 때문에 공기를 전기영동 디스플레이의 매체로 이용하면 이동도를 크게 개선시켜 디스플레이의 응답속도를 크게 개선시킬 수 있다.

공기를 기반으로 한 전기영동 디스플레이는 액체를 기반으로 한 전기영동 디스플레이와 그 특성이 다르다. 수성 미디어에서 입자의 하전은 표면의 이온화에 의한 것으로 알려져 있지만 비수성 미디어에서 입자의 하전은 더욱 복잡하다. 또한 공기 중에서의 하전은 액체에서의 하전과 그 메커니즘이 다르다. 공기 중에서의 입자는 Van der Waals 및 이미지 charge force가 액체 미디엄에서보다 강하여 입자끼리 엉겨 붙는 현상이 심하다.

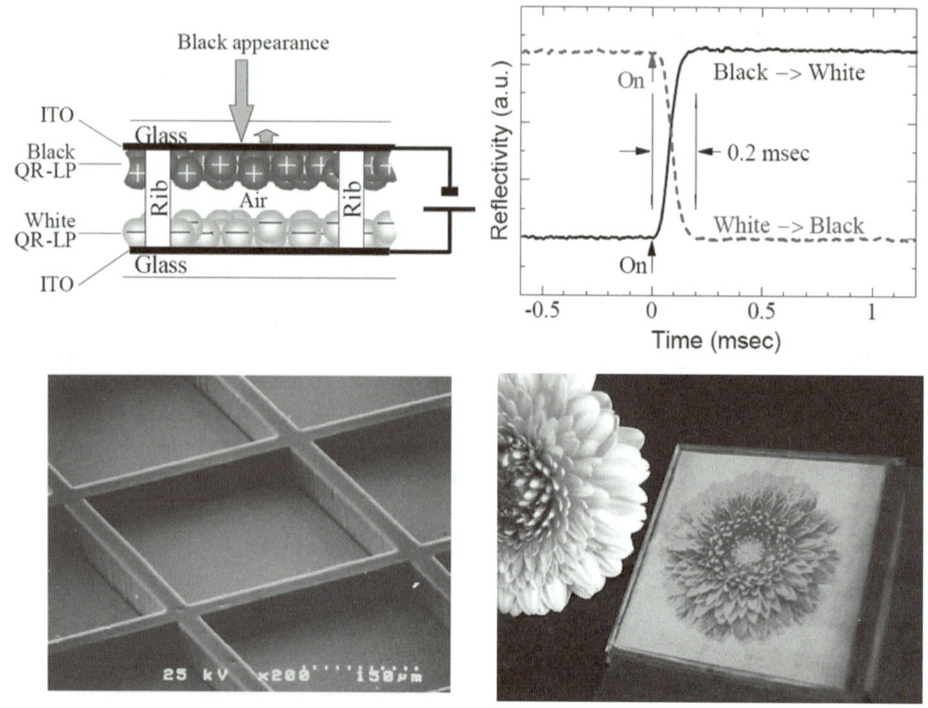

▌그림 5.47 액체미립자를 이용한 전기영동 디스플레이의 기본구조 (왼쪽 위),액체미립자의 응답특성 (오른쪽 위), 디스플레이의 제작을 위한 rib 구조 (왼쪽 아래) 및 3.1인치 전기영동 디스플레이 (오른쪽 아래)

이러한 이유로 인하여 일반적인 미립자는 부으면 미립자가 쌓인다. Bridgestone과 Kyushu 대학은 미립자를 부어도 미립자가 쌓이지 않은 "액체미립자 (Liquid Powder)"를 개발하여 소개하였다. 액체미립자를 사용하여 그림 5.47에서처럼 응답속도가 0.2 ms인 3.1 인치 160 x 160 해상도의 수동구동 전기영동 디스플레이를 개발하였다[54]. 픽셀과 픽셀을 격리시키기 위하여 rib 구조를 채용하였으며 유리 기판을 이용하여 디스플레이를 개발하였으나 같은 기구를 fleixble 디스플레이에 적용할 수 있으며 rib 또한 PI 등의 고분자로 형성이 가능하여 이를 이용하면 응답속도가 빠른 flexible 전자종이의 구현이 가능하다. 전기영동 미립자는 기판에 수직한 방향으로 전기장을 가하여 구동을 하지만 그림 5.48에서 보는 것처럼 기판에 평행한 방향으로 구동을 할 수도 있다[55]. 이러한 방식을 인플레인(in−plane) 전기영동 디스플레이라 하며 Canon 사가 개발하였다. 그림에서 배선 모양의 콜렉터 전극은 디스플레이 전극 위에 놓여 있어, 콜렉터 전극간의 거리가 가까울수록 전기장의 세기가 증가하여 응답속도가 증가하게 된다.

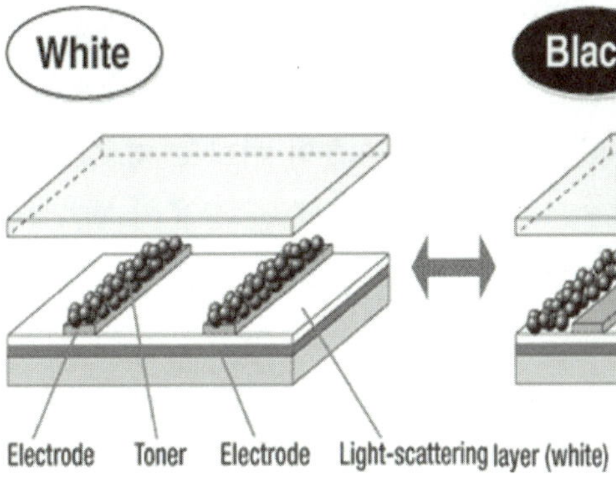

▌그림 5.48 인플레인 전기영동 디스플레이의 구현원리 (위) 및 구동 특성 (아래)

하지만 콜렉터 전극간의 거리가 가까우면 개구율이 감소하기 때문에 콜렉팅 전극을 스페이서 밑에 형성하는 방법을 이용하여 개구율을 증가시키고 있다. 인플레인 전기영동 디스플레이는 하나의 컬러를 흡수하고 다른 컬러는 투과하는 미립자를 사용하며, 세 디스플레이 층을 겹쳐 놓음에 의해 컬러를 구현하기가 쉽다.

5.5 Flexible Display 제조 공정

5.5.1 비접촉식 프린팅(non-contact printing) 공정

Flexible 디스플레이는 고분자 필름 기판, steel 필름 기판, 종이 등의 유연성이 있는 기판을 이용하기 때문에, flexible 디스플레이의 제조 공정은 기존의 유리 기판 등 평평한 기판을 이용하여 디스플레이를 제조하는 공정과는 차이가 많다. 또한 flexible 디스플레이에 주로 사용되는 유기 TFT 혹은 OLED 등 유기물을 기반으로 하는 전자소자의 제조를 위해선 photolithography와 같은 기존의 패턴 형성 공정을 이용하기가 어려워 새로운 제조 공정을 필요로 하고 있으며, 디스플레이 제조의 생산성, 제조가격 등을 고려할 때 새로운 패러다임의 제조 공정을 필요로 하고 있다.

잉크젯 프린팅 기술은 유리 기판을 기반으로 한 평판 디스플레이 및 flexible 디스플레이의 제조에 있어서 중요한 기술의 하나로 떠오르고 있다. 잉크젯 프린팅은 대면적의 기판을 사용하기가 쉬우며 필요한 부분에 필요한 양만큼의 잉크를 이용하므로 재료비의 절감효과가 크다. 또한 그림 5.49에서 보는 것처럼 photo-lithography를 위한 복잡한 공정을 단순화시킬 수 있어 디스플레이 제조 공정을 단순화 시킬 수 있다. 잉크젯 프린팅 방식은 그림 5.53에 나타낸 것처럼 잉크젯 헤드에 따라 연속 방식과 drop on demand (DOD) 방식으로 나뉜다. 디스플레이용으로는 DOD 방식이 일반적으로 사용되며 DOD 방식은 그림 5.51에서처럼 잉크의 분출 방식에 따라 열 가열에 의한 열방식 및 압전소자를 이용한 압전 방식으로 나뉜다. 디스플레이용 DOD 방식의 잉크젯 헤드는 대부분 압전소자를 이용한 방식을 이용하며 대표적인 회사로는 Spectra, Xaar, Epson 등이 있다. 잉크젯 프린팅 기술은 재료비를 줄이며, 공정을 단순화시킬 뿐 아니라, 고분자 유기 TFT 혹은 OLED 등 전자소자의 제조에 있어서는 필수 불가결한 기술로 인식되고 있다.

그림 5.49 photolithography 및 digital lithography, 잉크젯 프린팅 공정

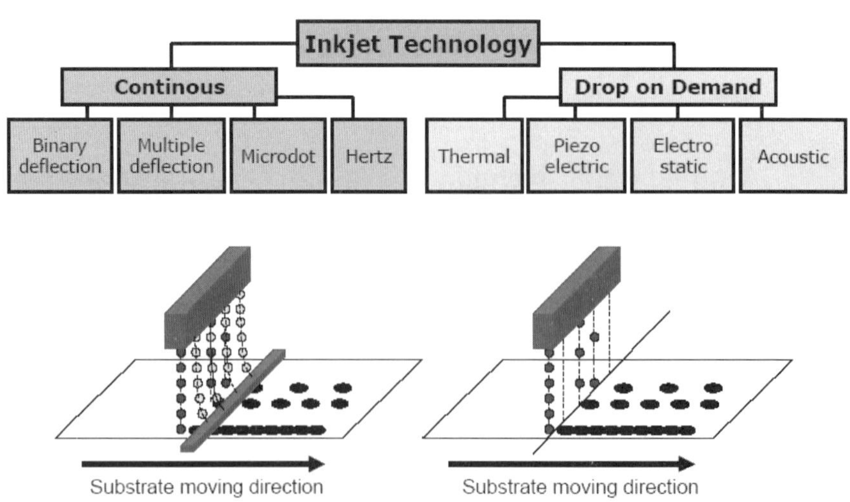

그림 5.50 잉크젯 헤드에 따른 잉크젯 기술의 분류

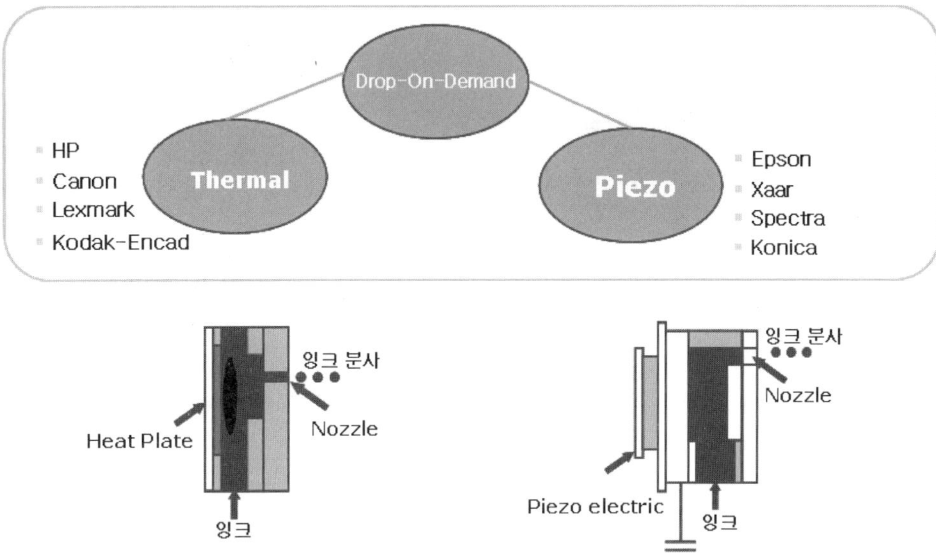

그림 5.51 잉크 분출 방식에 따른 DOD (drop on demand) 헤드의 분류

그림 5.52에 flexible 디스플레이 및 평판디스플레이용으로 주로 사용되는 잉크젯 헤드 및 사양을 나타내었다. 헤드간의 간격은 508 μm, 헤드의 노즐 크기는 27 μm, 잉크 방울 (drop) 크기는 10~12 pl이며, drop 속도는 8 m/sec, 잉크의 점도 범위는 10~14 cp 정도이다.

디스플레이는 해상도가 높으며 정교한 패턴 형성을 요하기 때문에, 디스플레이에 있어서 잉크젯 프린팅 공정의 사용을 위해선 정확한 잉크 방울의 크기 조절, 정확한 위치의 조절, 잉크젯 프린팅에 의해 형성된 막의 두께 및 모양 균일도 등이 중요하다.

잉크 방울의 크기는 형성되는 막의 두께에 영향을 미친다. 막의 두께는 픽셀 스위칭 TFT 소자의 경우 소자의 구동전압, 누설전류 등 전기적 특성에 영향을 미치며, 디스플레이 모드의 경우 효율, 수명 등에 영향을 미치는 등 디스플레이의 제조에 중요한 영향을 미친다. 잉크 방울의 체적은 주로 잉크젯 헤드에 의해 결정된다. 디스플레이에 주로 사용되는 압전 헤드는 위에서 설명한 것처럼 약 10 pl 정도의 잉크 방울 크기를 가지며 약 ± 2%의 크기 조절이 필요하며, 노즐이 막히지 말아야 한다. 잉크 방울의 크기를 측정하는 기술 및 크기를 조절하는 기술 또한 중요하다.

그림 5.53은 잉크 방울의 직경에 따른 부피 (왼쪽) 및 잉크의 직경에 따른 잉크의

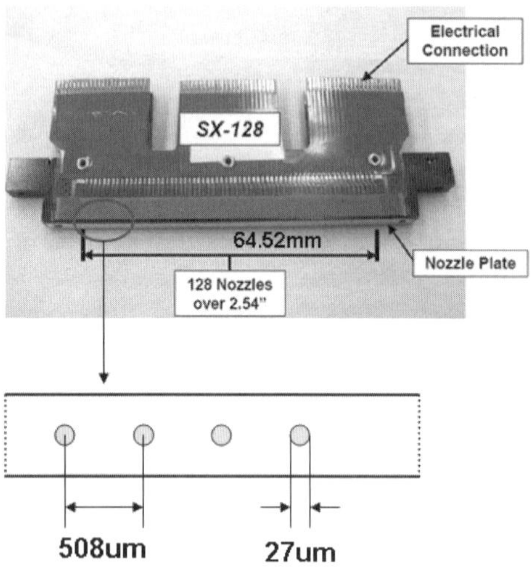

Drop size	12picoliter (10-12pL)
Spot location	+/- 10um @ 1mm standoff
Drop velocity	8m/sec
Max. Crosstalk	5%
Fluid viscosity range	10-14cp
Max. operating frequency	10kHz
Operation temp. range	Up to 70°C
Compatible jetting fluid	Organic solvent, UV curable electronic fluids

▌그림 5.52 디스플레이용으로 주로 사용되는 잉크젯 헤드 및 사양

도달 거리 (오른쪽)를 나타낸 것이다. 잉크 방울의 직경이 커지면 부피가 커진다. 잉크의 부피가 약 10 pl가 되면 잉크 방울의 직경은 약 27μm가 된다. 잉크의 부피가 증가하여 약 20 pl가 되면 잉크 방울의 직경은 약 33μm가 된다. 또한 잉크의 부피가 약 30 pl가 되면 잉크 방울의 직경은 약 38μm가 된다. 이러한 오른쪽 그림에서처럼 잉크 방울의 크기는 잉크의 도달 거리에 영향을 미친다. 잉크의 직경이 10μm 이하가 되면 잉크젯 헤드와 기판과의 거리가 아주 가까워야만 잉크가 기판에 도달할 수 있다. 일반적으로 잉크젯 헤드와 기판간의 간격은 약 1 mm 정도이기 때문에 분출되는 잉크의 직경이 10μm 이하가 되면 잉크는 기판에 도달하지 못한다.

잉크의 직경이 20μm 이상이 되면 잉크의 도착 속도와 분출 속도가 거의 유사하여 잉크젯 헤드와 기판과의 거리를 조절할 수 있다. 하지만 잉크의 직경이 100 μm 이상이 되면 잉크 방울이 튀어 오르는 현상이 발생하여 실제 공정의 적용에 바람직하지 못하다.

잉크 방울이 기판에 도달하여 코팅되면 방울의 직경이 달라진다. 잉크의 직경과 코팅된 방울이 직경이 같으면 가장 이상적이지만 실제로는 코팅된 방울의 직경이 더 크다. 예를 들어 27μm 직경의 잉크가 기판에 도달하여 코팅되면 직경이

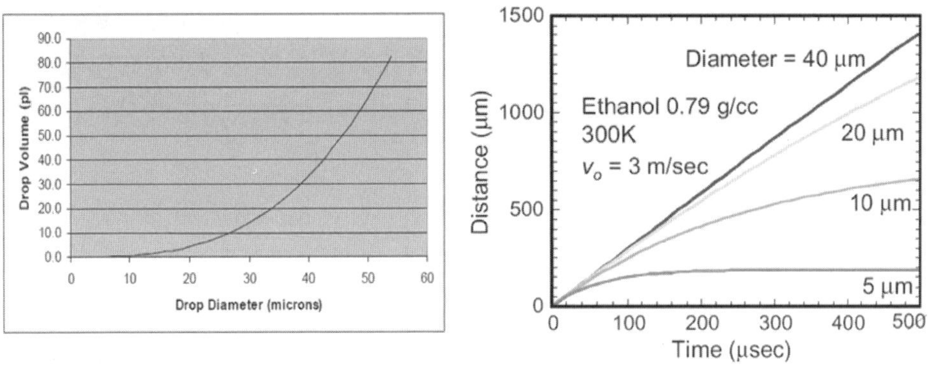

▌그림 5.53 잉크 방울의 직경에 따른 잉크의 부피 및 도달 거리

증가하여 약 40μm 정도 되어 직경이 약 1.5배 증가한다.

기판에 코팅되는 잉크의 직경이 균일하기 위해선 분출되는 잉크의 크기가 균일해야 한다. 일반적으로 잉크젯 헤드로부터의 잉크 크기 균일도는 ± 10% 정도이지만 크기 균일도 조절 기술을 사용하여 ±2% 이상으로 균일도를 향상시킬 수 있다.

잉크젯 프린팅에 의해 코팅된 막의 두께 균일도는 디스플레이의 성능을 위해 중요하다. 잉크를 분사시키면 코팅된 막은 일반적으로 가운데가 두껍고 가장자리가 얇아 실제로 사용하기 어렵기 때문에 픽셀과 픽셀을 분리시키는 격벽을 만들며 기판의 표면처리 등을 통하여, 잉크 방울을 격벽내로 유지시키며 코팅된 잉크의 두께를 균일하게 한다. 잉크젯 프린팅 기술은 flexible 디스플레이 및 평판 디스플레이의 제조에 있어서 광범위하게 사용될 가능성이 많으며, flexible 디스플레이를 위한 유기 TFT 어레이의 제조에 있어서, 금속 배선 및 유기 TFT의 채널층 및 절연막의 프린팅 등에 이용될 수 있고, 풀 컬러 고분자 OLED의 제조에 있어서 가장 일반적으로 이용되고 있다.

5.5.2 접촉식 프린팅(contact printing) 공정

디스플레이의 제작을 위해선 대면적에서 수 μm 정도의 정밀 패턴이 필요한 경우가 많다. 대면적 정밀 패턴을 위해 가장 일반적으로 사용되는 photolithography 방식은 공정 가격이 비싸며 공정의 수가 많고, 현상액이나 스트립액 등의 용액에 유기물이 손상되기 때문에 flexible 디스플레이의 제조에 적합하지 않은 경우가 많아 앞 절에서 설명한 잉크젯 프린팅 방식 혹은 스크린 프린팅 등의 non−photo−lithogrpahy 방식이 개발되고 있다. 하지만 잉크젯 프린팅 및 스크린 프린팅 방식은 현재의 기술로 고해상도의 디스플레이에 필요한 수 μm 정도의 패턴을 얻기가 상당히 어렵다. 다른 한 가지 방식은 shadow mask를 이용하여 패턴을 형성하는 방식으로 주로 진공 증착에 의해 유기물 패턴을 형성하고자 할 때 이용된다. 하지만 shadow mask 방식 또한 대면적에서 수 μm 정도의 패턴을 형성하기가 상당히 어렵다.

접촉식 프린팅 방식은 대면적에서 수 μm 정도의 정교한 패턴을 형성할 수 있는 방법으로 알려져 있다. 접촉식 프린팅 방식은 스탬프를 이용하여 잉크를 기판으로 전사시키는 방법으로, 마이크로컨택 프린팅 (micro−contact printing : μCP) 방식 및 나노트랜스퍼 프린팅 (nanotransfer printing : nTP) 방식이 있다.

마이크로컨택 프린팅은 그림 5.54과 같이 PDMS (poly(dimethylsiloxane))를 이용하여 스탬프를 만들고, 이를 이용하여 잉크를 기판에 찍음에 의해 적절한 두께의 막을 코팅하는 방식이다. 잉크는 PR과 같은 막의 식각을 위한 식각 방지막으로 작용할 수도 있으며, 직접 원하는 막이 될 수도 있다. 마이크로컨택에 의해 얻을 수 있는 최소 패턴 크기는 약 50∼100 nm 정도로 알려져 있으며, 일반적으로 200 nm 정도의 패턴을 쉽게 얻을 수 있는 것으로 알려져 있다. 마이크로컨택 프린팅 방식은 대면적의 flexible 기판에서 정교한 패턴을 얻을 수 있는 장점이 있다. 그림 5.55는 고분자 필름 기판을 이용하여 마이크로컨택 프린팅에 의해 유기 반도체를 코팅하여 유기 TFT를 제조하고 이를 이용하여 전자종이를 구현한 예이다[57].

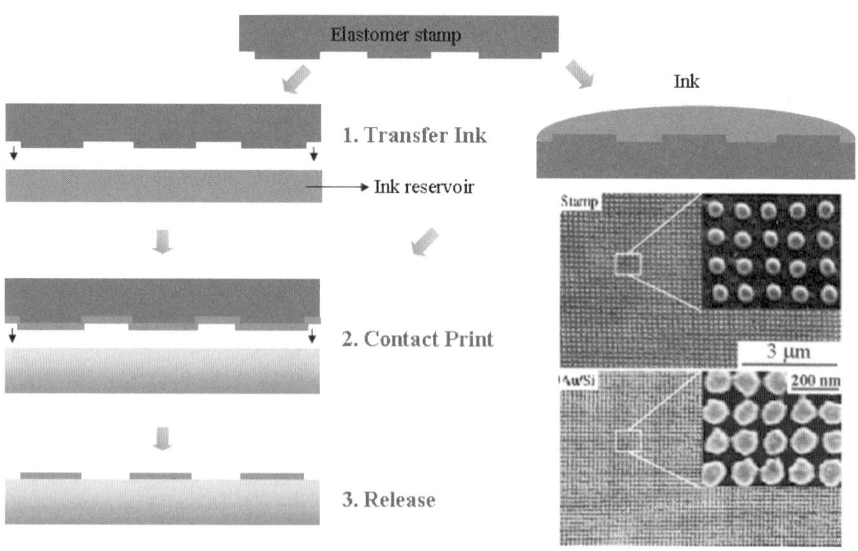

그림 5.54 마이크로컨택 프린팅의 개요 및 패턴 형성의 예

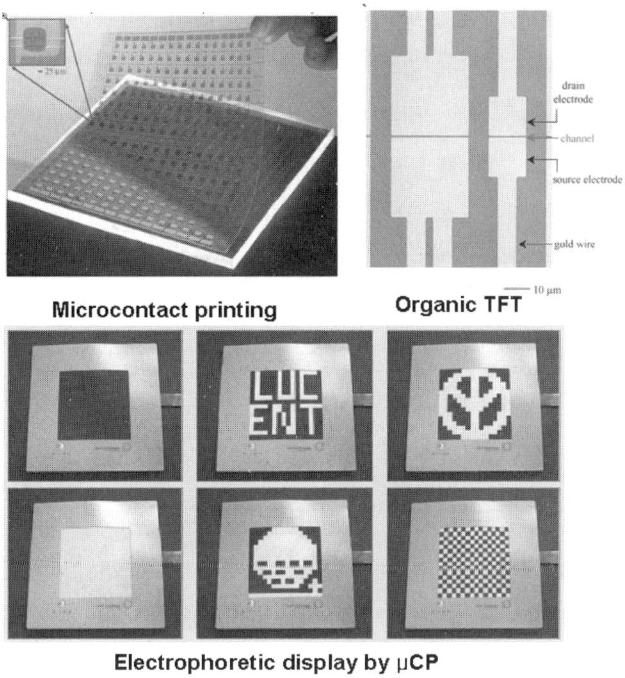

▌그림 5.55 마이크로컨택 프린팅의 개요 및 패턴 형성의 예

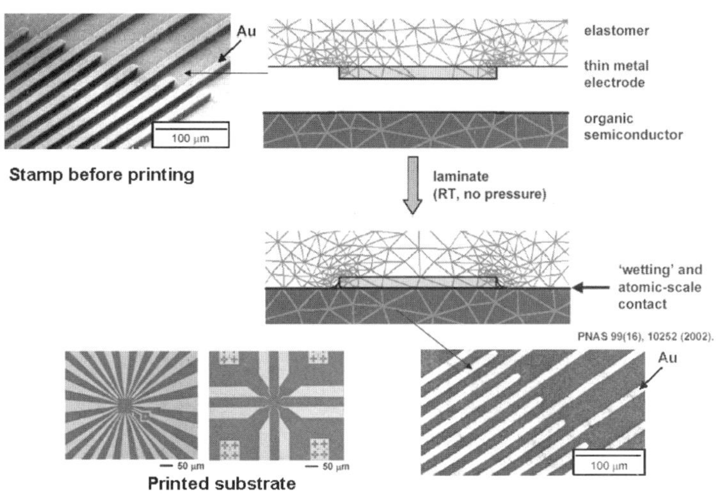

▌그림 5.56 나노트랜스퍼 프린팅에 의한 금속 패턴의 형성

나노트랜스퍼 프린팅은 더욱 최근에 개발된 고해상도 프린팅 기술이다[58]. 이는 주로 액체 형태의 잉크보다는 금속 혹은 반도체 등과 같은 고체 물질의 패턴을 형성하기위해 사용되며, 표면 화학을 이용한다. 나노트랜스퍼를 위한 스탬프는

마이크로컨택 프린팅용 스탬프처럼 elastomer를 이용하기도 하지만 무기 스탬프를 사용하기도 한다. 그림 5.56은 나노트랜스퍼 프린팅 방식을 이용하는 예로서, elastomer에 금속 전극 배선을 형성한 후 기판 쪽에 전사시킴에 의해 기판에 금속 패턴을 형성한다. 기판 쪽으로의 전사는 기판과 패턴간의 표면 화학을 이용하여 기판에 패턴이 잘 달라붙도록 한다.

나노트랜스퍼 프린팅을 이용하면 마이크로컨택 프린팅보다 더 정교한 패턴의 형성이 가능하며 다층의 삼차원구조가 가능하다. 하지만 마이크로컨택 프린팅보다 공정 가능 폭 (process margin)이 좁다.

5.5.3 Roll-to-Roll 제조 공정

고분자 필름 기판과 같은 flexible 기판은 기존의 유리 기판을 이용한 제조 공정을 이용하기 어려운 경우가 많다. 특히 fleixble 기판은 유리 기판과 달리 기판이 유연하기 때문에 기존의 유리 기판 이송 방식을 이용하여 유리를 기판 홀더에 끼워 박막을 코팅하거나 패턴을 형성하는 설비와는 다른 설비를 이용해야 한다.

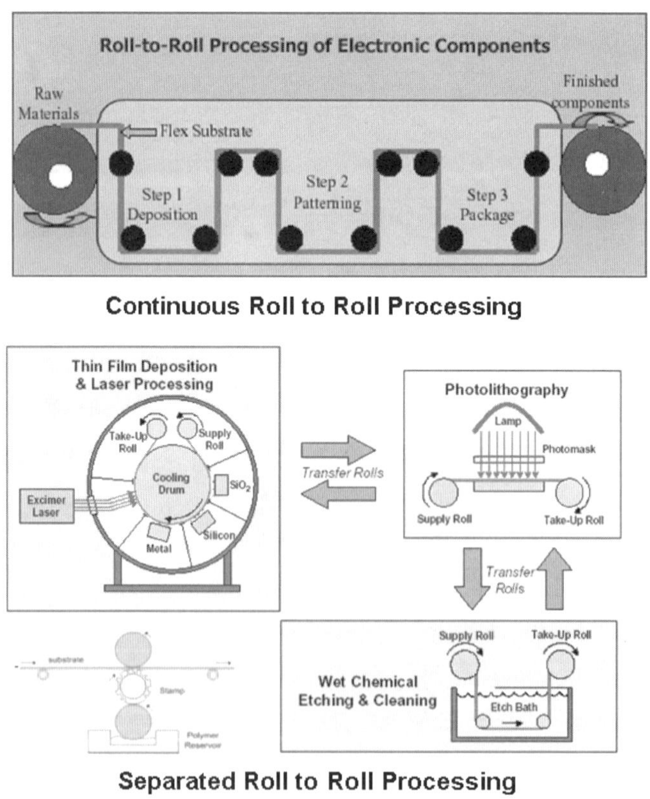

그림 5.57 Flexible 디스플레이를 위한 Roll-to-Roll 공정

Flexible 디스플레이의 제조 공정에 가장 적용성이 높은 방법으로는 roll-to-roll 제조 공정으로 알려져 있다. Roll-to-roll 제조 공정은 그림 5.57에서처럼 롤 단위로 제조 공정이 이루어지는 경우를 말하며 이에는 연속적으로 공정이 이루어지는 방법과 증착, 패턴형성, 식각 등이 분리되어 공정이 이루어지는 방법이 있다.

연습문제

01. Flexible 디스플레이용 기판으로는 PET, PES 등의 투명한 기판 및 금속 필름, 종이 등의 불투명한 기판이 있다. 투명한 기판 및 불투명한 기판을 이용하여 구현할 수 있는 flexible 디스플레이의 종류를 기술하시오.

02. 400 mm × 400 mm 고분자 필름 기판의 수축률이 40 ppm/K 일 때 패턴간의 최대 정렬불량 (misalign)을 계산하시오.

03. 유리기판을 이용하여 TFT−LCD를 제조할 경우 사용되는 화학 물질의 종류를 쓰고 PET, PC, PES 필름을 이용할 경우 생길 수 있는 문제점에 대하여 필름 기판을 중심으로 기술하시오.

04. 고분자 필름 기판을 이용하여 flexible LCD 및 OLED 디스플레이를 제작할 경우 필름 기판의 표면거칠기에 민감한 디스플레이를 쓰고 그 이유를 기술하시오.

05. 그림 5.13으로부터 Ca 테스트를 위하여 두께 10 nm의 Ca을 사용하였다. 상온에서 6일동안 Ca 테스트 후 $Ca(OH)_2$의 면적이 0.4 %일 때 필름 기판의 유효 투습률을 계산하시오.

06. Flexible 디스플레이의 투명 전극으로 ITO 및 PEDOT:PSS를 이용할 경우 각각의 전극에 대한 장점 및 단점을 기술하시오.

07. Stainless steel 필름을 flexible 디스플레이의 기판으로 이용할 경우 공정을 진행할 수 있는 최대 온도에 대하여 기술하시오.

08. Flexible 디스플레이용 능동 구동 방식으로는 TFT를 이용한 방식 이외에 TFD (thin− film−diode)를 이용하는 방식이 있다. 이에 대하여 조사하고 TFT와 비교하여 TFD 방식의 장단점을 기술하시오.

09. 다음의 도표를 Good, Very Good, Excellent를 이용하여 채우시오.

▌표 5.13 Flexible 디스플레이를 위한 화소 스위칭 소자의 특성

구분		poly-Si TFT	a-Si:H TFT	OTFT
Performance	Mobility			
	Leakage			
	Stability			
	Uniformity			
Manufacturability				
Cost				
Flexible compatibility				

10. 고분자 필름 기판을 이용하여 비정질 Si TFT 및 poly−Si TFT를 제작할 경우 flexible 기판의 사용으로 인한 스트레스를 줄일 수 있는 방안에 대하여 기술하시오.

11. 용액 공정에 의한 유기 TFT와 진공증착 공정을 이용한 유기 TFT의 특징을 기술하고 각각의 장단점을 기술하시오.

12. n type 유기 TFT를 위한 유기반도체 물질을 조사하고 이를 이용한 유기 TFT의 특성에 대하여 기술하시오.

13. 동영상의 구현에 적합한 응답속도를 수치로 표시하고 이에 대한 이유를 기술하시오.

14 마이크로캡슐 방식의 전자종이를 이용하여 디스플레이를 구현할 경우 생길 수 있는 문제점에 대하여 기술하시오.

15. OLED는 외부 수분이 침투할 경우 흑점의 발생에 의해 결함이 발생된다. 흑점이 발생되는 원인에 대하여 기술하시오.

16. 잉크젯 프린팅 방식은 잉크젯 헤드에 따라 연속방식과 DOD 방식으로 구분된다. 연속 방식과 DOD 방식의 특징을 기술하고, 디스플레이의 제조시 DOD 방식이 주로 이용되는 이유를 기술하시오.

17. OLED 및 OTFT의 제조 시 잉크젯 프린팅을 위한 잉크가 갖추어야할 조건에 대하여 기술하시오.

18. 잉크젯 프린팅에 의한 OLED 및 OTFT의 제조 시 잉크의 위치 정확도를 증가시키기 위해 rib의 표면을 처리하는데 이러한 표면처리 방법에 대하여 기술하시오.

19. 마이크로컨택 프린팅을 위한 스탬프를 제조하는 방법에 대하여 기술하시오.

20. 비정질 Si TFT-LCD의 제조 단위공정을 기술하고 이를 roll-to-roll 공정에 적용시킬 경우 생길 수 있는 문제점과 해결방안에 대해 기술하시오.

참고문헌

[01] P. Hamop et.al., Organic Electronics Forecast, Players and Opportunities (IDTechEX, 2005)

[02] Fuji Chimera, Advanced Organic Materials R&D REPORT (Fuji Chimera Research Insitute, 2002)

[03] W. A. MacDonald et.al., MRS Symposium Proceedings 769, paper H9.3, p283−290 (2003)

[04] W. A. MacDonald et.al,. J. Mater. Chem. 14, 4. (2004)

[05] D. G. Moon et.al., ITC '05, 9.3 (2005)

[06] Y. H. Kim et.al., J. Kor. Phys. Soc., 48, P S14 (2006)

[07] P. C. Gregory et.al., Flexible Flat Panel Displays, (Wiley, SZD, 2005)

[08] S. A. Angiolini et.al., SID Digest, 1325 (2003)

[09] G. K. Nisato et.al., SID Digest, 550 (2003)

[10] M. S. Weaver et.al., Appl. Phys. Lett., 81, 2929 (2002)

[11] L. K. Moro et.al., Proceeding's of SPIE 5214, 83 (2004)

[12] G. K. Nisato et.al., Asia Display, 1435 (2001)

[13] G. K. Nisato et.al., SID Digest, 88 (2003)

[14] Y. Leterrier et.al., Proceeding of the 46th SUC Annual Technical Conference, 169 (2003)

[15] Y. Leterrier et.al., Thin Solid Films, 460, 156 (2004)

[16] S. K. Park et.al., SID Digest, 514 (2000)

[17] S. K. Park et.al., Jpn. J. Appl. Phy., 42, 623 (2003)

[18] D. R. Cairns et.al., Appl. Phys. Lett., 76, 1424 (2000)

[19] S. J. Gorkhali et.al., J. Info. Disp., 12, 45 (2004)

[20] A. Sazonve et.al., Internation Conference on Microeletronics 525 (2002)

[21] H. Gleskova IDW2001, 331 (2001)

[22] S. H. Won et.al., IEEE Electron Dev. Lett., 25, 132 (2004)

[23] Y. Okada et.al., SID Digest, 1204 (2002)

[24] J. H. Hur et.al., SID Digest, 802 (2002)

[25] S. H. Won et.al., SID Digest, 992 (2003)

[26] M. H. F. Over wijk, Seminar note (2002)

[27] T. Shimoda et.al., IEDM 99. Technical Digest, 289 (1999)

[28] T. Shimoda et.al., IEDM 99. Technical Digest, 107 (1999)

[29] S. Utsunomiya et.al., AM−LCD Digest 37 (2002)
[30] S. Inoue et.al., SID Digest, 984 (2003)
[31] C. D. Dimitrakopoulos et.al., Synth. Met., 92, 47 (1998)
[32] C. D. Dimitrakopoulos et.al., IBM J. Res & Dev., 45, 11 (2001)
[33] Z. Bao et.al., Adv. Mater., 9, 42 (1997)
[34] T. W. Kelley et.al., J. Phys. Chem. 13107, 5877 (2003)
[35] A. Dodabalapur et.al., Science 268, 270 (1995)
[36] M. Halik et.al., Adv. Mater., 15, 917 (2003)
[37] H. E. Katz et.al., Chem. Mater. 10, 633 (1998)
[38] F. Garnier et.al., Chem. Mater. 11, 3334 (1998)
[39] Y. Wu et.al., Chem. Mater., 17, 221 (2005)
[40] S. H. Sirringhaus et.al., Appl. Phys. Lett., 77, 406 (2000)
[41] C. D. Dimitrakopoulos et.al., J. Appl. Phys., 80, 2501 (1996)
[42] D. H. Kim et.al., Adv. funct. Mater., 15, 77 (2005)
[43] S. K. Park et.al., IEEE Elect. Dev., 49, 2008 (2002)
[44] P. J. Brown et.al., Synth. Metals 101, 557 (1999)
[45] Z. Bao et.al., Appl. Phys. Lett., 69, 4108 (1996)
[46] B. S. Kim, Seminar note., (IDTech, 2003)
[47] J. W. Jung et.al., SID Digest, 606 (2004)
[48] R. Sun et.al., SID Digest, 652 (1999)
[49] P. E. Burrows et.al., MRS Presentation (2002)
[50] N. K. Sheridon et.al., SID Proceeding, 18 (1997)
[51] P. F. Evans et.al., US Patent 3, 612, 758 (1971)
[52] B. Comiskey et.al., Nature, 394, 253 (1998)
[53] S. E. Burns et.al., SID Digest, 19 (2005)
[54] R. Hattori et.al., SID Digest, 846 (2003)
[55] S. A. Swanson et.al., SID Proceeding, 31, 29 (2000)
[56] Spectra, Seminar note (2003)
[57] J. A. Rogers et.al., Appl. Phys. Sci., 98, 4835 (2001)
[58] H. Schmid et.al., Adv. Func. Mater., 13, 145 (2003)

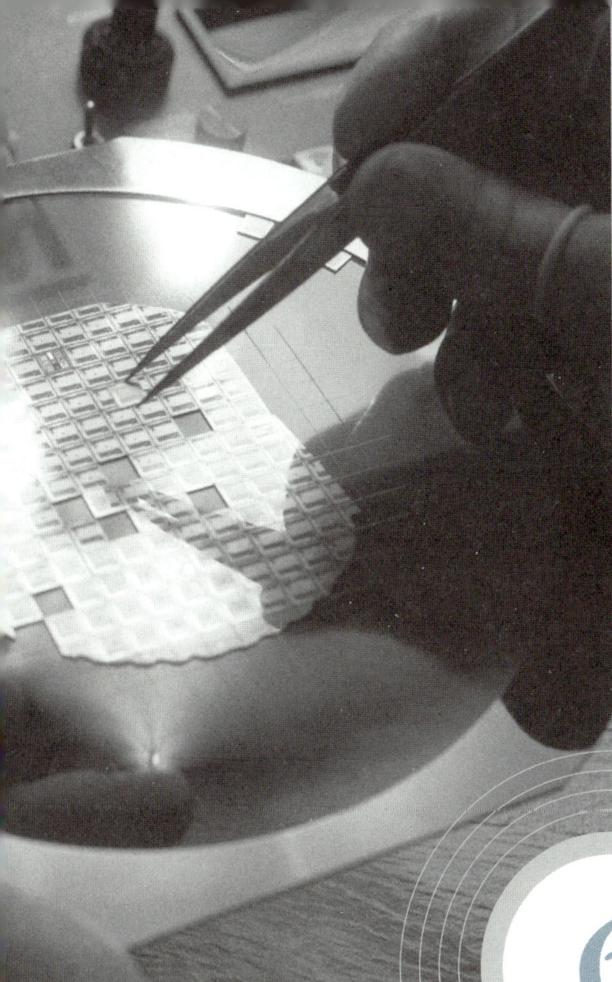

Display Engineering

6

TFT 및 구동 기술

본 장에서는 먼저 액정 디스플레이(LCD)와 유기전계발광소자(OLED) 화소의 기본적인 소자로 사용되는 박막 트랜지스터(Thin Film Transistor: TFT)에 대하여 간단히 살펴보고, 이어서 LCD와 OLED의 구동 기술에 대하여 설명한다. 구동 기술을 한마디로 간단히 말하면, 디스플레이의 화소에 영상 신호를 전달하는 방법에 관한 기술이므로, 화소를 구성하는 TFT에 대한 지식은 구동 기술을 이해하는데 도움이 될 것이다. 또한 본 장에서는, LCD와 플라즈마 디스플레이 패널(PDP)의 구동 기술에 이어, 차세대 디스플레이 소자로 많은 주목을 받고 있는 OLED의 구동 기술에 대해서도 설명한다.

6.1 TFT의 이해

TFT는 기판 상에 박막을 여러 층으로 형성시켜 만든 트랜지스터로서, 활성층(active layer)을 이루고 있는 Si 층의 결정 구조에 따라, 비정질 실리콘(amorphous silicon: a-Si) TFT와 다결정 실리콘(polycrystalline silicon: poly-Si) TFT로 나눌 수 있다. 본 절에서는 a-Si TFT와 poly-Si TFT로 나누어 설명한다.

6.1.1 a-Si TFT

일반적으로 a-Si TFT는 그림 6.1 (a)에 나타낸 바와 같이 유리 기판 상에 박막을 여러 층으로 형성하여 제작한다. 유리 기판 상에 게이트(gate) 전극을 먼저 형성하고, 게이트 절연막인 SiNx를 증착시킨다. 그 후에 a-Si:H (수소화된 a-Si) 박막으로 전류가 흐르는 활성층(active layer)과 n+ a-Si:H층을 순차적으로 증착하고 소오스와 드레인 접촉시킬 부분을 제외하고 n+ a-Si:H층을 식각(etching)한다. 활성층인 a-Si:H 박막층은 TFT를 형성할 부분만을 남기고 나머지 활성층을 식각한다. 높은 농도의 n-형 불순물을 주입한 n+ a-Si:H 층은 활성층인 a-Si:H와 드레인, 소오스 전극사이의 접속 저항을 작게 하기 위하여 활성층인 a-Si:H 박막층과 드레인, 소오스 전극사이에 형성시킨다. 그 후, 소오스와 드레인의 전극인 금속 박막층을 증착하고, 소오스, 드레인 전극을 형성한다. 이러한 a-Si TFT는 그림 6.1(b)에 나타낸 바와 같이 웨이퍼 상에 반도체 공정을 거쳐 제작하는 일반적인 단결정 실리콘 MOSFET (crystalline silicon MOSFET: c-Si MOSFET)과는 제조 공정과 구조에서 상당한 차이가 있다. 즉, c-Si

MOSFET에서는 드레인, 소오스 영역은 확산 공정을 통해서 형성되고, 바디(body) 영역은 웰(well)을 형성하기 위한 별도의 공정을 필요로 하는데 반하여, a-Si TFT는 모든 전극이 스퍼터링(sputtering) 혹은 증착(evaporation) 등의 박막 형성 공정을 통해 만들어진다. 또한, c-Si MOSFET은 웨이퍼 상에 제작되기 때문에 그림 6.1의 (b)에서 보는 바와 같이 드레인, 소오스, 게이트 외에 바디 전극을 갖는 4단자 소자이기 때문에 회로 모델로는 그림 6.2의 (b)와 같이 나타낼 수 있다. a-Si TFT는 유리 기판 상에 수백 Å에서 1500Å 정도로 매우 얇은 활성층으로 제작되므로, 바디 영역이 전기적으로 부동(floating) 상태인 그림 6.1의 (a)와 같은 3단자 소자로 회로 모델로는 그림 6.2의 (a)와 같이 표현할 수 있다. TFT는 이처럼 전기적으로 부동 상태인 바디를 가지는 구조 때문에 c-Si MOSFET과는 다른 전기적 특성을 나타내게 된다. 이에 관해서는 6.1.2절 poly-Si TFT 에서 다시 설명하기로 한다.

그림 6.1(a)에서 나타낸 bottom gate형 a-Si TFT는 현재 거의 모든 TFT-LCD의 화소에 사용되고 있다. TFT-LCD에서 a-Si TFT의 역할은 무엇일까? 이를 이해하기 위해서 그림 6.3에 나타낸 TFT-LCD 화소의 회로 모델을 이용하여 설명하자. 가장 흔히 사용하는 TFT-LCD의 화소의 등가회로를 그림 6.3에

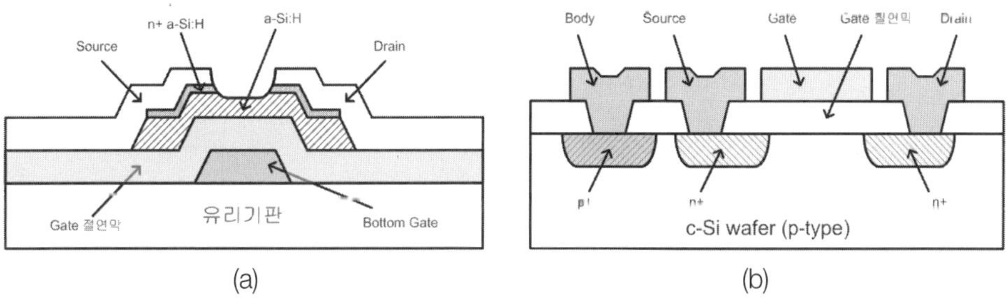

그림 6.1 TFT와 MOSFET의 단면도 (a) bottom gate형 a-Si:H TFT (b) c-Si MOSFET.

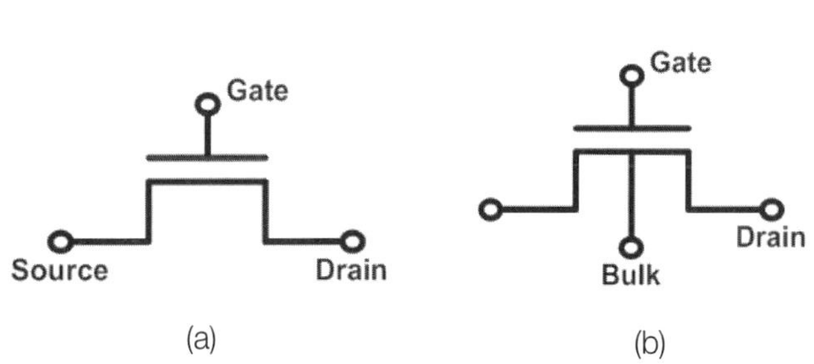

그림 6.2 (a) TFT의 회로 표기 (b) c-Si MOSFET의 회로 표기.

나타내었고 TFT의 게이트에 연결된 가로 방향의 전극을 스캔(scan) 라인 또는 게이트 라인 또는 행선(row line)이라고 하고, TFT의 소오스에 연결된 세로 방향의 전극을 데이터 라인 또는 소오스 라인 또는 열선(column line)이라고 부른다. 제2장에서 설명한 바와 같이 액정의 양단에 적절한 전압을 인가하여 액정을 투과하는 빛의 양을 조절함으로써 원하는 영상을 표시하는 장치이다. 액정에 전달하고자 하는 전압을 데이터 라인에 인가하면 높은 전압이 인가된 게이트 라인에 연결된 TFT가 on되어 데이터 라인에 인가된 전압이 액정에 인가되게 된다. TFT가 off되더라도 액정에 인가된 전압은 다시 TFT가 on될 때까지 유지되게 된다. 따라서 화소를 구성하는 TFT 소자는 스위치 구실을 한다.

따라서 표시하고자 하는 영상에 해당하는 전압을 LCD 개별 화소의 액정에 제대로 전달하는 것이 매우 중요하다. 그림 6.3에서 보는 바와 같이 모든 화소의 액정의 한 쪽 전극 (공통 전극)은 공통 전압(Vcom)이 인가되어 있고, 다른 한 쪽 (화소 전극)에 표시하고자 하는 영상에 해당하는 전압을 인가한다. TFT-LCD는 그림 6.3에서 보는 바와 같은 단위 화소가 많은 수의 행과 열로 배치되어 화면을 구성하며, 각 행에 순차적으로 턴온(turn on) 신호가 인가되고, 하나의 행이 선택되었을 때, 그 행에 해당하는 영상 신호를 데이터 라인을 통해 그 행의 화소에 전달하는 방식으로 구동한다. 즉, 어떤 행이 선택되어 게이트 라인에 높은 전압인 턴온 신호가 인가되면, TFT는 온(on) 상태가 되어 데이터 라인을 통해 인가된 영상 신호 전압이 화소 전극에 전달되고, 다음 행이 선택되면, 그 행의 게이트 라인에는 낮은 전압인 턴오프(turn off) 신호가 인가되어 TFT가 오프(off) 상태가 된다.

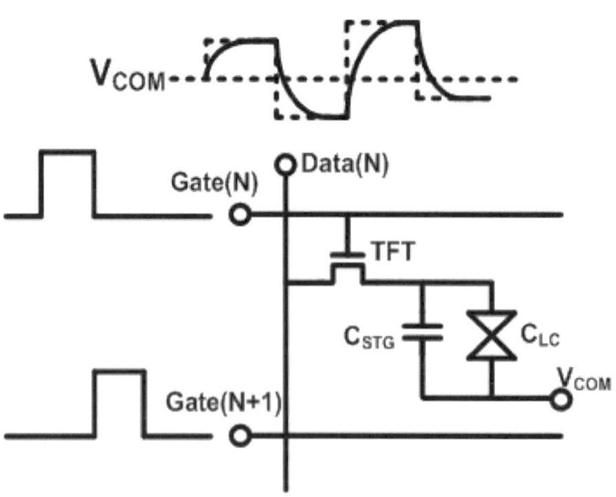

그림 6.3 TFT-LCD 단위 화소 회로 및 구동 신호.

따라서 데이터 라인에 다음 행의 신호가 인가되더라도, 그 행의 액정은 자신의 영상 신호에 해당하는 전압을 유지하고 있게 된다. 이처럼 TFT는 LCD의 행렬 구동에서 각 화소의 스위칭 소자의 역할을 한다.

다음은 a-Si:H TFT의 전기적 특성에 대해 살펴보기로 한다. c-Si MOSFET과 비교할 때, a-Si:H TFT는 무엇보다도 전자의 이동도(mobility)가 매우 낮다. 일반적으로 n-channel a-Si:H TFT의 전자 이동도는 1.0cm^2/Vs 이하로, c-Si MOSFET의 수백분의 일에 불과하다. p-channel a-Si:H TFT는 이동도가 너무 낮아서 스위칭 소자로 적용이 어려워 a-Si:H TFT는 주로 n-channel TFT 소자로만 사용하고 있다. a-Si:H TFT의 전류량은 식 (6.1)의 TFT의 전류-전압 관계식에서 알 수 있는 바와 같이 전자의 이동도와 비례하기 때문에, 이처럼 낮은 전자 이동도로 인해 a-Si:H TFT의 활용은 LCD의 화소 스위치 또는 매우 낮은 주파수로 동작하는 회로에만 적용할 수 있다. 식 (6.1)에서 C_{OX}는 TFT 게이트의 단위 면적당 커패시턴스, μ는 이동도, W/L은 TFT의 채널의 폭과 길이의 비, V_{GS}는 게이트와 소오스 사이의 전압, 그리고, V_{TH}는 문턱 전압이다.

$$I = \frac{1}{2} C_{OX} \mu \frac{W}{L} (V_{GS} - V_{TH})^2 \tag{6.1}$$

그림 6.4는 a-Si:H TFT의 전달 특성 곡선을 나타내고 있다. 비록 a-Si:H TFT의 전자 이동도가 1.0 cm^2/Vs 이하로 매우 낮아서, 온-전류도 수 μA 수준에 불과하지만, 오프-전류 역시 매우 작아서 pA 이하의 값을 가지고 있다. 따라서 온/오프-전류비가 $10^6 \sim 10^7$ 정도이기 때문에 낮은 동작주파수에서는 우수한 스위칭 소자로 활용될 수 있다.

그림 6.4에서 또한 주목해야 할 것은, TFT가 오프 되기 위한 게이트 전압의 값이다. 일반적인 enhancement 형의 c-Si n-channel MOSFET은 게이트에 0V의 전압을 인가하면 오프 상태가 된다. 그러나 n-channel TFT의 경우, 오프-전류가 가장 작아질 때의 게이트 전압이 0V 이하에서 일반적으로 나타난다. 그림 6.4에 나타낸 TFT의 경우에는 약 -2.5V 부근에서 오프-전류가 최소가 되는 것을 알 수 있다. 이런 이유로 TFT-LCD의 화소로 사용되는 TFT의 오프 전압으로는 오프-전류가 최소가 되는 게이트 전압을 선택하여 사용한다. 한편, TFT의 온-전압은 LCD의 화소에 인가되는 영상 신호의 전압보다 대개 10~15V 이상 높은 전압을 사용한다. 예를 들어, TN 액정을 사용하는 LCD의 영상 신호의 전압은 일반적으로 10V 이하이며, 이 때, TFT의 온-전압은 20~25V 정도를 채택한

다. 이는 TFT의 낮은 이동도로 인해 낮은 전류를 게이트 전압을 높임으로써 TFT에 흐르는 전류량을 높이기 위해서이다.

일반적으로 a−Si:H TFT의 문턱 전압은, 게이트 전극에 인가되는 전압의 크기와 인가되는 시간에 따라 그 값이 변화한다. 이러한 문턱 전압의 변화는 절연막인 SiNx에 전하들이 포획되어 나타나는 현상, 또는 a−Si:H 활성층과 절연막의 계면에 게이트 전압에 의해 형성된 dangling bond와 같은 결합에 의한 현상으로 설명하고 있다.

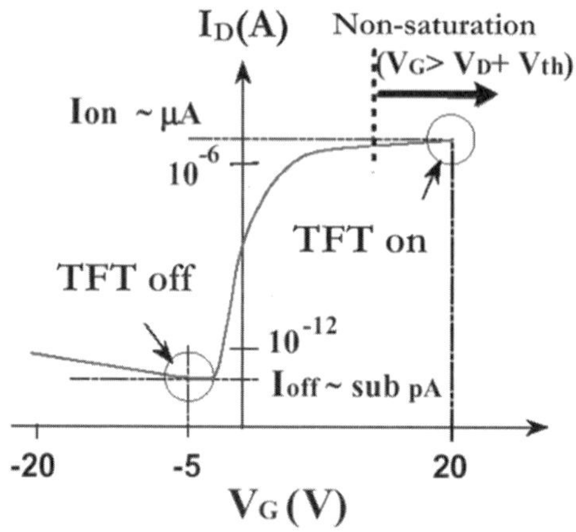

▌그림 6.4 a-Si:H TFT의 전류-전압 전달 특성 곡선 [1].

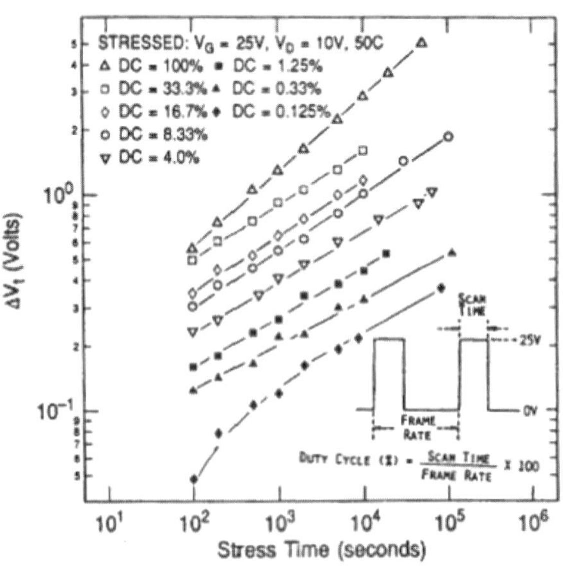

▌그림 6.5 게이트 바이어스 전압의 듀티 비(duty ratio)에 따른 a-Si:H TFT의 문턱 전압의 변화 [2].

그림 6.5에서 보는 바와 같이 게이트 바이어스 전압에 의한 문턱 전압의 증가로 인해, a-Si:H TFT를 이용하여 회로를 구성하는 것이 매우 어렵다. 일정 시간 이상 게이트 전압을 인가하게 되면, 문턱 전압이 상승하고, 그로 인해 전류는 감소하기 때문에, 정확한 바이어스 전류가 요구되는 아날로그 회로 설계는 물론이고, 단순한 스위치로 사용할 때에도 많은 주의가 필요하다.

그림 6.5은 게이트 전압이 25V, 드레인 전압이 10V, 동작온도가 50℃ 일 때, 게이트 바이어스 전압을 인가한 시간과 듀티 비에 따른 문턱 전압의 변화를 나타내었다. 앞에서 설명한 바와 같이, TFT-LCD에서 통상적으로 사용되는 온 게이트 전압인 25V, 일반적인 영상 신호의 전압인 10V를 가정하였고, TFT가 턴온되어 전류가 흐르게 되면, TFT의 온도가 상승하게 되므로, 50℃의 온도를 가정한 것이다. XGA 형식 (1024X768)의 TFT-LCD의 경우, 한 화면 시간 동안 768개의 행 신호선이 순차적으로 온 되므로, 25V의 게이트 전압이 TFT에 인가되는 듀티 비는 약 0.13%이다. 그림 6.5에서 듀티 비가 0.125% 일 경우, 만약 TFT의 문턱 전압의 변화를 2V까지 허용한다면, TFT-LCD의 수명은 약 6.1년으로 예측할 수 있다 [2].

다음은 a-Si:H TFT의 구조에 대하여 살펴보자. TFT의 구조는 활성층을 중심으로 드레인, 게이트, 소오스가 모두 같은 평면상에 존재하는 평면 구조와, 드레인, 소오스와 게이트가 서로 다른 평면상에 존재하는 적층 구조로 나눌 수 있다. 일반적으로, a-Si:H TFT는 적층 구조로 제작되고, 평면 구조는 다음 절에서 설명할 poly-Si TFT에 주로 사용된다. 적층 구조에는 게이트 전극이 활성층의 위쪽에 존재하는 상층-게이트(top-gate) 구조와, 활성층의 아래쪽에 존재하는 하층-게이트(bottom-gate) 구조가 있다. 그림 6.6의 (a)와 (b)에 상층-게이트

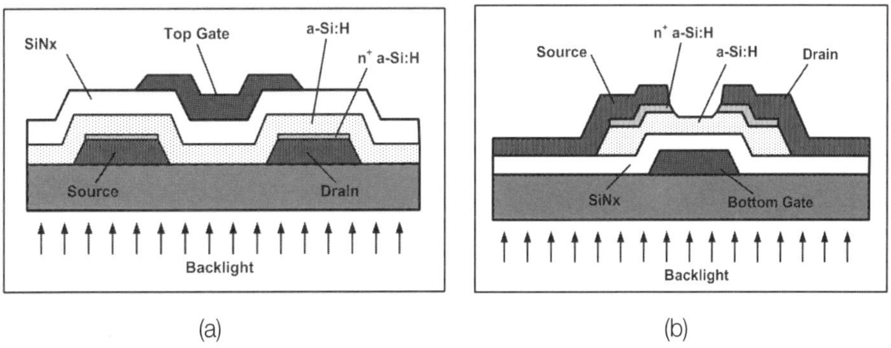

그림 6.6 a-Si:H TFT의 단면도 (a) 상층-게이트 구조, (b) 하층-게이트 구조 [1].

구조와 하층-게이트 구조의 TFT의 단면도를 각각 나타내었다. 하층-게이트 구조는 흔히 역적층 구조라고도 부른다. 우선 상층-게이트 TFT의 공정을 살펴보면, 드레인, 소오스 전극을 스퍼터링으로 형성한 후, 활성층(a-Si:H)과 드레인, 소오스와의 접촉 저항을 낮추기 위해 PECVD 공정으로 n+ a-Si:H 박막을 형성하고, photo-lithography 공정을 이용한 선택적 식각으로 드레인, 소오스 전극을 형성한다. 그 후, a-Si:H 활성층과 SiNx 절연막을 연속해서 PECVD로 증착하고, 게이트 전극을 형성한다. 이에 반해, 하층-게이트 구조의 제조과정은 6.1.1의 초반부에 설명하였다. 상층-게이트 TFT가 하층-게이트에 비해 CVD 공정을 한 차례 더 수행해야 한다. 또한, TFT-LCD의 백라이트(backlight)는 유리기판의 아래쪽에서 빛을 조사하므로, TFT의 활성층이 백라이트에 노출되어 광누설 전류가 발생하지 않도록 빛을 차단할 필요가 있다. 하층-게이트 구조에서는 게이트 전극이 유리 기판 아래쪽의 백라이트의 빛을 차단하여 주지만, 상층-게이트 구조에서는 별도의 공정으로 빛을 차단할 수 있는 층을 추가로 형성하여야 한다. 상층-게이트 구조의 또 다른 문제점은, 활성층을 먼저 형성한 후, 절연막을 형성한다는 점이다. 이럴 경우, SiNx의 증착 가스인 NH_3의 활성화된 라디칼과 a-Si:H 표면이 반응하여, 실리콘이 많이 함유된 SiNx가 활성층과 절연막의 계면에 형성되어 활성층의 특성을 떨어뜨린다. 이러한 이유 등으로 인해 하층-게이트 구조의 TFT가 TFT-LCD에 가장 널리 사용된다.

6.1.2 Poly-Si TFT

a-Si:H TFT는, 그 이동도가 1.0 cm^2/Vs 이하로 매우 작기 때문에, 주로 화소의 스위치 소자로 사용하거나 해상도 형식이 낮은 소형 TFT-LCD의 게이트 구동회로에 적용되는 정도에 그치고 있다. 이러한 낮은 이동도는, 6.1.1에서 설명한 바와 같이 비정질 결정 구조에 기인한다. 이에 반하여 poly-Si TFT는 국부적인 영역에서 c-Si과 같이 결정 구조를 이루고 있고, 이러한 영역들이 모여 전체 활성층을 형성하고 있다. 이와 같이 국부적으로 결정 구조를 갖는 영역을 그레인(grain)이라하고, 그레인 내에서는 마치 c-Si에서와 같이 매우 높은 전자 이동도를 나타낸다. 그러나 그레인과 그레인 사이의 경계 (grain boundary)는 전자 (또는 정공)의 이동에 장벽으로 작용하기 때문에, 전자의 이동도를 떨어뜨리는 요인이 된다. 결국 n-channel poly-Si TFT의 이동도는 그림 6.7에 나타낸 바와 같이 a-Si:H보다는 매우 크고, c-Si 보다는 작은 30~300[cm2/Vs] 정도를 갖는다.

여기서 생각할 수 있는 것은, 만일 하나의 그레인의 크기가 충분히 커서, TFT의 활성층 전체가 하나의 그레인 내에 제작될 수 있다면, 그 TFT는 c-Si MOSFET의 이동도에 가까운 높은 이동도를 가질 수 있을 것이다. 또는, 그레인 경계의 형성 방향을 TFT 활성층에서 전자의 흐름 방향과 평행하게 만들 수 있다면, 그레인 경계가 전자의 흐름에 장애가 적게 일어날 수 있으므로, 이 역시 높은 이동도를 갖는 TFT를 제작할 수 있는 방법이다.

poly-Si TFT의 높은 이동도는, 화소 스위치를 벗어나, 보다 높은 동작 속도를 가지는 회로 구성을 가능하게 한다. a-Si:H TFT-LCD에서는 행과 열에 신호를 인가하는 게이트 구동 회로와 데이터 구동 회로를 대규모 집적회로(LSI)로 제작하여 화소부와 연결하는 방식으로 모듈을 구성한 반면, poly-Si TFT-LCD에서는 유리 기판 상에 poly-Si TFT를 이용하여 게이트 구동 회로와 데이터 구동 회로를 집적할 수 있다. 그림 6.8에 a-Si TFT-LCD와 poly-Si TFT-LCD 모듈 구성을 비교하여 나타내었다. 이처럼 구동회로를 유리 기판 상에 집적하게 되면, 별도의 게이트 구동 회로와 데이터 구동 회로 LSI를 사용하지 않아도 되기 때문에, 부품 가격을 낮출 수 있고, 구동 LSI를 설치하기 위한 보드도 불필요하기 때문에, 보다 얇고 가벼운 디스플레이 시스템 구성이 가능해 진다. 또한, LCD 모듈의 신뢰성 측면에서도 poly-Si TFT-LCD가 보다 유리하다. 이는 poly-Si TFT-LCD의 경우, 외부 회로부와 화소부의 연결선의 수가 a-Si TFT-LCD에 비하여 비교할 수 없을 정도로 적기 때문이다. XGA 형식을 예로 들어 설명하면, 화소부의 열 신호선의 개수는 1024 × 3(RGB) = 3072이고, 행 신호선의 개수는 768개이다. 따라서 게이트 구동 회로 LSI 및 데이터 구동 회로 LSI와 행 및 열 신호선 사이에 4000개에 가까운 연결이 필요하다. 이렇게 많은 수의 연결은 외부의 충격이나, 온도 변화 등에 대한 신뢰성 면에서 매우 불리하다. 현재 상용화된 poly-Si TFT-LCD는 게이트 구동 회로는 완전히 집적하고, 데이터 구동 회로는 대개 일부 블록만 집적하고 있으나, 최종적으로는 게이트 구동 회로와 데이터 구동 회로뿐 아니라, 전원 회로, 메모리, MCU, 센서 등을 모두 기판 상에 집적하는 SOQ (system on glass) 또는 SOP (sysem on panel) 또는 ASD(advanced system display)를 목표로 활발한 연구가 진행 중이다.

Poly-Si TFT는 공정 온도에 따라, 크게 고온 다결정 실리콘(High Temperature Poly-Si: HTPS) TFT와 저온 다결정 실리콘(Low Temperature

	a-Si amorphous	poly-Si poly-crystal	c-Si single crystal
Field Effect Mobility μ (cm^2/Vs)	0.5 - 1.0	30 - 300	600 - 700
Crystal Structure	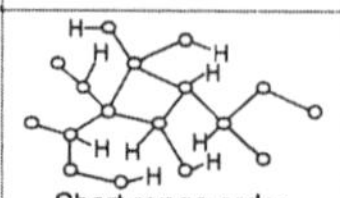 Short range order H-termination	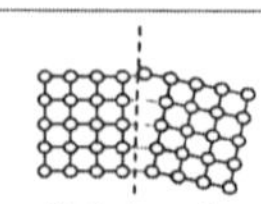 Grain boundary	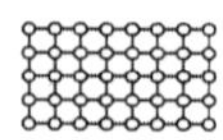 Perfect
Application	Pixel Switching	Driver Circuit	Driver LSI

▌그림 6.7 a-Si, poly-Si 및 c-Si의 비교.

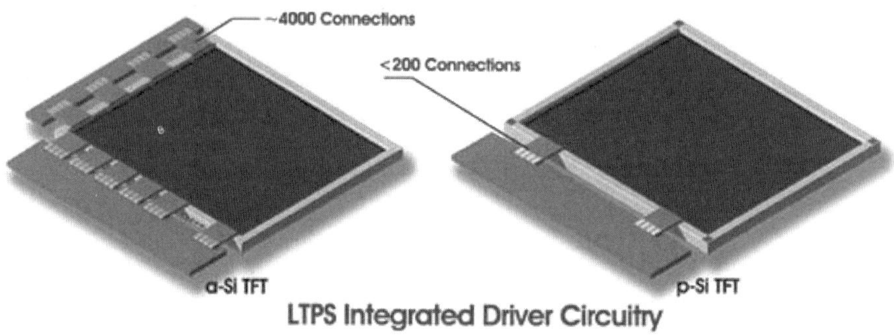

▌그림 6.8 a-Si TFT-LCD 모듈과 poly-Si TFT-LCD 모듈의 비교.

Poly-Si: LTPS) TFT로 나눌 수 있다. HTPS는 고온에서 공정이 진행되기 때문에, 유리 기판 대신 석영 기판을 사용한다. 석영 기판 위에 비정질 실리콘 박막을 증착한 후, 600℃ 이상의 고온 노(furnace) 안에서 장시간 열처리를 하여 비정질 실리콘을 결정화한다. HTPS TFT는 일반적으로 LTPS TFT에 비하여 결정화한 그레인의 크기가 균일하여 TFT 특성의 균일도가 우수하고, 기존의 실리콘 웨이퍼를 이용한 반도체공정을 그대로 활용할 수 있기 때문에 미세 패턴을 할 수 있는 노광장치인 stepper를 이용할 수 있어 미세 설계 규칙 (design rule)을 적용할 수 있다는 장점이 있으나, 값비싼 석영을 기판으로 사용해야 하고, 석영 기판의 크기가 6인치 정도로 제한되어 중대면적의 디스플레이용 소자로는 사용하기는 곤란하다. 따라서 주로 캠코더의 뷰 파인더나 프로젝션 패널 등, 2~3인치 이하의 소면적 고해상도 디스플레이 패널로 주로 사용되어 왔으나, 근래 들어서는 이마저도 보다 저가의 LTPS로 대체되어 가고 있는 추세이다.

LTPS TFT를 제작하기 위한 핵심적인 공정인 결정화에는 여러 가지 다양한 방법들이 있다. 이러한 방법 중 가장 직접적이고, 고전적인 방법은 고상결정화(Solid Phase Crystallization: SPC) 방법으로 기판 위에 a-Si 박막을 증착시킨 후, 600℃ 근처에서 장시간 어닐링(annealing) 하여 poly-Si을 생성한다. 그러나 앞에서 말한 바와 같이, 이 방법은 고온으로 인해 유리 기판의 변형이 발생할 수 있어, 온도를 보다 낮추기 위한 노력이 요구되었다. 금속 유도 결정화 (MIC: Metal Induced Crystallization) 방법은 Ni 등의 금속을 촉매로 사용하여 a-Si이 poly-Si으로 보다 낮은 온도에서 신속히 재결정화할 수 있도록 한다. 현재 산업 현장에서 가장 널리 사용되는 재결정화 방법은 ELA (Excimer Laser Annealing) 방법으로, 이 방법의 핵심은 매우 짧은 시간 (30~200 ns) 동안 레이저 빔을 a-Si에 조사하여 순간적으로 녹인 후, poly-Si으로 결정화하는 것이다. a-Si이 poly-Si으로 결정화되기 위해 필요한 에너지를 열 대신에 레이저를 이용하여 순간적으로 공급하기 때문에, 유리 기판에는 열에 의한 변형 등이 발생하지 않는다. 일회의 레이저 조사로 형성되는 poly-Si 그레인의 크기는 충분히 크지 않기 때문에, 실제로는 이러한 레이저 조사를 수 회 반복 조사한다. 이러한 ELA 방법은, 현재 산업 현장에서 가장 널리 사용되고 있음에도 불구하고, 고가의 장비, 기판 상의 TFT 특성의 불균일성 등의 문제가 있다. 이러한 TFT 특성의 불균일성은, 모든 a-Si 영역에 걸쳐 동일한 에너지 밀도로 레이저가 조사되는 것은 현실적으로 매우 어렵다는 데에 기인한다. 앞서 설명한 MIC 방법은 이러한 ELA 방법의 단점을 해결할 수 있는 유력한 대안이지만, 아직까지는 공정 온도가 높고, ELA에 의한 poly-Si TFT에 비해 TFT의 전기적 특성이 떨어진다. 일본의 Sharp 사에서는 MIC 방법에 레이저 기술을 접목하여 CGS(Continuous Grain Silicon)이라는 기술을 개발하여 양산 제품에 적용하고 있다.

Poly-Si TFT도 a-Si:H TFT와 마찬가지로 상층-게이트 구조와 하층-게이트 구조가 있다. 상층-게이트 구조는 자기 정렬(self-align)로 채널을 형성할 수 있는 장점이 있는 반면, 상층-게이트 a-Si:H TFT이 가지고 있던 공정의 복잡성과 활성층과 게이트 절연막 사이의 계면 특성이 나쁘다는 단점들을 그대로 가지고 있다. 그러나 백라이트 등 빛에 의한 누설 전류를 억제하기 위하여 별도의 광차단 구조를 만들지 않아도 누설 전류가 크게 증가하지 않는다는 특징이 있다. 이는 poly-Si의 활성층의 두께로 사용하는 약 500Å 정도에서는 빛이 거의 대부분이 투과되고, 흡수되어 전자-정공 쌍을 생성하는 정도가 a-Si에 비하여 매우 낮기 때문이다. 그리고 poly-Si를 이용한 active matrix FPD(flat panel display)에서는 구동 회로를 유리 기판 상에 집적하기에는 CMOS 회로를 필요로 한다. CMOS 소자를 형성하기에는 상층-게이트 구조가 하층-게이트 구조에 비하여 용이하다. 이러한 이유들로 인해 poly-Si TFT-LCD에서는 상층-게이트 구조가 주로 사용된다.

다음으로 poly-Si TFT의 특성을 회로 설계의 관점에서 살펴보자. 무엇보다도 poly-Si TFT는 a-Si:H TFT에 비하여 그 이동도가 수십에서 수백 배 크기 때문에, 상당히 큰 온 드레인 전류를 얻을 수 있어 구동 회로 등을 집적하기가 용이해진다. 그러나 이처럼 큰 이동도를 갖는 반면에 오프 상태에서의 누설 전류가 증가되어 TFT의 온-전류(on current)와 오프-전류(off current)의 비가 낮아질 수 있다. 이는 같은 공정을 사용하여 만든 TFT소자라 하더라도 위치에 따라서 문턱 전압과 이동도의 균일도가 낮아서 게이트-소오스 사이에 0V가 인가되어도 큰 오프-전류가 발생할 경우가 있기 때문이다. 그림 6.9에 나타낸 poly-Si TFT의 전류-전압 전달 특성 곡선에서 알 수 있는 바와 같이, n-channel poly-Si TFT의 경우, 게이트-소오스 사이의 부전압이 증가함에 따라, 누설 전류는 급격하게 증가한다. 구동 회로는 큰 온-전류가 필요하지만, 화소부의 스위치는 오프 상태의 누설 전류가 작은 것이 중요하다. 따라서 화소 스위치로 사용되는 TFT의 누설 전류를 감소시키기 위하여 일반적으로 LDD (Lightly Doped Drain) 공정을 많이 사용한다. LDD 방법은 게이트 전극의 아래쪽에 소오스/드레인 부분의 도핑 농도가

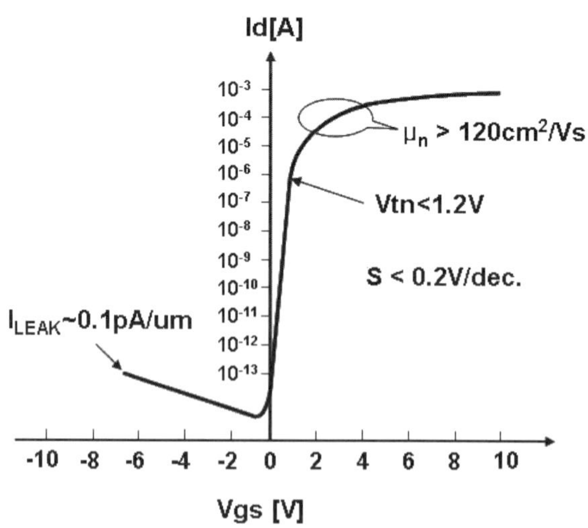

그림 6.9 poly-Si TFT의 전류-전압 전달 특성 곡선.

낮은 영역을 만들어 주어 활성층과 드레인, 소오스 사이에 걸리는 전계를 낮춤으로써 누설 전류를 감소시킬 수 있다.

이상적인 c-Si MOSFET은 포화 영역에서 드레인 전압이 증가하더라도 드레인 전류는 포화된 일정한 값을 유지되나 실제의 MOSFET은 채널 길이 변조(channel length modulation) 효과에 의해 드레인 전압이 증가하면, 드레인 전류도 약간 증가한다. 이와 같은 드레인 전류 증가 현상은 poly-Si TFT에서 훨씬 두드러지게 나타나는데, 그 메커니즘은, MOSFET의 채널 길이 변조 효과와는 다른 것이다. 드레인 전압이 높아 감에 따라, 활성층에서의 전계의 세기가 세지고, 전자 또는 정공이 가속되어 충돌 이온화 (impact ionization) 현상이 발생한다. c-Si MOSFET에서는 이렇게 발생한 전자 또는 정공들이 기판 쪽으로 빠져나가기 때문에 드레인 전류에 기여하지 않는다. 그러나 poly-Si TFT에서는 body가 전기적으로 부동(floating) 상태로 발생된 전자 또는 정공들이 빠져나가지 못하고 채널 전류에 기여하게 된다. 그 결과 그림 6.10에서처럼 드레인 전류가 드레인 전압에 따라 계속 증가한다. 이러한 현상을 poly-Si TFT의 kink 효과라고 한다. 이 kink 효과는 SOI(Silicon On Insulator) 기판 위에 제작된 c-Si MOSFET에서도 body가 전기적으로 부동 상태가 되므로 poly-Si TFT의 경우와 비슷하게 발생한다.

Poly-Si TFT의 그레인의 크기와 그레인 경계의 분포는 TFT의 특성과 매우 깊은 관련을 가지고 있다. 그레인 경계는 전자나 정공의 흐름을 방해하고, 그레인 경계에 전자를 포획하여 국부적인 전계를 형성하며, 외부로부터 전계가 인가되면, 포획되어 있던 전자들이 채널 영역으로 빠져 나오기도 한다. 이러한 이유로 인해, 문턱 전압, 이동도와 같은 TFT의 특성은 채널 영역에서의 그레인 경계의 분포, 그레인의 크기에 따라 크게 달라진다. 불행히도 이러한 그레인 경계의 위치 분포는 일반적으로 조절 가능하지 않고, 그레인의 크기도 채널의 면적보다 작기 때문에, poly-Si TFT의 문턱 전압, 이동도와 같은 전기적 특성은, 유리 기판 전체에 걸쳐 매우 불균일하게 분포한다. 심지어는 바로 이웃한 TFT 사이에서도 문턱 전압과 이동도의 차이는 쉽게 나타난다. 이러한 조건은, 트랜지스터 사이의 정합이 매우 중요한 아날로그 회로 설계를 극히 어렵게 한다.

이상에서 살펴 본 바와 같이, poly-Si TFT는 누설 전류, kink 효과, 문턱 전압, 이동도 등의 불균일성 등, c-Si MOSFET에서는 없거나 미미하던 현상들이 있다. 따라서 이러한 소자의 특성을 감안한 회로 설계 기법이 요구된다.

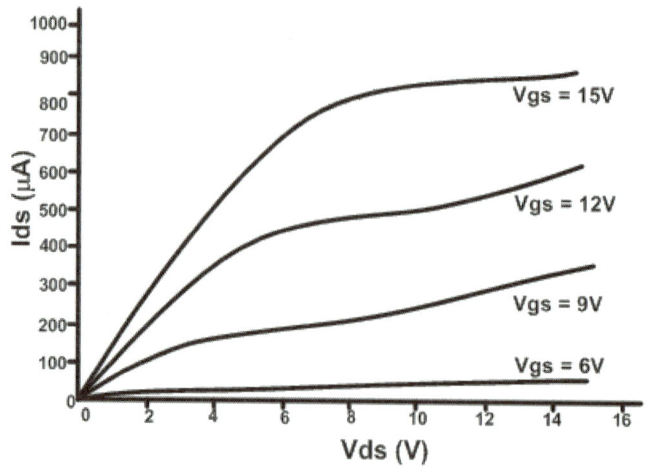

▌그림 6.10 Poly-Si TFT의 전류-전압 출력 특성 곡선.

6.2 디스플레이 구동 기술의 개요

6.2.1 디스플레이 시스템의 구성

그림 6.11에서와 같이 디스플레이 시스템은 호스트 모듈과 디스플레이 모듈로 구성되어 있다. 호스트 모듈은 영상 신호, 제어 신호 및 타이밍 신호(CLK, HSYNC, VSYNC)를 발생시켜 디스플레이 모듈에 공급한다. 호스트 모듈로는 컴퓨터의 그래픽 카드가 대표적인 예이다. 그림 6.11에서 R0～R7, G0～G7, B0～B7은 각각 8-bit의 red, green, blue 신호이고, DE는 Display Enable 신호이다. VSYNC는 한 화면의 시작을 정의하는 신호이고, HSYNC는 한 화면에서 새로운 행의 시작을 정의하는 신호이다. 디스플레이 모듈은 호스트 모듈로부터 영상 신호를 입력 받아 CRT, LCD, PDP 등의 디스플레이 장치를 통하여 영상을 표시한다. 디스플레이 모듈은 영상이 표시되는 화면부(디스플레이 패널)와 회로부로 구성되어 있다. 주요 회로로는, 화면부에 주사 신호를 공급하는 행 구동 회로(row driver circuits), 디스플레이 장치에 맞는 영상 신호를 공급해주는 열 구동 회로(column driver circuits), 그리고, 각 구동 회로에 영상 신호와 타이밍 신호를 공급하는 제어 신호 회로, 그리고 전원 회로 등이 있다. 구동 회로에 대해서는 6.2.2 절에서 다시 자세히 설명한다. 참고로, 앞에 설명한 a-Si TFT-LCD는 이러한 회로부를 별도의 LSI 부품으로 구성하지만, poly-Si TFT-LCD는 이러한 회로들을 poly-Si TFT로 유리 기판 상에 집적하려는 노력을 하고 있다.

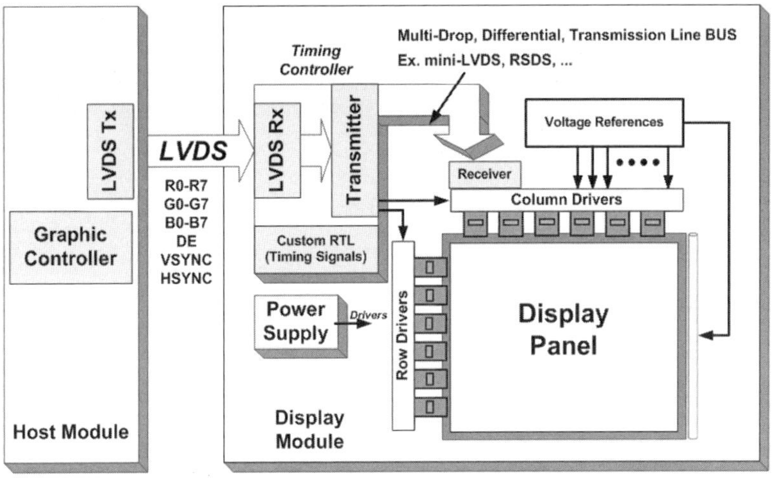

▌그림 6.11 디스플레이 시스템의 구성도: 호스트 모듈과 디스플레이 모듈.

6.2.2 디스플레이 구동 기술의 개념

CRT를 비롯해서 LCD, PDP, OLED 등 현재 우리가 사용하고 있는 모든 디스플레이 장치에 영상을 표시하기 위해서는, 그림 6.12에 나타낸 바와 같이 몇 단계 과정을 거쳐야 한다. 우선 우리가 표시하고자 하는 대상을 TV용 카메라, 캠코더 등의 장치를 통하여 영상 정보를 취득하여야 한다. 이 영상 정보는 디스플레이 시스템으로 전달되어 포맷, 타이밍 정보, 화질 향상 등을 위한 영상 신호 처리 등의 과정을 거친다. 이렇게 처리된 영상 정보는 다시 각각의 디스플레이 장치에 맞는 전기적 신호로 변환되어 해당 디스플레이 장치를 통하여 표시된다. 구동 기술이란, 간단히 말하면, 이러한 일련의 과정에서, 각각의 디스플레이 장치에 맞는 전기적 신호로 변환하고, 이를 디스플레이 장치에 전달하는 기술을 의미한다.

LCD, PDP 및 OLED 등의 디스플레이 장치들은, 어떻게 전기적 신호를 전달하느냐에 따라, 다시 말해, 구동 기술에 따라 화질과 소비 전력이 크게 달라진다. 따라서 우수한 화질과 저소비 전력의 디스플레이를 개발하기 위해서는 화소부 패널뿐 아니라, 구동 기술의 개발이 매우 중요하다. 또한, 이러한 구동 기술은, 결국 구동 회로 LSI를 통하여 구현되기 때문에 구동 LSI용 반도체 공정, 소자 기술과 회로 설계 기술이 모두 요구된다. 이처럼 구동 회로 LSI는 디스플레이 시스템을 구성하는 매우 중요한 부품으로서 가격에도 큰 영향을 끼치기 때문에, 구동 회로 LSI 저가격화 기술 또한 매우 중요하다.

최근 들어서는, 각 디스플레이 장치에 맞는 전기적 신호를 발생시키는 구동 회로의 기능과, 디스플레이 제어 신호 회로에서 수행하던 타이밍 정보의 생성, 화질 향상을 위한 영상 신호 처리 등을 하나의 칩에서 수행하도록 그 기능이 통합되어 가는 추세이다. 따라서 이러한 영상 신호 처리 기술 등을, 보다 넓은 의미의 구동 기술에 포함시키기도 한다.

디스플레이 구동 기술은 여러 가지 기준에 의해 분류할 수 있다. 그림 6.13에서 보는 바와 같이 각 화소에 전기적 신호를 전달하는 방법에 따라 직접 구동과 행렬 구동으로 분류할 수 있고, 전달하려는 전기적 신호의 형태에 따라 전압 구동과 전류 구동으로 분류할 수 있다. 그리고 영상 데이터의 포맷에 따라, 디지털 구동과 아날로그 구동으로 나눌 수도 있다.

직접 구동 방법은 가장 간단하고 오래된 구동 방법으로서, 화소 하나 하나에 구동 회로를 직접 연결하여 구동 신호를 전달하는 방법으로 그림 6.13(a)에 나타낸 바와 같이 숫자를 표시하기 위한 7-세그먼트 디스플레이에 구동 신호를 전달하는

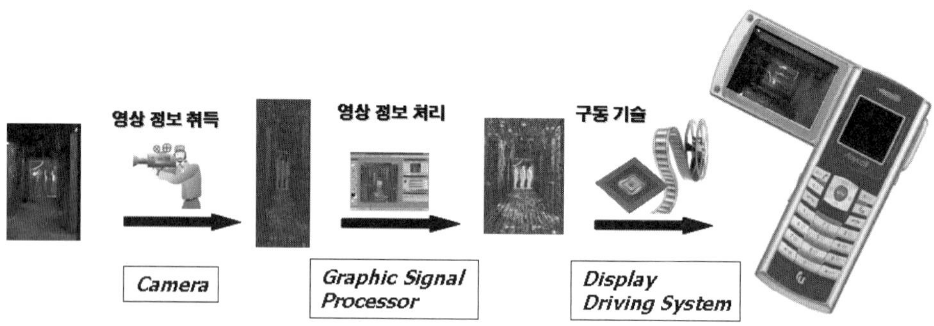

그림 6.12 디스플레이 구동 기술의 역할.

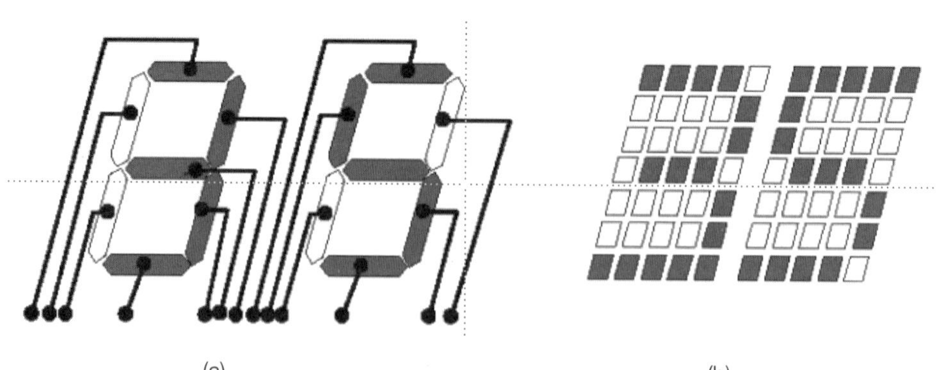

그림 6.13 (a) 직접 구동 방법 (b) 행렬 구동 방법 [3].

방법으로 적당하다. 그러나 쉽게 예상할 수 있듯이, 화소의 수가 늘어나면, 이 구동 방식은 구동하기 위한 연결선들의 수가 너무 많아 현실적으로 구현이 불가능하다. 예를 들어, XGA의 화소 수는 230만개(1024 × 768 × 3)가 넘기 때문에, 개별 화소에 구동 회로를 연결하여 구동 신호를 전달하는 것은 불가능함을 알 수 있다.

그러나, 만일 XGA 형식의 디스플레이를 직접 구동 방식 대신 행렬 구동 방식을 사용하게 되면, 구동 회로와의 연결선의 개수가 3,840 (=1024 × 3+768)로 획기적으로 감소되어 실제 구현이 가능해진다. 이처럼 대량의 정보를 표시하는 고해상도 디스플레이를 위해서는 행렬 구동 방법이 보다 현실적이다. 그림 6.13(b)에서 나타낸 바와 같이 화면을 행과 열의 행렬 형태로 구성하고, 각 행의 화소들을 순차적으로 선택해 가면서, 하나의 행이 선택될 때마다, 그 행의 화소에 표시하고자 하는 전기적 신호를 열을 통하여 화소에 전달한다. 각 행의 화소들을 순차적으로 선택하는 동작을 주사(scan)라고 한다. 이러한 행렬 구동 방식으로 화면을 표시하기 위해서는 몇 가지 전제가 필요하다. 우선 각 행들이 순차적으로 주사되는 것을 사람 눈이 인식하지 못할 정도로 주사 속도가 충분히 빨라야 한다. 또한, 각 행들이 순차적으로 주사될 때, 선택된 행의 화소들과 선택되지 않은 행의 화소들 사이에 구동 신호의 전달이 분명히 구분되어야 한다. 다시 말해, 하나의 행이 선택되었을 때, 열을 통해 전달되는 구동 신호는 선택된 행의 화소에만 전달되어야 하고, 선택되지 않은 행의 화소에는 영향을 주어서는 안 된다. 이러한 특성이 잘 만족되는 것을 화소의 전기적·광학적 비선형성이 우수하다고 일컫는다. 그리고 각 행이 순차적으로 선택되어 화소에 전달된 구동 신호에 의해 해당 화소들이 영상을 표시하게 되는데, 비 선택 시간 동안에도 화소는 그 영상의 표시 상태를 유지할 수 있도록 화소에 메모리 특성을 갖는 디스플레이를 홀드(hold)형 디스플레이라고 한다. 물론, 화소가 메모리 특성을 갖지 않는다 하더라도 일반적으로 초당 60회 정도의 화면을 표시하면, 눈의 잔상 효과로 인해, 디스플레이 소자는 영상을 표시할 수는 있다. 이와 같이 행이 선택된 시간 (scan line time) 동안만 영상을 표시하는 CRT 같은 디스플레이는 임펄스(impulse)형 디스플레이라고 한다. 임펄스형 디스플레이는 초당 표시해야 하는 화면의 수가 많아야 하고, 이는 구동 회로의 소비 전력을 증가시킨다. 그러나 홀드형 디스플레이의 경우에도 플리커(flicker)를 제거하기 위해서 초당 60개 이상의 화면(frame)을 표시하기 때문에 임펄스형 디스플레이의 초당 화면의 수가 많은 것만은 아니다.

행렬 구동 방식은 다시 수동 행렬과 능동 행렬 구동 방식으로 나뉜다. 행렬 디스플레이에서는 행과 열이 교차하는 지점에 화소가 형성되는데, 수동 행렬에서는

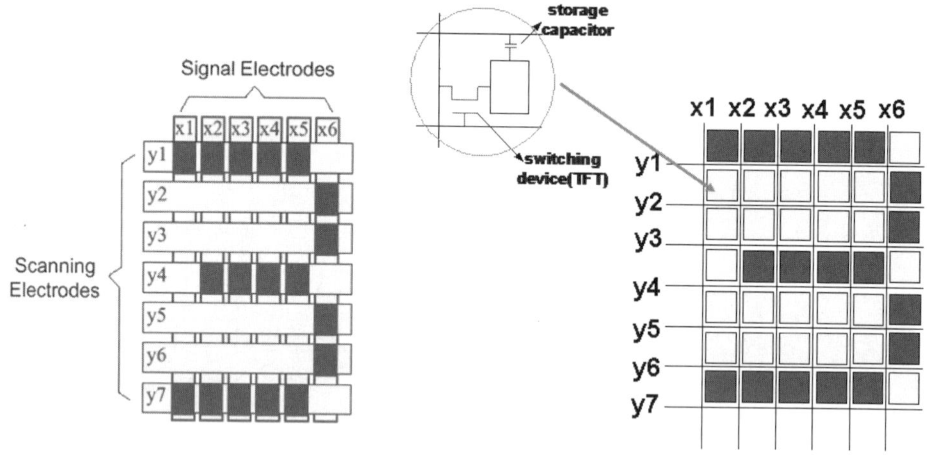

▌그림 6.14 수동 행렬 디스플레이와 능동 행렬 디스플레이의 비교 [3].

행과 열의 신호선 만으로 화소가 형성되고, 능동 행렬에서는 행과 열의 신호선 이외에 트랜지스터나 다이오드 등의 능동 소자를 이용하여 화소 회로가 구성된다. 그림 6.14에 LCD를 예로 들어 수동 행렬과 능동 행렬 디스플레이를 나타내었다. 수동 행렬 디스플레이에 비하여 능동 행렬 디스플레이가 훨씬 복잡한 제조 공정 등으로 인해 많은 투자가 요구되고, 재료비도 많이 들고, 따라서 디스플레이의 가격도 높아지지만, 앞에서 설명한 대로, 선택 행과 비 선택 행의 화소에 신호 전달을 분명하게 구분하고, 화소의 메모리 특성을 향상시키기 위해서는 능동 행렬이 월등하게 유리하다. 이러한 특성 향상은 곧바로 디스플레이 화질의 향상, 저소비 전력 등으로 이어지기 때문에 많은 응용 분야에서 능동 행렬 디스플레이가 점점 더 많이 사용되고 있는 추세이다.

6.3 LCD의 구동 기술

6.3.1 STN-LCD의 구동 기술

STN-LCD는 화소에 트랜지스터나 다이오드 등의 능동 소자를 사용하지 않는 수동 행렬 디스플레이로 주로 사용한다. 그림 6.15에 TN 액정과 STN 액정의 셀 및 전기 광학 특성 곡선을 나타내었다. TFT-LCD에 주로 사용되는 TN 액정은 인가되는 전압에 따라 투과되는 빛의 양의 변화가 완만한 반면, STN 액정은 특정 전압을 전후하여 급격하게 빛의 투과율이 변화한다. 이러한 우수한 비선형성은 수동 행렬 디스플레이에 있어 선택한 행에 인가한 전압 또는 열에 인가된 비디오 신호 전압에 의하여 아무것도 표시하지 않을 화소에 영향을 주지 않게 되어 비선형성이 낮은 디스플레이에 비하여 화질의 특성이 우수하다. 다시 말하면, 그림 6.15에서 보는 STN의 광 투과도는 액정의 양단에 약 1.8V의 전압이 인가될 때까지는 변화 거의 없기 때문에 스캔 신호를 선택할 때에는 1.8V, 비선택 시에는 0V로 하여도 된다. 그리고 비디오 신호전압은 −0.4V에서 0V사이의 전압을 인가하면 된다. 이 경우에 스캔 전극에 선택신호인 1.8V가 인가되어 있을 때 행 전극에 0V가 인가되면 화소의 양단에 1.8V가 인가되어 투과도는 최대인 100%가 되어 밝은 빛을 내는 화소가 될 것이고, 행전극에 −0.4V가 인가되면 화소의 양단에는 2.2V가 인가되어 투과도는 0%가 되어 빛을 내지 않는 화소가 될 것이다.

현재 사용되는 STN−LCD 구동 방법을 제안한 Alt와 Pleshko는 STN 액정에 인가되는 전압이 STN 액징의 응답 속도보다 빠르게 변화하면, STN 액정의 빛의 투과율은 인가된 전압의 rms 값에 반응한다고 가정하였다. 다시 말해, STN 액정의 응답 속도가 인가되는 전압에 비하여 충분히 느리면, STN−LCD의 각 화소들은 일종의 메모리 효과를 가질 수 있다.

STN 액정의 반응 속도가 인가된 전압의 변화에 비하여 충분히 느리다는 가정하에 Alt와 Pleshko는 그림 6.16과 같은 구동 파형 및 구동 전압의 최적화 기법을 제안하였다. 그림 6.16은 정상 블랙 모드(normally black mode) LCD의 예로서, 문턱 전압 이상의 전압을 인가할 경우 액정은 빛을 투과시키고(턴−온), 문턱 전압 이하의 전압을 인가할 경우, 액정은 빛을 투과시키지 않는다(턴−오프).

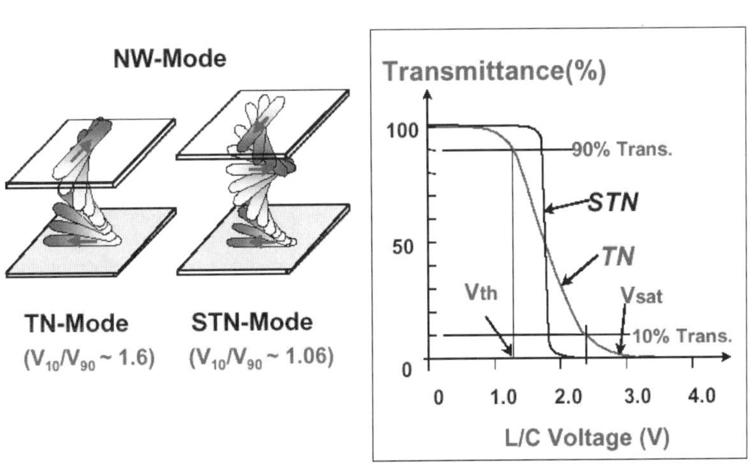

▌그림 6.15 TN 액정과 STN 액정의 셀 구조 및 전기 광학 특성 [3].

앞서 그림 6.15는 정상 화이트 모드(normally white mode)를 나타낸 것 이다. Alt−Pleshko 구동 방법에서는, STN−LCD의 행에 S[V]의 선택 신호를 순차적으로 인가하고, 비 선택 시간에는 0V의 전압을 인가한다. 이 때, 열에는 영상 정보에 따라, 턴−온 화소에는 +D[V]의 전압을, 턴−오프 화소에는 −D[V]의 전압을 인가한다. 따라서 어느 행이 선택되었을 때, 턴−온 화소에 인가되는 전압은 S+D[V]이고, 턴−오프 되는 화소에 인가되는 전압은 S−D[V]이다. 이와 같이 행과 열에 전압이 인가될 때, 화소에 걸리는 전압 파형도를 그림 6.16에 나타내었다.

다음은 Alt−Pleshko 구동 방식을 사용한 STN−LCD의 선택비를 분석해 보자. 인가된 전압의 rms 값에 STN 액정이 반응한다는 것이 Alt와 Pleshko의 가정이므로, 우선 액정에 인가된 전압의 rms 값을 구해야 한다. 턴−온된 화소와 턴−오프된 화소에 1 프레임 시간 동안 인가된 전압의 rms 값은 각각 식 (6.2), 식 (6.3)과 같다. 식 (6.2)와 식 (6.3)에서 N은 행렬에서 행의 개수이다.

$$< on > = \sqrt{\frac{(S+D)^2 + D^2(N-1)}{N}} \tag{6.2}$$

$$< off > = \sqrt{\frac{(S-D)^2 + D^2(N-1)}{N}} \tag{6.3}$$

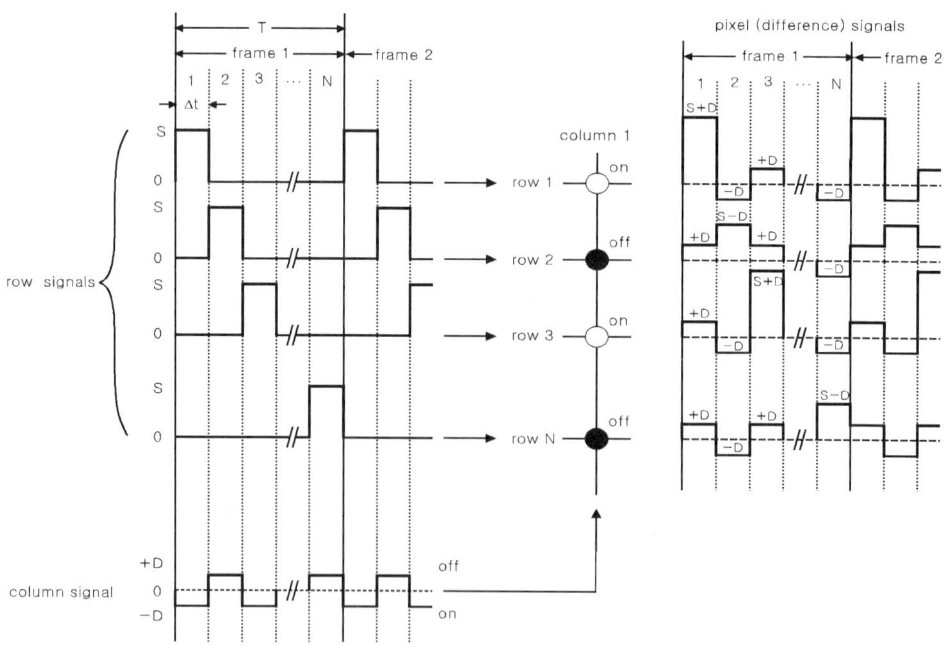

▌그림 6.16 Alt-Pleshko 구동 방식의 구동 파형 및 화소 전압 파형 [4].

식 (6.2)를 식 (6.3)으로 나누면, 선택비를 구할 수 있다. 이를 식 (6.4)에 나타내었다.

$$\frac{<on>}{<off>} = \sqrt{\frac{(S+D)^2 + D^2(N-1)}{(S-D)^2 + D^2(N-1)}} = \sqrt{\frac{(S/D+1)^2 + N-1}{(S/D-1)^2 + N-1}} \tag{6.4}$$

식 (6.4)에서 STN−LCD의 선택비는 N의 함수임을 알 수 있다. N은 디스플레이의 해상도 형식이 결정되면 주어지는 상수이고, S와 D는 각각 행 선택 전압과 영상 신호 전압이므로, 구동 회로 설계 파라미터이다. 따라서 식 (6.4)에서 선택비가 최대가 되는 S와 D를 N의 함수로 구할 수 있다. 식 (6.5)에 그 조건을 나타내었고, 식 (6.6)에 그 때의 선택비를 나타내었다.

$$\left.\frac{S}{D}\right|_{OPT} = \sqrt{N} \tag{6.5}$$

$$\frac{<on>}{<off>} = \sqrt{\frac{\sqrt{N}+1}{\sqrt{N}-1}} \tag{6.6}$$

식 (6.6)에 의하면, 선택비가 최대가 되는 S와 D의 조건 하에서 구한 값임에도 불구하고, N이 커지면 선택비가 1에 가까워지는 것을 알 수 있다. 다시 말해서,

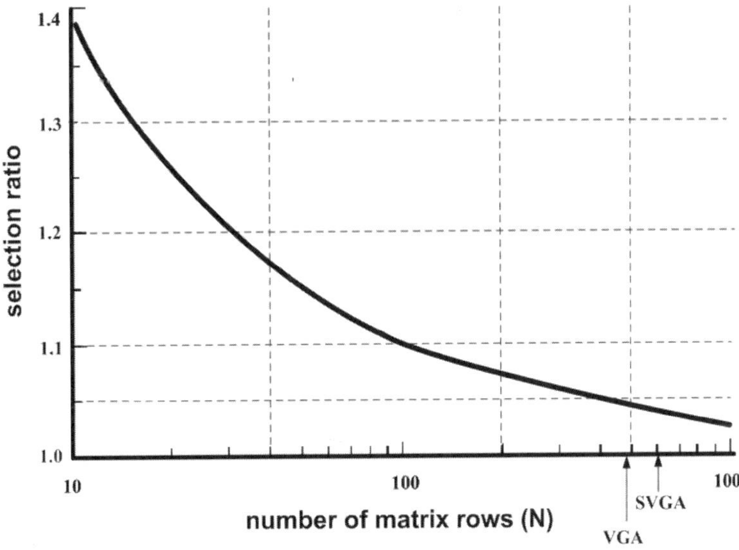

▌그림 6.17 Alt-Pleshko 구동 방식의 행의 개수에 따른 선택비 [4].

N이 커지게 되면 턴-온 화소와 턴-오프 화소에 인가되는 전압의 rms 값의 차이가 매우 작아져서 잡음이 약간만 유도되어도 원하는 영상을 표시하기가 힘들다. 그림 6.17에 행의 개수에 따른 선택비의 추이를 나타내었다. VGA (640X480) 이상의 해상도에서 턴-온 화소와 턴-오프 화소에 인가되는 전압 차이는 채 5%도 되지 않는다. Alt-Pleshko 구동 방식은 STN 액정의 응답 속도가 구동 신호보다 충분히 느리다는 전제 하에 구동 전압을 최적화 하였음에도 불구하고, 고해상도 STN-LCD를 구현하기 위해서는 선택비를 보다 향상시킬 방법이 요구된다.

Alt-Pleshko 구동 방식의 선택비를 향상시키기 위하여 행렬의 열을 둘로 나누고, 나뉜 열을 행렬의 상하에서 각각 구동하는 방법을 생각해볼 수 있다. 이러한 구동 방식을 STN-LCD의 듀얼-스캔 구동 방식이라 하고, 그림 6.18에 패널 구조와 구동 회로 연결을 나타내었다. 그림 6.18에서 알 수 있는 바와 같이 상하의 패널은 각각의 열 구동 회로로 구동하기 때문에 상하의 패널을 동시에 구동할 수 있다. 즉, 상측 패널의 첫 번째 행부터 마지막 행까지 순차적으로 구동하는 동안, 하측 패널도 동시에 구동할 수 있다. 이는, 구동 입장에서 볼 때, 실질적인 행의 개수가 1/2로 감소된 것과 마찬가지이다. 따라서 듀얼-스캔 구동 방식을 적용하면,

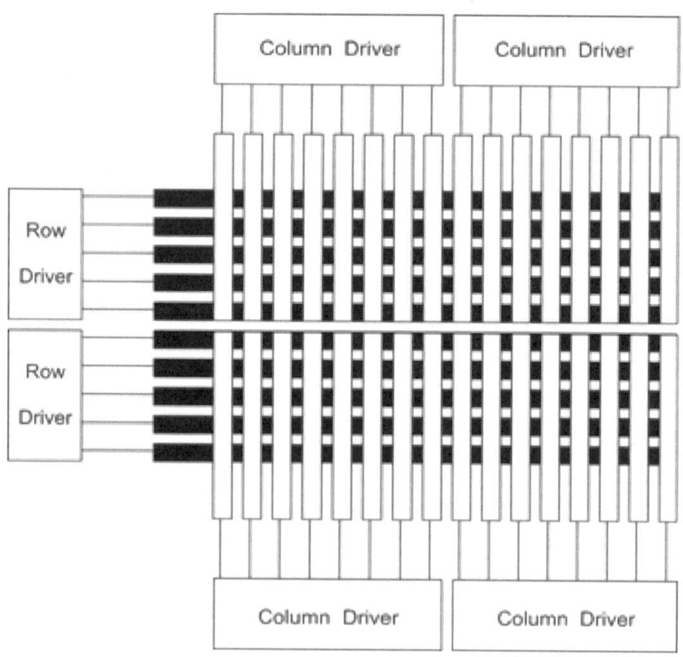

그림 6.18 듀얼-스캔 STN-LCD의 패널 구조 [4].

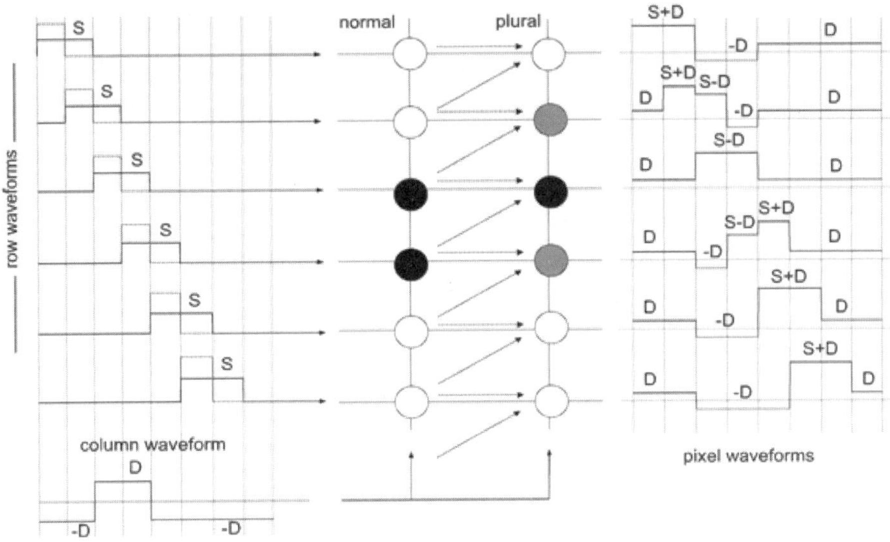

▌그림 6.19 STN-LCD의 PLA 구동 방식 [4].

식 (6.6)의 선택비는 식 (6.7)로 다시 나타낼 수 있고, 이는 선택비의 향상을 의미한다. 듀얼-스캔 구동 방식을 적용하여 SVGA(800X600) STN-LCD가 개발되었으나, 그 이상의 해상도는 듀얼-스캔 구동 방식으로도 구현이 곤란하다. 뿐만 아니라, 듀얼-스캔 구동 방식은 열 구동 회로 LSI의 개수가 2배로 필요하다는 단점이 있다. 주의해야 할 점은 실제 화소부 전체가 상하로 이분할 된 것이 아니라, 열 신호선만 둘로 나뉜 것이다.

$$\frac{<on>}{<off>}=\sqrt{\frac{\sqrt{N/2}+1}{\sqrt{N}/2-1}} \tag{6.7}$$

Alt-Pleshko 구동 방식에서 선택비를 향상시킬 수 있는 또 다른 방법으로 PLA (Plural Line Addressing) 방법이 있다. 이 방법은 명칭에서 알 수 있는 대로 동시에 여러 개의 행을 선택하는 방법이다. 그림 6.19에는 동시에 2개의 행이 동시에 선택되는 예를 나타내었다. 식 (6.2)과 (6.3)에서 (N-1)를 (N-I)로 대체하고, $(S+D)^2$와 $(S-D)^2$의 계수인 1 대신에 I로 대체하면, PLA 구동 방식에서의 최적화된 선택비를 식 (6.8)과 같이 구할 수 있다.

$$\frac{<on>}{<off>}=\sqrt{\frac{\sqrt{N/I}+1}{\sqrt{N/I}-1}} \tag{6.8}$$

쉽게 예상할 수 있듯이, PLA 구동 방식에서는 동시에 여러 행의 화소들이 턴-온 되기 때문에, 이웃한 행의 화소 사이에 영상 신호가 섞이게 된다. 만일 한

행씩 순차적으로 선택 되었더라면, 그림 6.19의 normal이라 표시된 화소와 같이, 3, 4째 행의 화소만 흑색이고, 나머지 행의 화소들은 백색으로 표시되었을 것이다. 그러나 PLA 구동에서 동시에 2행이 선택되었기 때문에, 2째와 4째 행이 위, 아래 행의 영향을 받아 중간 색조로 표시된다. 따라서 PLA 구동 방식은 문자 등을 표시하는 데이터용 디스플레이로 사용하기 보다는, 사진이나 그림 등의 영상 표시용 디스플레이 장치로의 활용이 더 적합하다.

액정에 전압을 인가할 때, 전계가 한쪽 방향으로 일정 시간 이상 지속되면, 다시 말해 일정 시간 이상 DC 전압이 인가되면, 액정 셀 내의 이온 불순물 등이 배향막 표면에 흡착되어, 영상 고착 등의 문제가 발생한다. 이를 피하기 위하여 액정에 인가하는 전압의 방향을 매 프레임마다 교번하여 준다. 이를 액정의 AC 구동 또는 극성 반전 구동이라 한다. 앞에서 선택된 행에 인가하는 전압을 S[V], 열에 인가하는 백색 신호를 −D[V], 흑색 신호를 +D[V]라 하였고, 이 때, 액정에 실제로 인가되는 전압은 백색의 경우 (S+D)[V], 흑색의 경우 (S−D)[V]이었다. 그러나 액정에 DC 전압이 인가되는 것을 피하기 위해서는 백색의 경우, (S+D)[V]와 −(S+D)[V], 흑색의 경우는 (S−D)[V]와 −(S−D)[V]를 프레임 주기로 번갈아 가며 구동해야 한다. 이를 구현하기 위한 가장 간단한 방법은, 그림 6.20에서와 같이 행 선택 신호로 S[V]와 −S[V]를 사용하는 것이다.

행 선택 신호로 +S[V]와 −S[V]를 사용하면 간단히 극성 반전을 구현할 수 있지만, 구동 회로가 생성해야 하는 구동 신호의 전압 범위는 2S[V]로 커져야 한다.

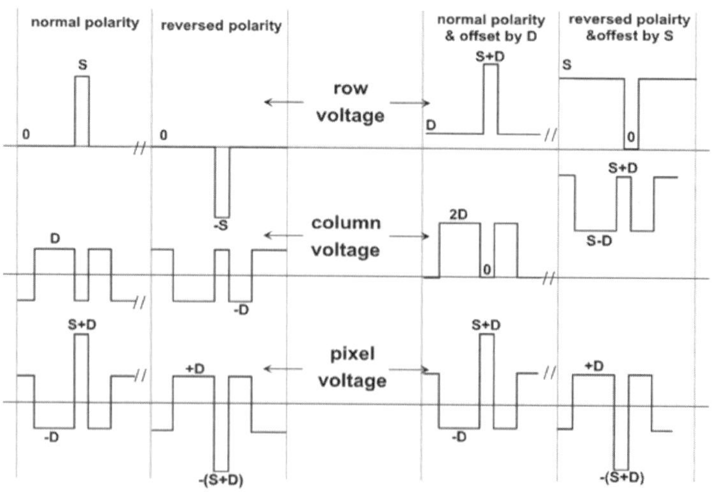

(a) (b)

■ 그림 6.20 (a) Alt-Pleshko 구동 방식의 극성 반전 방식 (b) IAPT 구동 방식 [4].

열에 공급되는 영상 신호 전압 D가 1[V]라 하고, VGA 디스플레이에 듀얼-스캔 구동 방식을 적용한다고 가정하자. 이 때, 선택비가 최대가 되는 S의 조건은 식 (6.7)에 의해 결정 되고, 듀얼-스캔 구동 방식을 적용하므로, N=480을 대입하면, S는 약 15[V]이고, 극성 반전을 위해 행 구동 회로가 생성해야 하는 전압은 약 30[V]이다. 해상도가 높아지면, 최적의 S 값이 커지므로, 행 선택 전압은 더 높아져야 한다.

이러한 문제를 완화하기 위하여 IAPT (Improved Alt-Pleshko Technique) 구동 방식이 제안되었다. 이 방식은, 종래의 APT 구동 방식이 선택 전압과 비 선택 전압으로 S[V]와 0[V]만 사용하는 것과는 달리, 그림 6.20(b)에서와 같이 행 선택 신호로 S+D[V]와 0[V], 비 선택 신호로 D[V]와 S [V]를 사용한다. 열에 인가하는 영상 신호 전압도 0[V], 2D[V], S-D[V], S+D[V]를 사용한다. IAPT 구동 방식은 이처럼 보다 다양한 전압 레벨을 사용하기는 하지만, 가장 높은 구동 전압 레벨은 S+D[V]로서, 기존의 APT 구동에서 사용하는 최대 구동 전압 2S[V]보다 현저히 낮다. 위와 동일한 조건에서 IAPT 구동 방식을 사용하면, 구동 회로의 최고 출력 전압 범위는 16[V]이다. 구동회로의 최고 구동전압 범위가 커지면 구동 칩의 면적이 커지기 때문에 구동회로의 가격을 낮추기 위해서는 최고 구동전압 범위를 줄이는 것이 중요하다.

지금까지 설명한 APT 구동 방식의 전제는 액징의 응답 속도기 인가한 전압의 변화에 비해 충분히 느리다는 것이었다. 이러한 전제 하에 액정의 광 투과율이 인가된 rms 전압에 반응한다는 가정이 성립하였다. 그러나 이렇게 느린 응답 속도를 갖는 액정은 동영상을 표시하기에는 매우 부적절하다. 동영상 표시를 위해서는 최소한 프레임 시간보다 빠른 응답 속도를 갖는 액정이 필요하다. 일반적으로 1초에 60개 또는 그 이상의 프레임을 표시하므로, 1 프레임 시간은 16.7ms 이하이다.

그렇다면, 기존의 APT 구동 방식을 사용하여 응답 속도가 빠른 액정을 구동하면 어떻게 될까? 이 경우에는 액정은 더 이상 인가된 전압의 rms 값에 반응하는 것이 아니라, 순시 최대값에 반응한다. 느린 응답 속도의 액정은, 그림 6.21에 나타낸 것처럼 화소에 높은 전압을 인가한 후에도 천천히 광투과율이 떨어지지만, 고속 응답 액정은 화소에 인가되는 전압에 즉각적으로 반응한다. 따라서 그림 6.21에서처럼 화소에 인가된 전압이 떨어지면, 광투과율도 그에 따라 빠르게 떨어진다. 이러한 급격한 광투과율의 변화는 사람 눈에 매우 거슬리는 깜박거림으로 나타난다. 디스플레이에서 휘도의 변화에 따른 깜박거림을 플리커(flicker)라고 하고, STN-LCD에서 고속 응답 액정을 사용할 때 나타나는 플리커 발생 현상을

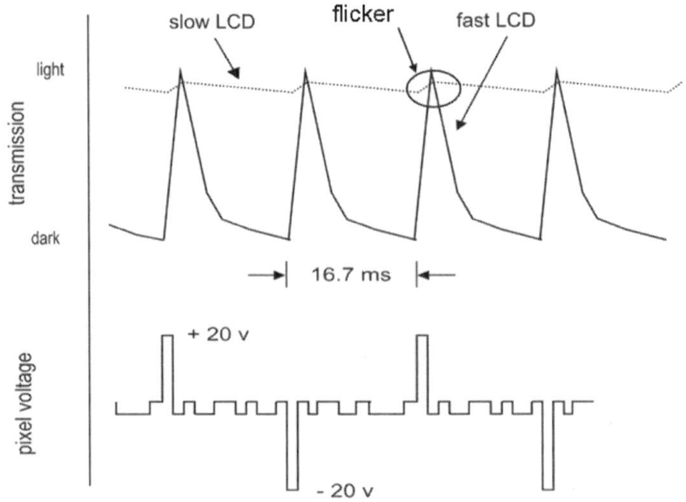

▌그림 6.21 STN-LCD에서의 프레임 응답 현상 [4].

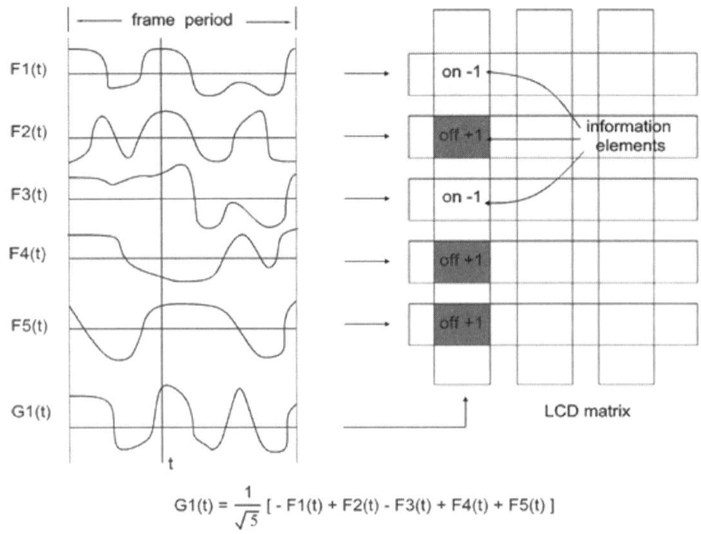

▌그림 6.22 STN-LCD의 능동 어드레싱 구동 방식 [4].

프레임 응답이라 한다. 결국 동영상 구현을 위해서는 고속 응답 액정을 사용하여야 하는데, 기존의 APT 구동 방식으로는 프레임 응답 현상이 나타나기 때문에, 동영상 구현을 위한 새로운 구동 방식이 필요하다 [4].

프레임 응답 현상을 없애기 위해서는 선택 전압의 레벨을 낮추고, 선택 기간을 길게 하여야 한다. 동시에 여러 개의 행을 선택하여 낮은 구동 전압을 인가하면 이러한 조건을 만족시킬 수 있다. 이러한 구동 방식에는 능동 어드레싱 (Active Addressing, AA) 방법 [5–7]과 MLA (Multiple–Line Addressing) 방법 등이 있다 [8]. 앞에서 여러 개의 행을 동시에 선택하는 구동 방식으로 PLA 구동 방법을 이미 설명하였으나, PLA 방법은 단순히 여러 개의 행을 동시에 선택함으로써, 동시에 선택된 행들 사이에 영상 신호가 섞였다. 그러나 AA 방법이나 MLA 방법에서는 동시에 여러 행이 선택됨에도 불구하고, 각 행의 화소에는 영상 신호의 섞임 없이 해당 신호가 전달된다는 점에서 차이가 있다.

AA 방법에서는 모든 행에 동시에 선택 신호를 인가한다. 그러나 이 신호는 APT 구동 방식 등에서와 같은 선택 또는 비선택 신호가 아니다. 그림 6.22에 5행으로 구성된 STN−LCD에 AA 방법을 적용한 예를 나타내었다. 그림 6.22에서 각 행에 인가되는 신호를 함수 F1(t)~F5(t)라고 하면, 각 함수는 서로 직교 관계에 있다. 이 때, 첫 번째 열의 화소에 표시하고자 하는 영상 정보가, 행의 아래 방향 순으로 온, 오프, 온, 오프, 온 이라 하고, 온에 +1, 오프에 −1을 대응시키면, 열에 인가할 전압은 함수 F1(t)~F5(t)와 영상 정보의 내적으로 결정된다. 그림 6.22의 G(t)가 열에 인가할 전압을 시간의 함수로 나타낸 것이다. 이처럼 행에는 임의의 직교 함수의 집합을 인가하고, 열에는 이 직교 함수와 표시하고자 하는 영상 정보 (+1 또는 −1)의 내적을 인가하는 것이 AA 구동 방식이다.

이런 방법으로 행의 함수와 열의 함수를 인가할 때, 화소에 전달되는 전압은 어떻게 결정되는지 분석해 보자. i번째 행에 인가되는 함수를 $F_i(t)$, j번째 열에 인가되는 열 함수를 $G_j(t)$라 하자. 물론, $G_j(t)$는 앞서 설명한 방법으로 결정된 함수이다. 이 때, 화소에 인가된 전압 $U_{ij}(t)$는 식 (6.9)로 표현되고, rms 값은 식 (6.10)으로 표현된다.

$$U_{ij}(t) = F_i(t) - G_j(t) \tag{6.9}$$

$$\begin{aligned} < U_{ij}(t) > &= \frac{1}{\sqrt{T}}\sqrt{\int_0^T U_{ij}^2(t)dt} \\ &= \frac{1}{\sqrt{T}}\sqrt{\int_0^T F_i^2(t)dt - \int_0^T F_i(t)G_j(t)dt + \int_0^T G_i^2(t)dt} \end{aligned} \tag{6.10}$$

한편, 행 함수 $F_i(t)$는 직교성에 의해 식 (6.11)과 같은 관계가 성립되고, 열 함수 $G_j(t)$는 식 (6.12)와 같이 결정된다. 식 (6.12)에서 상수 c는 정규화 상수이고, I_{ij}는 i번째 행, j번째 열 화소에 표시하고자 하는 영상 정보이다.

$$\frac{1}{\sqrt{T}}\sqrt{\int_0^T F_i(t)F_k(t)dt} = \begin{cases} F & \text{if } j = k \\ 0 & \text{if } j \neq k \end{cases} \tag{6.11}$$

$$G_{j(t)} = c\sum_{i=1}^{N} I_{ij}F_i(t) \tag{6.12}$$

식 (6.11)과 식 (6.12)를 식 (6.10)에 대입하여 전개하면, 화소에 인가되는 전압의 rms 값은 식 (6.13)이 된다. 식 (6.13)에서 i번째 행, j번째 행의 화소에 인가되는 전압은 오로지 i번째 행, j번째 행의 영상 정보 I_{ij}에 의해 결정됨을 알 수 있다. 결국, 모든 행에 동시에 신호가 인가됨에도 불구하도, 행 함수의 직교성과 식 (6.12)에 의해 결정된 열 함수로 인해 각 화소에는 표시하고자 하는 영상 정보를 전달할 수 있다.

$$< U_{ij} > = F\sqrt{1 - 2cI_{ij} + Nc^2} \tag{6.13}$$

APT 구동 방식에서는 각 행을 순차적으로 선택하였기 때문에, 각 행에 할당된 시간이 매우 짧았고, 그에 따라 고속 응답 액정을 사용하면 프레임 응답 현상이 나타났다. 그러나 AA 구동 방식에서는, 프레임 시간 전체를 이용하여 행 신호를 인가하므로, 고속 액정을 사용하더라도 프레임 응답 현상을 피할 수 있다.

6.3.2 TFT-LCD의 구동 기술

TFT−LCD는 각 화소마다 TFT로 만든 스위치를 가지고 있기 때문에, STN−LCD에 비하여 비선형성이 매우 뛰어나다. 따라서 응답 속도가 느린 STN 액정 대신, 응답 속도가 빠르고, 계조 표시가 쉬운 TN 액정을 사용한다. 그림 6.23에 TN 액정의 동작 원리를 나타내었다. 서로 직교 상태로 배치된 편광판 사이에, 상판과 하판의 편광 방향과 평행한 방향으로 액정을 배향하면, 상하 액정의 꼬임각은 90도가 된다.

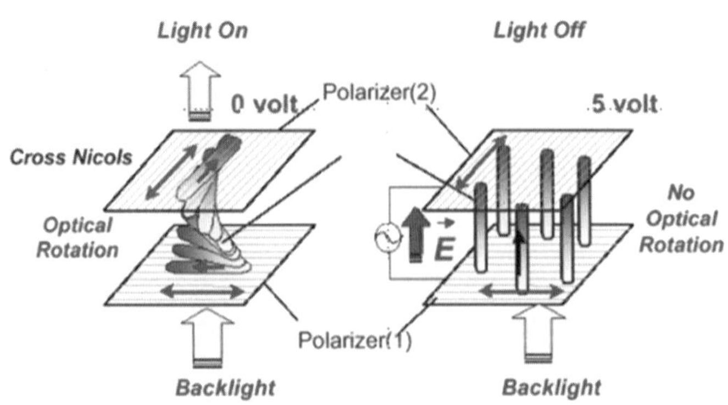

그림 6.23 TN 액정의 정상 화이트 모드에서의 동작 [3].

만일 두 편광판 사이에 액정이 없다고 가정하고, 하판 편광판의 아래쪽에서 빛을 입사 시키면, 서로 직교 상태로 놓인 두 편광판으로 인해 상판 편광판 쪽으로는 빛이 통과하지 못할 것이다. 그러나 그림 6.23에서와 같이 액정이 배향되어 있을 경우, 하판 편광판을 통과한 편광의 진동 방향이 두 편광판 사이에 놓인 액정의 꼬임각을 따라 회전하게 되어, 상판 편광판의 방향과 평행한 방향으로 진동하게 되고, 결국 빛은 상판 편광판을 통과하게 된다. 이를 액정의 온 상태라 한다. 이제 액정에 전압이 인가된 경우를 생각해 보자. 두 편광판 사이의 액정이 전계 속에 놓이게 되면, 그림 6.23에서와 같이 액정은 인가된 전계 방향을 따라 평행하게 정렬된다. 이러한 정렬 상태에서 액정은 더 이상 하판 편광판을 통과한 빛의 진동 방향을 회전 시키는 역할을 하지 않기 때문에, 두 편광판에 의해서만 결정되므로, 결국 빛은 통과하지 못한다. 이를 액정의 오프 상태라 한다. 이처럼 빛의 통과 여부를 외부에서 인가한 전압에 의해 제어할 수 있기 때문에, 화소 행렬을 만들고, 개개의 화소에 전기적 신호를 전달하여 빛의 통과 여부를 독립적으로 제어함으로써 원하는 영상을 표시할 수 있다. 그림 6.23의 예는, 전압을 인가하지 않을 때 액정이 온 상태가 되는 정상 화이트 모드이다. 반대로, 상하 편광판을 평행하게 배치함으로써 전압을 인가하지 않을 때, 오프 상태가 되는 정상 블랙 모드도 가능하다.

인가된 전압과 TN 액정을 통과하여 상판으로 나오는 빛의 투과율과의 관계는 그림 6.24에서와 같이 완만한 곡신의 형대를 기지고 있다. 그러므로 적전한 전압을 인가함으로써 액정의 빛의 투과량을 조절할 수 있다. 이와 같이 여러 레벨의 전압을 인가하여 각각의 전압에 해당하는 빛의 투과량을 여러 중간 단계로 조절하는 것을 계조(gray scale) 표시라 한다.

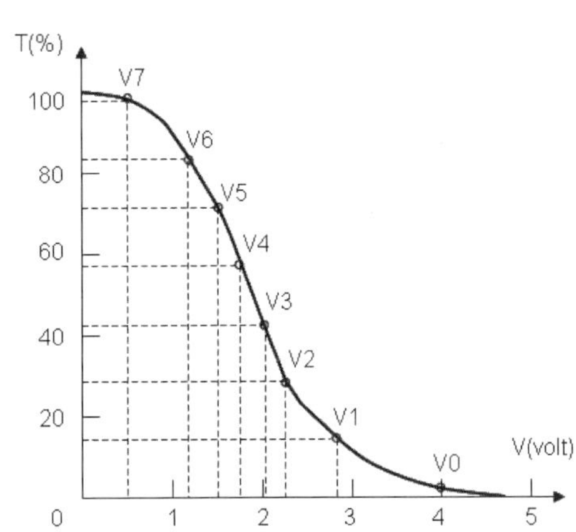

▌그림 6.24 TN 액정의 전압과 빛의 투과율과의 관계.

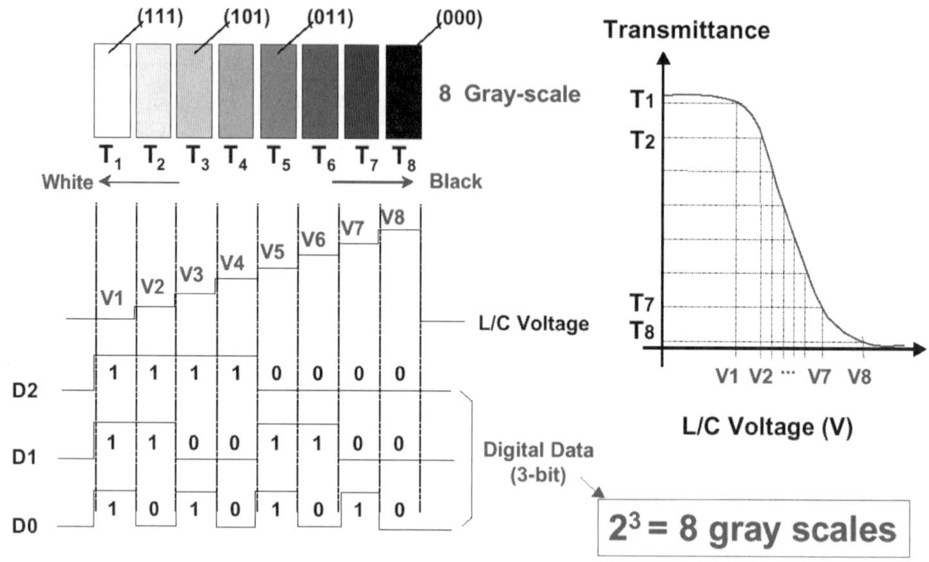

그림 6.25 TN 액정에서의 3-bit 계조 표시 [3].

그림 6.25에 TN 액정의 계조 표시에 대해 보다 자세히 나타내었다. 3-bit 디지털 신호로부터 8가지의 전압 레벨 V1~V8을 생성하고, 각각의 전압 값에 따라 투과되는 빛의 밝기를 나타내었다. TN 액정은 인가한 전압과 빛의 투과율과의 관계가 선형적이지 않으므로, 균등한 간격의 빛의 밝기를 얻기 위해서, 인가하는 전압들의 간격이 중간 계조 영역에서는 조밀하고, 낮은 계조와 높은 계조에서는 성김을 알 수 있다. 그림 6.25에서, 3-bit의 디지털 신호는 8(=2^3) 개의 계조를 표시할 수 있고, 이를 이용하여 red, green, blue의 색의 계조를 표시하면, 총 512(=$2^3 \times 2^3 \times 2^3$) 색을 표현할 수 있는 LCD를 구현할 수 있다. 따라서 n-bit의 디지털 영상 신호로 표현할 수 있는 색의 수는 2^{3N}이 된다.

그림 6.25에서 균등한 간격의 빛의 밝기를 얻기 위해서, 인가하는 전압의 간격을 조정함을 설명하였다. 그러나 사람의 눈은 이러한 선형적인 빛의 밝기 변화를 선형적으로 인식하지 못한다. 예를 들어, 빛이 전혀 없는 방에서 초가 하나 켜지는 것은 매우 예민하게 인식할 수 있지만, 이미 100개의 초가 켜진 상태에서는 하나의 초가 더 켜질 때는 밝기의 차이를 잘 느끼지 못한다. 이처럼 비선형적으로 밝기 변화를 인식하는 사람의 눈에 맞추어, 낮은 계조에서는 빛의 밝기 변화 폭을 작게, 높은 계조에서는 빛의 변화 폭을 크게 재조정해 주는 것을 감마 조정이라 하고, 식 (6.14)에서 지수 γ값의 결정을 통해 재조정한다 [9]. γ=1은 계조와 밝기가 선형적으로 비례하는 관계이고, γ=2.2일 때가 사람의 눈에 가장 적합한 것으

로 알려져 있다. 식 (6.14)에서 T는 빛의 투과율이다.

$$T = T_{MAX} \times (\text{gray}\,\# / \text{Max.gray})^{\gamma} \qquad (6.14)$$

이상에서 액정 화면에 영상을 표시하기 위한 기본적인 구동 방법에 관하여 설명하였고, 다음은 TFT-LCD의 구동과 관련된 화질 문제와 그 해결 방안 등에 대해 논의한다.

TFT-LCD 화면에는 때로 영상 누화 (cross-talk) 현상이 발생하기도 한다. TFT-LCD의 영상 누화는 매우 다양한 형태로 나타나지만, 대표적으로 그림 6.26에 나타낸 바와 같이 수직 영상 누화와 수평 영상 누화로 나누어 생각할 수 있다. 전체 바탕 화면이 밝은 색조이고, 화면을 9 등분하여 정 중앙에 흑색을 표시할 때, 흑색 영역의 위와 아래쪽에, 원래 표시되어야 할 바탕 화면의 밝은 색조 대신, 바탕 화면의 색조와 흑색 사이의 중간 색조가 나타나는 현상을 수직 누화라 하고, 흑색 영역의 양 옆에 이와 같은 현상이 나타나는 것을 수평 누화라 한다. 즉, 화면의 어떤 영역이 다른 영역의 영상에 영향을 받아, 원래 표시되어야 하는 색상과 다른 색상이 표시되는 현상을 TFT-LCD에서의 cross-talk이라 한다. 반대로, 어두운 색조의 바탕 화면에 백색을 화면 정 중앙에 표시할 때도 비슷한 현상이 관찰된다.

영상 누화 현상의 원인에 대하여 개략적으로 설명하면, 수직 영상 누화는 TFT의 소오스와 드레인 간의 기생 커패시턴스 결합에 의해 열 신호선의 전압이 화소 전극에 영향을 미치거나, 또는 TFT의 누설 전류로 인해 화소 전극의 전압이 변하는 것이 주요 원인이다.

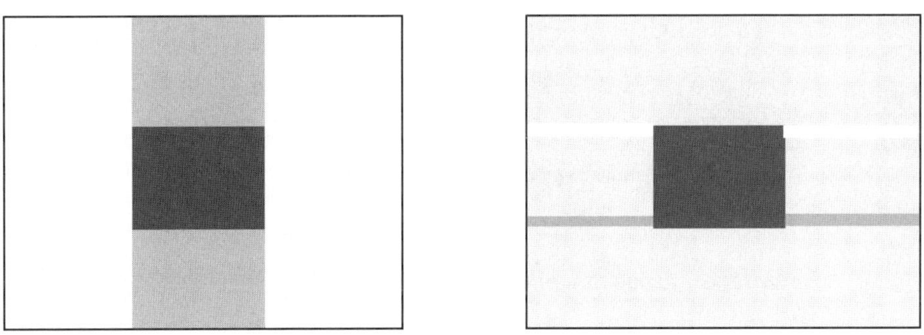

▌그림 6.26 TFT-LCD에서의 수평 및 수직 영상 누화 현상.

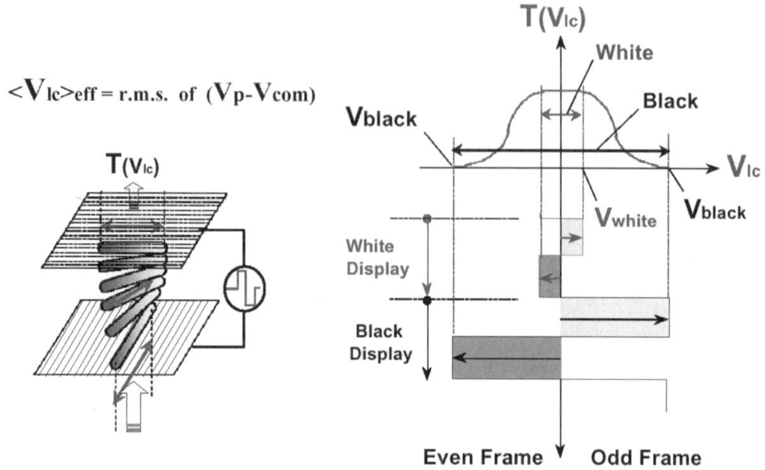

▌그림 6.27 TFT-LCD의 극성 반전 구동 파형 [3].

수평 누화 현상은 주로 공통 전극 전압의 왜곡에서 그 원인을 찾는데, 이러한 공통 전극 전압의 왜곡은, TFT의 소오스와 공통 전극 사이의 기생 커패시턴스 결합에 의한 것과, 공통 전극 신호선의 저항에 의해 화소의 위치에 따라 공통 전극의 전압 강하에 의한 것으로 설명할 수 있다.

한편, 6.3.1절의 STN 액정과 마찬가지로, TN 액정도 DC 전압이 인가되는 것을 방지하기 위하여 극성 반전 구동을 하여야 한다. 그림 6.27에 극성 반전 구동에서 전압과 빛의 투과율과의 관계를 나타내었다. 매 프레임 마다 중간 전압 (공통 전압) 을 중심으로 높은 전압과 낮은 전압을 번갈아 가며 인가한다. 따라서 액정을 구동하기 위해서는 그림 6.24에 나타낸 전압보다 대략 2배 정도의 전압 범위가 필요하다.

TFT-LCD에서 관찰되는 또 하나의 화질 문제는, 흔히 ΔV_p 문제라고 일컬어지는 화소 전극 전압의 변화와 이로 인한 영상 고착 또는 플리커의 발생이다[10]. ΔV_p 문제의 이해를 위해 그림 6.28에 TFT-LCD 화소의 회로 모델을 나타내었다. 그림 6.28에서 C_{STG}는, TFT의 누설 전류나, 기생 커패시턴스 결합 등으로 인한 화소 전극 전압의 변화를 억제하기 위해 의도적으로 만든 저장 커패시턴스 (storage capacitance)이지만, C_{GD}는 TFT의 게이트와 드레인 사이, 또는 TFT-LCD의 행 신호선과 화소 전극 사이의 기생 커패시턴스이다. 이제 그림 6.28에서와 같이, N번째 프레임에서 어떤 행에 턴-온 신호가 인가된다고 하면, 액정의 화소 전극에는 열 신호선을 통해 영상 신호 전압이 전달된다. 그러나 선택되었던 행이 턴-오프 되기 위해 TFT의 게이트에 하강 신호가 인가되면, C_{GD}를 통해서 화소 전극에 영향을 미쳐 최종적으로는 화소 전극의 전압은 전달하고자 했던 영상 신호 전압에 못 미치게 된다. 이제 (N+1)번째 프레임에서 다시 그 행이 선택되면, 액정에 DC 전압이 인가되는 것을 방지하기 위하여 N번째 프레임에서와는 반대 극성의 영상 신호 전압이 전달되어야 한다. 그림 6.28에서는 N번째 프레임에서는 양의 극성, (N+1)번째 프레임에서는 음의 극성의 영상 신호를 전달할 때의 예를 나타내었다. 그런데, (N+1)번째 프레임에서도 TFT가 턴-오프될 때, 화소에 최종적으로 전달되는 전압은 정확한 영상 신호 전압에 못 미치는 전압이다. 이처럼 기생 커패시턴스 C_{GD}에 의해서 화소에 전달되는 전압이 원래 목표했던 전압보다 떨어지는 현상을 ΔVp 문제라고 한다.

이와 같은 ΔVp 현상은 단순히 화소에 부정확한 전압이 전달되는 것이 문제뿐만 아니라, 행이 턴-오프될 때마다 화소 전압이 순간적으로 떨어져서 TFT-LCD의 밝기기 변화하게 되며, 이처럼 규칙적이고 순간적인 밝기 변화는 사람의 눈에 깜박거림 현상(flicker)으로 매우 쉽게 인식된다.

또 한 가지 주목해야 할 점은, 액정에 DC 전압이 걸리는 것을 방지하기 위하여 극성 반전 구동을 수행함에도 불구하고, ΔVp 현상으로 인해 액정에 DC 전압이 걸리게 된다는 것이다. 그림 6.28에서 액정에 인가되는 전압을 시간적으로 평균하게 되면, 화소 전극에는 공통 전극 전압에 비하여 ΔVp 만큼 낮은 전압이 인가됨을 알 수 있다. 이는 극성 반전 구동에도 불구하고, 진류 DC 전압 성분이 존재함을 의미한다. 그림 6.28에서 ΔVp의 값을 계산하면, 식 (6.15)로 나타낼 수 있다.

$$\Delta V_P = \frac{\Delta V_G\, C_{GD}}{C_{GD} + C_{STG} + C_{LC}} \tag{6.15}$$

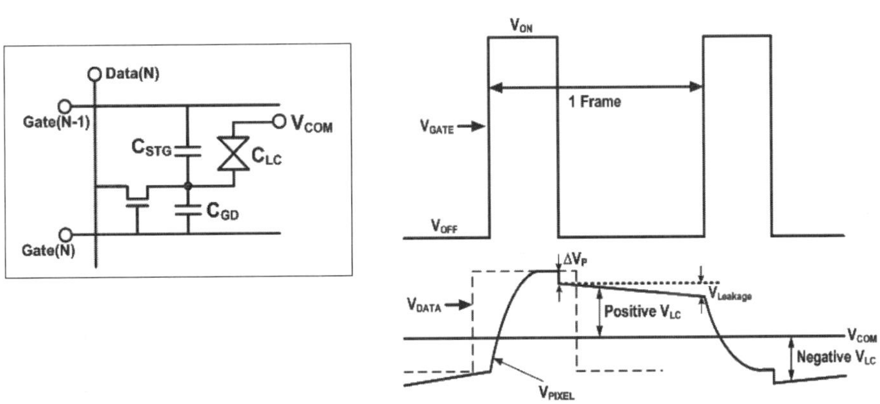

▌그림 6.28 TFT-LCD에서 단위 화소의 등가회로, 게이트 구동 파형 및 화소전극 전압 파형에서의 ΔVp 현상.

식 (6.15)에서 ΔV_G는 TFT의 게이트에 인가되는 턴-온과 턴-오프 전압의 차이이다. 사실 식 (6.15)에 의해 ΔVp 값이 일정한 값이라면, 정확한 ΔVp 값을 계산하여 공통 전극의 전압을 ΔVp만큼 낮추어 줌으로써 ΔVp 문제는 간단히 해결할 수 있다. 그러나 액정의 커패시턴스는 인가되는 전압에 따라, 그 값이 변하는 가변 커패시턴스이다. 이는 ΔVp의 값이 영상 신호 전압에 따라 달라지고, 그 때문에 화소마다 그 값이 달라지는 것을 의미한다. 모든 화소들의 공통 전극은, 말 그대로, 전기적으로 단락된 하나의 전압을 가지는 전극이기 때문에, 공통 전극의 전압을 낮추는 것으로는 개별 화소마다 다른 값으로 나타나는 ΔVp 문제를 완전히 해결하기 곤란하다.

앞의 그림 6.27에서 TFT-LCD의 극성 반전 구동의 개념에 대하여 간단히 설명하였다. 지금까지 설명한 TFT-LCD의 영상 누화 현상이나 ΔVp 등의 화질 문제는 극성 반전 구동의 방법과 밀접한 관련을 가지고 있다. 뿐만 아니라, 소비 전력이나 구동 회로의 설계 등에도 커다란 영향을 미친다. 우선 반전 구동 방식의 종류에 대해 설명하면, 그림 6.29에서 나타낸 바와 같이 기본적으로 화면 반전, 열 반전, 행 반전 그리고 점 반전의 4가지 종류가 있다. 화면 반전에서는, 한 프레임에서 모든 화소의 극성이 모두 동일하다. 물론, 다음 프레임에서는 모든 화소의 극성이 전부 다 반전된다. 열 반전에서는, 인접한 열의 극성이 서로 반대이다. 즉, 한 프레임에서 홀수 번째 열의 극성이 양이면, 짝수 번째 열의 극성은 음이다. 역시 다음 프레임에서는 홀수 번째 열의 극성은 음이고, 짝수 번째 열의 극성은

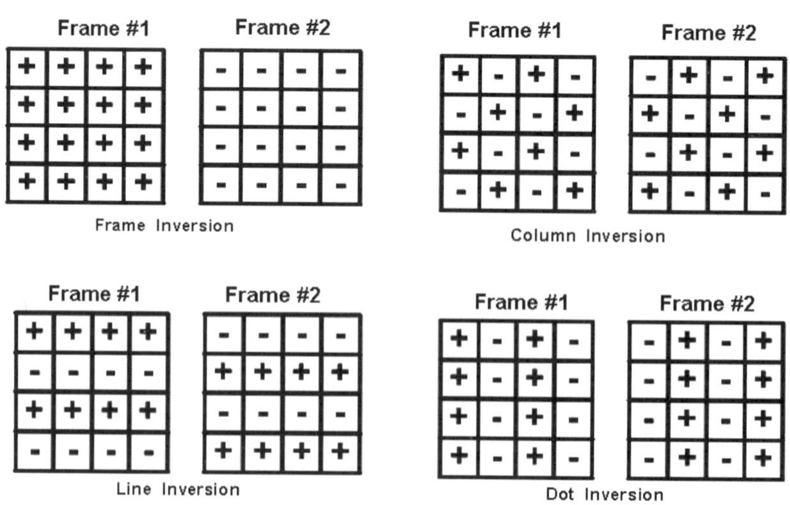

▌그림 6.29 TFT-LCD의 반전 구동 방식의 종류.

양이 되어 이전 프레임과는 반대로 된다. 마찬가지로, 행 반전에서는 인접한 행의 극성이 서로 반대이고, 점 반전에서는 인접한 모든 화소끼리 극성이 반대이다. 다만, 4가지 반전 구동 방식 모두 매 프레임마다 화소에 인가되는 전압의 극성이 바뀌기 때문에, 개별 화소에 DC 전압이 인가되는 것을 피할 수 있다.

화면 반전 방식은 가장 간단하기는 하지만, 화질 면에서 4가지 반전 방식 중 가장 좋지 않은 특성을 나타낸다. ΔVp에 의한 플리커도 가장 뚜렷이 나타나고, 화면 누화 현상 면에서도 불리하다. 그림 6.29에서 보듯이 홀수 번째 프레임에서는 모든 화소가 양의 극성이고, 짝수 번째 프레임에서는 모든 화소가 음의 극성이다. 예를 들어, 화면의 전 영역에 흑색을 표시한다고 할 때, ΔVp로 인해, N번째 프레임과 N+1번째 프레임의 밝기가 서로 다르다. 그림 6.27을 참고하여 설명하면, 양의 극성으로 흑색을 표시할 때, ΔVp 현상으로 목표했던 전압보다 약간 낮은 전압이 화소에 전달되므로, 화면은 원래 표시하고자 했던 흑색보다 약간 밝은 흑색이 된다. 그러나 음의 극성으로 흑색을 표시할 때는, 마찬가지로, ΔVp 현상으로 인해 목표했던 전압보다 약간 낮은 전압이 화소에 전달되지만, 이 경우에는 공통 전극 전압에서 더 멀어지는 경우이므로, 화면은 원래 표시하고자 했던 흑색보다 약간 어두운 흑색이 된다. 따라서 매 프레임마다 음의 극성과 양의 극성의 흑색이 번갈아 가며 디스플레이 되면, 사람의 눈에 밝기 변화로 인한 플리커로 인식된다. 그러나 행 반전과 열 반전 방식의 경우를 살펴보면, 프레임이 바뀌더라도 밝기의 변화는 일어나지 않는다. 왜냐하면, 어느 프레임에서든지 전체 화면의 반은 양의 극성, 나머지 반은 음의 극성이기 때문에 화면 전체의 평균 밝기는 프레임 간의 차이가 없기 때문이다. 특히, 점 반전의 경우에는 프레임 간의 평균 밝기의 차이가 없을 뿐 아니라, 극성 반전이 수평으로나 수직으로나 화소 간의 간격으로 이루어지기 때문에, 플리커 면에서 가장 유리하다.

영상 누화 현상 면에서도 화면 반전 방식이 가장 불리하다. 열 반전 방식은 수평 방향으로 극성이 반전되어 앞서 설명한 커패시턴스 결합에 의한 화소 전압 변화의 방향이 상쇄되고, 공통 전극 신호선의 저항에 흐르는 전류의 방향이 반대이기 때문에, 수평 영상 누화 면에서 유리하다. 행 반전은, 수직 방향으로 전압의 극성이 바뀌므로, 드레인과 소오스 간의 커패시턴스 결합에 의한 화소 전압 변화의 방향이 상쇄되어 수직 영상 누화 면에서 유리하다. 점 반전 방식은, 열 반전과 행 반전 방식의 장점을 모두 가지고 있기 때문에 영상 누화 면에서 가장 유리한 방식이다. 반면, 화면 반전 방식은 영상 누화 발생 원인을 억제할 수 있는 아무런 작용이 없으므로, 영상 누화면에서 가장 불리한 방식이다.

이처럼 화질 면에서는 점 반전 방식이 가장 유리하고, 화면 반전 방식이 가장 불리하다. 그러나 소비 전력 측면에서는 반대로 화면 반전 방식이 가장 유리하고, 점 반전 방식이 가장 불리하다. TFT-LCD의 열 신호선은 저항과 그 저항에 직렬로 연결된 커패시턴스로 간단히 모델링할 수 있다. TFT-LCD의 구동 소비 전력의 대부분은 이 커패시턴스를 충방전하는 과정에서 발생한다. 따라서 열 신호선의 충전 및 방전 전압의 폭에 비례하여 소비 전력은 증가한다. 행 반전과 점 반전 방식의 경우에, 행이 바뀔 때마다 극성이 반전되므로, 결국 한 화면을 주사하는 동안 행이 바뀔 때마다 큰 폭의 전압으로 열 신호선의 충전 및 방전이 일어난다. 반면, 열 반전이나 면 반전의 경우 한 화면을 주사하는 동안 열 신호선의 극성은 동일한 프레임내에서 항상 양의 극성 또는 음의 극성에 머물러 있기 때문에 충전 및 방전 전압의 폭이 크지 않다. 따라서 행 반전이나 점 반전 방식이 소비 전력 면에서는 매우 불리하다.

실제 TFT-LCD에서는 위의 4가지 반전 방식을 변형한 구동 방식이 자주 사용되곤 한다. 예를 들면, 수평 방향으로는 열 반전 방식을 채택하고, 수직 방향으로는 N개 행마다 반전을 수행하기도 한다. 이는 열 반전을 통해 수평 누화 현상을 억제하고, 수직 방향으로는 수직 누화 현상을 억제하기 위해 행 반전을 적용하되, 소비 전력을 감소시키기 위하여 매 행마다 반전하는 대신 몇 개의 행 단위로 반전을 수행하기도 한다.

6.3.3 TFT-LCD의 게이트 구동 회로

게이트 구동 회로의 기본적인 역할은, 그림 6.30에서 나타낸 바와 같이 TFT-LCD의 행 신호선에 순차적으로 주사 신호를 공급하는 것이다. 게이트 구동 회로의 동작 주파수는 수십 KHz 이하로 상당히 느린 편이다. 예를 들어, UXGA 형식 (1600 × 1200)의 화면을 초당 60~80회 표시한다고 하면, 동작 주파수는 72~96[KHz]이다. 게이트 구동 회로가 생성하는 주사 신호의 전압 범위는 응용 분야에 따라 다르지만, 대체로 20-30[V] 범위이기 때문에 고전압 공정을 사용하여 제작한다.

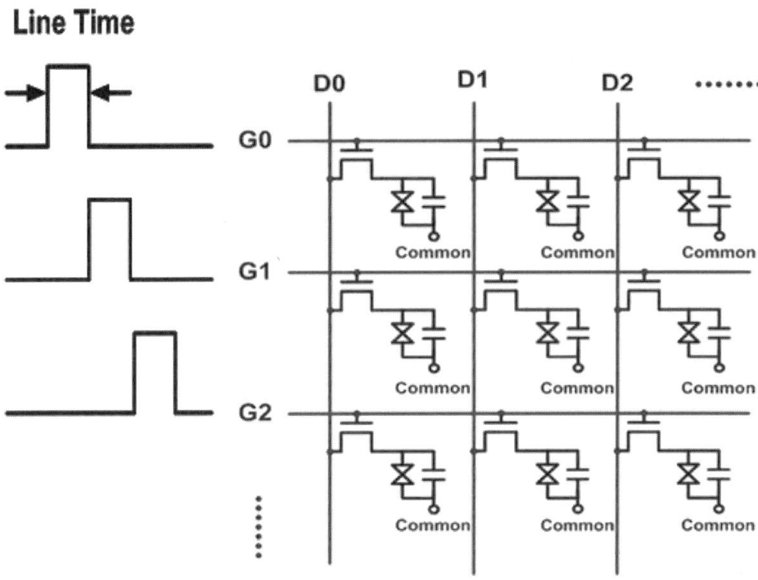

▌그림 6.30 게이트 구동 회로의 주사 신호의 전압 파형과 화소 어레이

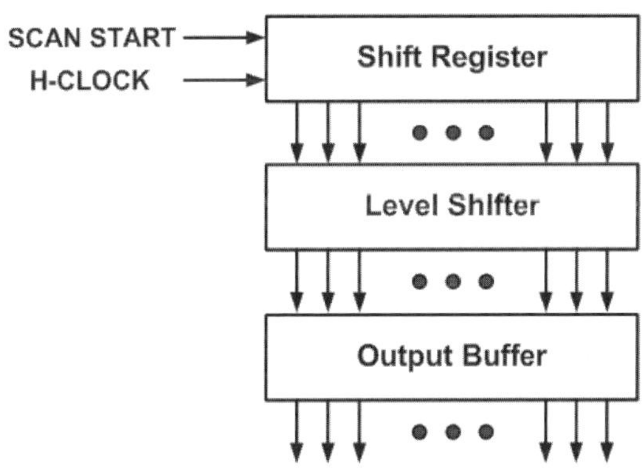

▌그림 6.31 게이트 구동 회로의 전형적인 블록 다이아그램.

게이트 구동 회로의 전형적인 구조는 그림 6.31에 나타낸 바와 같이 쉬프트 레지스터, 레벨 쉬프터 및 출력 버퍼로 구성되어 있다. 쉬프트 레지스터는 클록에 동기 되어 주사 신호를 생성하는데 사용되고, 매우 큰 커패시턴스 부하 (화면 크기와 해상도에 따라 다르지만, 수십~수백 pF)로 작용하는 행 신호선에 턴-온 및 턴-오프 신호를 충전 및 방전하기 위해 전류 공급 능력이 우수한 출력 버퍼가 필요하다. 그리고 3.3[V] 이하의 전원 전압에서 동작하는 쉬프트 레지스터와 20-30[V]로 동작하는 출력 버퍼 사이의 신호 전압 진폭을 변환하여 전달을 위하여 레벨 쉬프터를 사용한다. 레벨 쉬프터는 디지털 신호의 값을 바꾸지는 않지만,

3.3[V] 이하의 저전압 신호를 입력 받아, 20−30[V]의 고전압 신호로 신호 전압 레벨을 변환하여 출력한다.

6.3.4 TFT-LCD의 데이터 구동 회로

데이터 구동 회로의 기본적인 역할은 영상 신호를 입력 받아서 각각의 화소에 해당 영상 신호를 전달하는 것으로서, 데이터 구동 회로에 입력되는 영상 신호에 따라, 아날로그 데이터 구동 회로와 디지털 데이터 구동 회로의 두 종류로 나눌 수 있다. 아날로그 데이터 구동 회로에 대하여 먼저 설명하고, 그 다음 디지털 데이터 구동 회로에 대하여 설명한다.

그림 6.30에 나타난 바와 같이 아날로그 데이터 구동 회로는 입력되는 아날로그 영상 신호(R, G, B)를 샘플링하여 화소에 전달하기 위해 쉬프트 레지스터와 아날로그 스위치가 필요하다. 데이터 구동 회로의 쉬프트 레지스터는 수평 동기 신호(Hsync)를 입력받아 수평 클록(Hclock)에 따라 쉬프트 레지스터의 출력 신호를 순차 발생 시키고, 쉬프트 레지스터의 출력 신호는 아날로그 스위치의 온, 오프를 제어한다. 따라서 쉬프트 레지스터는 아날로그 스위치에 입력되는 아날로그 영상 신호를 샘플링 하기에 충분한 속도로 동작하여야 하며, 데이터의 클록은 해상도가 높아질수록 빠른 클록 속도가 요구된다. 아날로그 데이터 구동 회로는 단순히 외부에서 공급되는 영상 신호를 해당 화소에 전달할 수 있도록 신호의 경로를 제어하는 역할을 할 뿐, 영상 신호에 대하여 어떤 신호 처리 작업을 하지 않으므로

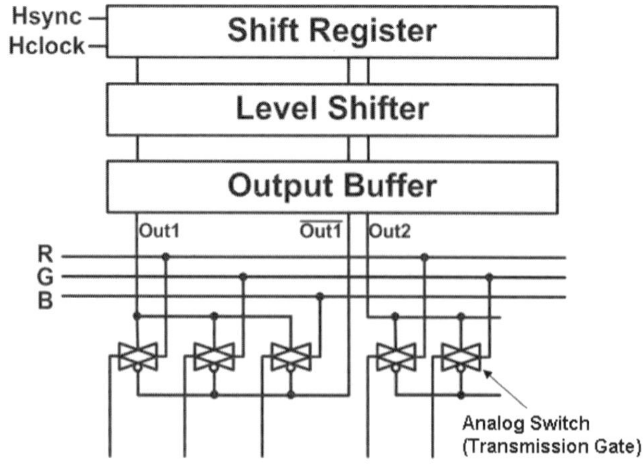

그림 6.32 포인트 어드레싱 방식의 아날로그 데이터 구동 회로 블록 다이아그램.

아날로그 데이터 구동 회로에 입력되는 영상 신호는 이미 영상을 표시하고자 하는 LCD의 액정 특성에 맞는 전압 레벨을 가지고 있어야 한다 [11].

아날로그 데이터 구동 회로에는, 입력 데이터의 버스 폭에 따라 세 가지 종류가 있다. 회로적으로 가장 간단한 방법은, R, G, B 각 한 열씩 순차적으로 구동하여 영상 신호를 화소에 기입하는 방식으로서, 포인트 어드레싱이라고 하며, 그림 6.32의 블록 다이아그램이 이에 해당한다. 이 방식에서는 한 주기의 수평 클록(Hclock) 동안에 R, G, B 각 한 개의 열 신호선이 구동되기 때문에, 쉬프트 레지스터의 동작 속도는 물론, 아날로그 스위치의 샘플링 속도도 매우 빨라야 하고, 한 화소 당 영상 신호가 기입되는 시간 (video signal settling time)은 수평 주기를 열의 수로 나눈 값으로 매우 짧다. 사실 포인트 어드레싱 방식의 수평 클록 주파수는 구동 하고자 하는 LCD의 화소 주파수와 같다. 예를 들어, VGA (640×480) 포맷의 LCD를 60Hz의 프레임 주파수로 구동한다고 하면, 포인트 어드레싱의 수평 클록 주파수는 60 × 640 × 480 Hz로 약 18.5MHz이나, 실제로는 프레임 사이의 공백 시간 (vertical blanking time), 각 행 사이의 공백 시간 (horizontal blanking time) 등이 존재하기 때문에, 실제 수평 클록 주파수는 약 25.2MHz이다. 만일 해상도가 XGA (1024 × 768) 포맷이 되면, 요구되는 수평 클록 주파수는 65MHz로 급격히 높아진다.

반면, 하나의 행 신호선을 구동하는 시간은 수평 클록 주파수에 반비례하여 짧아진다. 앞의 XGA 포맷을 예로 들면, 아날로그 스위치가 턴-온되어 영상 신호가 전달될 수 있도록 하나의 열 신호선에 할당될 수 있는 시간은 15.4 ns (=1/65MHz) 이내이다. 일반적으로 열 신호선의 저항이 수 KΩ 수준이고, 커패시턴스도 수십~수백 pF 이기 때문에 이 시간 내에 열 신호선을 원하는 전압까지 충전하는 것은 불가능하다. 게다가, 6.1 절에서 설명한 바와 같이 화소의 스위치로 사용되는 a-Si:H TFT의 전류 구동 능력이 매우 낮기 때문에, 화소의 전압이 원하는 값에 도달하는데 걸리는 시간은, 열 신호선의 충전 시간보다 훨씬 더 오래 걸린다. 따라서 포인트 어드레싱 방식은 낮은 해상도의 작은 화면이나, poly-Si TFT-LCD 외에는 적용하기 곤란하다.

이러한 포인트 어드레싱 방식의 단점을 완화하기 위하여 블록 어드레싱 방식, 또는 라인 어드레싱 방식이 제안되었다. 블록 어드레싱 방식은, 그림 6.33에 나타낸 바와 같이, 영상 신호를 R, G, B 각 n개의 신호선을 통해 동시에 병렬적으로 공급하는 것으로서, 구동 회로의 요구되는 동작 속도가 1/n로 감소된다. 그러나 순차적으로 공급되는 영상 신호를 병렬로 바꾸기 위하여 구동 회로 외부에 n개의

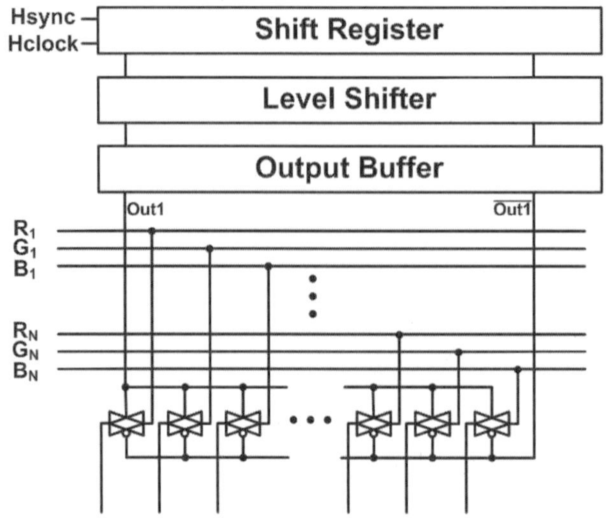

▌그림 6.33 블록 어드레싱 방식의 아날로그 데이터 구동 회로 블록 다이아그램.

샘플-앤드-홀드 (Sample-and-Hold, S/H) 회로가 필요하고, 포인트 어드레싱 방식에 비하여 (n-1)개의 디지털-아날로그 변환기(DAC) 등이 더 필요하다. 라인 어드레싱 방식은 블록 어드레싱 방식을 더욱 확대한 것으로서, 한 행 시간을 모두 활용하여 각 신호선에 영상 신호를 전달할 수 있다. 이를 위하여 한 행의 영상 신호를 아날로그 래치 등의 저장 회로에 모두 저장하고 있다가 해당 행이 선택되면 저장하고 있던 영상 신호를 동시에 선택된 행에 연결된 모든 화소에 기입한다. 라인 어드레싱 방법은 한 행이 선택되어 있는 시간을 모두 활용하여 각 열을 구동할 수 있기 때문에, 포인트 어드레싱에서와 같은 시간 부족 문제를 해결할 수 있는 가장 좋은 구동 방식이지만, 아날로그 영상 신호 전압을 수 mV 오차 이하로 정확히 샘플링 하여 저장하고, 전달할 수 있는 샘플-앤드-홀드 회로를 구현하는 것이 쉽지 않다. 그림 6.34에 샘플-앤드-홀드 회로를 사용하는 데이터 구동 회로의 블록 다이아그램을 나타내었다.

이와 같은 아날로그 구동 회로는 매우 간단하고, 작은 면적으로 구현할 수 있다는 장점이 있지만, 샘플링 회로의 제한된 대역폭(bandwidth)과 아날로그 영상 신호 전압의 정확성 및 잡음에 대한 취약성으로 인해 디지털 구동 회로가 더 많이 사용되고 있다 [12-19].

디지털 데이터 구동 회로와 아날로그 데이터 구동 회로의 가장 큰 차이점은 영상 신호가 디지털 즉, 이진수(binary value)로 입력된다는 점이다. 디지털 구동 회로는 앞서 설명한 아날로그 구동 회로의 단점인 샘플링 회로의 제한된 대역폭 문제를 해결할 수 있고, 구동 회로 외부에 별도의 DAC 없이 디지털 인터페이스가 가능하다. 또한, 아날로그 구동 회로와 달리, 디지털 신호를 입력 받아 구동회로 내부에서 아날로그 신호로 변환하기 때문에, 아날로그 전압의 샘플링에 수반되는 전압 오차가 적고, 따라서, 영상 신호의 정확성과 계조 표시 면에서도 유리하다 [12-13].

디지털 구동 회로 구성의 가장 큰 특징은, 그림 6.35의 블록 다이아그램에서 나타낸 바와 같이, 디지털-아날로그 변환 블록이 구동 회로 내에 포함되어 있다는 점이다. TFT-LCD에서 사용되는 DAC 방법에는 저항렬을 사용하는 방법, 커패시터를 사용하는 방법, 외부에서 램프 신호를 인가해 주는 방법, 펄스를 인가하여 시간적으로 평균을 취하는 방법 등 매우 다양하지만, 저항렬을 사용하는 방법이 가장 일반적이다.

먼저 그림 6.35를 참고하여 디지털 구동 회로의 개략적인 동작을 설명한다. 샘플링 래치는 구동 회로 외부로부터 공급되는 각 열의 영상 정보를 수평 클록에 동기 되어 샘플링한다. 따라서 샘플링 래치는 열의 개수만큼의 셀로 구성되어 있으며, 각 셀은 영상 정보의 비트 수만큼의 래치 또는 플립-플롭으로 이루어져 있다. 예를 들어, 8-bit 480-채널의 데이터 구동 회로의 경우, 샘플링 래치는 480개의 셀로 구성되어 있고, 각 셀은 8-bit의 영상 정보를 샘플링할 수 있는 래치 또는 플립-플롭으로 구성된다. 쉬프트 레지스터는 수평 클록에 따라, 샘플링

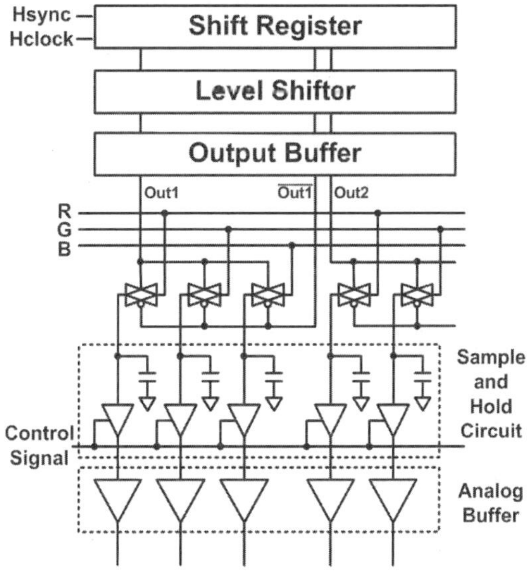

▌그림 6.34 라인 어드레싱 방식의 아날로그 데이터 구동 회로 블록 다이아그램.

래치의 각 셀을 순차적으로 동작시키는 역할을 한다. 한 행 시간을 활용하여 모든 샘플링 래치의 셀이 영상 신호의 샘플링을 완료하면, 그림 6.35에 나타낸 전달 신호 LOAD에 의하여 샘플링 래치의 모든 영상 정보가 홀딩 래치로 동시에 전달되고, 샘플링 래치는 다시 다음 행의 영상 정보를 샘플링 하기 시작한다. 홀딩 래치로 전달된 영상 정보는 DAC를 거쳐 액정을 구동하기에 적합한 아날로그 전압으로 변환되고, 출력 버퍼를 통하여 화소에 기입된다. 출력 버퍼는 DAC에서 변환된 아날로그 신호가 열 신호선의 커패시턴스를 빠른 시간 내에 충전할 수 있도록 전류를 증폭하는 역할을 한다.

이와 같이 디지털 구동 회로는 개개의 화소에 영상 신호를 기입하는데 한 수평 주기를 모두 사용함으로써 충분한 영상 신호의 정착 시간(video signal settling time)을 확보할 수 있기 때문에, 아날로그 데이터 구동 회로의 대역폭 문제를 해결할 수 있다 [12].

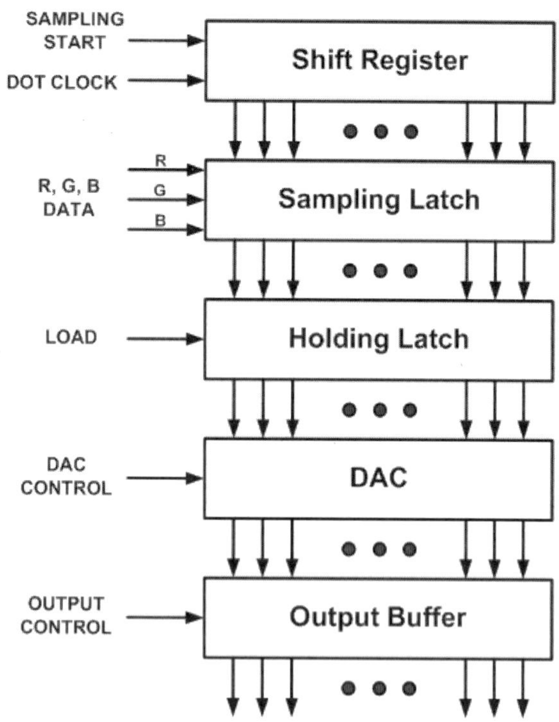

그림 6.35 디지털 데이터 구동 회로의 블록 다이아그램.

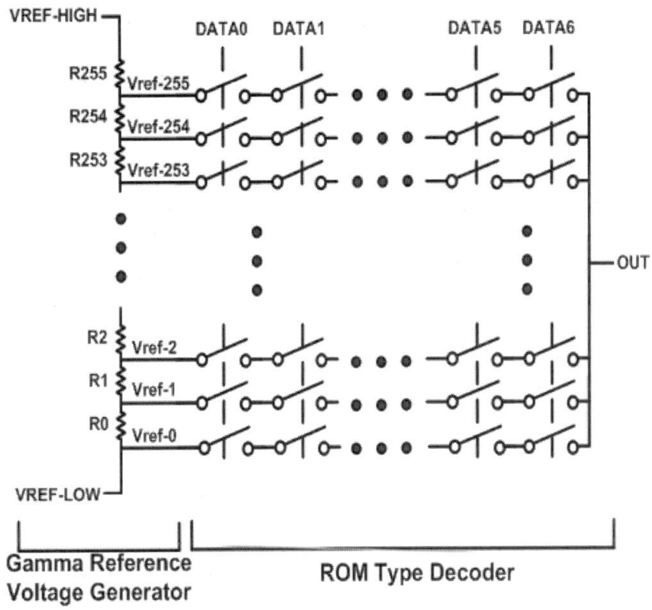

그림 6.36 TFT-LCD의 저항렬을 이용한 DAC 회로.

현재 TFT-LCD에서 가장 일반적으로 사용되는 방법인 저항렬 DAC에 대하여 자세히 설명한다. 그림 6.36은 8-bit 영상 정보의 예를 나타낸 것으로 외부에서 공급되는 기준 진압원 시이에 255개의 저항렬을 설치하여 256 레벨의 아날로그 전압을 생성한다 [14,16-17]. 일반적인 DAC는 입력 디지털 신호에 대하여 선형적인 아날로그 전압을 출력하지만, TFT-LCD 구동 회로의 경우에는, 6.3.2절에서 설명한 바와 같이, 감마 조정이 필요하기 때문에 액정의 전기-광학적 특성을 반영하여 비선형적인 아날로그 전압으로의 변환이 필요하나. 따라서 기준 전압 시이의 저항들은 모두 동일한 값을 갖는 것이 아니라, 액정의 특성을 반영하여 각각 다른 값을 갖는다. 보다 정확한 비선형 특성을 생성하기 위하여 저항렬의 중간 중간에 몇 개의 전압원을 추가로 사용하기도 한다. 보통 TFT-LCD의 TN 액정의 구동 전압 범위는 약 2.5-3[V] 정도로서, 일반적인 8-bit DAC의 경우에는 1 LSB 전압이 7.5-11.0[mV]이다. 그러나 TFT-LCD의 DAC는 양쪽 기준 전압 근처에서는 1 계조에 해당하는 전압 간격이 매우 크고, 중간 계조에서는 매우 작기 때문에, 일반적인 DAC에 비하여 약 1/3-1/4의 1 LSB 전압을 갖는다. 이와 같은 저항렬을 이용한 DAC는 저항렬을 통하여 전류가 계속 흘러서 전력 소비가 발생하지만, 저항렬의 값이 일반적으로 10kΩ 이상이기 때문에, 저항렬에서 소비되는 전력은 수 mW 이내로 억제된다. 전체 구동 회로의 소비 전력이 수십에서 수백 mW 수준인 것을 고려하면, DAC의 저항렬에서 소비되는 전력은 크게 우려할 만한 수준은 아니다. 또한, 저항렬을 구성하는 각 저항의 값이 칩에 따라, 또는 웨이퍼에 따라 균일한 값을 갖도록 제작하는 것은 매우 어렵지만, 실제 DAC의 정확성을 결정하는 것은 각 저항의 값이 아니라, 저항렬을 구성하는 각 저항값의 비(ratio)이기 때문에, 이 방식이 데이터 구동 회로에서 현재 가장 널리 사용되는 방법이다. 오히려 저항렬을 이용한 DAC의 문제점은 소비 전력보다는 면적이 크다는데 있다. 6−bit 디지털 구동 회로에서 저항렬 DAC가 차지하는 면적은 약 40~50% 정도이다. 그림 6.36에서 보듯이, 많은 수의 트랜지스터를 사용하기 때문에, DAC의 면적이 매우 큰 비중을 차지한다. 현재 랩탑 컴퓨터나 모니터용 TFT−LCD에서는 6−bit가 가장 널리 사용되고 있으나, 점차 8−bit 내지는 10−bit으로 확대되어 가고 있다 [15,18]. 특히, TFT−LCD가 대형 TV 시장에 진입하기 시작하면서 이러한 요구는 더욱 증가하고 있다. 그런데, 저항렬 DAC는 이처럼 계조 수가 증가하면, 그 면적이 매우 급격히 늘어나기 때문에, 8−bit 이상의 고계조 표시에서는 새로운 DAC 방식이 절실히 요구된다.

데이터 구동 회로의 주어진 계조 표시 능력보다 많은 계조를 표현하기 위하여 디더링(dithering)과 FRC (Frame Rate Control) 방법이 사용된다. 예를 들어, 디더링과 FRC 방법을 이용하면, 6−bit 데이터 구동 회로를 이용해서 8−bit의 계조를 표현할 수 있다.

먼저 디더링 방법에 대하여 설명한다. 예를 들어, 어떤 데이터 구동 회로가 3−bit의 영상 신호를 입력 받아 8개의 전압 레벨을 생성할 수 있다고 하자. 그림 6.37의 그래프에서 검은 점들이, 주어진 데이터 구동 회로가 실제로 생성할 수 있는 전압과 그에 따른 계조들이다. 만일 2×2의 화소를 한 단위로 하여 영상을 표시한다고 가정하고, 4개의 화소에 모두 V4의 전압을 인가한다면, 이 화소들은 단순히 V4 전압에 해당하는 계조를 표시하게 된다. 그러나 그림 6.37에서 대각으로 이웃하고 있는 2개의 화소에 V4의 전압을 인가하고, 나머지 2개의 화소에 V5의 전압을 인가하면, 4개 화소의 계조는 V4와 V5의 중간 계조를 표현하는 것으로 사람의 눈에 인식될 수 있다. 이렇게 4개의 화소를 한 단위로 영상 신호 전압을 전달하면, 원래 존재하는 2개의 계조 사이에 3 단계의 계조를 더 표시할 수 있다. 그림 6.37은 V4와 V5 전압으로 12번째와 16번째 계조를 표시하고, 디더링 방법을 이용하여 13~15번째 계조를 표현하는 방법이다. 그림 6.37의 그래프에서 흰 점들이 디더링 방법으로 표현할 수 있게 된 계조들이다. 디더링 방법으로 3−bit의 데이터 구동 회로를 이용하여 8개의 계조가 아닌 32계조가 표현됨을 알 수 있다. 쉽게 예상할 수 있듯이, 그림 6.37과 같은 디더링 방법을 사용하게 되면, 디스플레이에 표현할 수 있는 해상도가 떨어지는 단점이 있다. 따라서 문자 표시와 같이 높은 해상도를 요구하는 컴퓨터 등의 정보 기기보다는 영상 표시 중심인 TV 등의 A/V 기기에 보다 적합한 방법이다.

디더링이 공간적 평균을 이용하는 방법이라면, FRC(Frame Rate Control)는 시간적 평균을 이용한다. 그림 6.38에 3개의 전압 레벨 V0, V1, V2를 이용하여 구동할 때, 계조 표시를확장하는 방법을 나타내고 있다. 그림 6.38에서 한 화소에 연속된 프레임 동안 계속해서 V0 전압을 기입하게 되면, 그 화소는 V0 전압에 해당하는 흰 색을 표시한다. 그러나 V0 전압과 V1 전압을 매 프레임 마다 번갈아가면서 기입하게 되면, 사람 눈에는 식 (6.16)으로 주어지는 전압이 인가된 것과 실효적으로 동일한 계조로 인식된다.

$$V_b = \frac{1}{2}\sqrt{V0^2 + V1^2} \qquad (6.16)$$

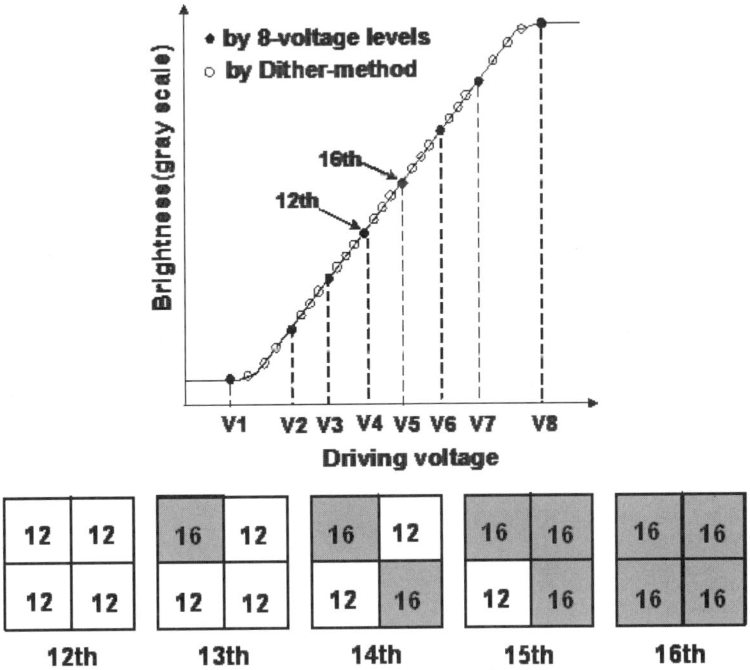

▌그림 6.37 디더링 방법을 이용한 TFT-LCD의 계조 확장 방법.

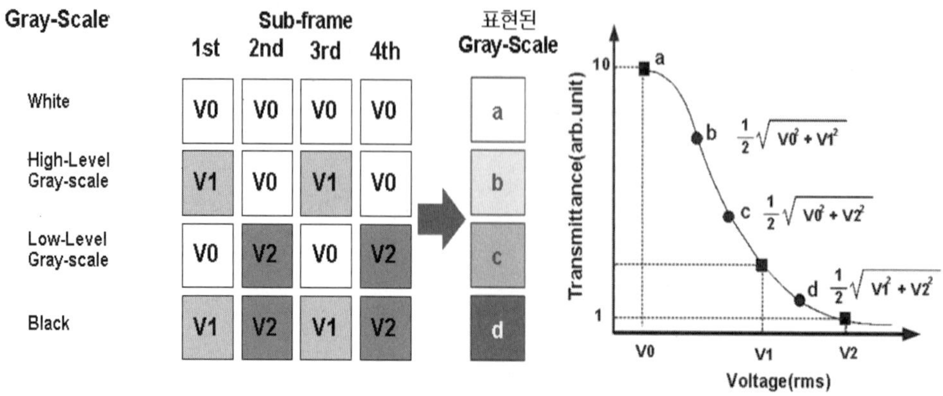

▌그림 6.38 FRC 방법을 이용한 TFT-LCD의 계조 확장 방법.

그림 6.38의 그래프에서 포인트 c는 V0와 V2가, 포인트 d는 V1과 V2가 매 프레임마다 번갈아 인가되어 표현되는 계조이다. 해당 전압은 식 (6.16)과 마찬가지 방법으로 구할 수 있다. FRC 방법은 시간적 평균을 취하는 방법이므로, 디더링에서와 같은 해상도 저하 등의 문제는 발생하지 않지만, 대신 프레임 마다 밝기를 변화시켜서 계조를 확장하는 방법이므로, 플리커에 취약하다는 문제가 있다. 따라서 FRC 방법을 적용할 때는 프레임 주파수를 충분히 높여주어야 한다.

6.4 PDP의 구동 기술

PDP는 전극이 방전 기체에 노출되어 있는 DC PDP와 전극이 방전 기체에 노출되어 있지 않고 유전체에 싸여 있는 AC PDP의 두 종류가 있다. 6.4.1 절에서는 DC PDP의 동작 원리와 구동 방식에 대하여 설명하고, 6.4.2 절에서는 현재 상용화 되고 있는 AC PDP의 동작 원리와 구동 방식 및 계조 구현 방식에 대하여 설명한다. PDP의 중요한 기술적 과제인 소비 전력 절감을 위해 매우 중요한 에너지 회수 회로의 기본 동작 원리에 대하여 6.4.3 절에서 설명한다.

6.4.1 DC PDP의 구동 기술

구동 기술의 이해를 위해서는 먼저 DC PDP의 패널 구조를 파악할 필요가 있다. 초기에 개발된 매트릭스 형태의 DC PDP 구조는 그림 6.39에 개략적으로 나타내었다.

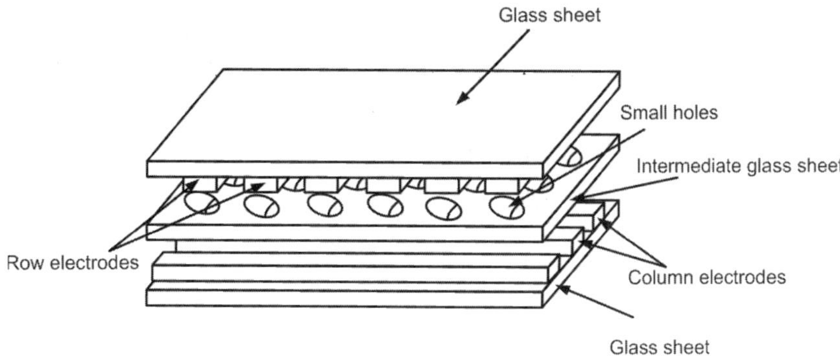

▌그림 6.39 DC PDP의 패널 구조.

그림 6.39에서 보는 것 같이 위쪽 유리판에는 세로로 전극이 구성되어 있고, 아래쪽의 유리판에 있는 전극은 가로로 형성되어 있어, 표시하고자 하는 화소 셀의 가로축의 전극과 세로축의 전극 사이에 고전압을 인가하여 방전할 수 있노록 설계되어 있다. 셀 간의 간섭이 없도록 가운데 유리판에는 작은 구멍으로 표현한 셀을 만들어 놓고 전극들이 교차되는 셀들에 불활성 기체를 주입하고 밀봉되어 있다. DC PDP는 전극들이 직접 방전공간에 노출되어 있는 것이 특징이다.

DC PDP 구동의 기본은, 셀이 서로 교차되는 두 전극에 셀의 방전을 일으키는 전압(방전 개시 전압, V_f)을 인가하여 프라임밍(priming)하여 놓고 방전개시전압보다 높은 기입전압(writing voltage)을 인가하면 표시 셀 내에 프라즈마가 형성된다. 프라즈마가 형성된 표시 셀은 기입전압보다 낮은 전압인 유지전압(sustain voltage)을 인가하여 영상을 표시하는 것이다. PDP의 계조 표현 방식에는 셀에

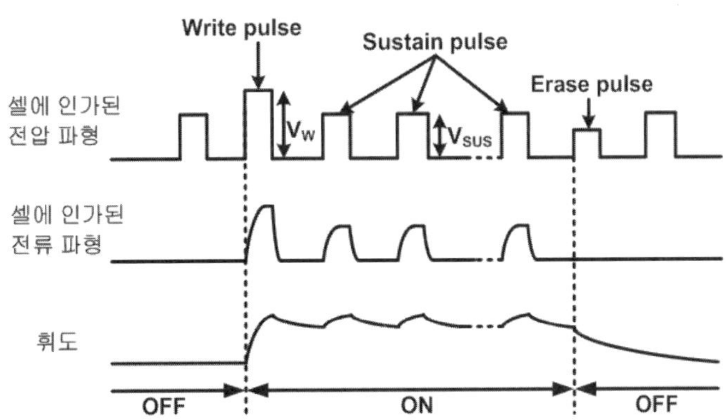

(a)

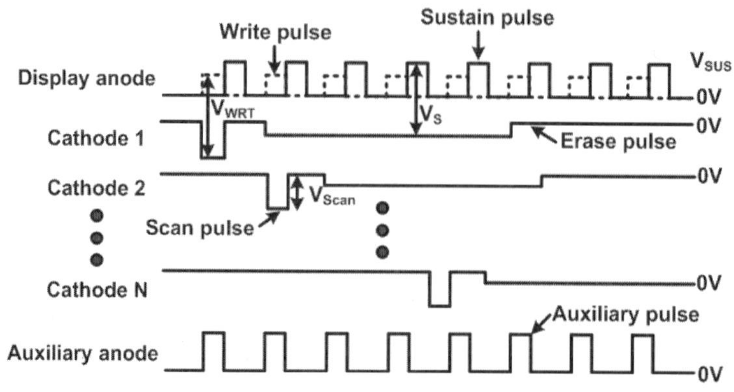

(b)

▌그림 6.40 (a) 펄스 기억 구동 방식의 원리, (b) NHK사의 구동 파형 [21].

인가되는 유지전압 펄스의 개수로 조절하여 계조를 나타내는 방식과 펄스의 폭을 조절하여 계조를 표시하는 두 가지 방법이 있으며, DC PDP는 주로 후자의 방법보다 전자의 방법을 사용하여 계조를 표시한다.

초기에는 DC PDP를 구동하기 위해서 단순 스캔형 또는 자기-스캔형 등의 리프레쉬형 구동 방식들이 개발되었으나, 이후에는 펄스 기억 구동(Pulse Memory Driving: PMD) 방식을 사용하여 DC PDP를 구동하고 있다. PMD방식은 NHK에서 PDP의 기억 특성을 이용하여 DC PDP를 구동하기 위하여 개발되었다 [20-23].

그림 6.40의 (a)는 펄스 기억 방식의 구동 원리를 나타낸 것이다. 방전이 일어난 PDP의 셀은 방전 개시 전압(firing voltage)보다 낮은 전압인 유지전압을 인가하여 방전이 지속적으로 일어나도록 할 수 있다. 이렇게 방전이 지속될 수 있도록 인가해 주는 전압을 유지 전압(sustain voltage)이라 하며, 방전이 일어나지 않은 셀은 유지 전압을 인가하여도 방전이 일어나지 않는다. 따라서 먼저 방전 개시 전압 Vf 이상의 크기를 갖는 기입 전압 (write voltage)을 인가한 후, 계속해서 유지 전압을 인가하면 방전이 지속된다. PMD방식은 한번 방전 후에는 Vf보다 낮은 전압으로도 방전이 유지되는 것이 특징이다. 그 이유는 방전이 발생되었을 때 불활성 기체들 중 일부는 준안정상태(metastable state)로 원자들이 존재하고, 다음 펄스가 인가될 때는 셀의 재방전 전압을 낮추어 주는 역할을 하기 때문에 방전 개시 전압보다 낮은 유지 전압으로 방전을 유지시킬 수 있는 것이다 [21].

그림 6.40(b)는 일본 NHK사에서 제안한 펄스 기억 방식에 따른 구동 파형을 나타낸 것이다. 먼저 어드레싱이 시작될 때 양극에 기입 전압을, 음극에 스캔 전

압을, 보조 양극(auxiliary anode)에는 보조 펄스를 인가한다. 이 때 음극과 보조 양극 사이의 전압이 음극과 양극 사이의 전압보다 크다. 이로 인해 음극과 보조 양극 사이(보조 셀)에서 방전이 일어나고, 이 때 형성된 플라즈마가 표시 셀로 이동하여 음극과 양극 사이의 셀 방전이 낮은 전압에서도 발생할 수 있도록 한다. 이러한 현상을 priming 효과라고 한다. 이 후 양극에 유지 전압을 인가하고 음극에 일정한 전압을 인가함으로써 양극과 음극에서 유지 방전을 일으킨다. 그리고 음극에 0[V]를 인가하여 양극과 음극 사이의 전압을 유지전압보다 더 낮은 전압(소거전압)을 인가하면 더 이상 방전이 일어나지 않는다[21].

6.4.2 AC PDP의 구동 기술

DC PDP에서와 마찬가지로, 구동 기술의 이해를 위해서는 먼저 AC PDP의 패널 구조를 파악할 필요가 있다. 초기에 개발된 격자구조 형태의 개략적인 AC PDP구조를 그림 6.41에 나타내었다. 전극이 방전할 때 발생되는 플라즈마에 노출된 구조인 DC PDP와는 달리 AC PDP는 방전 셀과 전극 사이에 유전체가 있어 플라즈마로부터 전극을 보호하는 구조를 가지고 있다. MgO는 방전이 일어날 때 플라즈마에 의한 유전체의 손상을 막기 위한 보호층으로 사용될 뿐 아니라, 방전 시에 2차 전자를 쉽게 방출하여 플라즈마의 형성을 돕는 역할을 한다.

이런 AC PDP 셀 구조는 그림 6.42와 같이 커패시터의 등가 회로 모델을 세울 수 있다. C_w는 유전체와 MgO로 이루어진 커패시턴스이고, C_c는 방전 공간으로 이루어진 커패시턴스이다. 방전 공간의 두께가 유전체와 MgO의 두께의 합보다 매우 크기 때문에 외부에서 인가된 전압은 대부분 작은 커패시턴스인 방전 공간에 걸리게 된다.

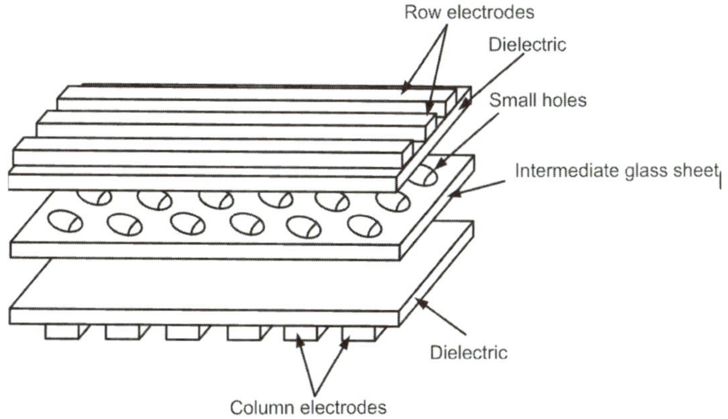

그림 6.41 AC PDP의 패널 구조.

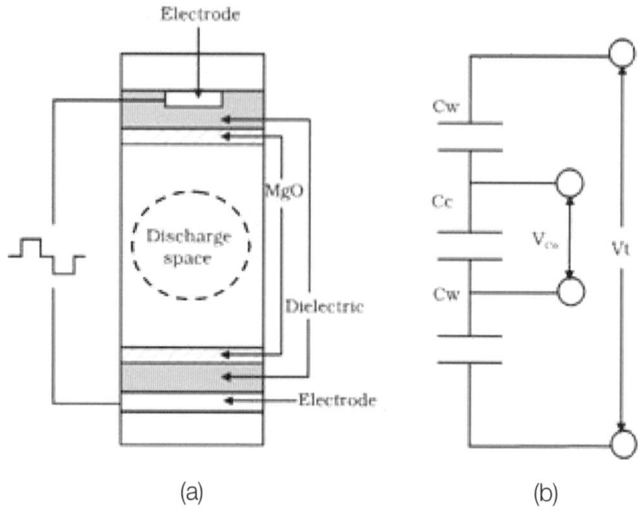

▌그림 6.42 AC PDP의 (a) 단면도 (b) 등가 회로 모델.

그림 6.43을 참고하여 AC PDP의 구동 원리를 설명한다. AC PDP에는 전극 위에 유전체가 있으므로 플라즈마에 의해서 발생된 전자나 양이온이 전계에 의해 유전체 위에 쌓이는데 이것을 벽전하(wall charge)라고 하며 AC PDP의 동작에 중요한 역할을 한다. 그림 6.43은 외부에서 인가되는 전압에 따른 벽전하의 분포를 통해 AC PDP의 동작을 설명한 것이다.

첫 번째 파형도에서 실선은 전극에 인가하는 전압을 나타내고, 점선은 벽전하에 의해서 형성된 벽전압을 나타낸다. 실제로 벽전압은 그림 6.43에서 나타낸 것과

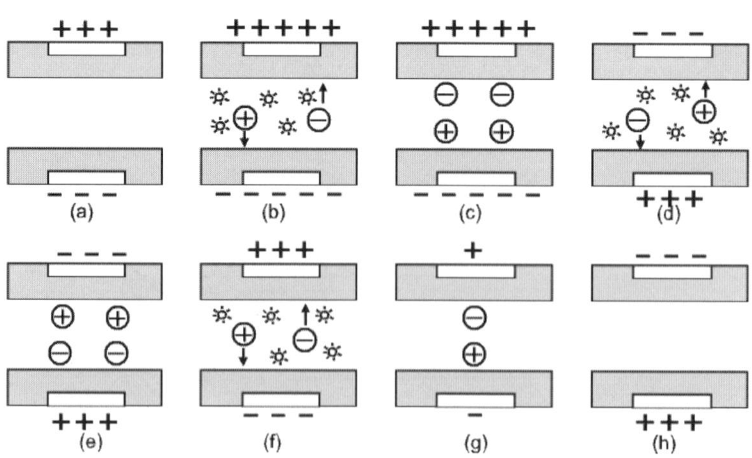

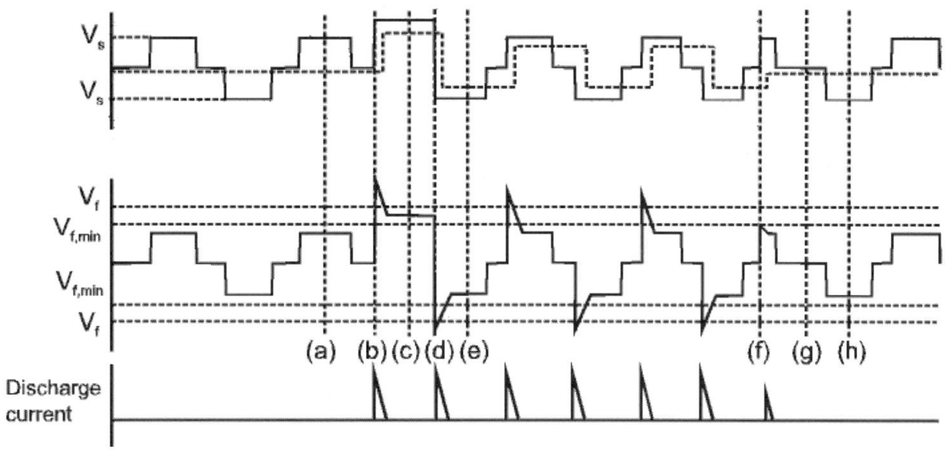

그림 6.43 AC PDP의 동작 원리.

는 반대의 극성으로 발생된다. 두 번째 파형도는 외부 인가 전압과 벽전압의 합을 나타낸 것으로 실제 방전 공간에 걸리는 유효 전압이다. 이때의 전압이 Vf 이상이 되면 셀에 방전이 일어나게 된다. 세 번째 파형도는 방전 전류를 나타낸다. 그림 6.43에 나타낸 AC PDP의 동작을 각 단계별로 설명하면 다음과 같다.

(a) 방전 개시 전압보다 낮은 전압이 인가되어 방전이 발생하지 않는다.
(b) 방전 개시 전압보다 큰 전압이 인가되어 방전이 발생한다.
(c) 양이온은 음극으로, 전자는 양극으로 이동하여 벽전하를 형성한다.
(d) (b)에서 인가된 전압과 반대의 극성으로 전압을 인가하여 방전이 일어나는 상태를 나타내고 있다. 이때는 벽전압이 인가 전압에 중첩되어 양 전극 사이에 걸리는 유효전압이 되므로 외부에서 인가하는 전압은 방전 개시 전압보다 낮은 전압(유지 전압)으로도 방전시킬 수 있다.
(e) (d)에서의 방전 후 벽전하의 분포를 나타내고 있다.
(f) 짧은 펄스폭으로 전압을 인가하여 방전이 약하게 발생하지만 펄스폭이 짧기 때문에 벽전하가 완전히 형성되지 못하고, 절연층에서 벽전하가 소거된다. 이 후에 유지 전압이 인가되어도 방전이 발생하지 않는다.
(g) 벽전하가 거의 소거된 상태이다.
(h) 벽전하가 완전히 소거된 상태이다.

AC PDP에서는 그림 6.43에서와 같이 방전을 끝내기 위해서 별도의 소거 펄스를 인가하여 벽전하를 제거해야 한다. 그렇지 않으면, 이후의 유지전압에 의해 잘못 방전이 일어날 수 있기 때문이다. 소거 펄스는 짧은 시간동안 방전하여 이전 단계에서 생성되어 있던 벽전하를 중화시킨다. 그리고 소거 펄스에 의해서 방전이 일어난 후 양이온과 전자가 다시 생성되어도 소거 펄스의 폭이 유지 방전 펄스보다 짧기 때문에 벽전하가 유전체에 쌓이지 않는다. 또한 펄스 크기를 작게 해서 소거 펄스를 인가하는 방법도 사용된다. 일단 벽전하가 없어지면 셀을 다시 방전시키기 위해서는 방전 개시 전압 이상의 전압을 외부로부터 인가해야 한다.

PDP는 또한 전극의 구조에 따라 대향방전형 구조와 면방전형 구조로 구분할 수 있다. 그림 6.41에 나타낸 바와 같이 행 전극과 열 전극이 서로 수직으로 배열되어 교차 지점에서 두 전극이 마주 보고 있는 구조가 대향방전형 구조이다. 그러나, 그림 6.43에서 설명한 AC PDP의 수명을 연장시키고, 구동 방법을 효율적으로 적용하기 위해서 3전극 면방전형 AC PDP 구조가 제안되어 현재 거의 모든 PDP 업체에서 채택하고 있다. 그림 6.44에 일본의 후지쯔사에서 개발한 3전극 면방전형 AC PDP의 셀 구조를 나타내었다[24]. 그림 6.44에서 하판의 어드레스 전극은 데이터 전극이라고 불리기도 하며, 상판에는 두 개의 디스플레이 전극이 있다. 일반적으로 이 중 하나를 스캔 전극, 나머지 하나를 유지 전극으로 구분하여 일컫는다. 이처럼 3전극 AC PDP는 어드레스 전극, 스캔 전극, 유지 전극의 세 개의 전극으로 이루어져 있다. 상판의 스캔 전극을 통해 매트릭스로 이루어진

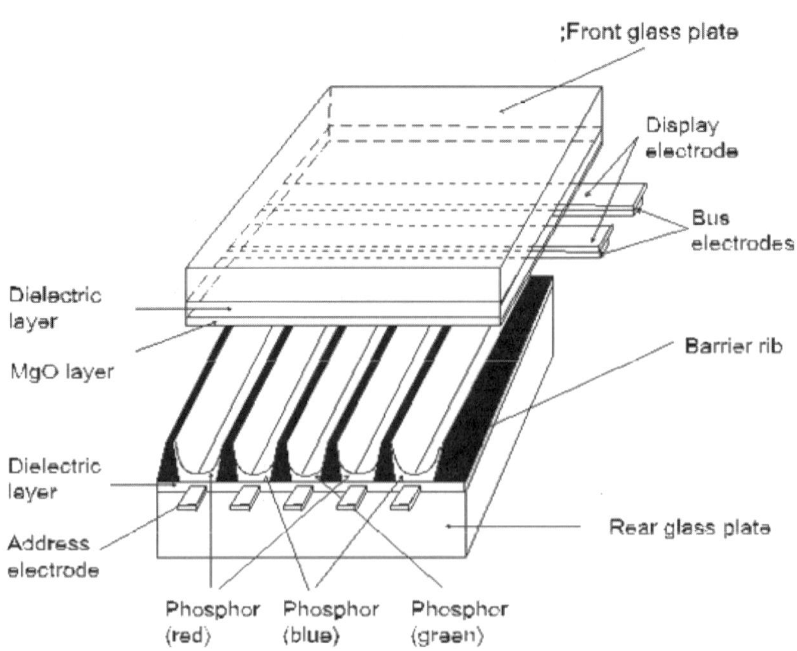

그림 6.44 후지쯔사에서 제안한 3전극 면방전형 AC PDP의 셀 구조 [24].

PDP 셀들을 순차적으로 주사한다. 이 때 어드레스 전극을 통해 영상 정보에 따라 각 PDP 셀들에서는 방전이 일어난다. 어드레스가 완료되면, 방전이 일어난 셀들에는 충분한 벽전하가 형성되므로, 유지 전극과 스캔 전극에 전압의 극성이 교차로 인가되어 가면서 방전을 반복함으로써 영상을 표시한다.

다음은 AC PDP의 계조 표시를 위한 구동 방법에 대하여 설명한다. 그림 6.43에서는 단순히 AC PDP의 온과 오프를 제어하는 방법에 대해서 설명하였다면, 계조 표시란 AC PDP에 발생하는 빛의 양을 여러 단계로 제어함으로써 자연스러운 색상을 가진 영상을 재현하기 위한 것이다.

AC PDP의 구동 파형은 어드레싱 구간과 유지 구간으로 크게 나눌 수 있다. 어드레싱 구간에서는 스캔 전극과 어드레스 전극으로 각 화소에 해당 데이터를 기입하여 각각의 셀을 선택적으로 방전시키거나 소거시킨다. 즉, 표시하고자 하는 영상 정보에 따라, 빛을 방출하는 셀과 그렇지 않은 셀을 선택하는 구간을 어드레싱 구간이라고 한다. 이 후, 유지 구간에서는 각 화소의 영상 정보에 따라 방전을 유지하면서 계조를 표현한다. AC PDP에서는 동작 원리상 각 셀에 데이터를 기입한 후 인가하는 유지 펄스의 개수로서 계조를 표현하는 부화면(sub−field)을 사용하고 있다[25].

기본적인 PDP의 계조 표현 방식을 나타내고 있는 그림 6.45를 참고하여 기존의 계조 표현 방식을 설명한다. 그림 6.45는 1 화면을 n(여기에서는 n=8)개의 부화면으로 분할 구동하여 계조를 표현하는 방법을 나타내고 있다. C1부터 C480은 스캔 전극을 나타낸다. 각 부화면 마다 모든 스캔 전극을 순차적으로 스캔하여 어드레싱을 하고 어드레싱이 끝난 후 바로 유지 방전을 하게 된다. 이 때, 각 부화면에서 발생되는 유지 방전의 횟수를 2의 지수로 차등을 둔다. 예를 들어, n=8일 때, 부화면의 개수는 8개이고, 표 6.1과 같이 유지 방전 펄스의 개수를 조정함으로써 $m=2^8=256$ 계조를 구현할 수 있다 [25−28].

보다 구체적으로 예를 들어 설명하면, 10번째 스캔 전극과 100번째 데이터 전극이 만나는 셀에 129번째 계조를 표현하려면, 첫 번째 부화면에서 10번째 라인을 스캔할 때 100번째 데이터 전극에 방전이 일어날 수 있는 데이터 전압을 인가한다. 첫 번째 부화면 스캔이 끝나면 $m/2^1$번의 유지 펄스가 인가된다. 이때는 스캔할 때 방전이 일어나 벽전하가 형성된 상태이므로 $m/2^1$ 번의 유지 펄스가 인가될 때 계속 방전을 일으킨다. 2번째부터 7번째 부화면에서는 10번째 라인을 스캔할 때 100번째 데이터 전극에 방전 개시 전압보다 낮은 전압을 인가하여 방전이 일어나지 못하도록 한다. 따라서 이때는 벽전하가 형성되어 있지 않기 때문에 2번째부터

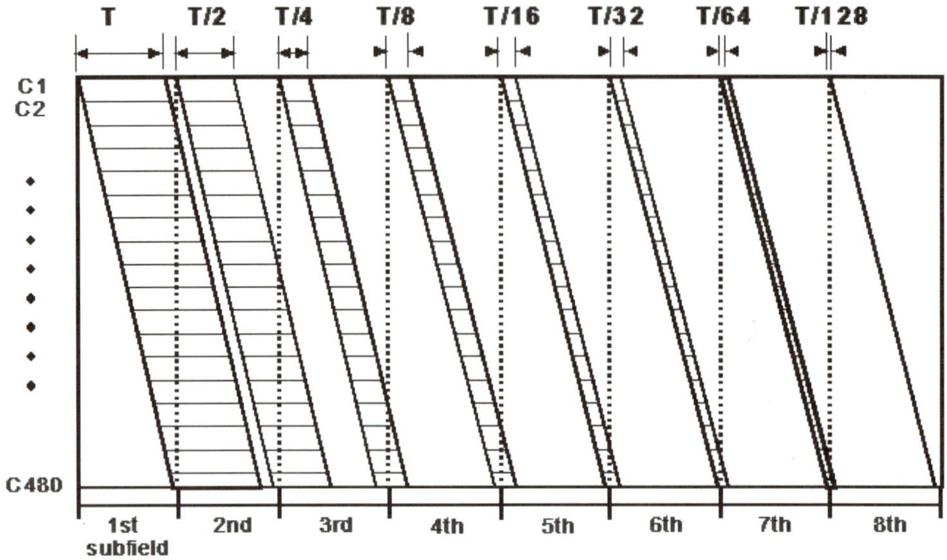

그림 6.45 기존 AC PDP의 계조 표현 방법 [25].

표 6.1 계조 표현을 위한 각 부화면에서의 유지 펄스의 개수 ($m=2^8$).

부화면 순서	유지 펄스의 개수	부화면 순서	유지 펄스의 개수
1	$m/2^1$	5	$m/2^5$
2	$m/2^2$	6	$m/2^6$
3	$m/2^3$	7	$m/2^7$
4	$m/2^4$	8	$m/2^8$

7번째 부화면에서는 스캔이 끝난 후 인가되는 $m/2^2$, $m/2^3$, $m/2^4$, $m/2^5$, $m/2^6$, $m/2^7$개의 유지 펄스가 인가되지만 방전이 발생하지 않는다. 왜냐하면 스캔할 때 방전이 일어나지 않아 벽전하가 형성되지 않았으므로, 그 후에 인가되는 유지 펄스에 의해 방전이 일어나지는 않기 때문이다. 마지막으로 8번째 부화면에서 10번째 라인을 스캔할 때 100번째 데이터 전극에 방전이 일어날 수 있는 데이터 전압을 인가한다. 이때에도 첫 번째 부화면에서와 마찬가지로 스캔할 때 방전이 일어나 벽전하가 형성된 상태이므로, $m/2^8$번의 유지 펄스가 인가될 때 계속 방전을 일으킨다. 이렇게 첫 번째 부화면과 8번째 부화면에서만 스캔할 때 방전을 일으켜 $2^0+2^7=129$번의 유지방전을 발생시켜 129의 계조를 구현할 수 있다. 마찬가지로 어떤 셀에 10번째 계조를 표현하고자 한다면, 5번째 부화면과 7번째 부화면에만 스캔할 때 해당 셀에 방전을 일으켜야 한다.

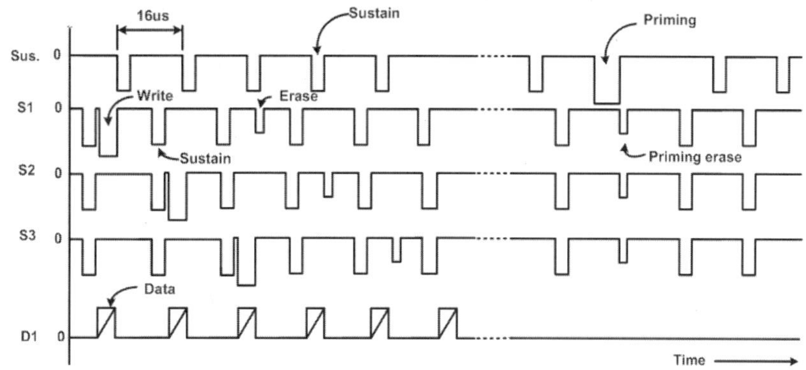

▮그림 6.46 NEC 사의 AC PDP 계조 표현 구동 파형 [25].

그림 6.46은 기존의 계조 구현 방식을 이용한 NEC사의 구동 파형으로, Sus 는 유지 전극, S1－S3은 스캔 전극, D1은 데이터 전극을 나타낸다. 먼저 반복적으로 인가되는 유지 펄스 사이에 스캔 전극에 기입 전압을 인가하고, 기입전압이 인가될 때에 데이터 전극에 데이터 전압을 인가하여 스캔 전극과 데이터 전극 사이에서 영상 신호에 따라 어드레스 방전을 발생시킨다. 그 후 유지 전극과 스캔 전극에 교대로 유지 전압을 인가하여 유지 방전을 발생시킴으로써 계조를 구현한다. 즉, 스캔 전극에 순차적으로 기입(write) 전압으로 스캔 신호를 인가하고, 영상 정보에 따라 데이터 전극에 인가되는 전압에 의해 방전 여부가 결정된다. 각 스캔 전극은, 기입 신호가 인가된 직후, 곧이어 유지 방전 동작을 수행한다. 그림 6.46에서 모든 스캔 전극에 유지 전압은 동시에 인가되고 있지만, 기입 전압과 소거 전압은 순차적으로 인가됨을 볼 수 있다. 어드레스 방전은 하판에 있는 데이터 전극과 상판에 있는 스캔 전극 사이에서 발생하고 유지 방전은 상판에 평행하게 놓여 있는 유지 전극과 스캔 전극의 두 전극 사이에서 일어난다(이를 면방전이라 한다). 또한 패널의 셀이 오방전하는 것을 방지하기 위하여 각 부화면이 시작될 때 모든 셀을 초기화하는 priming 동작을 수행한다.

다음은 주요 AC PDP 개발 업체에서 가장 널리 사용하고 있는 ADS(Address Display Separated) 구동 방식에 대하여 설명한다[29]. ADS 방식은 일본의 Fujitsu사에서 개발한 AC PDP 구동 방식으로서, 기존의 방식과는 달리 어드레스 구간과 유지 구간을 완전히 분리하여 AC PDP를 구동한다. 기존 방법에서는 유지 펄스 사이사이에 스캔 펄스를 인가해야 하기 때문에 (그림 6.46 참조), 유지 펄스 주파수가 높아야 하고, 각 스캔 라인마다 에너지 회수 회로가 있어야 하므로 소비 전력이 크고 회로의 단가가 높아진다는 단점이 있다. 이러한 단점을 보완하고 구동 회로를 간단하게 하기 위하여 ADS 구동 방식이 제안되었다[29]. ADS 방식에서는, 각 부화면마다 먼저 어드레싱을 하고, 유지 방전은 모든 유지 방전 전극을 물리적으로 함께 묶여져 있어 하나의 유지전압 인가 회로를 사용하여 유지 펄스를 인가하던 기존의 방식을 사용한다. 그러나 스캔 전극에 개별적으로 유지 펄스를 인가할 경우에는 스캔 라인의 수만큼 유지전압 인가 회로가 필요하였으나 ADS방식에서는 모든 스캔 전극에도 동시에 유지 펄스를 인가하여 유지 방전을 시킬 수 있기 때문에 하나의 유지전압 인가 회로만 필요하게 된다. 다시 말하면, 기존 방식에서는 그림 6.46에 나타낸 것처럼 각 스캔 전극은 어드레싱이 끝난 직후, 바로 유지 방전 동작에 들어갔으나, ADS에서는 각 스캔 전극이 어드레싱 후, 개별적으로 유지 방전 동작을 하지 않는다. 대신 그림 6.47에 나타낸 바와 같이, 한 부화면의 모든 스캔 전극의 어드레싱이 끝난 후, 모든 스캔 전극이 동시에 유지 방전 동작을 시작한다. 이렇게 하면 기존 계조 표현 방식과는 달리, 하나의 유지 전극과 모든 스캔 전극을 하나로 묶은 전극 사이에 유지 펄스를 인가하여 전 패널의 유지 방전을 수행할 수 있으므로, 구동 회로의 구성이 간단해지고, 유지 펄스를 외부 개별 소자로부터 인가할 수 있으므로 에너지 회수 회로의 구성이 간단해지기 때문에 PDP 모듈의 소비 전력과 비용을 상당히 줄일 수 있다.

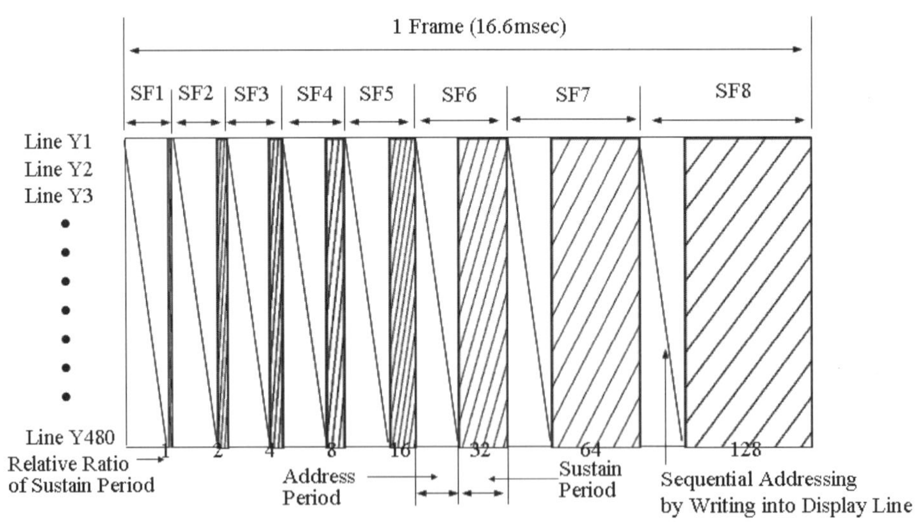

그림 6.47 ADS 구동 방식에서의 계조 표현 방법 [29].

그림 6.48 (a)와 (b)는 3전극 면방전형 AC PDP의 구동 파형을 나타낸 것이다. 그림 6.48 (a)는 선택적 기입에 의한 어드레싱 방법을 나타낸 것으로, 먼저 각 부화면을 어드레싱 하기 전에 패널의 전체 셀에 기입하기 위하여 스캔전극과 유지전극에 전압을 인가하여 전면 방전을 시킨 후(전면 기입), 스캔 전극에 짧은 폭의 펄스를 인가하여 전면 방전에서 형성된 벽전하를 소거시킨다(전면 소거). 이러한 과정을 거치는 이유는 전체 셀의 초기화 (reset) 및 앞에서 설명한 priming 효과를 얻기 위한 것이다. 어드레스 방전은 데이터 전극과 스캔 전극에 전압을 인가하여 방전을 일으킨다 (선택적 기입). 유지 방전은 기존의 방식과 달리 유지 전극과 스캔 전극에 유지 전압을 번갈아 인가하여 방전을 일으킨다(면방전). 이 때 모든 스캔 전극을 하나로 묶어서 동시에 같은 유지 전압을 인가한다.

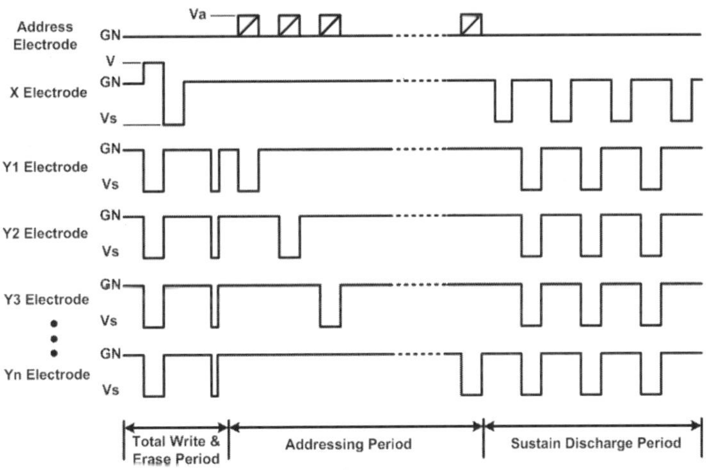

(a)

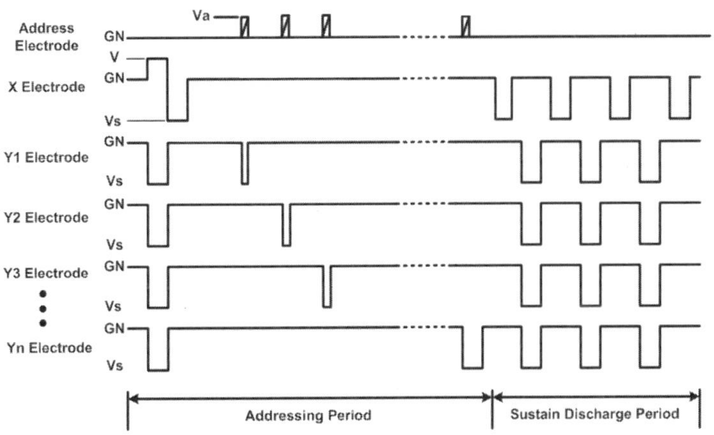

(b)

▌그림 6.48 ADS 구동 방식의 (a) 선택적 기입 구동 파형 (b) 선택적 소거 구동 파형 [29].

그림 6.48(b)는 선택적 소거의 의한 어드레싱 과정을 나타낸 것으로 전면 기입하여 모든 셀에 벽전하를 형성시킨 후 어드레싱 과정을 수행하면서 선택적으로 소거한다. 어드레스 방전을 수행할 때 소거하지 않을 셀은 어드레스 전극과 스캔 전극에 인가하는 소거 펄스와 같은 전압을 인가하여 소거 방전이 일어나지 않도록 한다(선택적 소거). 이후 유지 방전은 그림 6.48(a)와 같다. 이 방식은 선택적 소거에 의한 방식보다 어드레스 기간이 줄어드는 장점이 있다.

위에서 설명한 ADS 방식은, AC PDP에서 현재 가장 많이 사용되는 방식으로 구동 회로를 설계하기가 쉽고 구동 회로의 소비 전력을 줄일 수 있다는 장점을 가지고 있다. 그러나 표 6.2에서 보듯이 HDTV에 적용할 때는, 어드레스 기간이 너무 길어 화면 표시가 쉽지 않다. 표 6.2는 어드레스할 때 기입 전압의 펄스폭을 3 μs/스캔 라인으로 가정하여 계산한 것이다. 이를 해결하기 위하여 어드레스 전극을 상하로 분리하여 더블 스캔하여야 하는데, 이럴 경우 필요한 구동 회로의 개수가 2배로 증가한다는 단점이 있다. 이러한 문제를 해결하기 위한 다른 방법으로는 기입 전압의 펄스폭을 줄이는 방법 즉 고속구동기술에 대한 많은 연구가 진행되어 현재는 펄스폭을 1.5μs 이내로 하고 있다.

PDP는 경쟁 관계에 있는 TFT-LCD에 비하여 밝은 화면을 표현할 경우에는 비교적 높은 소비 전력을 나타내고 있기 때문에, 저소비 전력 구동 기술은 매우 중요한 기술적 과제이다. PDP의 소비 전력을 분석해 보면, 대부분의 소비 전력은 유지 펄스를 인가할 때 발생한다. 그리고 휘도를 높이려면 유지 펄스의 주파수를 높여야 하는데 이는 소비 전력을 증가시키는 결과를 초래한다. 유지 펄스에 의한 소비 전력 발생은, 기본적으로 커패시턴스를 충전 및 방전하는 과정에서 발생하는 AC 소비 전력이다. 커패시턴스는 전력을 소비하는 소자가 아니므로, 커패시턴스에 공급된 에너지는 다시 회수하여 사용할 수 있다. 따라서 PDP의 소비 전력을 감소시키기 위해서는 커패시턴스에 공급한 에너지를 회수하여 다시 이용하도록 해 주는 회로가 필요하다 [30-31].

표 6.2 ADS 방식의 어드레싱 및 화면 표시 시간.

		싱글 스캔	더블 스캔
NTSC (850 X 480)	어드레스 구간 (ms)	11.52	5.76
	화면 표시 구간 (ms)	5.15	10.91
HDTV (1920 X 1080)	어드레스 구간 (ms)	25.92	12.96
	화면 표시 구간 (ms)	–	3.71

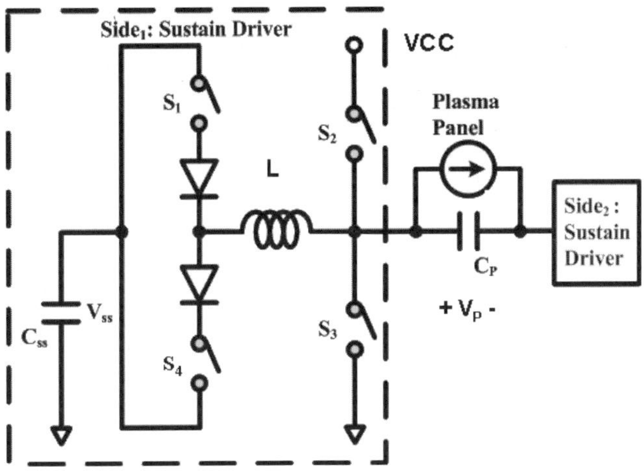

(a)

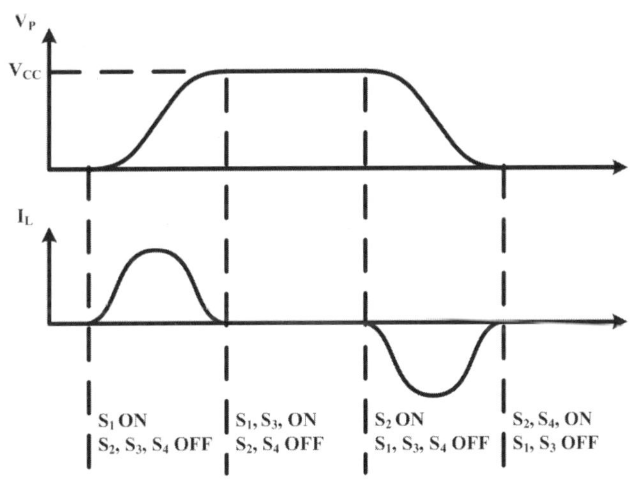

(b)

그림 6.49 (a) 에너지 회수 회로의 구성도, (b) 패널에 전달되는 전압과 인덕터에 흐르는 전류 [30].

그림 6.49는 이러한 에너지 회수 회로의 기본 구성과 전압, 전류 파형을 나타내고 있다. 그림 6.49에서 초기에 Css는 Vcc/2만큼 충전되어 있다고 가정하고 에너지 회수 회로의 동작을 각 단계별로 설명하면 다음과 같다.

단계 1 : S1-온, S2,S3,S4-오프

LC 공진회로에 의하여 Vp=Vcc까지 충전된다.

단계 2 : S2-온, S1,S3,S4-오프

Vp를 Vcc로 유지한다.

단계 3 : S4-온, S1,S2,S3-오프

LC 공진회로에 의하여 Vp=0까지 방전된다.(Vss=Vcc/2)

단계 4 : S3－온, S1,S2,S4－오프

Vp를 접지로 유지한다.

만약 그림 6.49 (a)에 나타낸 회로의 각 소자가 저항 성분 및 기생 커패시턴스 성분을 갖고 있지 않다면 에너지 회수율은 100%가 된다. 그러나 실제 스위칭 소자와 인덕터의 저항 및 기생 커패시턴스에 의한 에너지 손실이 발생하기 때문에, 실제 유효 회수율은 약 93%가 된다. 여기에 패널 전극의 저항까지 고려하면 에너지 회수율이 더 떨어지게 된다. 그림 6.49 (a)의 회로에서 공진 주파수는 식 (6.17)로 나타낼 수 있다 높은 에너지 회수율을 얻기 위해서는 각 스위치 동작의 타이밍이 중요하고, 이는 공진 주파수에 의해 결정된다. 그런데, 식 (6.17)에서 패널의 커패시턴스 C_p가 가변적이기 때문에, 정확한 타이밍을 찾는 것이 매우 어렵고, 이로 인해 실질적인 에너지 회수율은 더 떨어지게 된다.

$$f = \frac{1}{2\pi\sqrt{LC_p}} \tag{6.17}$$

이 공진 주파수는 유지 펄스의 상승 시간, 하강 시간과 관계가 있으므로 유지 펄스의 주파수와 관계하여 인덕턴스 L값을 정하여야 한다.

6.5 OLED의 구동 기술

OLED의 구동 기술을 설명하기에 앞서 OLED의 동작 원리에 대해 먼저 간단히 설명하고, PM(Passive Matrix) OLED와 AM(Active Matrix) OLED로 구분하여 각각의 구동 기술에 대하여 설명한다.

6.5.1 OLED의 동작 원리

그림 6.50에서 보는 바와 같이 캐소드와 애노드에서 각각 전자와 정공이 주입되어 이동하고, 여기 전자로부터 발광되는 과정을 나타내었다. 전극의 양단에 전압이 인가되면, 양극(anode)에서는 정공이 정공 수송층(hole transport layer)으로 주입된다. 주입된 정공은 정공 수송층과 전자 수송층(electron transport layer)의 경계면을 향하여 이동한다. 그리고 일함수가 작은 금속을 사용한 음극(cathode)에서

는 전자가 전자 수송층으로 주입되어 정공과 마찬가지로 정공 수송층과 전자 수송층의 경계면으로 이동한다. 그러나 전공 수송층과 전자 수송층의 전자 친화도(electron affinity)의 차이는 크기 때문에 전자는 정공 수송층으로 주입되지는 않는다. 따라서 정공과 전자의 밀도는 정공 수송층과 전자 수송층 경계면 부근의 전자 수송층에서 가장 높게 되고 이곳에서 전자와 정공의 재결합하게 된다. 전자와 정공들이 재결합 하게 되면 여기자(exiton)가 생기게 되고, 이 여기자가 유기 물질 내에서 확산하여 OLED 소자가 발광하게 된다. 여기 상태에서는 일중항(singlet) 상태와 삼중항(triplelet) 상태가 가능하지만, 일반적으로 관측되는 발광은 일중항 상태일 경우이다. 통계적으로 일중항 상태와 삼중항 상태는 1:3의 비율로 형성되기 때문에 OLED 소자의 이론적 최대 내부 양자 효율은 25%로 알려져 있다. 그리고 주입된 정공과 전자가 재결합하는 데까지 걸리는 시간은 수 ns 정도로 대단히 짧기 때문에 OLED의 응답 속도는 매우 빠르다.

OLED의 전류-전압 특성 곡선은 그림 6.51에 나타낸 바와 같이 다이오드 특성 곡선과 유사하다. 또한, OLED의 휘도는 소자 내부로 유입되는 전류의 양에 비례하는 특성을 갖는 전류 구동형 소자이다. 따라서 OLED의 전류량을 직접 제어해서 휘도를 조절할 수 있고, 또는 그림 6.51의 전류-전압 관계를 이용하여 OLED의 전극에 걸리는 전압을 제어함으로써 휘도를 조절할 수도 있다.

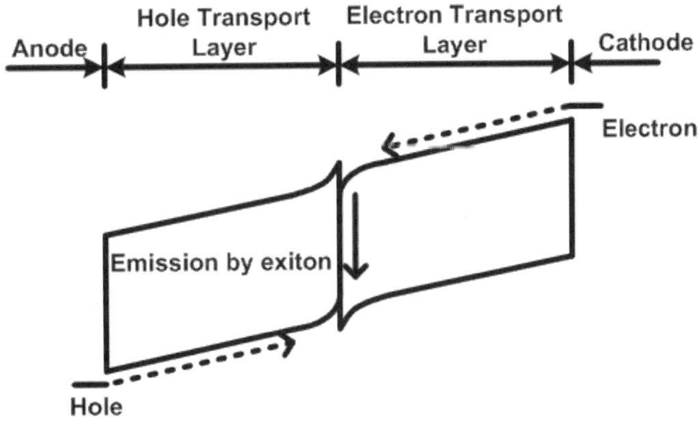

그림 6.50 OLED의 발광 메커니즘.

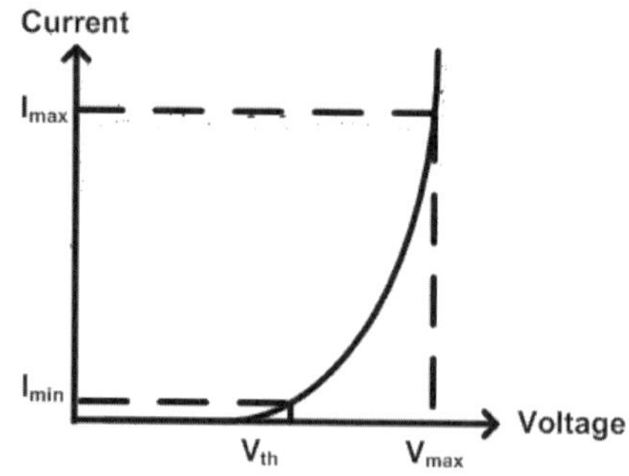

▌그림 6.51 OLED 소자의 전류-전압 특성 곡선.

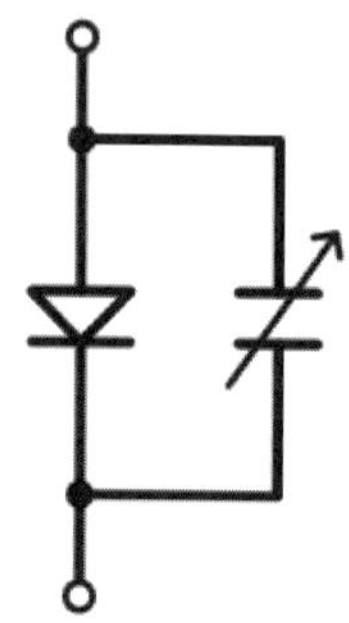

▌그림 6.52 OLED 소자의 등가 회로 모델.

그림 6.52에 OLED 소자의 등가 회로 모델을 나타내었다. 두 전극 사이에 형성된 얇은 층들에 의해 상당히 큰 기생 커패시턴스가 생성되고, 그림 6.51에서 나타낸 바와 같은 다이오드 특성을 모두 반영하면, OLED의 등가 회로 모델은 그림 6.52에서 같이 다이오드와 커패시터를 병렬 연결한 것으로 나타낼 수 있다. 그림 6.52에 나타낸 커패시턴스는 고정값이 아니고 OLED의 bias 전압과 주파수에 따른 함수일 뿐만 아니라 OLED의 구조와 물질에 따라서도 다르게 된다. 따라서 정확한 전기회로 모델을 위해서는 커패시턴스 값을 측정하여 가변 커패시터로 모델을 만들어 적용하여야 된다.

6.5.2 PMOLED의 구동 기술

PMOLED는 화소에 트랜지스터나 다이오드 등의 별도의 능동 소자를 사용하지 않고, 단순히 행과 열에 의해서만 화소를 형성한다. 따라서 전류나 전압 신호를 저장할 수 있는 회로가 화소 내에 구비되어 있지 않으므로, 각 행들은 해당 행이 선택된 시간 동안만 발광한다. 이는 한 프레임 시간 동안 대부분의 시간은 꺼져 있고, 행이 선택된 잠시 동안만 빛을 낸다는 것을 의미하기 때문에, 선택된 시간 동안 매우 큰 구동 전류를 기입해야만 일정 수준의 밝기를 얻을 수 있다. 이러한 경향은 해상도가 높아질수록 심해지기 때문에, 고해상도 디스플레이용 디스플레이에 적용하기 위해서는 선택된 시간동안 매우 높은 밝기를 얻을 수 있는 매우 큰 전류가 필요한데 매우 큰 전류를 흘려주면 OLED의 수명이 짧아지는 문제가 있다. 그림 6.53에 PMOLED 패널의 등가 회로 모델을 나타내었다. 화소의 크기와 해상도에 따라 다르지만, PMOLED 화소의 커패시턴스는 수십 pF 수준으로 PMOLED의 큰 소비 전력의 원인이 된다. PMOLED에서는 이 소비전력이 화면의 크기가 커질수록 급격히 증가하게 된다. 그러나 이러한 단점에도 불구하고, 구조가 간단하고, 공정이 단순하여 저가격이 가능하다는 장점이 있기 때문에, 휴대전화 등의 저해상도 소면적 디스플레이로 사용된다. PMOLED의 구동 방식에는 전압 구동과 전류 구동이 있고, 각각에는 신호의 진폭으로 계조를 표시하는 PAM(Pulse Amplitude Modulation)과 신호의 시간 폭으로 계조를 표현하는 PWM(Pulse Width Modulation)이 있다.

PMOLED의 전압 구동은 화소에 전달하는 영상 정보를 전압으로 구동하는 방식으로서, 화소의 양쪽 전극 사이에 전압을 인가한다. 일반적인 행렬 구동과 마찬가지로, 스캔 구동 회로에서 출력된 스캔 신호에 의해 한 행이 선택되어 OLED의 cathode에 스캔 전압이 인가되고, 데이터 구동 회로로부터 영상 정보에 적절한 전압이

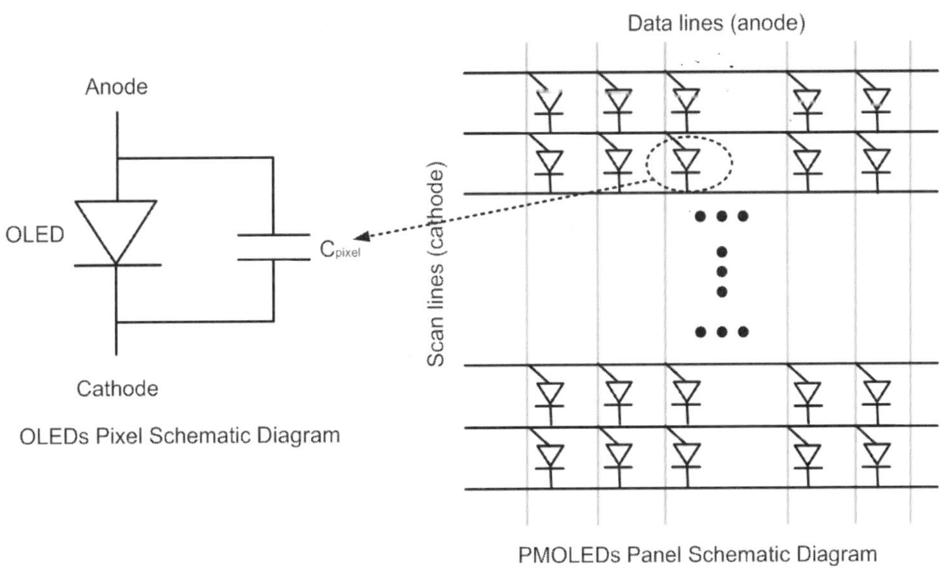

▮그림 6.53 PMOLED의 화소의 등가 회로 모델과 화소 어레이의 schematic diagram.

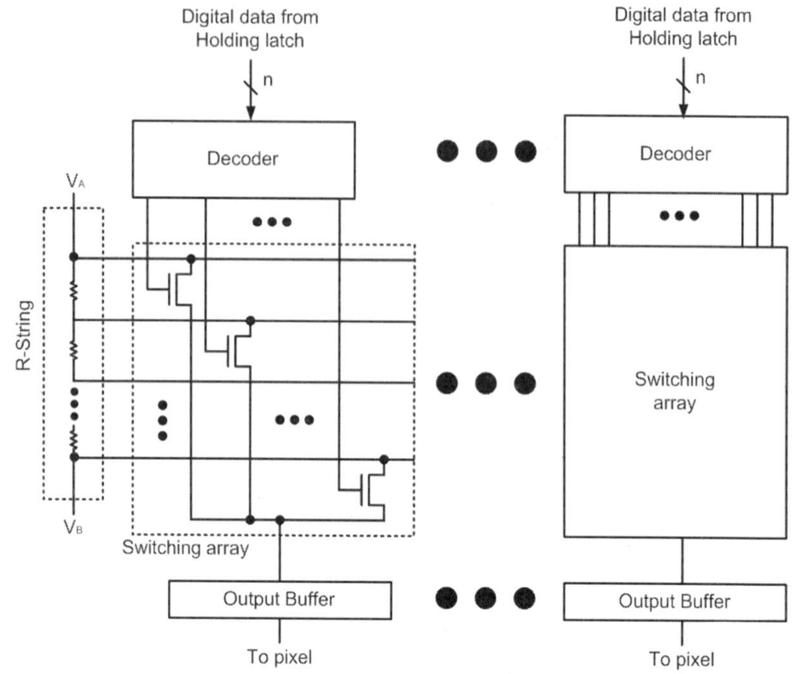

그림 6.54 PMOLED의 전압 PAM 방식 데이터 구동 회로.

OLED의 anode에 인가되어, OLED의 양단에 걸리는 전압에 대응되는 전류가 OLED에 흘러 각각의 OLED가 발광하는 구동 방식이다.

전압 구동 방식은 PAM 방식과 PWM 방식으로 나눌 수 있다. PAM 방식은, 표시하고자 하는 휘도에 따라, 한 행이 선택된 시간 동안 화소의 양극에 인가되는 전압 레벨을 조정함으로써 전압에 상응하는 전류가 OLED로 흐르게 되어 계조를 표시하는 방식이다. 그림 6.54는 전압 PAM 방식을 사용한 구동 회로의 한 예이다. 회로의 구성이나 동작 등은 6.3.2 절에서 설명한 TFT-LCD의 데이터 구동 회로와 매우 흡사하다. 다만, OLED는 R, G, B별로 각각 효율 및 전기적 특성이 다르므로 R, G, B 별로 다른 전압 레벨을 가져야 하고, 각각의 감마 조정을 수행해야 한다. 따라서 R, G, B 별로 각각의 저항렬이 필요하다. 이와 같은 전압 PAM 구동 방식은 행 선택 시간 내내 발광하므로(다음에 설명할 PWM에서는 행 선택 시간의 일부 시간 동안만 발광함) 비교적 플리커가 적고, 전류 방식에 비해 열 신호선과 화소 커패시턴스의 충전이 빠르며, 감마 조정도 용이하다는 장점이 있다. 그러나 OLED의 화소 마다 전기적 · 광학적 특성의 불균일성에 의한 화소 위치에 따른 휘도 불균일성에 대한 문제점과 각각의 휘도 레벨에 따라 각기 다른 전압 레벨을 생성해야 한다는 단점이 있다.

그림 6.55는 PMOLED의 전압 PWM 방식을 사용한 구동 회로의 한 예이다. 전압 펄스 생성부에서는 n−bit의 계조를 표현하기 위해 시간 폭이 서로 다른 2n개의 펄스를 생성하고, 2n개의 펄스 중 n−bit 영상 신호에 따라 1개를 디코더를 통해 선택한 후, 출력 버퍼를 통하여 화소에 전압 펄스를 전달한다. 즉, PWM 방식에서는 OLED의 광량 대신 발광 시간을 통해 계조를 표시한다.

이와 같은 전압 PWM 방식은, HIGH와 LOW 두 개의 기준 전압만 생성하기 때문에, PAM 방식에서와 같은 DAC가 불필요하다는 장점이 있으나, 전압 펄스 폭을 제어하기 위해 추가적인 카운터 회로가 필요하고, 행 선택 시간 중 일부 시간 동안만 빛을 내므로 감마조정을 구동회로에서 수행하기 어렵다는 점과 플리커 등의 현상이 생길 수 있다는 단점이 있다. 또한, PAM에서와 마찬가지로, OLED 양단에 전압을 인가하기 때문에, OLED의 전압−전류 특성의 불균일성이 휘도의 불균일 문제로 이어질 수 있다는 단점이 있다.

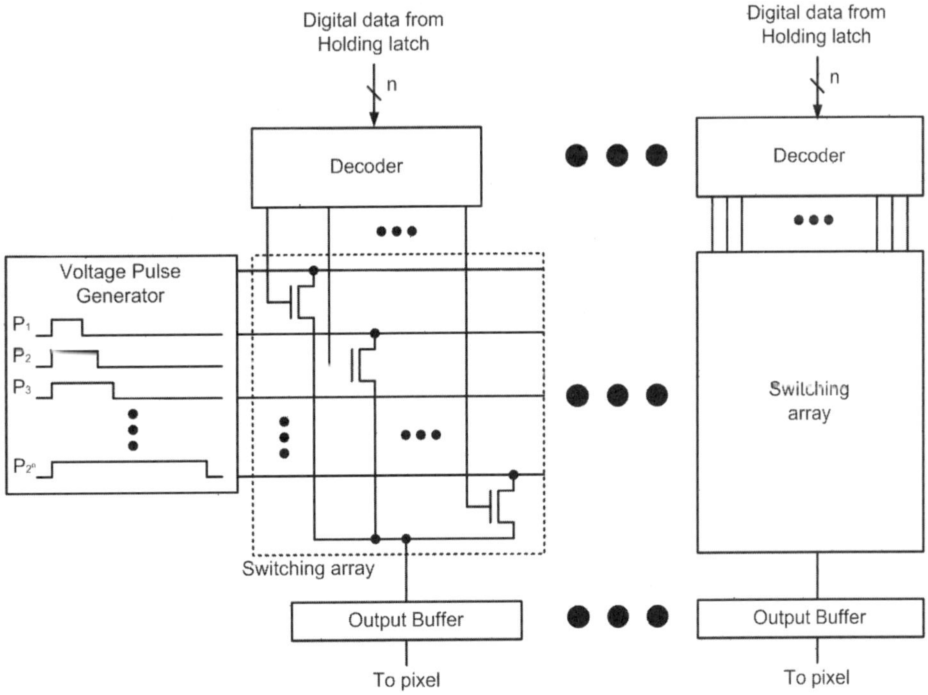

▮그림 6.55 PMOLED의 전압 PWM 방식 데이터 구동 회로.

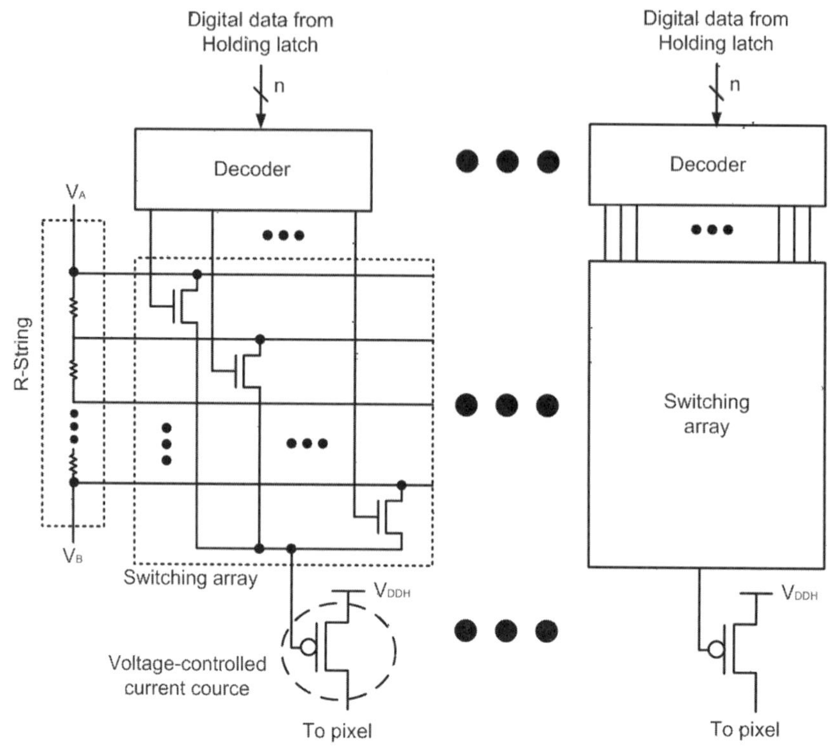

■그림 6.56 PMOLED의 전류 구동 방식 데이터 구동 회로.

PMOLED의 전류 구동 방식은, OLED의 발광량이 OLED에 흐르는 전류에 비례한다는 점을 이용하여 데이터 구동 회로가 발광량에 해당하는 전류를 OLED 소자에 직접 공급하는 방식이다. 다시 말해, 앞서 설명한 전압 구동 방식에서는 데이터 구동 회로가 OLED 소자에 전압 신호를 공급하면, OLED 소자에는 그림 6.51에 나타낸 OLED의 전압-전류 관계에 의해, 인가된 전압에 해당하는 전류가 흐르고, 이에 비례하는 빛을 발하는데 비하여, 전류 구동 방식에서는 이러한 전압-전류 변환 과정을 구동 회로에서 수행한다. 따라서, 전류 구동 방식에서는 구동 회로의 모든 출력 채널이 균일한 전류를 공급할 수 있다면, 화소 위치에 따른 OLED 소자의 전압-전류 특성의 불균일성으로 인한 화질의 불균일을 방지할 수 있다. 그림 6.56에 전류 구동 방식을 채용한 PMOLED 데이터 구동 회로의 블록 다이아그램을 나타내었다. 그림 6.54에 나타낸 PAM 데이터 구동 회로와 거의 흡사한 구조를 가지고 있으나, 최종 출력단을 전류원 회로로 구성함으로써 입력 영상 데이터에 따른 전압-전류 변환 기능을 수행할 수 있도록 한다.

6.5.3 AMOLED의 구동 기술 및 화소 회로

PMOLED를 고해상도 대면적 디스플레이에 적용하기에는 다음과 같은 문제들이 있다. 해상도가 높아짐에 따라 하나의 행이 선택되는 시간은 감소하게 된다. 이 짧은 시간 동안 열 신호선을 충전 및 방전 하는 것이 매우 어렵다. 게다가 해상도가 높아지고, 화면이 커지면 그에 따라 열 신호선의 기생 커패시턴스는 더욱 커지게 된다. 또한 행이 선택된 시간 동안에만 해당 행은 발광을 하기 때문에, 한 프레임 시간 동안의 평균 휘도는 매우 낮게 되며, 이 평균 휘도를 일정 수준 확보하기 위해서는 행이 선택되어 있는 동안 OLED에 매우 많은 양의 전류를 흘려야 한다. 이러한 순간적인 대전류는 구동 회로 설계를 어렵게 할 뿐 아니라, OLED의 수명에도 악영향을 미친다. 이러한 문제점들을 해결하여 고해상도 대면적 디스플레이가 가능하도록 하기 위해서 각 화소에 TFT를 이용하여 스위치와 전류원을 설치한 AMOLED가 제안되었다[32]. 그림 6.57은 AMOLED의 가장 기본적인 화소 회로이다. TFT M2는 단순 스위치로서 해당 행이 선택되면 턴-온되어 열 신호선을 통해 영상 신호 전압을 TFT M1의 게이트에 전달한다. 게이트에 인가된 전압에 의해 M1의 V_{GS}가 결정되고, 이 전압에 의해 M1의 전류, 즉 OLED의 전류가 결정된다. 한편, 그림 6.57에서 커패시터 C1은 전달된 영상 신호 전압을 한 프레임 시간 동안 유지하는 역할을 하기 때문에, 해당 행이 턴-오프되고, 다음 행들이 순차적으로 선택된다 하더라도, M1은 지속적으로 전류를 OLED에 공급함으로써 화소는 한 프레임 시간 내내 빛을 발할 수 있다. 따라서 AMOLED는 행 선택 시간 동안에만 발광함으로써 야기되었던 PMOLED의 문제를 해결할 수 있다.

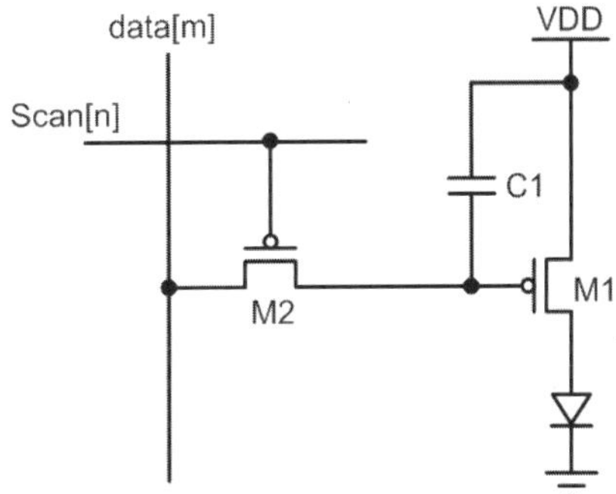

▌그림 6.57 AMOLED의 기본적인 화소 회로.

AMOLED의 구동 방식에는 크게 디지털 구동 방식, 삼각파를 이용한 PWM 방식, 전압 기입 방식, 전류 기입 방식, 그리고 전압 전류 혼합 기입 방식 등이 있다. 여기서는 가장 기본적인 방법인 전압 기입 방식과 전류 기입 방식에 대하여 설명한다.

그림 6.57에서 설명한 AMOLED의 화소는 가장 기본적인 회로이지만, 실제로 활용하기에는 전류 균일성의 문제가 심각하다. AMOLED의 기판으로는 6.1.2절에서 설명한 LTPS TFT가 가장 많이 사용된다. 그런데, 6.1.2절에서 설명한 바와 같이 LTPS TFT의 가장 심각한 문제 중의 하나가 TFT의 문턱 전압, 이동도 등의 전기적 특성 불균일성이다[33]. 그림 6.57의 회로에서 TFT M1의 전류는 문턱 전압과 이동도의 함수이기 때문에, TFT의 특성 불균일성은 바로 화질 불균일성으로 이어진다. 이러한 문제를 해결하기 위하여 매우 다양한 화소 회로와 구동 방식들이 제안되었으며, AMOLED의 구동 방식은 어떤 화소 회로를 선택하느냐와 밀접한 관련이 있다[34−35].

그림 6.58은 대표적인 전압 기입 전류원 방식의 화소 회로 및 구동 파형을 나타낸다. 동작 원리를 설명하면, scan[n−1]이 LOW가 되면 T2가 턴−온 되어 C2의 왼쪽 전극을 VDD와 연결하고, 동시에 T3가 켜지고, T0의 게이트 전압이 VDD로부터 T0의 문턱전압이상 차이가 있으면 C2의 오른쪽 전극의 전압(T0의 게이트 전압)은 VDD−$|V_{THP,T0}|$가 될 때까지 T0가 켜져 있게 된다. scan[n−1]이 HIGH가 되고 scan[n]이 LOW가 되면, T2, T3이 꺼지고 T1, T4가 켜져서 C2의 왼쪽 전극은 Vdata가 기입되고, C2 결합에 의해 C2의 오른쪽 전극, 즉, T0의 게이트 전압은 Vdata−$|V_{THP,T0}|$가 된다. 이는 T0에 흐르는 전류가 T0의 문턱 전압과는

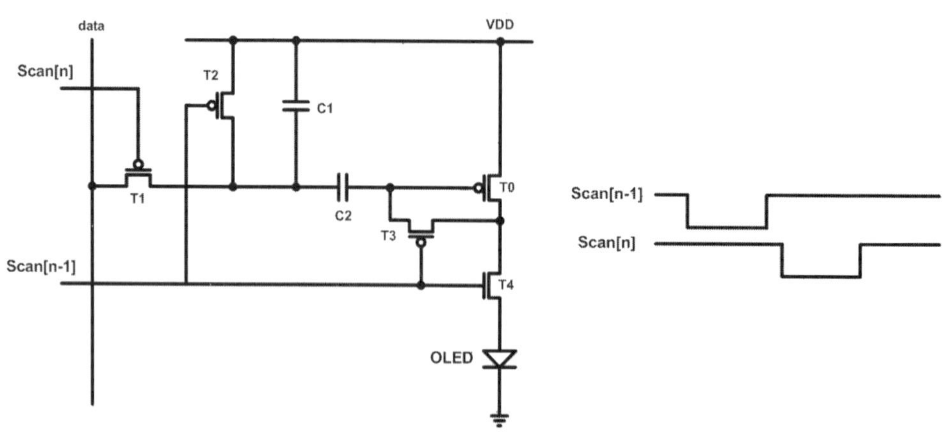

그림 6.58 전압 기입 전류원 방식의 화소 회로 및 구동 파형 [35].

무관하게 되어 TFT T0의 전류는, 문턱 전압의 불균일성의 영향을 받지 않게 된다.

이와 같은 구조의 문제점은 각 TFT의 문턱 전압의 불균일성은 보상할 수 있지만, 이동도 불균일에 의한 전류 편차를 보상 할 수 없고, 이로 인해 각 화소의 OLED에 흐르는 전류의 불균일성은 기본적인 화소구조인 그림 6.57의 경우보다는 줄어들지만 여전히 불균일하다는 점이다. 또한, 화소의 전원 전압인 VDD 전원선에는 OLED의 emission 전류가 흐르기 때문에, 전원선의 저항에 의한 전압 강하가 발생한다. 화소의 위치와 어떠한 화상을 표현하느냐에 따라서 전압 강하 정도가 다르기 때문에, 각 화소에 실제로 공급되는 전원 전압에도 차이가 발생한다. 이러한 전원 전압의 차이는 TFT의 게이트-소오스 전압의 차이이므로, 바로 OLED 전류의 차이로 이어진다. 이러한 TFT의 이동도 불균일성에 의한 전류 편차와 VDD 전원 전압의 강하는, 전류 레벨이 커지게 될수록 더욱 증가하므로, 큰 OLED 전류 레벨을 필요로 하는 대면적 디스플레이에 그림 6.58의 화소 회로를 사용할 경우에는 OLED 휘도의 불균일성이 더욱 심각해진다. 이러한 문제를 해결하기 위하여 매우 다양한 화소 회로와 구동 방식이 발표되고 있으나, 완전히 문제를 해결하지는 못하고 있다.

그림 6.59는 대표적인 전류 기입 전류원 방식의 화소 회로 및 그의 구동 파형을 나타낸다[33-34]. 동작 원리를 설명하면 em이 HIGH가 되면서 OLED로의 불필요한 전류의 유입을 막은 상태에서 스캔을 LOW로 떨어뜨려 T1과 T3가 켜져서

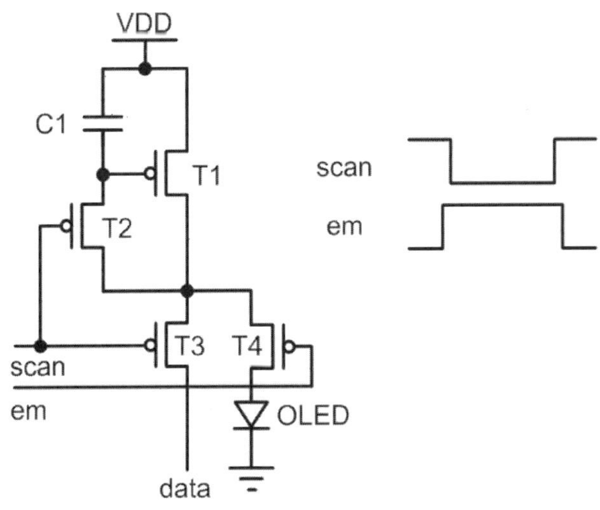

▌그림 6.59 전류 기입 전류원 방식의 화소 회로 및 구동 파형 [33].

열 신호선으로 기입 전류를 인출하게 되면 T1의 게이트 단에는 기입 전류를 흘리기 위한 전압이 결정된다. 이 때 T1의 게이트에 인가되는 전압은, 각 화소의 구동 TFT의 특성에 따라 결정되므로, 스캔을 HIGH로, em을 LOW로 하였을 때 기입 전류와 같은 양의 전류가 OLED를 통해 흐르게 된다. 이와 같이 영상 정보를 전류의 형태로 기입하게 되면 각 TFT의 게이트 전압은, 기입된 영상 정보 전류에 해당되는 전압으로 결정되므로, 각 TFT의 문턱 전압이나 이동도 편차, 전원선의 전압 강하에 의한 영향을 우려할 필요가 없다.

그러나 이러한 전류 기입 방식은, 낮은 계조를 표현할 경우, OLED에 흘려야 되는 전류는 수~수십nA 이므로 주어진 행 선택 시간 내에 열 신호선의 기생 커패시턴스를 충전하고, 화소의 TFT 게이트 전압을 충전하기 매우 힘들다는 단점이 있다. 게다가 패널의 크기가 커지고 해상도가 높아질수록 열 신호선의 기생 커패시턴스는 증가하고, 행 선택 시간은 감소하게 되어 이러한 전류 직접 기입 방식의 구조를 대화면 고해상도 디스플레이에 적용하기 위해서는 이에 대한 대책이 요구된다.

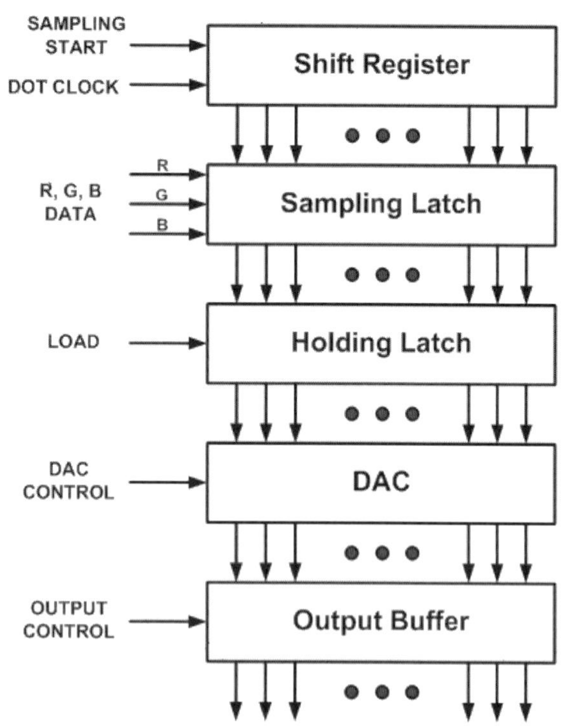

그림 6.60 AMOLED의 데이터 구동 회로의 블록 다이아그램.

이상에서 설명한 바와 같이 AMOLED 구동 방식에는 크게 전압 구동 방식과 전류 구동 방식이 있으며, 이에 따라 데이터 구동 회로에도 전압 구동 방식 구동 회로와 전류 구동 방식 구동 회로가 있다. 그림 6.60은 AMOLED의 데이터 구동 회로의 일반적인 블록 다이아그램을 나타내고 있다. 우선 전압 구동 방식의 데이터 구동 회로에 대하여 설명하면, AMOLED의 전압 구동 데이터 구동 회로는 6.3.4절에서 설명한 TFT-LCD의 데이터 구동 회로와 매우 흡사하다. 기본적으로 디지털 영상 신호를 입력 받아 아날로그 구동 전압을 출력한다는 점이 공통적이기 때문이다. 따라서, TFT-LCD의 구동 회로에서와 마찬가지로 DAC와 출력 버퍼가 데이터 구동 회로의 성능에 매우 큰 비중을 차지한다. 다만, OLED의 구동에는 LCD에서와 같은 반전 구동의 개념이 불필요하기 때문에 DAC의 출력 전압 범위가 TFT-LCD의 그것에 비하여 1/2 이하이다. 또한, LCD의 경우에는 구동 전압에 있어서 R, G, B의 차이가 없지만, OLED는 R, G, B에 따라 구동 전압이 달라지므로 데이터 구동 회로의 각 출력 채널별로 R, G, B 특성에 맞는 아날로그 전압을 출력하여야 한다.

AMOLED의 전압 구동용 데이터 구동 회로의 출력 버퍼에는 일반적으로 단일 이득 연산증폭기를 사용한다. DAC에서 생성된 아날로그 신호의 전류 레벨이 열 신호선의 기생 커패시턴스를 주어진 시간 내에 충전시키기에는 부족하기 때문에 충분한 전류를 공급하기 위해서 필요하다. 이에 반해, AMOLED의 전류 구동 데이터 구동 회로의 출력 버퍼는 일반적으로 전류원으로 구성된다. OLED 소자의 발광에 필요한 전류값을 구동 회로에서 생성하여 각 화소에 직접 공급하기 때문이다. 따라서, 전압 구동 데이터 구동 회로가 일반적으로 그림 6.36에 나타낸 형태의 DAC를 사용하는데 비하여, 전류 구동 데이터 구동 회로는 그림 6.61에 나타낸 것과 같은 전류형 DAC를 사용한다. 입력 디지털 영상 신호에 따라, 기준 전류원에서 생성된 전류의 1배~64배의 전류를 화소에 공급함으로써 계조를 표현한다.

이와 같은 AMOLED의 전류 구동 방식 데이터 구동 회로는, 화질 균일성 면에서 유리한 전류 기입형 AMOLED 화소의 구동에 사용될 수 있다. 그러나, 이 때 요구되는 1 LSB 전류가 수십 nA 수준으로 매우 작기 때문에, 정확한 전류값을 생성할 수 있는 전류형 DAC의 설계가 매우 중요하고, 특히 채널간 전류 편차를 1/2 LSB 이내로 억제하는 것이 대단히 중요한 기술적 과제이다. 또한 저계조에서 데이터 전류가 수십 nA 수준이기 때문에, 이 정도 레벨의 전류로는 열 신호선의 기생 커패시턴스를 주어진 시간 내에 충전시키고 화소에 원하는 전류를 기입하는

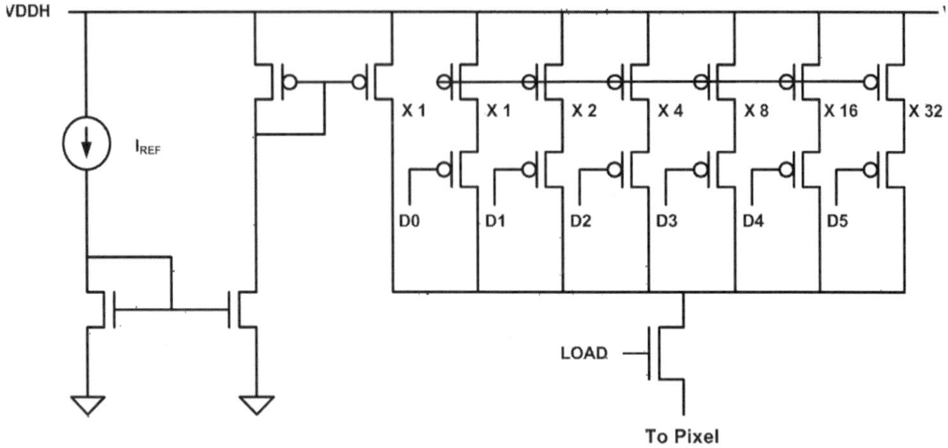

▌그림 6.61 AMOLED 데이터 구동 회로의 전류형 DAC.

것이 거의 불가능하기 때문에, 보통 출력하고자 하는 전류에 해당하는 전압 레벨까지 열 신호선을 선충전 (precharge)한 후, 데이터 전류를 출력하는 기법을 사용한다.

연습문제

01. a−Si:H TFT는 주로 하층 게이트 구조가 많이 사용되는 반면, poly−Si TFT는 상층 게이트 구조가 많이 사용된다. 각각의 이유를 설명하시오.

02. a−Si TFT−LCD의 게이트 구동 회로의 오프 출력 전압은 약 −5[V], 온 출력 전압은 20~30[V] 수준이다. 20~30[V]의 출력 전압을 가능하게 하기 위해서는 표준 CMOS 공정이 아닌 고전압 공정이 필요하다. 그렇다면, −5[V]의 출력 전압을 갖기 위해서는 어떤 반도체 제작 공정이 필요한지 기술하시오.

03. a−Si:H TFT의 이동도는 c−Si:H TFT의 그것에 비하여 매우 작고, 그로 인해 전류 구동 능력도 매우 작다. 그러므로 보다 많은 전류를 흘려주기 위해서는 게이트에 보다 높은 전압을 인가하여야 한다. 그러나, 게이트 전압을 높이는 것은 또 다른 문제를 일으킬 수 있다. 게이트 전압을 높일 경우 발생할 수 있는 화질 관점에서 설명하시오.

04. poly−Si TFT의 kink 효과란 무엇인지 설명하고, 아날로그 회로 설계에 어떤 문제를 일으키는지 설명하시오.

05. poly−Si TFT는 기판의 위치에 따라, 문턱 전압, 이동도 등의 특성이 균일하지 않다. 이러한 poly−Si TFT를 이용하여 디지털 방식의 데이터 구동 회로를 집적하고자 할 때, 어느 블록의 설계에 가장 주의를 기울여야 하며 그 이유는 무엇인지 설명하시오.

06. STN−LCD는 해상도가 높아짐에 따라 온 화소와 오프 화소에 인가되는 전압의 차이가 매우 작아져서, 결국에는 온 화소와 오프 화소의 밝기 차이를 거의 구분할 수 없게 됨을 증명하시오.

07. STN−LCD의 능동 어드레싱 방법에서 화소에 진달되는 전압은 식 (6.13)과 같이 나타낼 수 있다. 능동 어드레싱 방법에서 온 화소와 오프 화소의 선택비가 최대가 되는 상수 c의 조건을 구하시오.

08. 1600만 색상을 표현할 수 있는 TFT−LCD를 제작하고자 한다. 몇 bit의 데이터

구동 회로가 필요한지 기술하시오.

09. 다음과 같은 조건을 갖는 화소에서 ΔVp를 100mV이하가 되도록 하려면, 기생 커패시턴스 Cgd가 얼마 이하가 되도록 화소를 설계하여야 하는지 알아보시오. 단 화소의 조건은 다음과 같다. TFT의 온 전압= 25V, 오프 전압 = −5V, 액정의 커패시턴스 = 100fF~300fF, Csgt = 500fF.

10. TFT−LCD의 반전 구동 방식 중, 점 반전 방식은 화질을 가장 우수한 반면, 소비 전력이 가장 크고, 화면 반전 방식은 소비 전력은 가장 작지만 화질이 가장 좋지 않다. 다음과 같은 조건을 가진 액정을 정상 화이트 모드에서 동작 시킬 때, 점 반전 방식의 최대 구동 소비 전력과 화면 방전 방식의 최대 구동 소비 전력을 비교하시오. 단, TFT−LCD 구동 회로의 소비 전력은 모두 열 신호선의 커패시턴스를 충전 및 방전하는데서 비롯된다고 가정한다. 단, TFT−LCD와 액정의 조건은 다음과 같다. 14인치 XGA팬널이고, 액정의 문턱 전압 =1V, 액정의 흑색 전압 = 4V.

11. TFT−LCD의 데이터 구동 회로에서 가장 일반적으로 사용되는 DAC는 저항렬과 스위치를 사용하는 방식이다. 그러나 저항렬 DAC는 많은 면적을 차지한다는 단점이 있다. 그림 6.34와 같은 형태의 DAC를 사용한 6−bit 데이터 구동 회로와 10−bit 데이터 구동 회로의 면적을 비교하시오. 단, 6−bit 데이터 구동 회로에서 DAC의 면적은 전체 칩 면적의 40%를 차지하고, 디지털 논리 회로의 면적은 차이가 없다고 가정한다.

12. 6−bit 데이터 구동 회로를 사용하여 8−bit 계조를 표현하기 위하여 FRC 방법을 적용하였다. 이 경우 소비 전력은 어떻게 되는지 알아보시오.

13. ADS 구동 방법을 이용하여 PDP를 구동할 때, 데이터 구동 회로, 스캔 구동 회로에 비하여 유지 전극 구동 회로의 소비 전력이 훨씬 큰데 그 이유를 설명하시오.

14. AC PDP를 ADS 방식으로 구동하려고 한다. 3전극 AC PDP의 해상도는 VGA급이고, 기입할 때 소요되는 시간은 $3\mu s$이고, 소거할 때 소요되는 시간은 $1\mu s$이고, 모든 방전에 의한 밝기는 동일하다고 가정한다.

(a) 선택적 기입 방식으로 어드레싱하고, 유지 펄스의 주파수가 50kHz일 때 대비비(contrast ratio)를 계산하시오.

(b) 선택적 소거 방식으로 어드레싱하고, 유지 펄스의 주파수가 20kHz일 때 대비비(contrast ratio)를 계산하시오.

15. STN-LCD와 PMOLED는, 화소에 트랜지스터나 다이오드 등의 능동 소자를 사용하지 않는 수동 행렬 디스플레이로서 주로 저해상도 디스플레이로 많이 활용된다. 그런데, STN-LCD와 PMOLED는 고해상도로 활용되지 못하는 이유가 서로 다른데 그 이유를 비교하여 설명하시오.

16. PMOLED 또는 AMOLED를 이용하여 행의 개수가 120개, 열의 개수가 160개인 휴대전화용 디스플레이를 만들고자 한다. 원하는 휘도를 얻기 위하여 AMOLED의 화소 하나에 흐르는 평균 전류가 $1\mu A$ 라고 할 때, PMOLED가 AMOLED와 같은 휘도를 가지려면, PMOLED의 순시 전류는 얼마이어야 하는지 구하시오.

17. a-Si:H TFT는 LCD의 스위칭 소자로는 널리 활용되지만, OLED용 화소 회로는 거의 사용되지 않는다. a-Si:H TFT가 OLED 화소로 널리 사용되지 못하는 이유는 무엇인지 설명하시오.

참고문헌

[01] 김상수 외, "제4장 TFT-LCD의 구조 및 동작 원리," 디스플레이 공학 I (LCD), 청범출판사, pp.162-260, 2005.

[02] F. R. Libsch, "Steady State and Pulse Bias Stress Induced Degradation in Amorphous Silicon Thin Film Transistors for Active Matrix Liquid Crystal Displays," IEDM'92 pp.681-684, 1992.

[03] S. S. Kim, "Fundamentals of Active-Matrix Liquid-Crystal Displays," Short-Course S-2, SID'00, 2000.

[04] T. Scheffer, "Addressing Method for Passive-Matrix LCDs," SID'95 Lecture Notes, 1995.

[05] T. Scheffer, "Addressing of STN Displays," Euro Display'96, pp 475-478, 1996.

[06] T. N. Ruckmongathan *et al.*, "A New Addressing Technique for Fast Responding STN LCDs," JAPAN Display'92, pp 65-68, 1992.

[07] T. J. Scheffer *et al.*, "Active Addressing Method for High-Contrast Video-Rate STN Displays," SID'92 Digest, pp 228-231, 1992.

[08] Y. Fukui *et al.*, "A Study of the Active Drive Method for STN-LCDs," SID'94 Digest, pp 69-72, 1994.

[09] A. Rolland *et al.*, "Video signal corrections: compensation of the electrical and optical nonlinearities in a TFT-LCD," AMLCD'94 p.64~p.67, 1994.

[10] Y. Nanno *et al.*, "Characterization of Sticking Effects of TFT-LCD," SID'90 Digest p.404~p.407, 1990.

[11] A. G. Lewis *et al.* "Driver Circuits for AMLCDs," IDRC'94 p.56~p.64, 1994.

[12] G. H. H. Leeuven *et al.* "A digital column ICs for AMLCDs," Euro Display'93 p.453~456, 1993.

[13] B. Conner *et al.*, "Low-Power 6-bit Column Driver for AMLCDs," SID'94 Digest p.351~p.354, 1994.

[14] T. Furuhashi *et al.*, "A 64-Gray-Scale Digital Signal Driver for Color TFT-LCDs," SID'94 Digest p.359~p.352, 1994.

[15] H. Minamizaki *et al.*, "Low Output offset, 8 bit Signal Drivers for XGA/SVGA TFT-LCDs," Euro Display'96 p.247~p.250, 1996.

[16] M. J. Callhan *et al.*, "A 6-Bit R-String DAC Signal Driver for AM-LCDs," AMLCD'94 p.56~p.59, 1994.

[17] S. Saito *et al,*. "A 6-bit Digital Data Driver for Color TFT-LCDs," SID'95 Digest p.257~p.260, 1995.

[18] F. Kato *et al.*, "An 8-bit Digital Data Driver for Color TFT-LCDs," SID'96 Digest p.247~p.250, 1996.

[19] Active Matrix LCD와 Driver 회로 특별 강좌, 서울대학교 반도체공동연구소, 1994.

[20] T. Yamamoto, *et al.*, "A 40-in.-Diagonal HDTV Plasma Display," SID 93 Digest, p. 165-168, 1993.

[21] Y. Takano, *et al.*, "Late-News paper: A 40-in. DC-PDP with New Pulse-Memory Drive Scheme," SID 94 Digest, pp. 731-734, 1994.

[22] T. Kurita, *et al.*, "Improvement of Picture Quality of 40-in.-Diagonal HDTV Plasma Display," IDW 96 Digest, pp. 287-290, 1996.

[23] K. Ishii, *et al.*, "Late News Paper: High-Resolution 40-inch Color Plasma Display for HDTV," Euro Display 96 Digest, pp.43-46, 1996.

[24] T. Hirose, *et al.*, "Invited Paper: Performance Features of a 42-in.-Diagonal Color Plasma Display," SID 96 Digest, pp.279-282, 1996.

[25] Y. Sano, *et al.*, "A Full-Color Surface-Discharge ac Plasma Display," SID 91 Digest, pp. 728-731, 1991.

[26] Y. Sano, *et al.*, "A 19-in.-Diagonal Full-Color AC Plasma TV-Display," Japan Display 92 Digest, pp. 609-612, 1992.

[27] Y. Sano, "Driving Method of Display Panels," US Patent 5,155,414, 1992.

[28] Y. Sano, "Method for Driving a Display Panel," US Patent 5,317,334, 1994.

[29] K. Yoshikawa, *et. al.*, "A Full Color AC Plasma Display with 256 Gray Scale," Japan Display 92 Digest, pp. 650-608, 1992.

[30] Larry. F. Webber, *et al.*, "Power Efficient Sustain Drivers and Address Drivers for Plasma Panel," US Patent 4,866,349, 1989.

[31] Larry. F. Webber, *et al.*, "Power Efficient Sustain Drivers and Address Drivers for Plasma Panel," US Patent 5,081,400, 1992.

[32] R. Stewart *et al.*, "Active Matrix Organic Light Emitting Diode (AMOLED) Display Pixel Structure and Data Load/Illuminate Circuit Therefor," U.S. Patent Number 5,952,789.

[33] R. Dawson *et al.*, "The Impact of the Transient Response of Organic Light Emitting Diodes on the Design of Active Matrix OLED Displays," IEDM'98 pp. 875-878, 1998.

[34] R. Dawson *et al.*, "Design of an Improved Pixel for a Polysilicon Active-Matrix Organic LED Display," SID'98 Digest, pp. 11-14, 1998.

[35] N. Komiya, *et al.*, "Comparison of Vth compensation ability among voltage programming circuits for AMOLED panels," IDW'03 Tech. Dig., pp. 275-278, 2003.

INDEX

(ㄱ)

(ㅅ)

(ㅇ)

(ㅈ)

(R)

(S)

(T)

(U)

(X)

(기타)

저자약력

1. 권오경

경 력 : 1992.09 ~ 현재 : 한양대학교 공과대학 전자통신공학부 교수
2006.01 ~ 현재 : 한국정보디스플레이학회, 부회장
2005.01 ~ 현재 : 대한전자공학회, 부회장
1998.10 ~ 현재 : 한양대학교 디스플레이공학연구소 소장
2001. 1 ~ 현재 : IEEE EDS Distinguished Lecturer
1987.08 ~ 1992. 08 : Texas Instruments, 책임연구원

학 력 : 1985.06 ~ 1988.03 : Stanford University, 전기공학과, 박사
1983.09 ~ 1985.06 : Stanford University, 전기공학과, 석사
1974.03 ~ 1978.02 : 한양대학교, 전자공학과, 학사

2. 김용석

경 력 : 1991.03 ~ 현재 : 홍익대학교 신소재공학과, 교수
2001.01 ~ 현재 : 한국정보디스플레이학회, 편집 이사
2001.03 ~ 2004.12 : (주)Ammtron, 부사장, 연구소장
1989.03 ~ 1991.02 : U. of Florida, Post-Doc.

학 력 : 1985.09 ~ 1989.02 : MIT 재료공학과, 박사
1980.03 ~ 1982.02 : 한국과학기술원 재료공학과, 석사
1976.03 ~ 1980.02 : 서울대학교 금속공학과, 학사

3. 김재훈

경 력 : 2004.03 ~ 현재 : 한양대학교 전자통신컴퓨터공학과 부교수
2000.09 ~ 2004.02 : 한림대학교 물리학과 조교수
1999.12 ~ 2000.08 : 삼성전자 AMLCD사업부 책임연구원
1998.01 ~ 1999.10 : Kent State Univ. 액정연구소 Research Associate
1996.09 ~ 1997.12 : Kent State Univ. 액정연구소 Post-Doc.

학 력 : 1993.03 ~ 1996.08 : 서강대학교 액정물리학, 박사
1988.01 ~ 1989.06 : University of Oregon , 석사
1983.03 ~ 1987.02 : 서강대학교 물리학과, 학사

4. 도이미

경 력 : 1996.03 ~ 현재 : 한국전자통신연구원, 책임연구원
2005.01 ~ 현재 : 한국정보디스플레이학회, OLED 연구회 회장
2003.10 ~ 현재 : SID Program Committee Member
2004.09 ~ 현재 : IEC/TC110 PT62341 OLED Division member
1992.10 ~ 1993. 09: Tokyo Institute of Technology, Post-Doc.

학 력 : 1993.10 ~ 1995.12 : Tokyo Institute of Technology, 생체분자공학과, 박사
1985.03 ~ 1990.02 : 한남대학교, 화학과, 박사
1982.03 ~ 1984.02 : 한남대학교, 화학과, 석사
1978.03 ~ 1982.02 : 한남대학교, 화학과, 학사

5. 문대규

경 력 : 2005.09 ~ 현재 : 순천향대학교 신소재공학과, 교수
2001.08 ~ 2005.08 : 전자부품연구원 디스플레이연구센터, 책임연구원
2000.10 ~ 2001.07 : 에프디테크 디스플레이연구소, 이사
1999.01 ~ 2000.09 : 옥스퍼드대학, 연구원 (post. doc.)
1993.09 ~ 1998.12 : LG-Philips LCD, LCD연구소, 선임연구원
학 력 : 1990.03 ~ 1994.02 : 한국과학기술원 재료공학과, 박사
1988.03 ~ 1990.02 : 한국과학기술원 재료공학과, 석사
1984.03 ~ 1988.02 : 연세대학교 세라믹공학과, 학사

6. 이신두

경 력 : 1997.09 ~ 현재 : 서울대학교 전기공학부 교수
1992.03 ~ 1997.08 : 서강대학교 물리학과 교수
2003.01 ~ 현재 : 한국액정연구회 회장
1998.01 ~ 현재 : 미국정보디스플레이학회(SID) 프로그램 위원
1999.09 ~ 2003.12 : 한국정부디스플레이학회, 국제 이사
2001.06 ~ 2004.01 : 서울대학교 디스플레이연구센터장
2000.03 ~ 2001.02 : 한국과학기술평가원(KISTEP) 정보전자 총괄 전문위원
1991.01 ~ 1992.01 : 미국 Optron System. Inc 수석연구원(전자광학실장)
1988.10 ~ 1991.12 : 미국 벨통신연구소(Bellcore) 선임연구원
학 력 : 1983.09 ~ 1988.05 : 미국 브랜다이스(Brandeis)대학교 물리학과, 박사
1980.03 ~ 1982.02 : 서울대학교 물리학과, 석사
1976.03 ~ 1980.02 : 서울대학교 물리학과, 학사

7. 최병덕

경 력 : 2005.03 ~ 현재 : 한양대학교 전자통신컴퓨터공학부, 조교수
2001.03 ~ 2005.2 : LG전자 System IC R&D Center, 선임연구원
학 력 : 1996.03 ~ 2002.02 : 한양대학교 전자공학과, 박사
1994.03 ~ 1996.02 : 한양대학교 전자공학과, 석사
1990.03 ~ 1994.02 : 한양대학교 전자공학과, 학사

디스플레이공학개론

2006년 3월 10일 초판인쇄
2006년 3월 20일 초판발행

저 자 **권오경, 김용석, 김재훈, 도이미, 문대규, 이신두, 최병덕**
발행인 **연규산**
발행처 **청범출판사(등록1991년 8월 13일 No. 5-282)**
TEL : 971-5385
FAX : 977-8967

ISBN 978-89-88247-27-3 93560

가격 22,000원